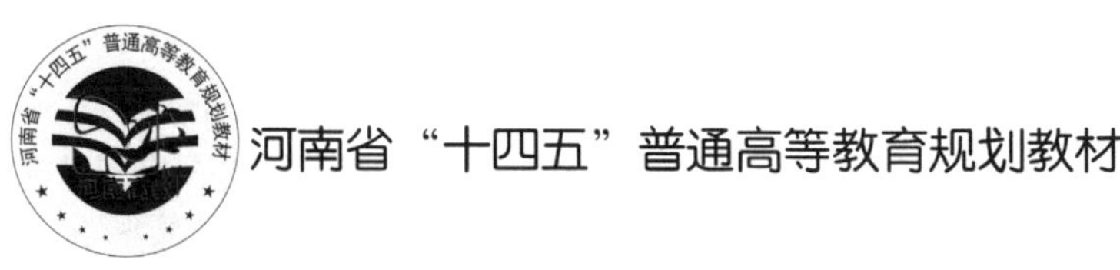

STM32 微控制器原理与应用

（HAL 库版）

主　编　郑安平

副主编　石　军　梁万用

北京航空航天大学出版社

内 容 简 介

本书以兼顾原理、注重应用为原则，以主流 STM32F1 系列微控制器为硬件平台，系统讲述微控制器系统构架及内部资源工作原理，并将其与典型应用紧密结合，涵盖于通用输入/输出接口(GPIO)、中断管理、定时器、串口通信、模数转换(ADC)等章节中；程序设计方法采用典型前后台程序结构，通过键盘、显示人机接口、定时器、主从串口通信等简单案例原理分析，使读者理解任务需求与微控制器内部资源配置之间的关系，以及系统任务调度的方法。通过章节例程及本书应用案例学习，读者可以系统了解一个完整微控制器应用系统设计开发的方法和步骤。

软件开发采用 STM32CubeMX 软件，用图形化界面简单直观地对目标芯片的引脚、时钟及内部资源进行初始化配置，生成基于硬件抽象库(HAL 库)的程序架构，并配合 MDK - ARM 等集成开发环境，实现应用程序的编写。这样做既加快了微控制器系统的开发效率，又降低了学习难度。

本书可作为高等院校电子信息类、自动化类、机电类专业本科生“单片机原理及应用”“微控制器原理及应用”课程的教材，也可供微控制器系统应用的工程技术人员参考。

图书在版编目(CIP)数据

STM32 微控制器原理与应用 ：HAL 库版 / 郑安平主编
. -- 北京 ：北京航空航天大学出版社，2023.3
ISBN 978 - 7 - 5124 - 4002 - 9

Ⅰ. ①S… Ⅱ. ①郑… Ⅲ. ①微控制器—高等学校—教材 Ⅳ. ①TP368.1

中国国家版本馆 CIP 数据核字(2023)第 014072 号

STM32 微控制器原理与应用(HAL 库版)

主　编　郑安平

副主编　石　军　梁万用

策划编辑　董　瑞　　责任编辑　董　瑞

*

北京航空航天大学出版社出版发行

北京市海淀区学院路 37 号(邮编 100191)　http://www.buaapress.com.cn

发行部电话：(010)82317024　传真：(010)82328026

读者信箱：goodtextbook@126.com　　邮购电话：(010)82316936

北京富资园科技发展有限公司印装　各地书店经销

*

开本：787×1 092　1/16　印张：19　字数：499 千字

2023 年 3 月第 1 版　2025 年 3 月第 5 次印刷　印数：4 001～5 000 册

ISBN 978 - 7 - 5124 - 4002 - 9　定价：59.00 元

前　　言

“微控制器原理与接口技术”是各高等院校电子信息类、自动化类、机电类专业重要的专业基础课程之一。随着科学技术的发展，特别是微电子技术的发展，微控制器已发展到了相当高度，目前 32 位微控制器市场占有率处于绝对优势；伴随着社会信息化、智能化技术的需求增长，微控制器应用系统渗透到社会科技发展的各个方面，覆盖了工业控制、消费电子、医疗电子、交通控制、物联网、工业机器人等多个领域。

我国高校“单片机原理与应用”教学历史中，20 世纪 80 年代开始以 Z80 单片机为主流机型，后来以 MCS－51 系列 8 位单片机和汇编语言编程为主要教学内容。汇编语言是面向机器的程序设计语言，有助于更深入理解单片机的工作原理，执行效率高，缺点是编程难度大、程序可读性差，目前通常用于底层程序开发。后来使用 C 语言编程开发，解决了上述不足。但随着单片机应用领域不断扩展，受 MCS－51 系列单片机自身资源限制，在稍微复杂一点的实际工程应用中，很少采用基于 MCS－51 控制系统硬件设计和软件开发，取而代之的是基于 ARM 架构微控制器的硬件电路设计和软件设计。特别是在工业测控系统设计方面，基于 ARM 微控制器的设计方案得到越来越多工程师的认可。ARM 微控制器在体系结构、程序设计、内部资源、开发手段等诸多方面都比 MCS－51 系列具有更加优异的特征，在复杂应用领域取代传统 8 位微控制器已是必然趋势。因此，本书以意法半导体公司的基于 32 位 ARM 内核的 STM32F103 为硬件平台，结合图形化 STM32CubeMX 开发软件，介绍微控制器原理应用技术。

作者多年来一直从事单片机课程教学工作，自 2019 年开始，便尝试使用 STM32 为背景，对课程进行教学改革，以适应社会对新技术的需求。经过几年的教学实践和工程项目实践，对教学内容和工程案例进行凝练，形成了本书。本书在 MCS－51 系列单片机的工作原理、程序设计、常见接口等传统授课内容的基础上，针对 STM32 介绍微控制器的相关概念、体系结构、内部资源及系统应用，内容循序渐进，分层递进，通过案例、程序设计方法讲解，从应用的角度强调开发方法和工程实现，提升读者的系统设计观、实践能力和工程素养。

本书包含以下内容：

第 1 章　微控制器概述。介绍微控制器基本概念，概述微控制器及 ARM 的发展，以及 STM32F1 系列微控制器产品，以典型 STM32F103RCT6 产品为例，介绍微控制器的内部结构、存储器映射及最小系统等内容。

第 2 章　开发环境。介绍 STM32CubeMX 图形化创建工程及初始化代码工具软件，介绍 Keil 集成开发环境，通过简单例程，讲解利用 STM32CubeMX 软件创建工程的程序框架、初始化配置过程及用户程序编写。

第 3 章　嵌入式 C 语言基础。主要介绍 HAL 库重新定义的数据类型、函数、指针、结构体与枚举以及常用预处理命令。

第 4 章　GPIO 基础。介绍 GPIO 基本结构、工作模式及选择原则；然后详细介绍寄存器操作方法，重点介绍常用 HAL 库接口函数，解析部分接口函数设计机理，最后以流水灯为例，详细讲解 GPIO、时钟初始化配置方法及用户函数编写过程。

第 5 章 GPIO 接口电路及应用。以数码管动态显示、键盘为案例，详细讲解 GPIO 的工作原理、电路设计和用户程序设计方法，最后介绍常用的 GPIO 接口电路。

第 6 章 中断系统。介绍中断基本概念，中断处理机制包括中断向量、中断优先级、中断处理函数及中断回调函数，以外部中断为例，讲解中断使用方法。

第 7 章 定时器原理及应用。介绍定时器定时、PWM 输出/输入捕获原理和相关接口函数，通过案例详细讲解定时中断、时序程序、波形测量等应用程序设计过程。

第 8～10 章 其他典型外设及应用。分别介绍通串行通信、模数转换(ADC)、SPI/I²C 总线接口的原理结构，详细介绍轮询方式、中断方式和 DMA 三种编程方式，以案例形式重点讲解单机/多机通信、温度检测、EEPROM 数据存储等方面的应用。

第 11 章 程序结构与程序设计。介绍前后台程序结构、事件驱动程序结构和状态机编程方法。通过人机接口案例详细讲解任务调度方法和状态机程序设计方法。

第 12 章 迷宫机器人控制系统设计。通过案例，进一步了解和深入学习微控制器系统的应用设计，学习需求分析及硬件整体方案设计、详细设计和软件整体结构设计。

理论教学建议：

STM32 入门门槛相对于 8 位单片机较高，主要原因是 STM32 资源丰富，功能复杂，可配置参数多，初学者需要具备一定的相关知识。虽然使用图形配置工具 STM32CubeMX 可以快速便捷地完成初始化配置并生成 STM32 微控制器的 C 语言工程框架，开发者只需要在工程中编写自己的应用代码就可以了，然而在配置 STM32CubeMX 的过程中会发现，还有很多 STM32 微控制器的知识点需要了解，这样才能有目的地配置，否则只能对该工具无所适从。因此对于本书的学习，有一些建议：

一是要深入学习并理解微控制器工作原理，这样有助于正确配置参数。需要重点理解 STM32 微控制器的系统构架、内部资源地址映射、系统和外设时钟、GPIO 工作模式、中断处理机制(包括中断向量、中断优先级、定时器参数和串口通信参数等)。了解寄存器的一些知识有助于理解工作原理。

二是理解微控制器应用对象工作原理。微控制器配置和编程为需求服务，例如键盘和显示结构及原理决定微控制器 GPIO 工作方式和应用程序结构，外部设备通信协议决定微控制器串口参数配置和应用程序结构。

三是程序结构和程序设计方法学习。这是微控制器应用系统功能是否能实现的基本条件。应用程序编写主要基于 HAL 库函数，需要重点理解库函数功能和入口/出口参数含义，理解 HAL 库提供的三种编程模式(轮询方式、中断方式和 DMA 方式)和中断回调函数的使用。理解根据应用任务实时性要求，进行前后台程序结构的任务分配。对于任务较多的系统，程序设计的难点和核心是多任务的并发执行，理解和运用状态机编程思想来处理复杂并发任务是一种非常有效的方法，此编程方法也可以在前后台程序结构中局部使用。

考虑内容的连贯和完整性，第 11 章程序结构与程序设计内容编写在一章里，这部分内容对读者建立软件系统观非常重要，建议穿插在前面几章讲解，其中程序结构内容可以安排在第 6 章中讲解，程序设计内容在第 7 章全部讲解。重点讲解前后台程序结构及状态机编程方法。

理论学时分配建议：

总学时	1章	2章	3章	4章	5章	6章	7章	8章	9章	10章	11章	12章
32	2	2	2	2	4	4	6	4	2	自学	2	2

实验学时分配建议：

GPIO应用实验，6学时；定时器应用，4学时；串行通信应用，2学时；系统综合设计实验，4学时。

反馈及建议邮箱：13613824027@163.com。

本书为河南省“十四五”普通高等教育规划教材，由郑州轻工业大学微控制器课程组共同编写，高鹏飞编写第1章，石军编写第2、12章，刘向龙编写第3章，梁万用编写第4和第5章，陈宜滨编写第6章，郑新华编写第7章，杜海明编写第8章，郑安平编写第9～11章。全书由郑安平统稿。由于作者水平所限，书中的错误或不妥之处，敬请读者批评指正，以便修订时改进。

编　者

2022年9月

北航科技图书

扫描左侧二维码，关注“北航科技图书”公众号，回复“4002”获取本书程序代码下载地址。

目　　录

第1章　微控制器概述

本章主要内容：微控制器、ARM处理器、STM32系列微控制器基本概念和STM32F103系列微控制器基本结构、存储器映射及构成的最小系统。

1.1　微控制器

1.1.1　基本概念

1. 什么是微控制器

微控制单元(Microcontroller Unit，MCU)又称单片机，即单片微型计算机(Single Chip Micro Computer，SCM)，指在一片半导体硅片上集成了中央处理单元(Central Processing Unit，CPU)、存储器(RAM、ROM、Flash)、并行I/O、串行I/O、定时器/计数器、中断系统、系统时钟电路及系统总线。如图1-1所示，CPU通过地址总线、数据总线和控制总线连接存储器、各种I/O设备和其他设备，构成一个芯片级别的PC系统。只是该计算机系统没PC强大，但它可以嵌入其他设备并对其进行操控。由于常用于测控、自动化等领域，常称之为微控制器。其特点是微型化、低功耗、高可靠，以满足嵌入式应用的要求。

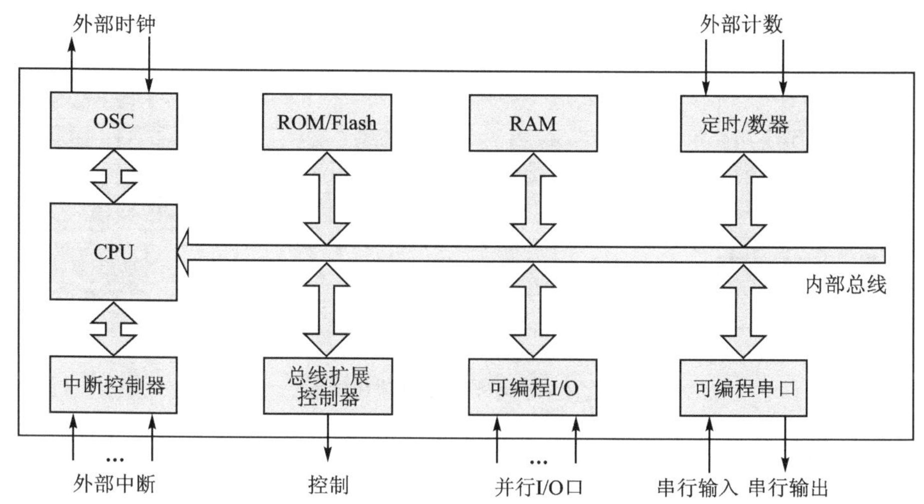

图1-1　微控制器内部结构图

集成电路技术的进步使现在的微控制器相较于早期的产品集成了更多的功能。微控制器主要的外设有：ADC、DAC、USB、CAN、Ethernet、SPI、USART、I^2C、EEPROM、比较器、I^2S等。未来，微控制器外设在显示、音频、连接、传感、控制等应用方向上会不断融合与发展，微控制器产品的功能会越来越丰富,应用面也更加广泛。

2. 微控制器分类

微控制器一般按照其结构特点进行分类。

根据数据总线的位数,可分为 4 位、8 位、16 位和 32 位微控制器。

根据其指令集来分,可分为精简指令集(Reduced Instruction Set Computing,RISC)和复杂指令集(Complex Instruction Set Computing,CISC)两类微控制器。目前大多数微控制器采用 RISC 指令集。

根据其存储器架构来分,可分为哈佛结构(HarVard architecture)和冯·诺依曼结构(Von Neumann architecture)微控制器。哈佛结构是一种将程序指令储存和数据储存分开的存储器结构,具有较高的执行效率。冯·诺依曼结构也称普林斯顿结构,是一种将程序指令存储器和数据存储器合并在一起的结构。

根据微控制器内核来分,常见的有 8051、ARM Cortex - M 系列、AVR、PIC、RISC - V 等。基于 ARM Cortex - M 系列内核 IP 的 MCU 已经成为 32 位 MCU 的市场主流,最近几年开源的 RISC - V 微处理器也开始流行起来,特别是在新兴的物联网领域。

如果按照微控制器应用来分,可以分为通用型、超低功耗型、无线连接型和汽车用微控制器等。

3. 嵌入式系统

在微控制器的基础上进一步扩展传感与检测、执行器模块以及配套软件并构成一个具有特定功能的完整单元,就称之为嵌入式系统或嵌入式应用。

如图 1 - 2 所示为温度控制系统。微控制器是控制系统的核心,温度传感器采集的数据通过变换成为具有物理意义的温度值显示在数码管上;制冷或加热模块可采用适当的控制策略将温度控制在设定范围内。

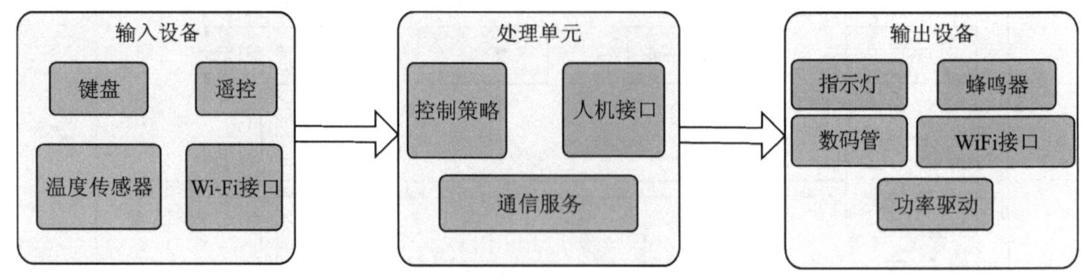

图 1 - 2　温度测控系统结构框图

控制系统一般由输入设备、控制核心和输出设备组成。输入设备不仅指键盘等常规的输入设备,还泛指一切输入信息,比如获取的传感器信息、通信接口信息等;同样输出设备也不仅是指显示器等常见的输出设备,还泛指一切输出信息,比如执行机构、通信接口等。

4. 微控制器的应用领域

目前,微控制器已经渗透到生活的各个领域,如表 1 - 1 所列。

表 1－1　微控制器的应用领域

应用领域	仪器仪表	工业控制	家用电器	医用设备	其他领域
应用举例	功率计、示波器、各种分析仪等	电梯控制、电机控制、温度控制、人机界面等	电饭锅、洗衣机、电冰箱、空调机等	呼吸机、各种分析仪、监护仪、病床呼叫系统等	工商、金融、科研、教育等

1.1.2　微控制器发展

1. 微控制器的发展历程

微控制器诞生于 1971 年，经历了单片机(SCM)、微控制器(MCU)和片上系统 SoC (System on Chip)三大阶段。

(1) 早期单片机阶段(1976—1980 年)：主要是将微型计算机系统单芯片化。1976 年，Intel 公司推出了 MCS－48 系列单片机。该系列单片机早期产品在芯片内集成有 8 位 CPU、1K 字节程序存储器(ROM)、64 字节数据存储器(RAM)、27 根 I/O 线和 1 个 8 位定时/计数器。

主要特点是：在单个芯片内完成了 CPU、存储器、I/O 接口、定时/计数器、中断系统、时钟等部件的集成，但存储器容量较小，寻址范围小(不大于 4K)，无串行接口，指令系统功能不强。

(2) 中期微控制器阶段(1980—1990 年)：集成各种外围电路与接口电路，开始出现了 16 位微控制器。

1980 年，Intel 公司推出 MCS－51 系列单片机。该系列单片机在芯片内集成有 8 位 CPU、4K 字节程序存储器(ROM)、128 字节数据存储器(RAM)、4 个 8 位并行接口、1 个全双工串行接口和 2 个 16 位定时/计数器。寻址范围为 64 K，并集成有控制功能较强的布尔处理器完成位处理功能。现在，基于这一内核的微控制器仍在广泛使用。

1982 年，Intel 公司推出 MCS－96 系列单片机。芯片内集成有 16 位 CPU，片上还有 8 路 10 位 ADC、1 路 PWM(D/A)输出及高速 I/O 部件等。

主要特点是：结构体系完善，性能已大大提高，面向控制的特点进一步突出。

(3) 微控制器的全面发展阶段(1990 年至今)：随着微电子技术、IC 设计技术、EDA 工具的发展，高速、大寻址范围、强运算能力的 8 位/16 位/32 位通用型微控制器、小型廉价的专用型微控制器和 SoC 技术快速发展。

SoC 即片上系统，将微处理器、模拟 IP 核、数字 IP 核和存储器(或片外存储控制接口)集成在单一芯片上，它通常是客户定制的，或是面向特定用途的标准产品。

主要特点是：片内面向测控系统的外围电路增强，使单片机可以方便灵活地应用于复杂的自动测控系统及设备。因此，“微控制器”的称谓更能反映单片机的本质。

例如，美国德州仪器(TI)1996 年推向市场的 MSP430 系列微控制器是一种 16 位超低功耗、具有精简指令集(RISC)的混合信号处理器(Mixed Signal Processor)，其针对实际应用需求，将多个不同功能的模拟电路、数字电路模块和微处理器集成在一个芯片上，以提供“单片”解决方案，适用于需要电池供电的便携式仪器仪表。随后德州仪器(TI)推出的具有 4 个 Σ－Δ 型 ADC、电量计量 AFE、电源监控和温度计的 MCU，适用于电测量仪表应用；具有 4 个运算放大器和 DAC 的 MCU，适用于监控系统；具有集成的高精度超声波感应系统 MCU，适用于流量测量、液位和运动感应等超声波检测应用场合。C2000 系列 MCU 集成了适用于数字电源和电机控制的外设。

在 2004 年,ARM 公司推出新一代 Cortex 内核后,多家公司在很短的时间内就向市场推出了一系列的 32 位微控制器,同时提供基于库的开发模式,加快了用户研发速度。例如,STM32 就是 ST 公司基于 ARM Cortex - M3 内核设计的微控制器,专为高性能、低功耗、低成本场景设计。

随着 ARM 系列的广泛应用,32 位微控制器迅速取代 16 位微控制器,并且进入主流市场。目前,高端的 32 位微控制器主频已经超过 300 MHz,性能直追 20 世纪 90 年代中期的专用处理器,而普通的型号出厂价格跌至 1 美元。当代微控制器系统已经不只在裸机环境下开发和使用,大量专用的嵌入式操作系统被广泛应用于微控制器。而作为掌上电脑和手机核心处理的高端微控制器,甚至可以直接使用专用的 Windows 和 Linux 操作系统。

目前,微控制器正朝着高性能和多品种方向发展,并进一步向着低功耗、小体积、大容量、高性能、低价格和外围电路内装化等几个方面发展。

2. 目前主流的微控制器

目前微控制器种类繁多,发展非常迅速。由 20 世纪 80 年代的 4 位、8 位微控制器发展到现在的各种高速微控制器,目前已投放市场的主要微控制器产品多达 70 多个系列,500 多个品种。表 1 - 2 所列为相对常用的微控制器。

表 1 - 2 常用的微控制器

系 列	位 数	内 核	特 点	应用场合	常用型号
MCS - 51 系列	8 位	51 内核,CISC 复杂指令集	片内存储容量较小,便于扩展,可靠性实用性强	智能仪表、玩具、间接控制电动机、警报器	STC89C51、STC2051、AT89S51 和 AT89S52
STM 系列	32 位	ARM Cortex - M3 内核,哈佛结构 RSIC 架构 Thumb - 2 指令集	高性能,低功耗,数字外围设备丰富,强大的电气处理能力	物联网、智能仪器仪表	STM32F103 系列、STM32 L1 系列、STM32W 系列
MSP430 系列	16 位	MSP430 内核,RISC 精简指令集	处理能力强,运算速度快,超低功耗,片内资源丰富,方便高效的开发环境	电池供电的便携式仪器仪表、低功耗及超低功耗的工业场合	430x1xx 系列、430F2xx 系列、430C3xx 系列、430x4xx 系列、430F5xx 系列、430G2553
PIC 系列	8/16/32 位	哈佛双总线结构,RISC 架构指令集	性价比高,执行效率高,开发环境优越,引脚具有防瞬态能力,彻底的保密性	办公自动化设备、消费电子产品、通信、智能仪器仪表、电子秤	PIC10F 系列、PIC12F 系列、PIC16F 系列、PIC18F 系列、dsPIC30F 系列、dsPIC33FJ 系列、PIC24F 系列等
AVR 系列	8/16/32 位	AVR 内核,哈佛结构,RISC 架构指令集	高性能,高速度,低功耗,低价格	空调、打印机、智能电表、医疗设备、GPS	ATUC64L3U、ATxmega64A1U、AT90S8515
Freescale 系列	8/16/32 位	CPU08、S08、RS08	多种系统时钟模块,多种通信模块接口,可靠性高,抗干扰性强,低功耗	高级驾驶员辅助系统、物联网、汽车电子、数据连接、工业、医疗/保健、电机控制等	MC908GP32、C9S08GB60、MC9RS08KA2、MC9S12XEP100、MC9S12XEP768、MC9S12XEQ384

续表 1-2

系　列	位　数	内　核	特　点	应用场合	常用型号
新唐系列	8/32 位	51/Cortex-M0 内核	体积小巧,质量高,功耗低,性能强	门禁系统、条形码读取设备、数字电话、电源管理、工控机及液晶电视	N7 系列、ML 系列
灵动系列	32 位	Cortex-M0、Cortex-M3 内核	高性能,实时性强,低功耗,便于低电压操作	工业控制、智能家电、智慧家庭、可穿戴式设备、汽车电子、仪器仪表	MM32L 系列、MM32W 系列、MM32SPIN 系列、MM32P 系列

1.2　ARM 处理器

ARM(Advanced RISC Machine,先进精简指令集机器)一般情况下具有 3 层字面含义:一是表示公司名字,英国知识产权核(IP)公司;二是表示一类处理器的统称;三是表示一种技术的名字(ARM 微处理器)。

ARM 公司通过出售芯片技术授权,建立了新型的微处理器设计、生产和销售的商业模式。ARM 将其技术授权给世界上许多著名的半导体、软件和 OEM 厂商,每个厂商得到的都是一套独一无二的 ARM 相关技术及服务。利用这种合伙关系,ARM 很快成为许多全球性 RISC 标准的缔造者。

1.2.1　ARM 处理器架构体系

处理器架构就是处理器的硬件架构,由硬件电路去实现指令集所规定的操作运算,因此,指令集决定了处理器的架构。

ARM 公司提供了 ARMv1～ ARMv8 共八种不同的架构,如表 1-3 所列,其中 ARMv1 和 ARMv2 都没有太大的实际使用价值,从 ARMv3 开始才逐步开始正式商用。

从 ARMv3 架构开始,ARM 推出了对应的 ARM6、7 处理器类型(系列),目前常见的 ARM 处理器类型(系列)有 ARM7、ARM9、ARM10、ARM11 和 Cortex。

(1) ARMv1 架构

1985 年推出,只有 26 位的寻址空间,只有基本数据处理指令,没有乘法指令,该版本没有应用于商业产品。

(2) ARMv2 架构

1986 年推出,首颗量产的 ARM 处理器,在 V1 版本的基础上增加了协处理器指令和 32 位乘法指令。

(3) ARMv3 架构

1990 年推出,在 V2 架构的基础上进行了较大的改动,具有片上高速缓存,内存管理单元(MMU)和写缓冲,寻址空间增大到 32 位。

(4) ARMv4 架构

1993 年推出,增加了 16 Thumb 指令集。另外,在该架构中明确定义了哪些指令会引起未定义指令异常,且不再强制要求与以前的 26 位地址空间兼容。

(5) ARMv5 架构

1998 年推出,改进了 ARM/Thumb 状态之间的切换效率,此外还引入了 DSP 指令并支持 Java。

(6) ARMv6 架构

2001 年推出,首先被应用在 ARM11 处理器中。V6 版架构在降低耗电量的同时,还强化了图形处理性能。它还引进了包括单指令多数据(Single Instruction Multiple Data,SIMD)运算在内的一系列新功能。通过追加有效进行多媒体处理的 SIMD 功能,将语音及图像的处理功能提高到原型机的 4 倍。

(7) ARMv7 架构

2004 年推出,Cortex - M3/4/7、Cortex - R4/5/6/7、Cortex - A8/9 都基于该架构。该架构包括 NEON 技术扩展,可将 DSP 和媒体处理吞吐量提高 400%,并提供改进的浮点支持以满足下一代 3D 图形和游戏以及传统嵌入式控制应用的需要。

(8) ARMv8 架构

2011 年推出,Cortex - A32/35/53/57/72/73 采用此架构,是第一款支持 64 位的处理器架构。

表 1-3　ARM 架构体系发展

体系架构	处理器类型(系列)	特　色
ARMv1	ARM1	第一个 ARM 处理器,26 位寻址
ARMv2	ARM2	乘法和乘加指令,协处理器指令,快速中断模式中的两个以上的分组寄存器
ARMv2a	ARM3	片上缓存(cache);原子操作(atomic operation)指令
ARMv3	ARM6 和 ARM7D1	寻址扩展到了 32 位;内存管理单元(MMU),支持虚拟存储
ARMv3M	ARM7M	有符号和无符号长乘法指令
ARMv4	Strong ARM	不再支持 26 位寻址模式,半字加载/存储指令,字节和半字的加载和符号扩展指令
ARMv4T	ARM7TDMI 和 ARM9T	16 位指令模式(Thumb)
ARMv5TE	ARM9E 和 ARM10E	ARMv4T 的超集,增加 ARM 与 Thumb 状态之间的切换,额外指令,增强乘法指令,额外的 DSP 类型指令,快速乘累加
ARMv5TEJ	ARM7EJ 和 ARM926EJ	Java 加速
ARMv6	ARM11	改进的多处理器指令,边界不对齐和混合大小端数据的处理,新的多媒体指令
ARMv7	A 款式	16 位(Thumb)/16 位 32 位混合(Thumb - 2)指令集;不再支持 ARM 指令集
	R 款式	
	M 款式	
ARMv8	Cortex - A50、A70 系列	64 位处理器;A Ach64、A Arch32 两种主要执行状态

1.2.2　ARM 处理器分类

ARM 公司在经典处理器 ARM11 以后的产品改用 Cortex 命名,并分成 A、R 和 M 三类。除了具有 ARM 体系结构的共同特点外,每一个系列的 ARM 微处理器都有各自的特点和应用领域。其目前有经典系列、Cortex - M 系列、Cortex - R 系列、Cortex - A 系列和 Cortex - A30、50、70 系列,如表 1-4 所列。

表 1-4　ARM 系列处理器

系　列	子系列	主要应用
经典系列	ARM7 系列、ARM9 系列、ARM11 系列	面向普通应用的处理器
Cortex-M 系列	Cortex-M0、Cortex-M0+、Cortex-M1、Cortex-M3、Cortex-M4	面向微控制器应用的低功耗、低成本处理器
Cortex-R 系列	Cortex-R4、Cortex-R5、Cortex-R7	面向实时应用的高可靠性处理器
Cortex-A 系列	Cortex-A5、Cortex-A7、Cortex-A8、Cortex-A9、Cortex-A15、Cortex-A17	面向高端应用的高性能处理器
Cortex-A30、A50、A70 系列	Cortex-A32(32 位)、Cortex-A35、Cortex-A53、Cortex-A57、Cortex-A72、Cortex-A73	最新节能 64 位处理技术与现有 32 位处理技术的扩展升级

(1) 经典系列

经典系列处理器主要由三个子系列组成：基于 ARMv3 或 ARMv4 架构的 ARM7 系列、基于 ARMv5 架构的 ARM9 系列和基于 ARMv6 架构的 ARM11 系列。

(2) Cortex-M 系列

Cortex-M 系列处理器基于 ARMv7 架构，包括 Cortex-M0、Cortex-M0+、Cortex-M1、Cortex-M3、Cortex-M4 共 5 个子系列。

Cortex-M0 处理器的最大特点是低功耗的设计，应用领域为医疗器械、电子测量、照明、智能控制、游戏装置、紧凑型电源、电源和电机控制、精密模拟系统等。

Cortex-M1 处理器是第一个专为在 FPGA 上实现 32 位处理器需求而设计的，主要应用于通信、广播、汽车、消费品、军事/航天、工业等领域。

Cortex-M3 处理器的特点是低成本和低功耗，主要应用于嵌入式控制、汽车和无线通信领域。

Cortex-M4 处理器在 M3 的基础上强化了运算能力，新加了浮点、DSP、并行计算等，用以满足需要控制和信号处理功能混合应用的场景。主要应用于电动机控制、汽车、电源管理、嵌入式音频和工业自动化。

(3) Cortex-R 系列

Cortex-R 处理器主要针对高性能实时应用，例如硬盘控制器(或固态驱动控制器)、企业中的网络设备和打印机、消费电子设备(例如蓝光播放器和媒体播放器)以及汽车应用(例如安全气囊、制动系统和发动机管理)。

(4) Cortex-A 系列

Cortex-A 处理器为利用操作系统(例如 Linux 或者 Android)的设备提供了一系列解决方案，该系列处理器包括 A5、A7、A8、A9、A15 和 A17 共 6 个子系列，用于高计算要求、支持多种操作系统及提供交互媒体和图形体验的领域，如智能手机、平板电脑、汽车娱乐系统、数字电视等。

(5) Cortex-A30、A50 和 A70 系列

此系列是基于 ARM 公司 ARMv8 架构的产品。A32、A35 为超高能效应用处理器，A53 为高能效应用处理器，A57、A72、A73 为高性能应用处理器，主要应用于高端智能手机、平板电脑、翻盖式移动设备、数字电视等一系列消费电子设备等。

1.3　Cortex－M3(CM3)内核微控制器

CM3 处理器内核是嵌入式微控制器的中央处理单元,主要包括一个 32 位处理器(CPU)、总线矩阵和中断控制器(NVIC),采用的是哈佛结构。完整的基于 CM3 内核的微控制器还需要很多其他组件,如图 1－3 所示。芯片制造商得到 CM3 处理器内核 IP 的使用授权后,就可以把 CM3 内核用在自己的芯片设计中,添加存储器、外设、I/O 及其他功能模块。不同厂家设计出的微控制器会有不同的配置,包括存储器容量、类型、外设等,都各具特色。

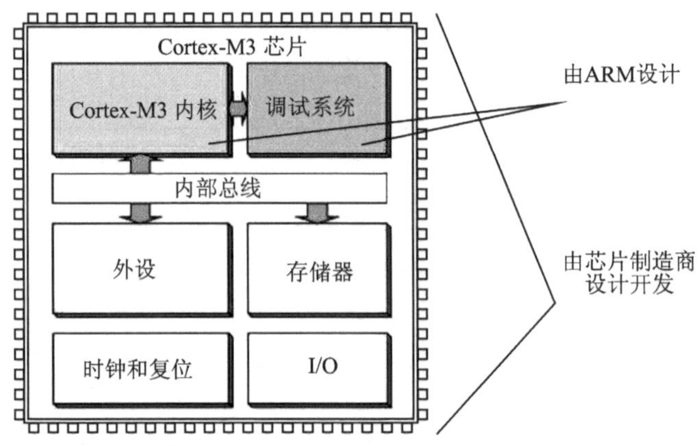

图 1－3　Cortex－M3 核微控制器系统架构

内核的主要特点:

① 高性能:许多指令都是单周期的——包括乘法相关指令。并且从整体性能上,CM3 比得过绝大多数的其他架构。

② 先进的中断处理功能:内建的嵌套向量中断控制器支持多达 240 条外部中断输入。向量化的中断功能大幅地缩短了中断延迟,这是因为不再需要软件去判断中断源。中断的嵌套也是在硬件水平上实现的,不需要软件代码来实现。

③ 低功耗:CM3 需要的逻辑门数少,适合低功耗要求的应用(功率低于 0.19 mW/MHz),在内核水平上支持节能模式(睡眠、停机和待机)。通过使用“等待中断指令(WFI)”和“等待事件指令(WFE)”,内核可以进入睡眠模式,并且以不同的方式唤醒。另外,模块的时钟是尽可能地分开供应的,所以在睡眠时可以禁用 CM3 的大多数“功能模块”以获得更好的低功耗特性。

④ 支持串行调试(SWD):CM3 在保持原来 JTAG 调试接口的基础上,还支持串行调试(SWD)。使用 SWD 时,只占用 2 个引脚。而 JTAG 调试接口至少要占用芯片的 5～6 个引脚,这对于一些引脚较少的 MCU 来说,有时会给仿真调试和 I/O 使用带来麻烦。

⑤ CM3 内核定义了统一的存储器映射,各厂商生产的基于 CM3 内核的微控制器芯片都具有一致的存储器映射,为各种基于 CM3 的 MCU 代码移植提供了很大便利。

1.4　STM32 系列微控制器

STM32,从字面上来理解,ST 是意法半导体,M 是 Microelectronics 的缩写,32 表示 32 位,合起来理解，STM32 就是指 ST 公司开发的 32 位通用微控制器。在 Cortex－M 内核的基础上，添加了定时器、串口、DMA 等外设，最终组合成一个 STM32 微控制器。其中，Cortex－M 内核是整个微控制器的核心部分。

STM32 微控制器 2007 年 6 月由 ST 公司发布，经过多年的发展，STM32 系列微控制器提供了一个完整的 32 位产品系列。STM32 系列目前提供十大产品线（F0，F1，F2，F3，F4，F7，H7，L0，L1，L4），超过 700 个型号。STM32 产品广泛应用于工业控制、消费电子、物联网、通信设备、医疗服务、安防监控等应用领域。

STM32F1 系列微控制器基于 CM3 内核，按性能分为 5 个不同系列，如表 1－5 所列。

表 1－5　STM32F1 系列微控制器

类　型	系　列	最高主频	特　色
超值型	STM32F100－	24 MHz	带电机控制和消费类电子控制（CEC）功能
基本型	STM32F101－	36 MHz	具有高达 1 MB 的片上闪存
USB 基本型	STM32F102－	48 MHz	带全速 USB 模块
增强型	STM32F103－	72 MHz	具有高达 1 MB 的片上闪存，兼具电机控制、USB 和 CAN 模块
互联型	STM32F105/107	72 MHz	具有以太网 MAC、CAN 以及 USB 2.0 OTG 功能

1.4.1　STM32F103 系列微控制器

STM32F103 系列内核工作频率高达 72 MHz，内置高速存储器（高达 512 KB 的 Flash 和 4 KB 的 SRAM）、丰富的 I/O 端口和大量连接到内部两条 APB 总线的外设、2 个 12 位模数转换器（Analog to Digital Converter，ADC）、2 个通用 16 位定时器、2 个集成电路总线（Inter-IC Control，I^2C）、2 个串行外设接口（Serial Peripheral Interface，SPI）、3 个通用同步异步收发器（Universal Synchronous/ Asynchronous Receiver/ Transmitter，USART）、1 个通用串行总线（Universal serial Bus，USB）、1 个控制器局域网络（Controller Area Network，CAN）等；可工作于－40～105 ℃的宽温度范围，供电电压范围为 2.0～3.6 V，省电模式保证低功耗应用的要求；片上资源丰富，是应用最广泛，也是初学者最易学习的一个系列。

该系列芯片按片内 Flash 的大小可分为三大类：小容量（16 KB 和 32 KB）、中容量（64 KB 和 128 KB）和大容量（256 KB、384 KB 和 512 KB）。

STM32F103xx 系列微控制器有 36 脚（VFQFPN36）、48 脚（LQFP48）、64 脚（LQFP64）、100 引脚（LQFP100 和 BGA100）和 144 脚（LQFP144 和 BGA144）等多种封装形式。不同的封装和丰富的资源使得 STM32F103 系列适用于多种场合，如电机驱动和应用控制，医疗和手持设备，PC 外设，变频器、打印机等工业设备，报警系统，视频对讲等。STM32 系列命名遵循一定的规则，通过名字可以确定该芯片引脚、封装、Flash 大小等信息，如图 1－4 所示。

本书以 STM32F103RCT6 芯片为例，该型号由 7 部分组成，其命名规则如表 1－6 所列。

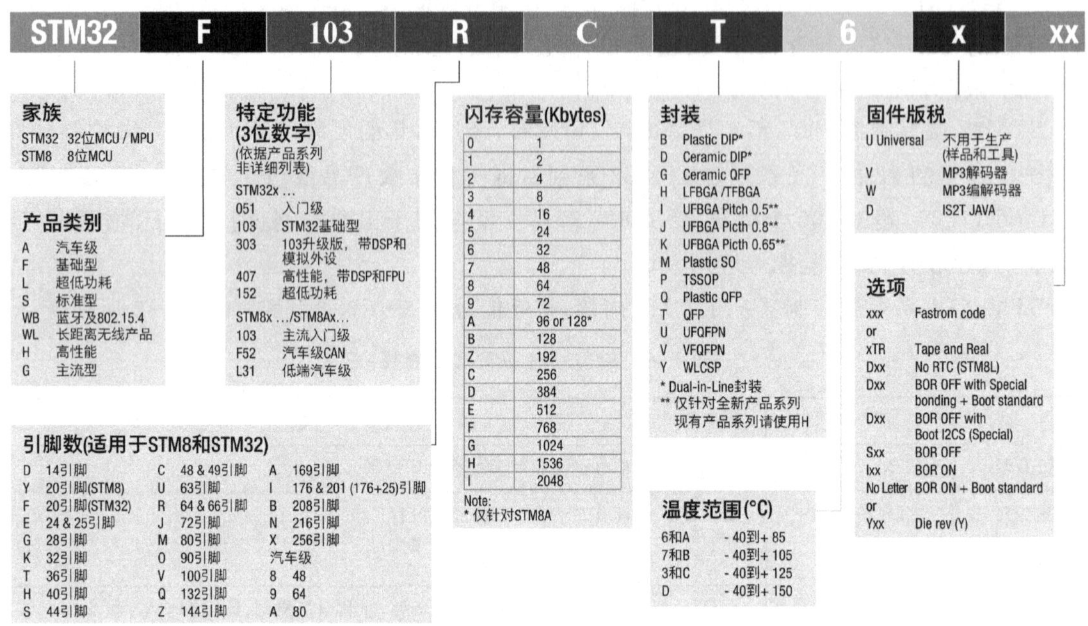

图 1-4　STM32 命名规则

表 1-6　STM32F103RCT6 命名含义

命　名	含　义
STM32	代表 ARM Cortex-M3 内核的 32 位微控制器
F	代表芯片子系列
103	代表增强型系列
R	代表引脚数,其中 T 代表 36 脚,C 代表 48 脚,R 代表 64 脚,V 代表 100 脚,Z 代表 144 脚
C	代表内嵌 Flash 容量,其中 6 代表 32 KB Flash,8 代表 64 KB Flash,B 代表 128 KB Flash,C 代表 256 KB Flash,D 代表 384 KB Flash,E 代表 512 KB Flash
T	代表封装,其中 H 代表 BGA 封装,T 代表 LQFP 封装,U 代表 VFQFPN 封装
6	代表工作温度范围,其中 6 代表-40～85 ℃,7 代表-40～105 ℃

LQFP64(64 引脚贴片)封装的 STM32F103RCT6 芯片如图 1-5 所示,各引脚按功能可分为电源、复位、时钟控制、启动配置和输入/输出,其中输入/输出可作为通用输入/输出,还可经过配置实现特定的第二功能,如 ADC、USART、I^2C、SPI 等。

1.4.2　STM32 总线和存储器结构

1. 总线结构

ARM 处理器采用的是哈佛结构。哈佛结构的微处理器指令和数据存储在不同的存储空间,采用独立的指令总线和数据总线,可以同时进行取指和数据读/写操作,从而提高处理器的运行性能。STM32F103 的总线系统由驱动单元、被动单元和总线矩阵三部分组成,如图 1-6 所示。

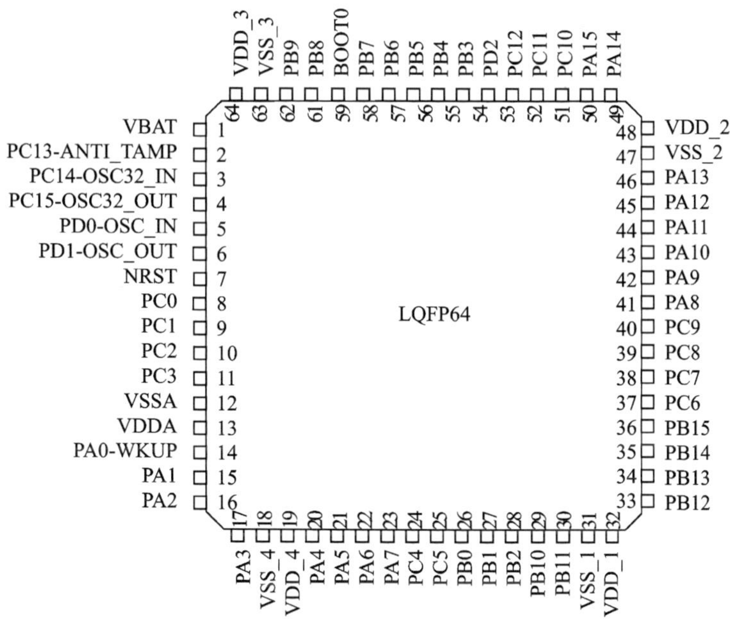

图 1-5　STM32F103RCT6 引脚图

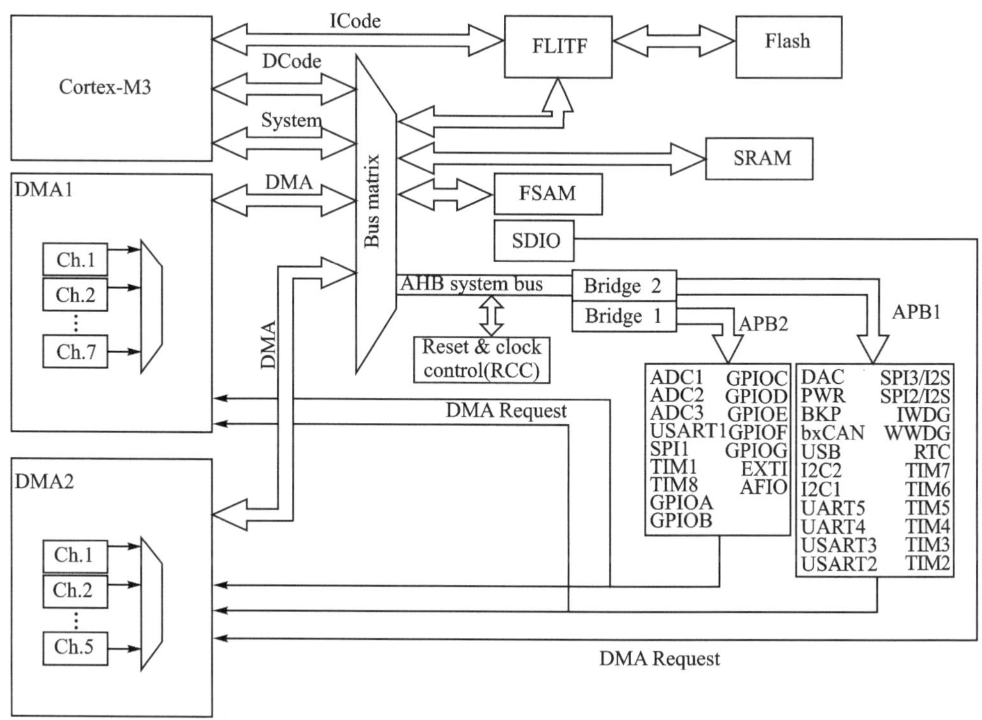

图 1-6　STM32 结构图

(1) 驱动单元

① 数据总线(DCode):该总线将 Cortex-M3 内核的数据总线连接到总线矩阵,用来取数

据。在写程序的时候,数据有常量和变量两种,常量是固定不变的,用 C 语言中的 const 关键字修饰,放到内部的 Flash 中;变量是可变的、放在内部的 SRAM。因为数据可以被 Dcode 总线和 DMA 总线访问,所以为了避免访问冲突,在存取数据的时候需要经过一个总线矩阵来仲裁,决定哪个总线在存取数据。

② 指令总线(ICode):该总线将 Cortex - M3 内核的指令总线与 Flash 指令接口相连接。取指操作在该总线上进行。

③ 系统总线(System):系统总线主要用来访问外设的寄存器,读写寄存器都是通过这根系统总线来完成的。也就是说内核控制外部设备是通过这条总线完成的。

④ 直接内存访问总线(DMA):DMA 总线主要是用来传输数据的,这个数据可以在某个外设的数据寄存器,可以在 SRAM,也可以在内部的 Flash。因为 Dcode 总线和 DMA 总线都可以访问数据,所以为了避免访问冲突,必须经过总线矩阵来仲裁。

(2) 被动单元

① 内部闪存存储器(Flash):编译好的机器代码就放在这个地方。内核通过 ICode 总线来取里面的指令。

② 内部静态随机存取存储器(SRAM):程序的变量、堆栈等的开销都是基于内部的 SRAM。内核通过 DCode 总线来访问它。

③ 灵活静态的存储器控制器(FSMC):FSMC 的英文全称是 Flexible Static Memory Controller,通过 FSMC 用户可以扩展内存,如外部的 SRAM、NANDFlash 和 NORFlash。FSMC 只能扩展静态的内存,而不能扩展动态的内存,比如就不能扩展 SDRAM。

④ AHB/APB 桥:从 AHB 总线延伸出来的 APB2 和 APB1 总线挂载着 STM32 各种各样的特色外设,这两条总线为外部设备提供数据通路和时钟驱动。

高级高性能总线(Advanced High Performance Bus,AHB)主要用于高性能模块,如 CPU、DMA 和 DSP 等之间的连接;高级外围总线(Advanced Peripheral Bus,APB)主要用于低带宽的周边外设之间的连接,如 UART、SPI 连接。AHB、APB 总线均为 ARM 公司推出的高级微控制器总线架构(Advanced Microcontroller Bus Architecture,AMBA)片上系统总线规范中的一部分,该规范定义了 ARM 架构下内核与芯片外设连接的总线架构。

APB1 和 APB2 的区别是总线时钟频率不同。APB2 用于高速外设,最高工作频率为 72 MHz,如串口、I^2C、SPI 等外设;APB1 用于低速外设,工作频率限制在 36 MHz,如 GPIO、ADC 等外设。实际应用时可通过程序来配置外设总线时钟频率。外设是学习 STM32 的重点,通过编程去控制这些外设以驱动外部的各种设备,是微控制器应用的主要内容。

(3) 总线矩阵(Bus Matrix)

DCode 总线、System 总线和通用 DMA 总线通过总线矩阵与被动单元相连,总线矩阵分时轮换协调内核中 DCode 总线、System 总线和 DMA 总线之间的访问。为了允许 DMA 访问,AHB 外设通过总线矩阵连接到系统总线。

2. 存储器结构和映射

由于 STM32 微控制器采用存储器统一编址方式,故外设部件 Flash、RAM、FSMC 和 AHB/APB 桥(片上外设)共同排列在一个 4 GB 的地址空间内。

存储器本身不具有地址信息,它的地址由芯片厂商或用户分配,给存储器分配地址的过程称为存储器映射。如果给存储器再分配一个地址,这一过程就称为存储器重映射。

在这 4 GB 的地址空间中,ARM 已经粗线条地平均分成了 8 个块,每块 512 MB,每个块也都规定了用途，具体分类见表 1－7。每个块的大小为 512 MB，显然这是非常大的，芯片厂商在每个块的范围内设计各具特色的外设时并不一定都用得完，都只用了其中的一部分而已。

表 1－7　存储器功能分类

序　号	用　途	地址范围
Block 0	代码区(Code)	0x0000 0000～0x1FFF FFFF(512 MB)
Block 1	数据存储区(SRAM)	0x2000 0000～0x3FFF FFFF(512 MB)
Block 2	片上外设(Peripherals)	0x4000 0000～0x5FFF FFFF(512 MB)
Block 3	FSMC(bank1～bank2)	0x6000 0000～0x7FFF FFFF(512 MB)
Block 4	FSMC(bank3～bank4)	0x8000 0000～0x9FFF FFFF(512 MB)
Block 5	FSMC 寄存器	0xA000 0000～0xCFFF FFFF(512 MB)
Block 6	没有使用	0xD000 0000～0xDFFF FFFF(512 MB)
Block 7	Cortex－M3 内部外设	0xE000 0000～0xFFFF FFFF(512 MB)

在这 8 个 Block 里，有 3 个块非常重要，也是用户最关心的 3 个块。Block0 分配给内部 Flash，Block1 分配给内部 RAM，Block2 分配给片上的外设，图 1－7 所示为 Block0 和 Block2 的具体映射。下面简单地介绍这两个 Block 里具体区域的功能划分。

（1）Block0 内部区域功能划分

Block0 主要用于设计片内的 Flash，STM32F103RCT6 的 Flash 都是 512 KB 的。Block0 内部区域的功能划分具体见表 1－8。

表 1－8 存储器 Block0 内部区域功能划分

块	用途说明	地址范围
Block0	预留	0x1FFE C008～0x1FFF FFFF
	选项字节：用于配置读写保护、BOR 级别、软件/硬件看门狗以及器件处于待机或停止模式下的复位	0x1FFF F800～0x1FFF F80F
	系统存储器：里面存的是 ST 公司，在芯片出厂时烧写好的 Isp 自举程序(Bootloader)，用户无法改动。使用串口下载用户程序时，需要用到这部分程序	0x1FFF F000～0x1FFF F7FF
	预留	0x0808 0000～0x1FFF EFFF
	Flash：用户程序就放在这里	0x0800 0000～0x0807 FFFF (512 KB)
	预留	0x0008 0000～0x07FF FFFF
	重复地址	0x0000 0000～0x0007 FFFF

（2）Block2 内部区域功能划分

Block2 用于设计片内的外设，根据外设的总线速度不同，Block 被分为 APB 和 AHB 两部分，其中 APB 又被分为 APB1 和 APB2，差异是总线时钟频率不同。存储器 Block2 内部区域功能划分见表 1－9。

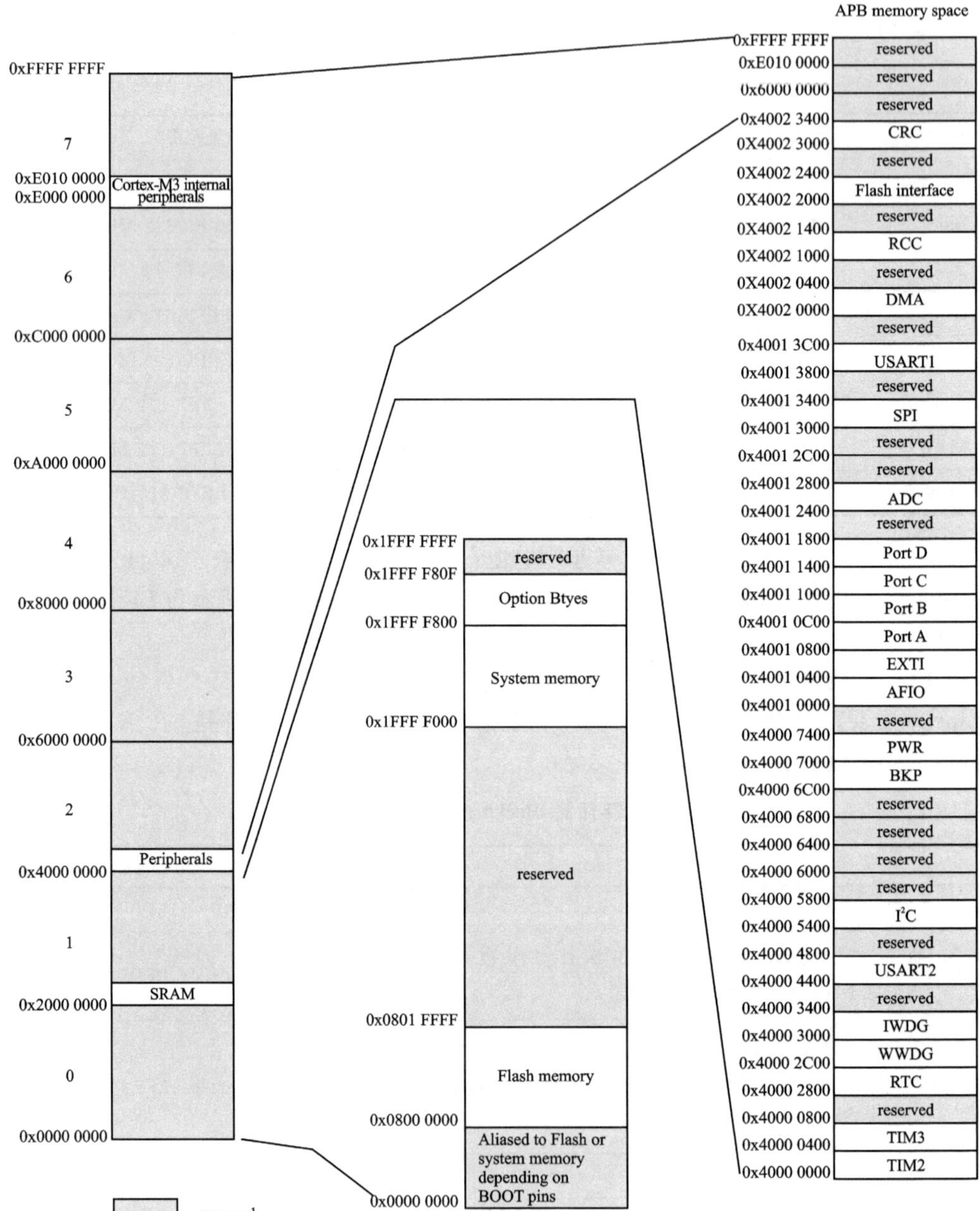

图 1-7　STM32 内存映射图

表 1-9　存储器 Block2 内部区域功能划分

块	用途说明	地址范围	主要外设
Block2	APB1 外设总线(低速外设)	0x4000 0000～0x4000 77FF	DAC、SPI2、I^{2}C、TIM2、USART2 等
	APB2 外设总线(高速外设)	0x4001 0000～0x4001 3FFF	ADC、GPIO、TIM1、USART1 等
	AHB 总线外设	0x4001 8000～0x5003 FFFF	CPU 内核、DMA、SRAM 等

1.4.3　STM32 最小系统电路

最小系统是指仅用最少的元器件，微控制器系统就可以工作。无论多么复杂的嵌入式系统，都可以认为是由最小系统和扩展功能组成的。最小系统包括时钟电路、复位电路和电源电路，如图 1-8 所示。

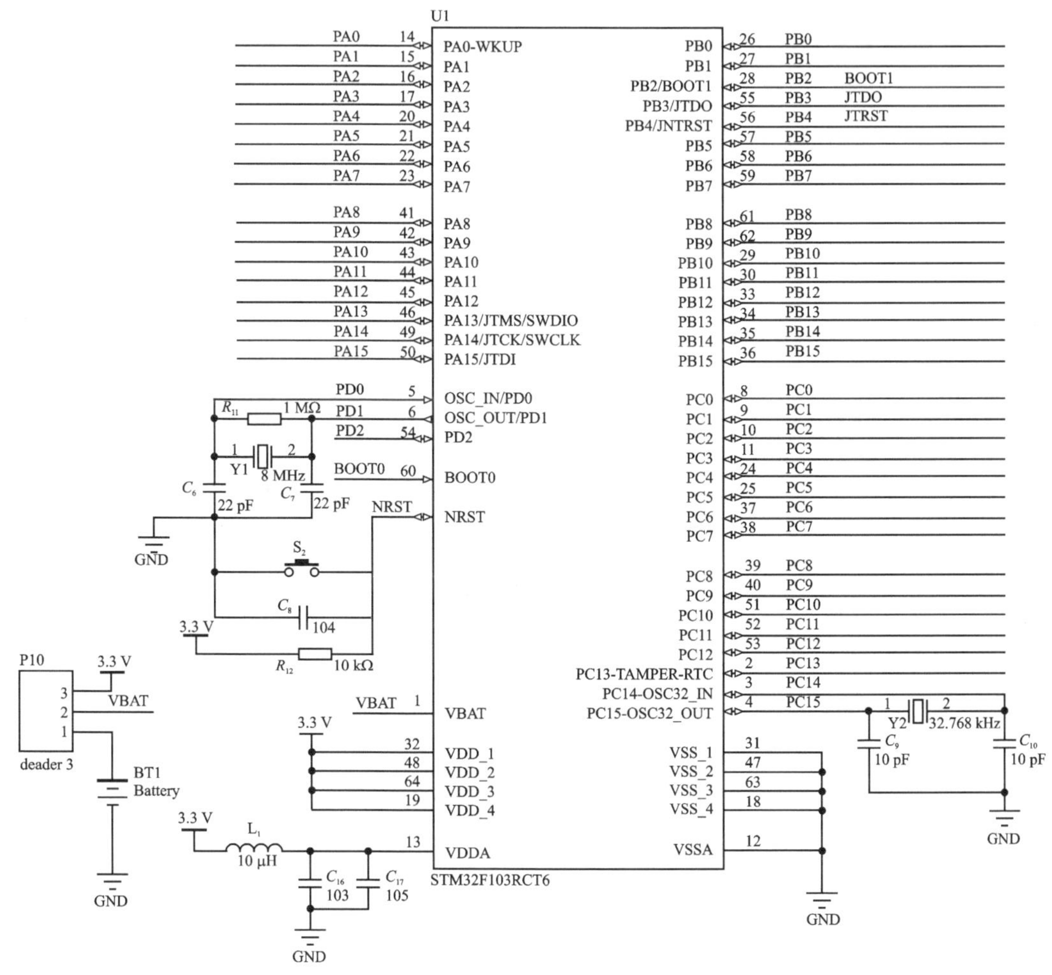

图 1-8　STM32 最小系统原理图

1. 时钟电路

STM32 可外接两个晶体振荡器为其内部系统提供时钟源。

一个是高速外部时钟(HSE)，用于为系统提供较为精确的主频，外部时钟可以使用一个 4～16 MHz 的晶体/陶瓷谐振器，连接到微控制器的 OSC_IN 和 OSC_OUT 引脚。

另一个是低速外部时钟(LSE)，石英晶体的频率为 32.768 kHz，连接到微控制器的 OSC32_IN 和 OSC32_OUT 引脚，用于为系统提供精准的日历时钟功能。LSE 可通过程序选择驱动实时时钟(RTC)，为实时时钟或者其他定时功能提供一个低功耗且精确的时钟源，只要 VBAT 引脚维持供电，即使芯片电源 VDD 供电被切断，RTC 仍继续工作。

在实际应用中，谐振器和负载电容(图 1-8 中 C_6、C_7、C_9、C_{10})必须尽可能地靠近振荡器的引脚，以减少输出失真和启动时的稳定时间。建议使用高质量的(典型值为 5～25 pF)瓷介电容器。

2. 复位电路

如图 1-8 所示，R_{12} 和 C_8 构成上电复位电路，S_2 为手动复位按钮。为了使其充分复位，在工作电压 3.3 V 时，复位时间设置为 200 ms。NRST 复位引脚在复位过程中保持低电平，复位结束后为高电平。

3. 电源电路

STM32 的多组电源供电引脚可以分为 3 类，数字电源 V_{DD}、模拟电源 V_{DDA} 和电池电源 V_{BAT}，如图 1-8 所示。实际使用时，根据情况这 3 类供电引脚可以接在一起，由一个电源统一供电，也可采用不同电源分别供电。电源供电区域如图 1-9 所示。

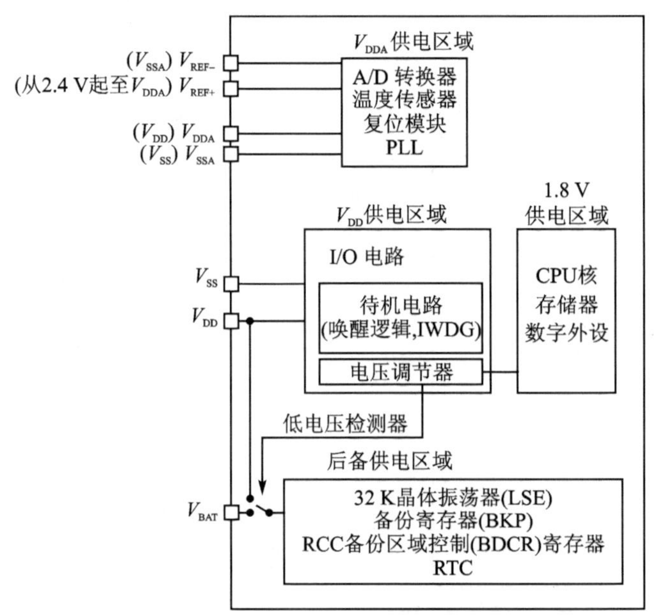

图 1-9　STM32 电源供电示意图

(1) 数字电源 V_{DD}

STM32 的工作电压(V_{DD})为 2.0～3.6 V。通过内置的电压调节器提供所需的 1.8 V 电源。因此，只需要提供单个 V_{DD} 电源 STM32 就可以正常工作，但是，芯片上有多组电源供电引脚需要全部供电，并在供电端设计滤波电容保证供电的稳定性。内置电压调节器主要有如下 3 种工作模式。

① 运行模式：提供 1.8 V 电源(处理器、内存和外设)，此种模式也称主模式(MR)。在运行模式下，可以通过降低系统时钟，或者关闭 APB 和 AHB 总线上未被使用的外设时钟来降低功耗。

② 停止模式：选择性提供 1.8 V 电源，即为某些模块提供电源，如为寄存器和 SRAM 供电以保存其中的内容。此种模式也称为电压调节器的低功耗模式(LPR)。

③ 待机模式：切断处理器电路的供电，调压器的输出为高阻状态，调压器处于零消耗关闭状态。除备用电路和备份域外，寄存器和 SRAM 的内容全部丢失。此种模式也称关断模式。

(2) 模拟电源 V_{DDA}

对于模拟供电引脚，不论是否使用模拟部分，都需要对其进行供电。为了提高转换的精确度，ADC 建议使用一个独立的电源供电，过滤和屏蔽来自数字电路的干扰。ADC 的电源引脚

为 V_{DDA}，独立的电源地为 V_{SSA}，如果有 V_{REF} 引脚，V_{REF+} 可以外接更加稳定的参考源，V_{REF-} 必须连接到 V_{SSA}。

(3) 备份电源 V_{BAT}

主电源 V_{DD} 掉电后，通过 V_{BAT} 脚为实时时钟（RTC）和备份寄存器（Backup Registers，BKP）提供电源。电池或其他电源连接到 V_{BAT} 脚上，当 V_{DD} 断电时，可以保存备份寄存器的内容并维持 RTC（实时时钟）的功能。V_{BAT} 为 RTC、LSE 振荡器和 PC13～PC15 端口供电，可保证当主电源被切断时 RTC 能继续工作。切换到 V_{BAT} 供电的开关由复位模块中的掉电复位功能控制。当不使用 RTC 和外部低速时钟时，可将 V_{BAT} 引脚连接到 V_{DD} 引脚。

4. 启动配置电路

在 STM32F10xxx 中，可通过 BOOT[1:0]引脚选择 3 种不同启动模式，如表 1－10 所列。

表 1－10　启动模式配置表

启动模式选择引脚		启动模式	说　明
BOOT1	BOOT0		
×	0	主闪存存储器	主闪存存储器被选为启动区域
0	1	系统存储器	系统存储器被选为启动区域
1	1	内置 SRAM	内置 SRAM 被选为启动区域

在系统复位后，在 SYSCLK 的第 4 个上升沿，BOOT 引脚的值将被锁存。用户可以通过设置 BOOT1 和 BOOT0 引脚的状态来选择在复位后的启动模式。在从待机模式退出时，BOOT 引脚的值将被重新锁存，因此，在待机模式下 BOOT 引脚应保持为需要的启动配置。

根据选定的启动模式，主闪存存储器、系统存储器或 SRAM 可以按照以下方式访问：

(1) 从主闪存存储器启动

主闪存存储器 Flash 被映射到启动空间（0x0000 0000），但仍然能在它原有的地址（0x0800 0000）访问它，即闪存存储器的内容可在两个地址区域访问：0x0000 0000 或 0x0800 0000。

在常规的系统设计中，用户程序下载到 Flash 中，因此应该选择从主闪存存储器启动，也就是确保 BOOT0 引脚连接为低电平，BOOT1 电平状态任意。

(2) 从系统存储器启动

系统存储器被映射到启动空间（0x0000 0000），但仍然能够在它原有的地址（互联型产品原有地址为 0x1FFF B000，其他产品原有地址为 0x1FFF F000）访问它。

一般来说，选用这种启动模式是为了从串口下载程序，因为厂家在系统存储器区域预置了一段引导程序 BootLoader，即 ISP（In System Program）程序，提供了串口下载程序的固件，可以通过这个 BootLoader 将程序下载到系统的 Flash 中。这种下载方式需要在程序下载完成后，将 BOOT0 设置为低电平，然后系统复位，这样 STM32 才可以从 Flash 中启动。

(3) 从内置 SRAM 启动

该种启动方式只能在 0x2000 0000 开始的地址区访问 SRAM。因为 SRAM 掉电后数据就丢失了。一般情况下此模式只是在程序调试时使用。

5. 调试接口 JTAG 和 SWD

STM32 系列微控制器的内核是 ARM 公司的 Cortex－M3 内核，内核集成了串行/JTAG 调试接口（SWJ－DP）。这是标准的 CoreSight 调试接口，包括 JTAG－DP 接口和

SW－DP 接口,如表 1－11 所列。

表 1－11　STM32 调试端口功能

SWJ－DP 引脚名	JTAG 调试端口		SWD 调试端口		引脚分配
	类型	描述	类型	调试分配	
JTMS/SWDIO	输入	JATG 模式选择	I/O	数据 I/O	PA13
JTCK/SWDCLK	输入	JATG 时钟	输入	串行线时钟	PA14
JTDI	输入	JATG 数据输入			PA15
JTDO/TRACESWO	输出	JATG 数据输出		异步跟踪	PB3
JNTRST	输入	JATG 复位			PB4

联合测试行动小组(Joint Test Action Group,JTAG)是一种国际标准测试协议(IEEE 1149.1 兼容),主要用于芯片内部测试。现在多数的高级器件都支持 JTAG 协议,如 ARM、DSP、FPGA 器件等。标准的 JTAG 接口是 4 线:TMS、TCK、TDI、TDO,分别为模式选择、时钟、数据输入线和数据输出线。

JTAG 在使用时通常采用 20PIN 的接口,由于使用引脚较多、连线复杂、占用 PCB 面积较大,近些年在多数情况下 20PIN 的接口被串行调试(SWD)接口所替代。

SWD 是一种和 JTAG 不同的调试模式,使用的调试协议也不一样,与 JTAG 的 20 个引脚相比,SWD 只需要 PA13、PA14 以及电源引脚,结构简单。但是 SWD 使用范围没有 JTAG 广泛,主流调试器上也是后来才加的 SWD 调试模式。

SWD 模式比 JTAG 在高速模式下更加可靠,在大数据量时 JTAG 下载程序会失败,但是 SWD 下载失败的发生概率要小很多。

SWD 模式需要 VDD、GND、RST、SWDIO、SWDCLK 等引脚,最多需要 5 个引脚,最少只需要 3 个引脚,因为其连线简单,连接可靠,目前是首选的调试接口。

本章习题

1. 分别以框图和电路原理方式绘制出微控制器最小系统图,并说明各部分作用。

2. STM32F103 系列微控制器如何配置三种不同启动模式?并说明启动模式应用场景。

3. 关于 STM32 的时钟,试问:

① HSE、LSE 时钟的区别和作用?

② AHB、APB1 和 APB2 总线时钟最高分别是多少?外接哪些内部外设?请举例说明。

4. 根据 STM32 的存储器映射,试问:

① STM32 可寻址多大的地址空间?

② 程序运行过程中使用的临时变量保存在哪块区域?

③ STM32 的 GPIO 地址处在哪个地址范围内?

④ 微控制器编程形成的可执行程序最终下载到哪个区域?

5. 图 1－8 所示的上电复位电路,R_{12} 和 C_8 取值对复位信号有什么影响?

6. 以身边的电子设备为例,参照图 1－2,通过框图的方式,绘制设备的输入和输出信号,并描述设备的基本控制逻辑。

第2章　开发环境

本章主要内容：STM32CubeMX 图形化代码生成工具的安装与使用，Keil 集成开发环境的安装与使用，程序代码框架解析，工程调试验证和应用举例。

本章案例：单个发光二极管的控制。

2.1　STM32CubeMX 图形化代码生成工具

STM32CubeMX 软件是 ST 公司为 STM32 系列微控制器快速建立工程框架，并为各种外设生成初始化 C 代码的图形化工具。对初学者来说，STM32CubeMX 工具的应用大大降低了 STM32 系列微控制器的使用门槛；对熟练的开发人员来说，大大缩短了开发时间。同时，此工具还提供了良好的辅助功能，例如，可以进行第三方中间件的配置使用，例如 FreeRTOS、FATFS、LWIP 等，使开发人员不再纠结于底层移植，专注于应用，极大缩短了开发周期；此外，STM32CubeMX 还可以对设计方案进行功耗预估，输出 PDF、TXT 文档，并显示工程中的 GPIO 等外设的配置信息，方便进行原理图设计。

2.1.1　STM32CubeMX 安装及建立新工程

安装 STM32CubeMX 软件前需要先安装 Java 运行环境，具体安装步骤如下：

(1) Java 开发环境下载和安装

Java 开发环境网址：www.java.com/en/download/manual.jsp。

(2) STM32CubeMX 软件下载和安装

STM32CubeMX 软件下载地址：www.st.com/stm32cubemx，下载前需要先注册。

(3) 建立新工程

启动 STM32CubeMX 软件，在线安装用户选用的 STM32 微控制器对应的 MCU 固件包。起始画面如图 2-1 所示。

在页面的“New Project”选项中单击“ACCESS TO MCU SELECTOR”按钮，进入 MCU 选型界面。

2.1.2　芯片选型

1. STM32CubeMX 芯片选型

在图 2-2 所示界面中可以进行微处理器型号选择。本书使用的芯片为 STM32F103RCT6。

2. 选型原则

(1) 按内核选型

目前按照内核不同，STM32 产品覆盖 Cortex 超高性能的 A7+M4，高性能的 M7、M7+M4、M4，标准性能的 M3、M33，超高性价比的 M0、M0+等 8 种内核的微处理器，用户可以根据应用场合对性能和成本的要求选择合适的内核，从而筛选出满意的芯片型号。

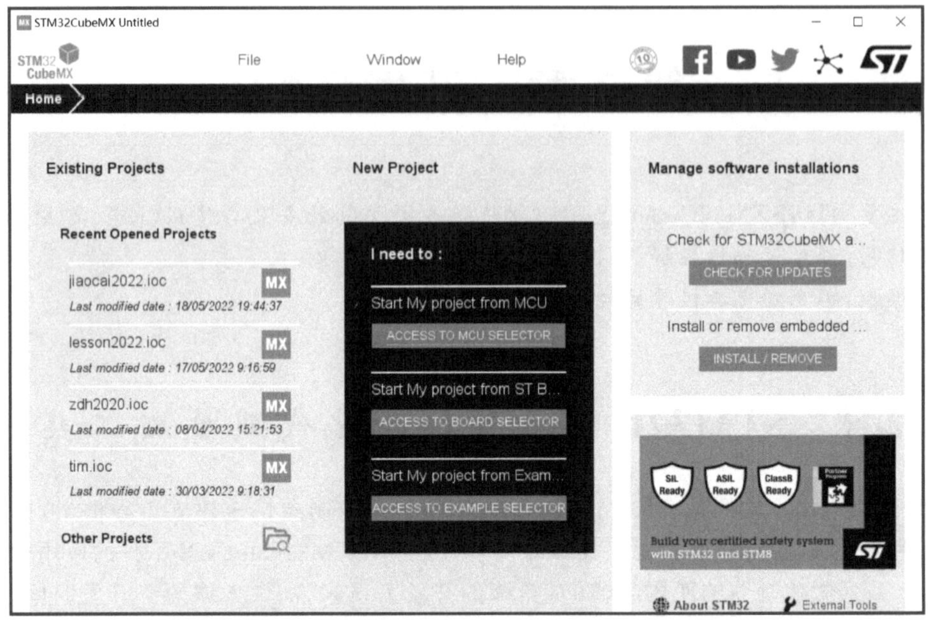

图 2-1　STM32CubeMX 软件起始界面图

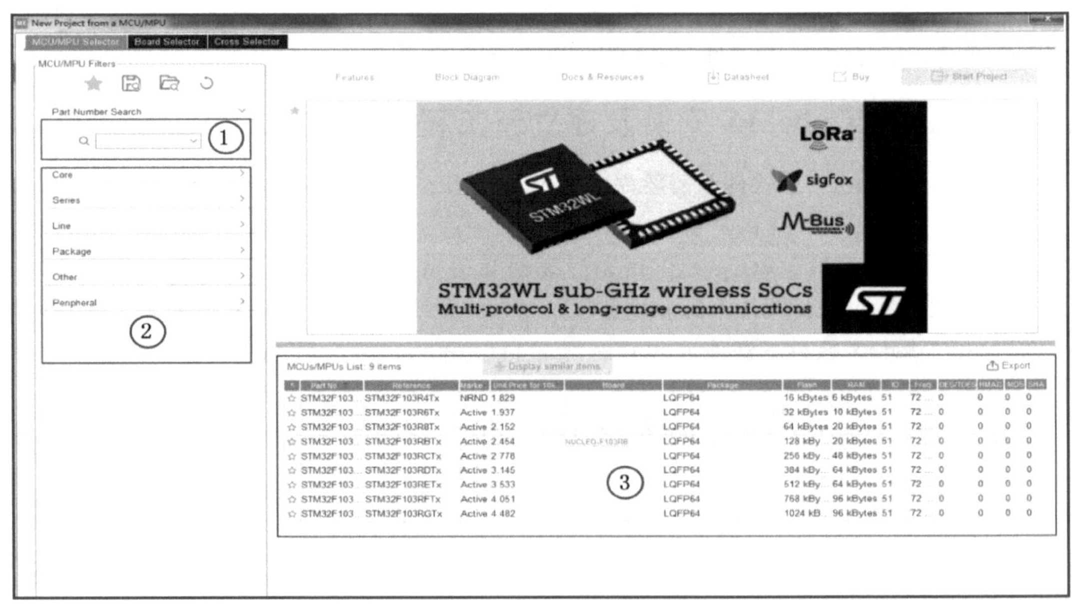

图 2-2　MCU 选型界面图

(2) 按系列选型

STM32 产品系列分为增强型 F0、F1、F2、F3、F4、F7 系列,升级的 G0、G4 系列,高性能的 H7 系列,低功耗的 L0、L1、L4、L4+、L5 系列,超高性能的 MP1 系列,内置无线的 WB 系列。用户可在充分了解各个系列差异的情况下通过产品系列进行筛选。

(3) 按产品线选型

在产品系列的基础上,每个系列又分为若干个产品线,产品的定位更加细化,且具有更强的应用场景适应性，如果用户对产品线有确定的需求，可按产品线进行筛选。

(4) 按封装选型

在产品设计中，由于应用场景会限制产品的 PCB 面积、产品尺寸及芯片的贴装方式，故通常只有特定的封装才能满足设计的需要，因此可以通过封装形式进行芯片选型的筛选。

(5) 按性能选型

按照芯片的其他性能，如预估价格、I/O 数量、EEPROM 容量、Flash 容量、RAM 容量以及最大运行频率等参数，用户可以在预估程序规模、可能使用的 I/O 数量、是否使用掉电参数保存、处理运算能力的基础上，通过设定上下限来筛选芯片。

(6) 按外设选型

用户在进行芯片选型时，通常会对当前设计所使用的外设资源有一个初步的统计，根据这些信息，用户可以通过 STM32CubeMX 限定外设的数量来快速筛选出符合需求的芯片。在此过程中需要注意，由于外设引脚存在复用关系，导致引脚是互斥的，因此在限制外设数量时，应该选择比实际需要数量略大的芯片，否则有可能因为引脚冲突导致选型失败。

芯片选型选择 STM32F103RCT6、封装选择 LQFP64 后，进入芯片配置工作界面，如图 2-3 所示。

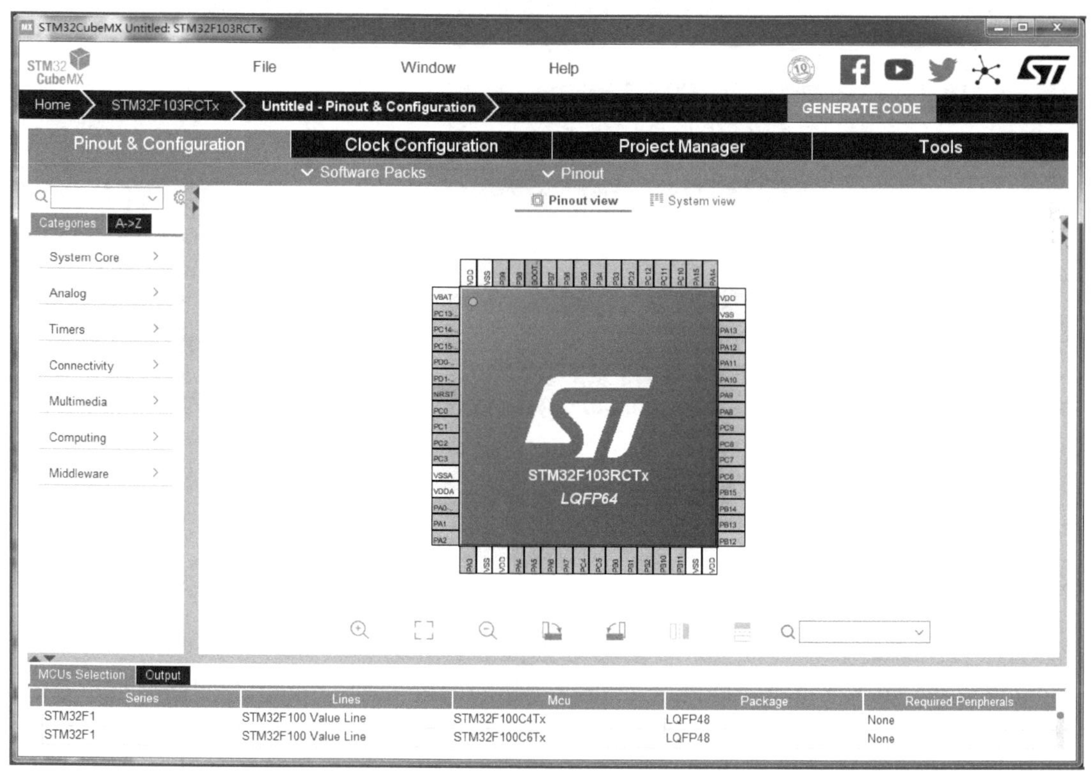

图 2-3 CubeMX 配置工作界面

界面上方的导航栏可选择软件主要功能，包括引脚配置(Pinout&Configuration)，配置芯片引脚工作模式；时钟配置(Clock Configuration)，配置系统时钟；工程管理(Project Manager)，管理工程文件、代码生成等。

左方的导航栏可选择需要配置的芯片外设资源，包括系统内核(System Core)、模拟外设

(Analog)、定时器(Timers)、总线连接(Connectivity)、多媒体(Multimedia)、计算(Computing)和中间件(Middleware),芯片内部所有外设及资源都包含在以上分类中,如通用输入/输出接口(GPIO)、中断向量控制器(NVIC)、系统复位与时钟(RCC)、模数转换器(ADC)、数模转换器(DAC)、定时器(TIM)、异步串行收发器(UART)等外设,以及循环冗余(CRC)校验计算、FatFs 文件系统和 FreeRTOS 实时操作系统等资源。

2.1.3　时钟配置

1. RCC 模式配置

在 STM32CubeMX 中选择 System Core 分类中的 RCC(Reset and Clock Control,复位和时钟控制器)外设,将 High Speed Clock(HSE)由 Disable 修改为 Crystal/Ceramic Resonator(晶体振荡器),使能外部高速时钟,此时在引脚图中 PD0、PD1 引脚会显示被晶振占用,如图 2-4 所示。

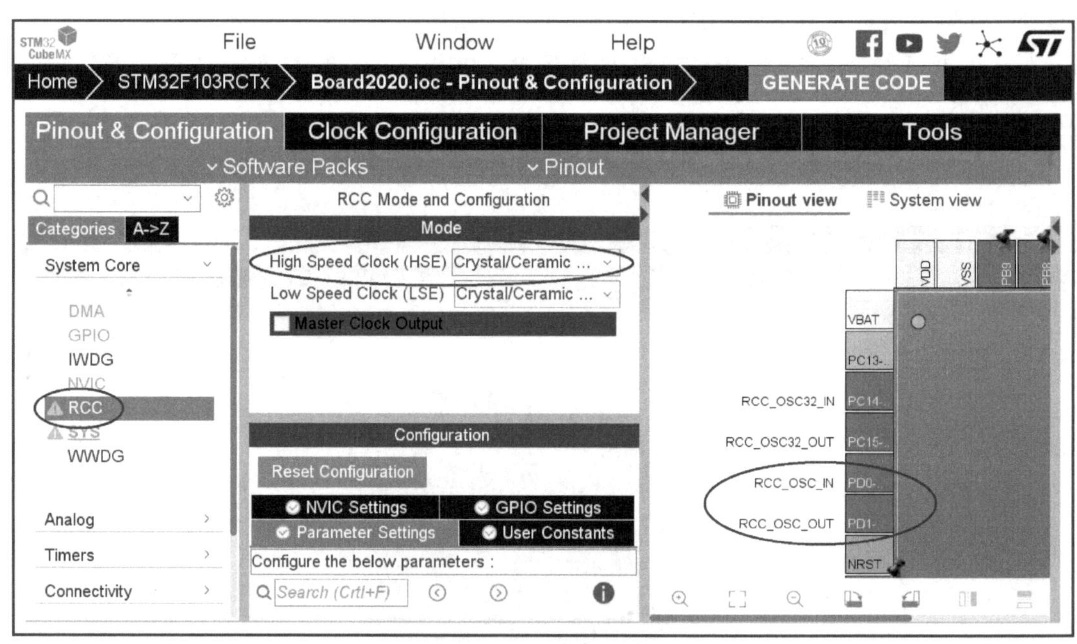

图 2-4　外部时钟选择界面

2. 时钟配置

选择时钟配置(Clock Configuration)界面,如图 2-5 所示。

① 根据实际情况输入晶振的振荡频率,本书使用实验板配置的是 8 MHz 晶振,因此,此处输入数字 8。

② PLL Source Mux 锁相环时钟源多路选择开关,选择外部高速时钟 HSE。

③ STM32F103RCT6 的最高时钟是 72 MHz,锁相环倍频因子选择数字 9,由于外部高速时钟是 8 MHz 晶振,因此经过锁相环后时钟系统时钟 SYSCLK 倍频到 72 MHz。

④ System Clock Mux 系统时钟多路选择开关,选择锁相环时钟源 PLLCLK。

⑤ AHB 预分频因子选择默认值 1,则高速总线时钟 HCLK 为 72 MHz;APB1 预分频因子选择 2 分频,原因是此部分外设的最大工作频率是 36 MHz;APB2 总线时钟选择默认值。

经过以上步骤,系统时钟配置完成,一般一个工程项目只需要配置一次即可。如果系统中

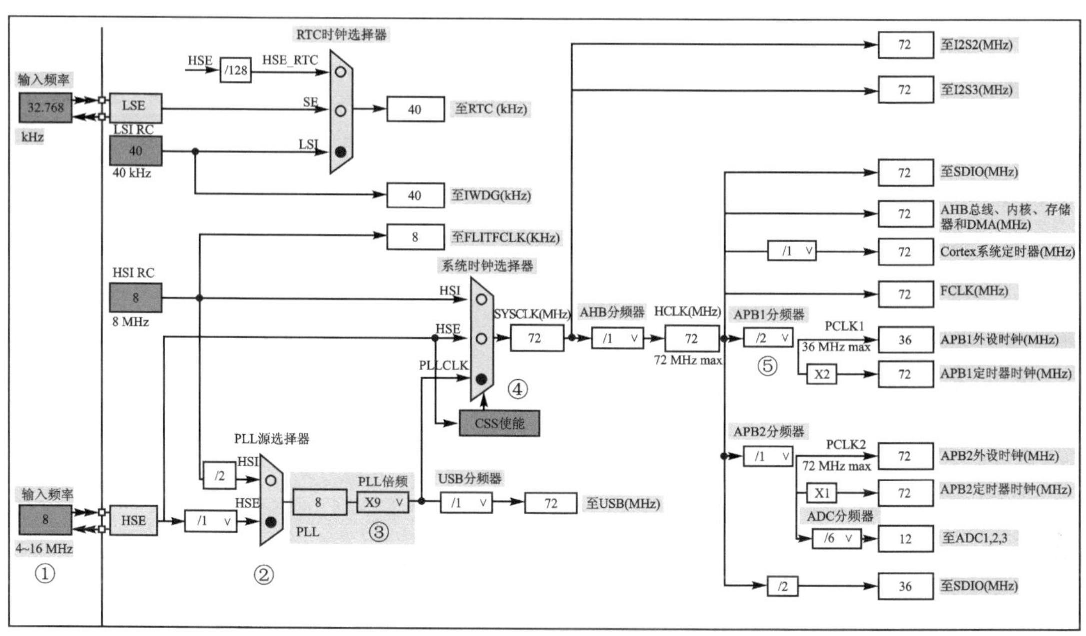

图 2－5　时钟配置界面

使用了 ADC 模块、USB 模块，时钟树会显示相关内容，也需要相关的设置，这将在后续章节进行介绍。

2.1.4　引脚配置

以单个 LED 控制为例，如图 2－6 所示，发光二极管 D1 由 STM32F103RCT6 微处理器的 PA4 引脚控制，当 PA4 为高电平时，D1 熄灭；PA4 为低电平时，D1 点亮。也就是说，控制 D1 的亮灭实际就是在 PA4 引脚工作在输出模式时控制 PA4 的高低电平。图 2－7 所示为在 STM32CubeMX 中的引脚配置界面(Pinout&Configuration)，设定 PA4 引脚为输出模式。

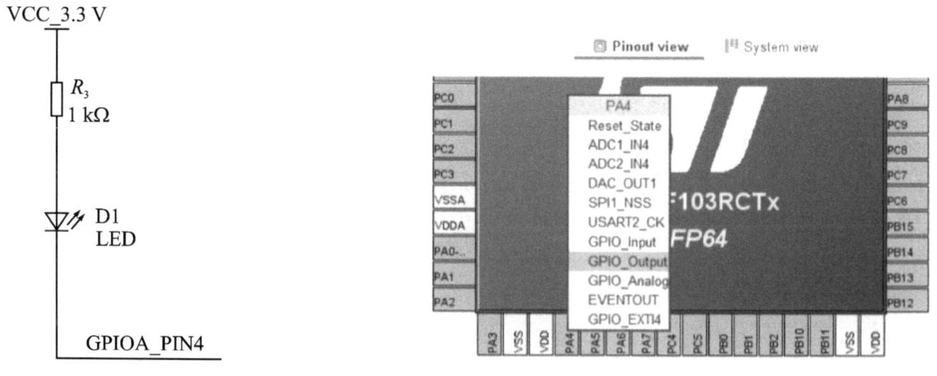

图 2－6　LED 控制电路图　　　　**图 2－7　引脚配置操作示意图**

2.1.5　工程代码生成

选择工程管理(Project Manager)界面，如图 2－8 所示，输入项目名称。切记：项目名称不要出现中文和特殊字符，项目路径中也不要出现中文。在 Toolchain/IDE 中选择 MDK－ARM，Min Version(最低版本)选择 V5 及以上，其他部分保持默认。

选择右上角的 GENERATE CODE 按钮生成工程模板，在生成过程中会自动下载官方软件包,耐心等待就可以了。

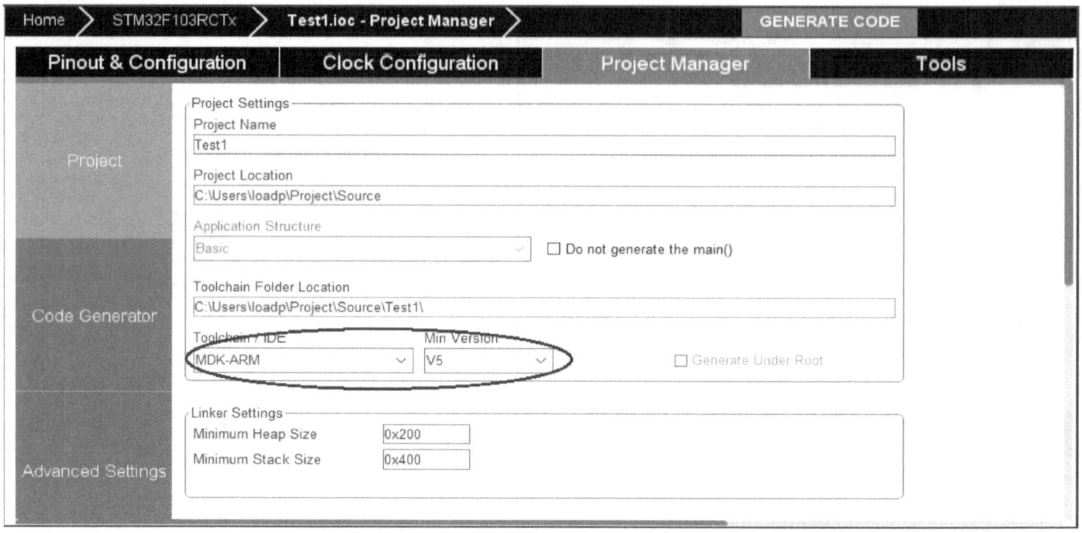

图 2-8　生成工程模板配置图

2.2　Keil 集成开发环境

上文中在生成代码模板时选择了 MDK - ARM,Keil MDK - ARM 是广泛应用于基于 ARM Cortex - M 内核的微处理器的全套软件开发环境。Keil 拥有较完善和应用较广的 C51 开发环境,因此被广大开发者所熟知,在推出 MDK - ARM 作为 ARM 集成开发环境之后又被 ARM 公司收购,成为了 ARM 集成开发环境。

2.2.1　Keil 安装

要想获得 Keil5 的安装包,需要到 Keil 的官网下载:https://www.keil.com/download/product/,同样需要进行注册。推荐使用 Keil 的 5.0 以上版本,若有新版本大家可使用更高版本。5.0 以上版本需要读者自行安装对应芯片的软件包,直接去 Keil 官网下载:http://www.keil.com/dd2/pack/ ,需要安装 STM32F1 系列的 Pack 软件包。

Keil 界面描述如图 2-9 所示。

2.2.2　源程序编辑和管理

Keil 安装完成并安装 STM32F1 系统的 Pack 软件包后,打开 CubeMX 生成的工程文件,就可以在 main.c 文件中添加用户代码以实现不同的功能了。但是随着工程规模的增加,将所有代码放在一个文件中会带来各种问题,比如文件代码量巨大,可读性下降,不利于后续维护;另外,在修改代码时,编译过程需要编译全部代码,效率低;常用的解决方法是将不同程序模块分别放在不同的源文件中。

单击 Keil 工具栏中的新建文件,创建一个新文件,可以保存为 C 文件或 H 文件,在物理路径中,为了方便用户源程序管理,可以在工程文件夹下建立一个用户文件夹,用来存放用户源程序。

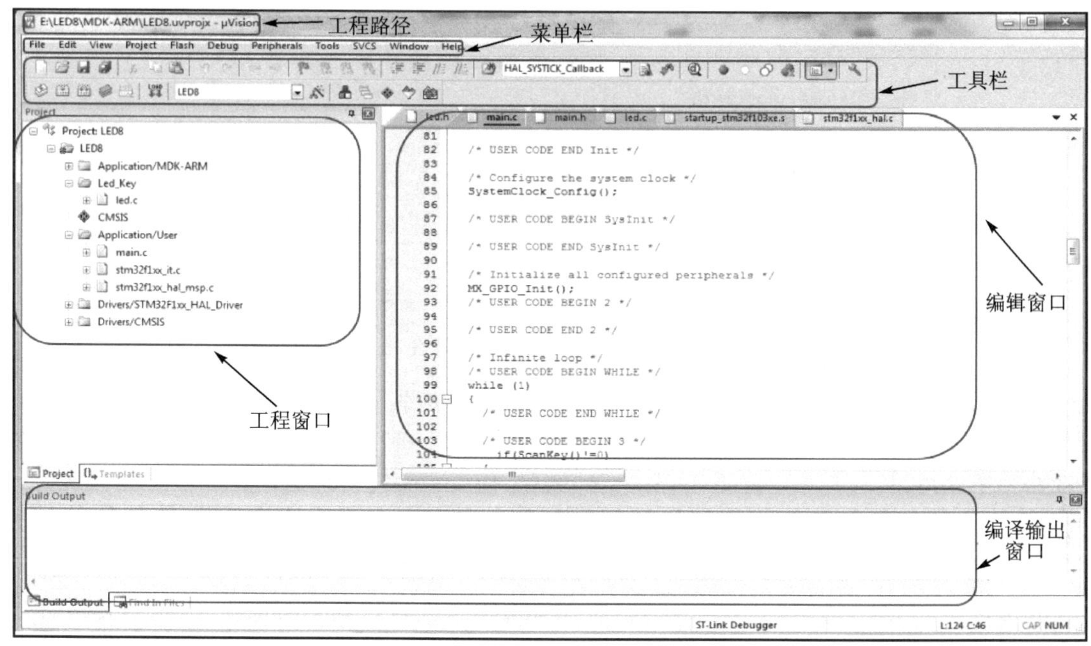

图 2-9　Keil 界面描述

在工程管理中可以添加不同的 Group 来分别管理不同的模块。注意新建的源文件必须通过添加到 Group 才能真正添加到工程中。

良好的文件组织管理习惯和编码规范会使程序设计结构更加清晰，后续维护更加高效。

2.2.3　工程路径管理和设置

新建的 H 文件，编译前需要将用户新建的头文件添加到工程的头文件搜索路径中。方法如下：在 Project 菜单下，单击 Options for Target 选项，弹出工程目标配置窗口。在工程目标配置窗口下选择"C/C++"，如图 2-10 所示，单击选择路径按钮，弹出图 2-11 所示的界面，单击"新建"按钮（图中 1 处），然后选择用户头文件保存的路径即可（图中 2 处）。

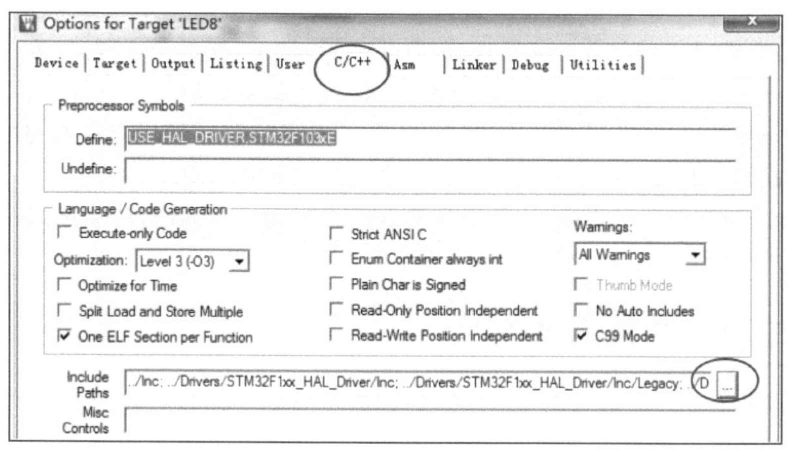

图 2-10　工程目标配置

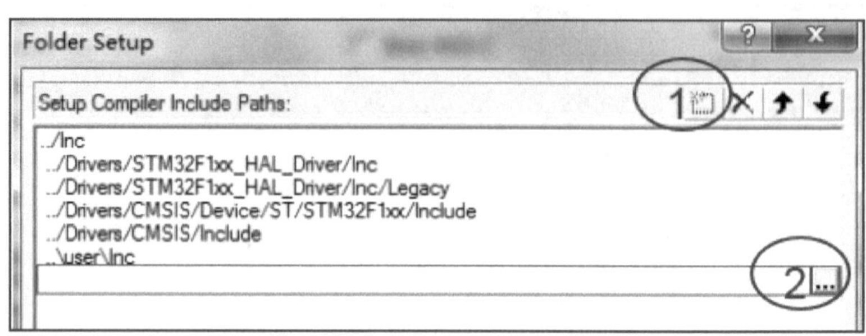

图 2-11　添加工程文件路径

对于使用第三方的源代码同样需要将所需头文件添加到工程头文件的路径中,具体的方法与自定义头文件的添加方法相同,需要注意的是头文件一般不需要特意添加到工程中,只需要在路径中就可以,这样可以降低工程中文件数量,使工程管理更加简洁。

2.2.4　工程编译

无论是 C、C++,还是其他编程语言,首先要把源文件编译成中间代码文件(目标文件),在 Windows 下也就是 .obj 文件,UNIX 下是 .o 文件,即 Object File,这个动作称为编译(Compile)。然后再把大量的 Object File 合成执行文件,这个动作称为链接(link)。简单总结,源程序是让人阅读的,是人可以看懂的程序,除了实现业务功能外,最大的作用就是用于交流和阅读。因此,在程序编写过程中程序的可读性是非常重要的一项要求;而可执行文件才是微处理器能够理解的机器语言,不同的处理器,特别是不同架构的微处理器,它们的机器语言千差万别,因此需要编译器来帮助用户把源文件编译链接为可执行文件。

编译时,编译器需要的是语法正确,函数与变量的声明正确。通常用户需要告诉编译器头文件的所在位置(头文件中应该只是声明,而定义应该放在 C/C++文件中),只要所有的语法正确,编译器就可以编译出中间目标文件。一般来说,每个源文件都应该对应于一个中间目标文件(.o 文件或是.obj 文件)。编译仅仅说明所编写的单个源程序没有语法错误,并不保证整个工程中能够生成可执行文件,更不保证业务逻辑的正确性。因此,编译正确只是作为开发人员最基础的编程素养。

链接时,主要链接函数和全局变量,链接器并不管函数所在的源文件,只利用中间目标文件(Object File),按照不同处理器的运行空间要求,或者指定的链接描述文件,将函数的可执行代码安排在正确的位置,并最终生成可以运行的可执行文件。所以有时候可能会出现编译没有问题但是在链接时发生找不到函数实现或者变量定义等问题。

STM32 开发板在使用过程中,使用 C 语言作为开发源程序的语言,使用 Keil 的编译器来编译链接生成可执行的 HEX 文件。

2.2.5　可执行文件生成设置

在工程目标配置窗口下选择 Output,在该选项界面下,选中 Create HEX File 选型即可,如图 2-12 所示。

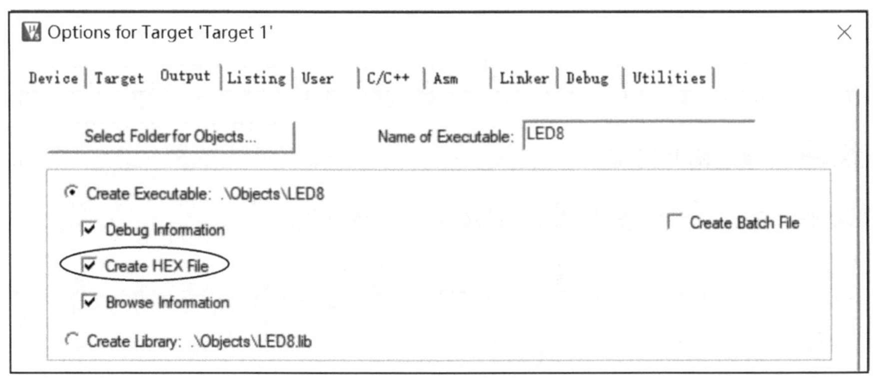

图 2－12　可执行文件生成配置

2.2.6　程序空间-内存空间

MCU 包含的存储空间有：片内 Flash 与片内 RAM，RAM 相当于内存，Flash 相当于硬盘。编译器会将一个程序分为好几个部分，分别存储在 MCU 不同的存储区。

Keil 工程在编译完之后，会有相应的程序所占用空间的提示信息，Program Size 包含以下几个部分：

① Code：代码段，存放程序的代码部分（占用 Flash 空间）；

② RO－data：只读数据段，存放程序中定义的常量（占用 Flash 空间）；

③ RW－data：读写数据段，存放初始化为非 0 值的全局变量（占用 RAM 空间）；

④ ZI－data：零数据段，存放未初始化的全局变量及初始化为 0 的变量（占用 RAM 空间）。

程序运行之前，需要有文件实体被烧录到 STM32 的 Flash 中，一般是 Bin 或者 Hex 文件，该被烧录的文件称为可执行映像文件。图 2－13 中左图所示为可执行映像文件烧录到 STM32 后的内存分布，它包含 RO 段和 RW 段两个部分：其中 RO 段中保存了 Code、RO－data 的数据，RW 段保存了 RW－data 的数据，由于 ZI－data 都是 0，所以未包含在映像文件中。

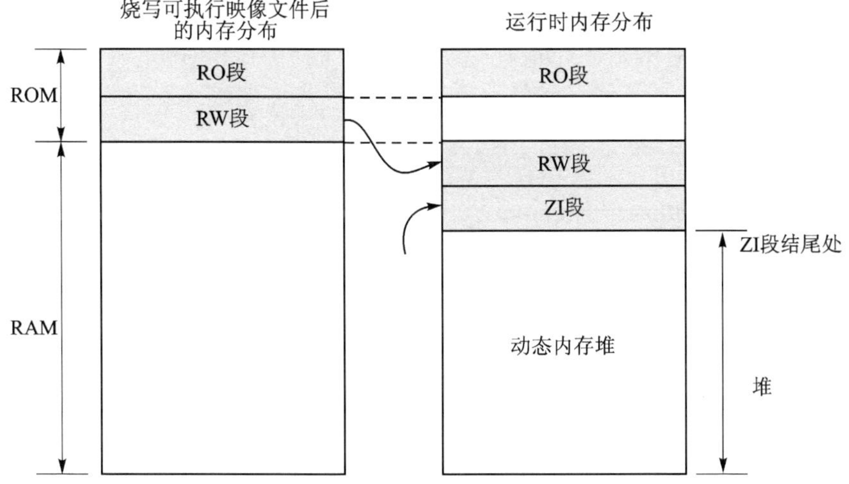

图 2－13　STM32 存储器组织结构

STM32 在上电启动之后默认从 Flash 启动,启动之后会将 RW 段中的 RW - data(初始化的全局变量)搬运到 RAM 中,但不会搬运 RO 段,即 CPU 的执行代码从 Flash 中读取,另外根据编译器给出的 ZI 地址和大小分配出 ZI 段,并将这块 RAM 区域清 0。

2.2.7　程序下载和调试

程序烧录或下载常有两种方式:串口下载和仿真器下载。

(1) 串口下载

这种烧录方式电路如图 2 - 14 所示,利用计算机 USB 接口,配合提供的烧录软件可以完成自动烧录过程。

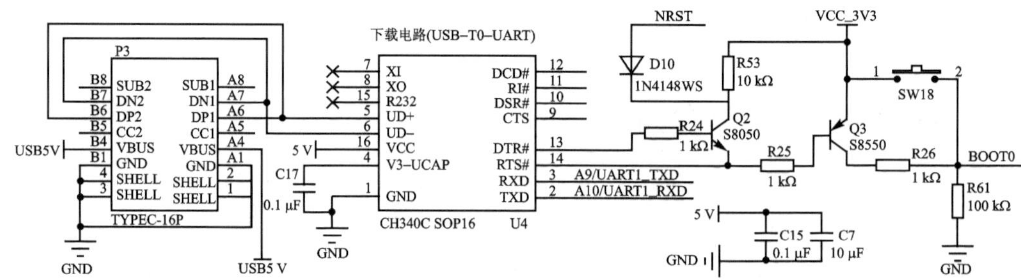

图 2 - 14　串口下载电路

根据前述章节的介绍,在 STM32F103RCT6 启动时可以通过启动引脚的配置使其从系统存储器启动,在此存储器地址上存储一段引导代码(Bootloader),可以从串口接收特定的指令和数据,并把接收的数据烧录在用户 Flash 的地址上。

使用 FlyMCU 软件并配置两个控制引脚,可以完成程序下载,如图 2 - 15 所示。

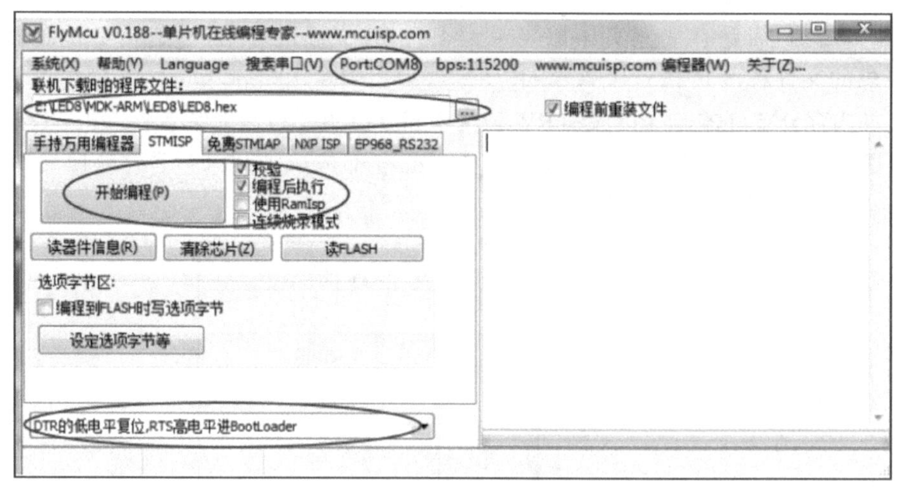

图 2 - 15　烧写工具配置界面

① 选择正确的串口端口,通过 TypeC 数据线连接实验板并打开电源开关后,在计算机上会出现一个虚拟串口,正确选择这个串口,才能完成程序烧录。

② 选择正确的需要烧录的程序,就是前面所生成的 HEX 文件,可以勾选后面的“编程前重装文件”,以保证在调试程序时,每次程序修改之后,能够烧录最新的程序。

③ 选择正确的引脚配置,将实验板配置为“DTR 的低电平复位,RTS 高电平进 Bootloader”,

配合实验板上的电路，可以实现在复位时将 Boot0 引脚拉至高电平，从而使得系统进入串口下载模式。

④ 勾选“编程后执行”选项，单击“开始编程”按钮，系统自动复位进入串口下载模式，并完成下载，下载完成后，再次复位，系统运行用户程序。

(2) ST-LINK/V2 仿真器下载

ST-LINK/V2 是 ST 意法半导体为评估、开发 STM8 系列和 STM32 系列 MCU 而设计的集在线仿真与下载为一体的开发工具，STM32 系列通过 JTAG/SWD 接口与 ST-LINK/V2 连接；ST-LINK/V2 通过高速 USB2.0 与 PC 端连接。

ST-LINK/V2 仿真器直接支持 ST 官方 IDE(集成开发环境软件)ST Visual Develop (STVD)和烧录软件 ST Visual Program(STVP)，支持 ATOLLIC，IAR 和 Keil，TASKING 等 STM32 的集成开发环境。

用户可以使用 ST-LINK/V2 仿真器进行程序烧录，采用 SWD 接口，ST-LINK/V2 引脚顺序如图 2-16 所示。按照 GND→GND，SWIO→PA13，SWCLK→PA14 的连接方式连接，就完成了硬件的连接。

软件配置如图 2-17 所示，通过菜单选择 Options for Target，选择 Debug 选项卡，选择 ST-Link Debugger 选项，再选择右侧的 Settings 按钮进行下一步设置。

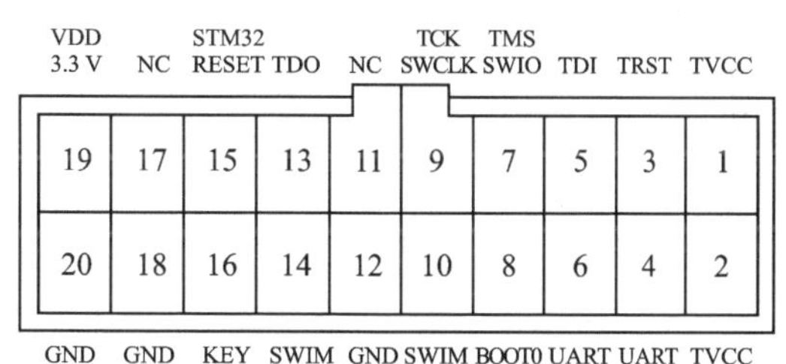

图 2-16　ST-LINK/V2 引脚定义

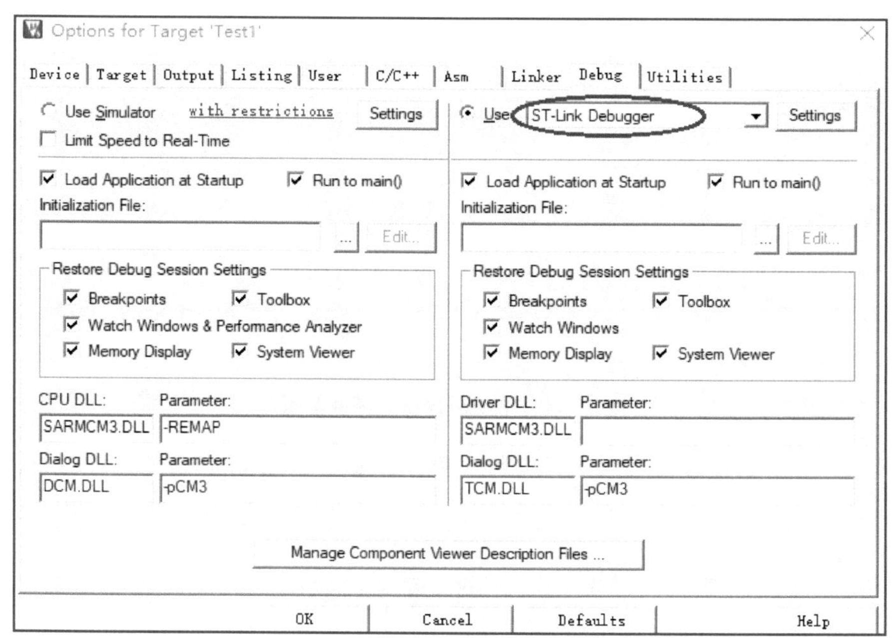

图 2-17　ST-LINK 配置界面

仿真器通信端口可以选择 SW 或者 JTAG，按照之前的连接方式，这里设置为 SW 端口，如图 2-18 所示。

在此页面中选择 Flash Download 选项卡，如图 2-19 所示。勾选 Reset and Run 选项，使

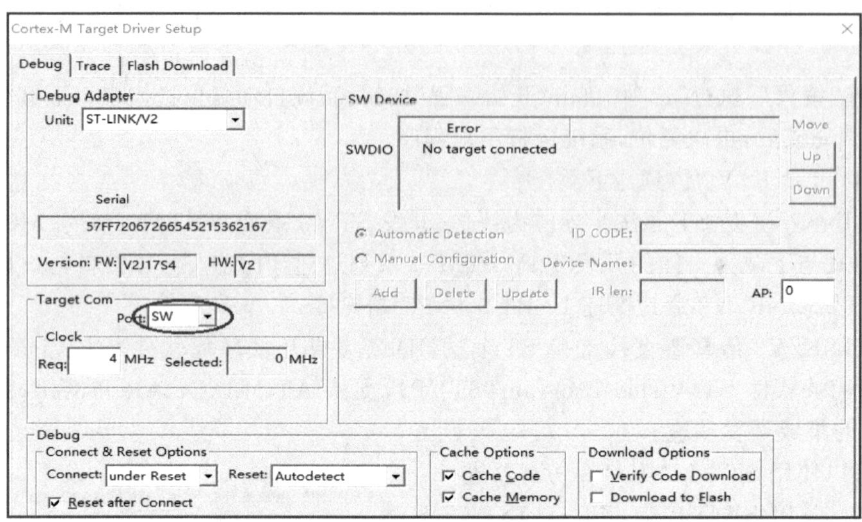

图 2-18　仿真器通信端口选择

得程序下载完成后,微控制器系统可以自动运行用户程序。

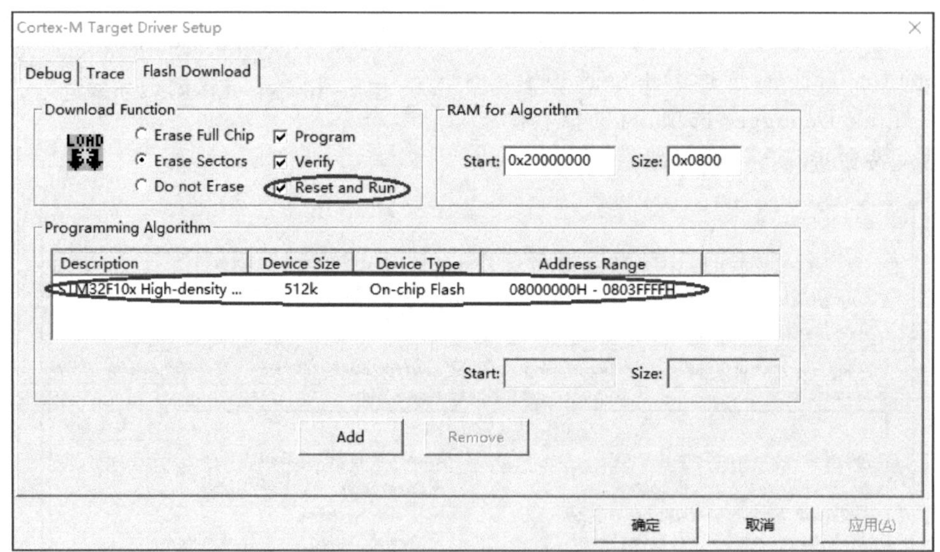

图 2-19　下载后自动运行设置图

配置完成后,在编译完成、生成可执行文件后,选择 Download 按钮,可以烧录并运行程序。

2.3　程序框架

STM32CubeMX 生成的程序框架共有四个目录,如图 2-20 所示,从底层到顶层分别为:

- Application/MDK-ARM
- Drivers/CMSIS
- Drivers/STM32F1xx_HAL_Driver

- Application/User

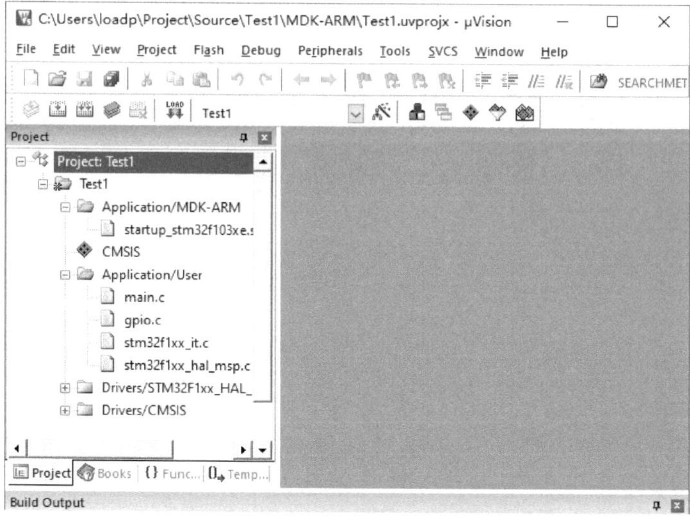

图 2 - 20　生成工程文件结构框架

2.3.1　启动程序

在 Application/MDK - ARM 目录下只包含了一个文件，startup_stm32f103xe.s，这是一个汇编语言的启动代码文件，所实现的功能如下：

(1) 初始化堆栈指针 SP。

(2) 初始化程序计数器指针 PC。

(3) 设置堆、栈的大小。

① 栈区(Stack)：由编译器自动分配和释放，存放函数的参数值、局部变量的值等，其操作方式类似于数据结构中的栈。

② 堆区(Heap)：一般由程序员分配和释放，若程序员不释放，程序结束时可能由操作系统回收。分配方式类似于数据结构中的链表。

可以通过 CubeMX 的工程管理设置堆和栈的大小，如图 2 - 21 所示，或者在启动文件中直接修改 Stack_Size 和 Heap_Size，如图 2 - 22 所示。当用户使用的局部变量比较大时需要调整栈的大小，例如在函数中定义了比较大的数组；当用户使用 malloc 函数动态分配存储空间比较大时，应调整堆的大小。

(4) 设置异常向量表的入口地址。

(5) 配置外部 SRAM 作为数据存储器(这个由用户配置，一般的开发板可能没有外部 SRAM)。

(6) 设置 C 库的分支入口_main(最终用来调用 main 函数)。

作为用户，可能需要修改的是第 3 项和第 5 项，由于一般情况下如果需要使用更大的 SRAM，不会通过外部扩展 SRAM 而是通过选择内部 SRAM 更大的型号来解决，所以第 5 项也很少使用，第 3 项可以通过如图 2 - 21 所示修改 Linker Setting 中的最小堆栈大小来设置。

工程中使用的局部变量较多，定义的数据长度较大时，若不调整栈的空间大小，则会导致程序出现栈溢出、程序运行结果与预期不符或程序跑飞。这种情况下可以手动调整栈的大小，或者将局部变量定义为全局变量或静态变量。

当工程中使用了 malloc 动态分配内存空间时，分配的空间就为堆的空间。所以当默认的堆空间大小不满足工程需求时，就需要手动调整堆空间的大小，如图 2-22 所示。

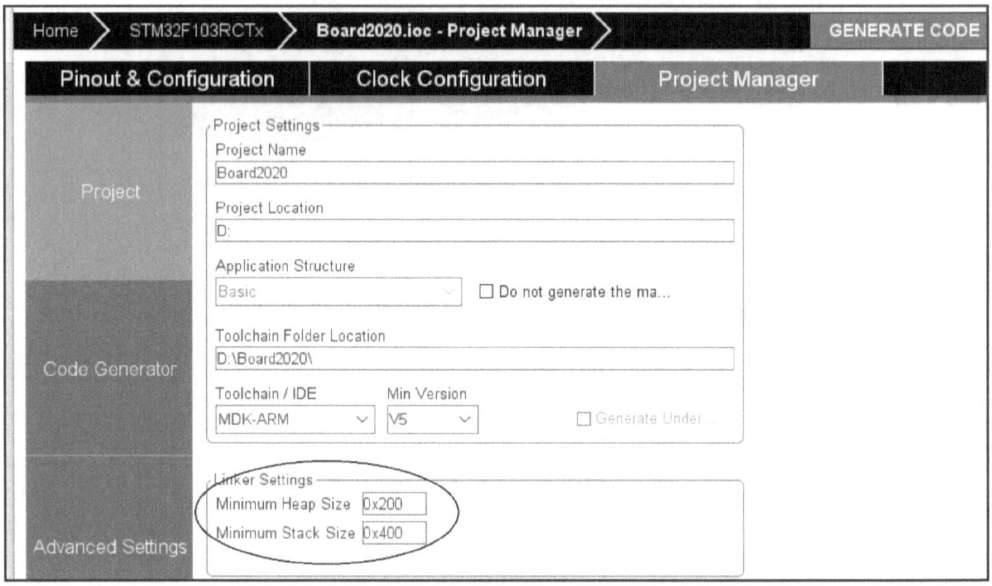

图 2-21　CubeMX 修改堆栈大小

```
; Amount of memory (in bytes) allocated for Stack
; Tailor this value to your application needs
; <h> Stack Configuration
;   <o> Stack Size (in Bytes) <0x0-0xFFFFFFFF:8>
; </h>

Stack_Size      EQU     0x4000

                AREA    STACK, NOINIT, READWRITE, ALIGN=3
Stack_Mem       SPACE   Stack_Size
__initial_sp


; <h> Heap Configuration
;   <o>  Heap Size (in Bytes) <0x0-0xFFFFFFFF:8>
; </h>

Heap_Size      EQU     0x2000

                AREA    HEAP, NOINIT, READWRITE, ALIGN=3
__heap_base
Heap_Mem        SPACE   Heap_Size
__heap_limit
```

图 2-22　堆空间调整界面

2.3.2　Cortex-M3 微控制器软件接口标准 CMSIS

CMSIS 标准的英文全称是 Cortex Microcontroller Software Interface Standard，翻译为中文就是 ARM Cortex 微控制器软件接口标准。由于基于 Cortex 核的芯片厂商很多，不只是 ST 公司，为了解决不同厂家的 Cortex 核芯片软件兼容的问题，ARM 和这些厂家就建立了这套 CMSIS 标准。可以通过一个基于 CMSIS 标准的应用程序框图来看其重要性，如图 2-23 所示。

可以看出，CMSIS 处于中间层，向上提供给用户程序和实时操作系统所需的函数接口，向下负责与内核和其他外设通信。假如没有 CMSIS 标准，基于 Cortex 的芯片厂商就会设计出自己喜欢的风格的库函数。因此 CMSIS 标准就是要强制他们必须按照这个标准来设计。CMSIS 标准就是为解决不同厂商的 Cortex 微控制器软件的兼容性问题，ARM 与芯片厂商制定的 Cortex 微控制器软件接口标准。

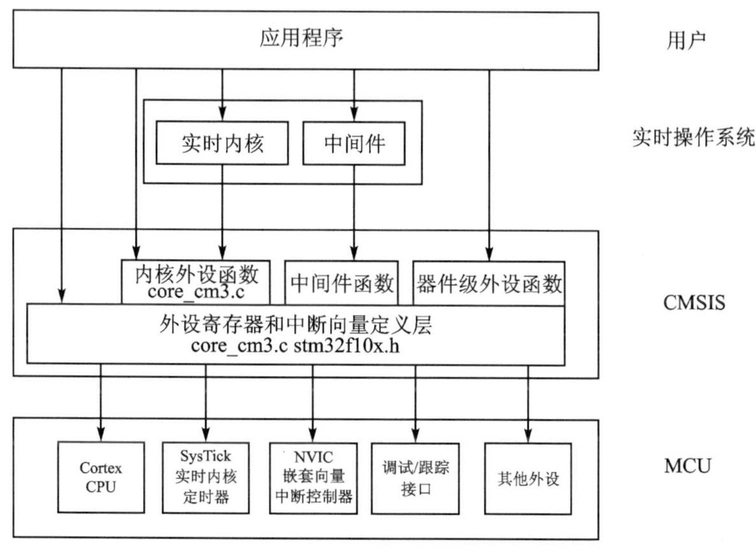

图 2-23　基于 CMSIS 标准的应用程序框图

总之，CMSIS 就是要统一各芯片厂商固件库内函数的名称，比如在系统初始化的时候使用的是 SystemInit 这个函数名，那么 CMSIS 标准就是强制所有使用 Cortex 核设计芯片的厂商内固件库系统初始化函数必须为这个名字，不能修改。CMSIS 是 Cortex-M 处理器系列的与供应商无关的硬件抽象层，可以为处理器和外设实现一致且简单的软件接口。所以这部分代码是不需要修改的。

在“Drivers/CMSIS”目录下，存放的就是 CMSIS 标准头文件。

2.3.3　HAL 库

STM32 的开发方法有三种。

第一种是直接配置寄存器，通过汇编语言或 C 语言直接操作寄存器。这种方法适用于寄存器数量少的微控制器，但对于 STM32 这种方式就不太适用。STM32 的寄存器数量非常庞大，如此多的寄存器根本无法全部记忆，开发时需要经常翻查芯片的数据手册，此时直接操作寄存器就变得非常费力了。

第二种是标准库，由于 STM32 有非常多的寄存器导致开发困难，故 ST 公司就为每款芯片都编写了一份库文件，这些库文件包括一些常用量的宏定义，把一些外设通过结构体变量封装起来，如 GPIO 口、时钟等。所以只需要配置结构体变量成员就可以修改外设的配置寄存器，从而选择不同的功能。这也是目前应用最广泛的使用方式。

第三种是 HAL 库。HAL 库是 ST 公司目前主力推的开发方式，全称是 Hardware Abstraction Layer(硬件抽象层)。硬件抽象层并不是一个新的概念，在众多操作系统中广泛使用硬件抽象层来屏蔽硬件的细节，使得在硬件抽象层之上可以不关注硬件的不同而使用统一的操作接口，这也是硬件抽象层存在的最大意义。

STM32 的 HAL 库的作用也是如此，虽然看上去会感觉比较复杂，但其实和前期出现的标准库一样,都是为了缩短程序开发的周期,由于 HAL 库的后发优势,它比标准库更加高效,如果说标准库把实现功能需要配置的寄存器进行了集成,那么 HAL 库的一些函数甚至可以做到某些特定功能的集成。也就是说,同样的功能,HAL 库比标准库更加简洁、高效。而且 HAL 库也很好地解决了程序移植的问题,不同型号的 STM32 芯片的标准库是不一样的,例如在 F4 上开发的程序移植到 F3 上是不能通用的,而使用 HAL 库,只要使用的是相通的外设,程序基本可以完全复制粘贴,当然必须是相通的外设,例如 F7 比 F3 要多几个定时器,不能明明没有这个定时器却非要配置,但其实这种情况不多,绝大多数都可以直接复制粘贴。而且使用 ST 公司研发的 STM32CubeMX 软件,可以通过图形化的配置功能,直接生成整个使用 HAL 库的工程文件,可以说是方便至极。

在"Drivers/STM32F1xx_HAL_Driver"目录下所存放的文件就是 HAL 库的源文件,这些源文件用户是不需要修改的,但是对于开发人员来说,这些代码能够为用户提供非常好的指导作用,比如,不清楚操作 GPIO 相关的库函数如何使用,可以从 stm32f1xx_hal_gpio. c 和 stm32f1xx_hal_gpio. h 找到相关函数的描述和定义,这是掌握 HAL 库最快也是最可靠的途径。

HAL 库主要工程文件有:

① stm32f1xx_hal_ppp. c/. h 文件:是一些基本外设的操作 API(接口函数)和外设结构体定义,ppp 代表任意外设。

② stm32f1xx_hal_cortex. c/. h 文件:是一些 Cortex 内核通用函数的声明和定义,如中断优先级 NVIC 配置,系统软复位以及 Systick 配置等。

③ stm32f1xx_hal_ppp_ex. c/. h 文件:是拓展外设特性的 API(接口函数)。

④ stm32f1xx_hal. c 文件:包含了 HAL 通用 API(比如 HAL_Init,HAL_DeInit,HAL_Delay 等)。

⑤ stm32f1xx_hal. h 文件:是 HAL 库的头文件。

⑥ stm32f1xx_hal_conf. h 文件:是 HAL 库的配置文件,主要用来选择使能何种外设以及一些时钟相关参数设置。

⑦ stm32f1xx_hal_def. h 文件:包含了 HAL 库的通用数据类型定义和宏定义。

⑧ stm32f103xe. h 文件:主要是一些结构体和宏定义标识符。这个文件的主要作用是寄存器定义声明以及封装内存操作。

⑨ stm32f1xx. h 文件:是所有 stm32f1 系列的顶层头文件,使用 STM32F1 任何型号的芯片都需要包含这个头文件。

2.3.4 用户程序

用户代码在"Application/User"目录下由若干个文件组成:

stm32f1xx_hal_msp. c:此文件完成和 MCU 相关的初始化工作,作用是根据用户所提供的具体的 MCU 型号以及硬件配置对 HAL 库进行初始化设置操作。所以这个文件就是 HAL 库与 MCU 结合的纽带。通常情况下只要设置正确的 MCU 型号,此文件就不需要修改。

stm32f1xx_it. c:此文件定义了中断向量的入口函数,一般情况下使用 HAL 库时都是以回调函数完成中断的响应,所以此文件不需要修改。

gpio. c 等外设文件:在 STM32CubeMX 软件的生成代码选项中,如果选择为每一个外设单独生成初始化代码,则会产生这些代码,顾名思义,每个代码包含对应外设的初始化代码,例如,gpio. c 对应 GPIO 通用 I/O 口,spi. c 对应 SPI 模块等。

main.c：用户代码文件，是需要着重关注的文件。从以下代码可以看到，主函数代码非常简单，HAL_Init()的作用是 HAL 库初始化；SystemClock_Config()的作用是微控制器的系统时钟初始化；MX_GPIO_Init()的作用是 GPIO 的初始化，如果用到其他的外设，这里还会有其他外设的初始化函数；最后是一个无限循环，需要循环执行的用户代码添加在这里；使用 CubeMX 初始化配置生成的主函数的代码如下：

```
int main(void)
{
    /* Reset of all peripherals, Initializes the Flash interface and the Systick. */
    HAL_Init();                          //系统初始化，包括所有外设、闪存及系统滴答时钟
    /* Configure the system clock */
    SystemClock_Config();                //系统时钟初始化
    /* Initialize all configured peripherals */
    MX_GPIO_Init();                      //GPIO 配置初始化，由 CubeMX 配置生成的代码
    /* Infinite loop */
    while (1)                            //无限循环，用户后台程序在循环体调用
    {    }
}
```

2.4　工程调试和验证

用户代码编写完成并编译通过后，可以通过仿真器进行在线仿真调试和验证。连接仿真器，编译，单击开始调试按钮，进入调试界面，如图 2 - 24 所示。

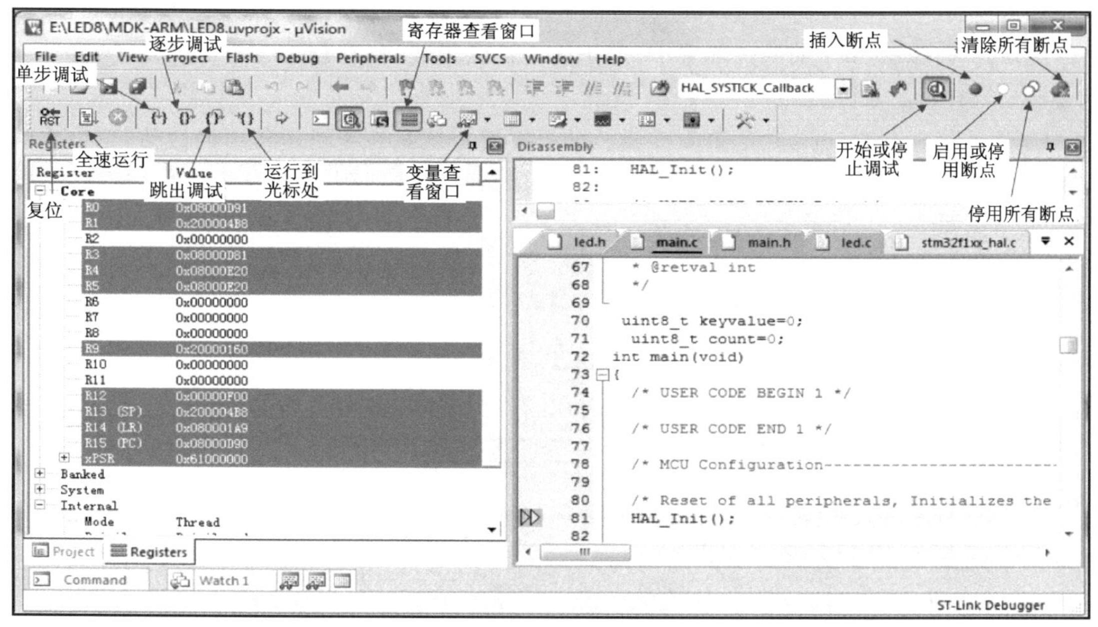

图 2 - 24　仿真器调试界面

调试工具栏是在线调试时常用的工具栏，掌握这些按钮的作用就能快速调试代码，并定位程序存在不足的位置。

1. 进入调试

编辑(或修改)代码之后,编译无误后单击调试按钮进入在线调试。

2. 复位及运行

复位按钮,让程序复位到起点,恢复到初始状态。全速运行按钮,让程序处于运行状态,也可以在程序特定位置设置断点,程序运行到特定位置后会停止,便于查看运行状态。停止运行按钮,程序全速运行时(有效),单击该按钮可让程序停止运行。

3. 单步调试

单步调试,也就是每按一次按钮,程序运行一步,遇到函数会跳进函数执行。

4. 逐步调试

逐行调试,也就是每按一次按钮,程序运行一行,遇到函数则跳过函数执行。

5. 跳出调试

跳出调试,也就是每按一次按钮,程序跳出当前函数后执行,直到跳出最外面的函数(main 函数)。

6. 运行到光标行

运行到光标处,即将光标放在某一行,单击该按钮,程序执行到光标的位置就会停止下来(前提是程序能执行到光标的位置)。

7. 跳转到暂停行

这个功能在程序停止运行时有效,主要的作用是当打开了很多文件,不知道将程序翻到哪里时,单击该按钮即可知道程序暂停在哪个位置。

8. 调试窗口

调试窗口是指在调试的时候可以查看的窗口,调试窗口有别于平时编辑状态下的窗口。平时编辑时 View 菜单下面的选项很少,但是进入调试模式,这里就多了很多选项,这些选项就是调试时查看的窗口。

① Watch 查看窗口:常用于查看变量。如果需要查看某一变量运行中的数值,可以在调试模式下,先选中变量,然后右击,选择“Add Times to”添加到变量查看窗口(Watch1 或 Watch2),如图 2-25 所示。

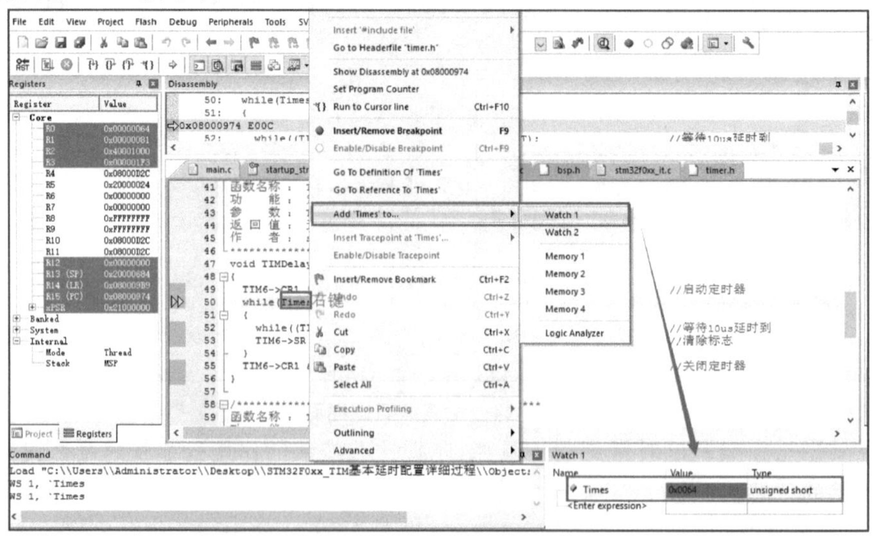

图 2-25 变量查看

② 系统外设窗口：用于查看外设寄存器数值。单击菜单中的“View”，选择“System Viewer”，然后根据需要选择对应的外设，如图 2-26 所示。

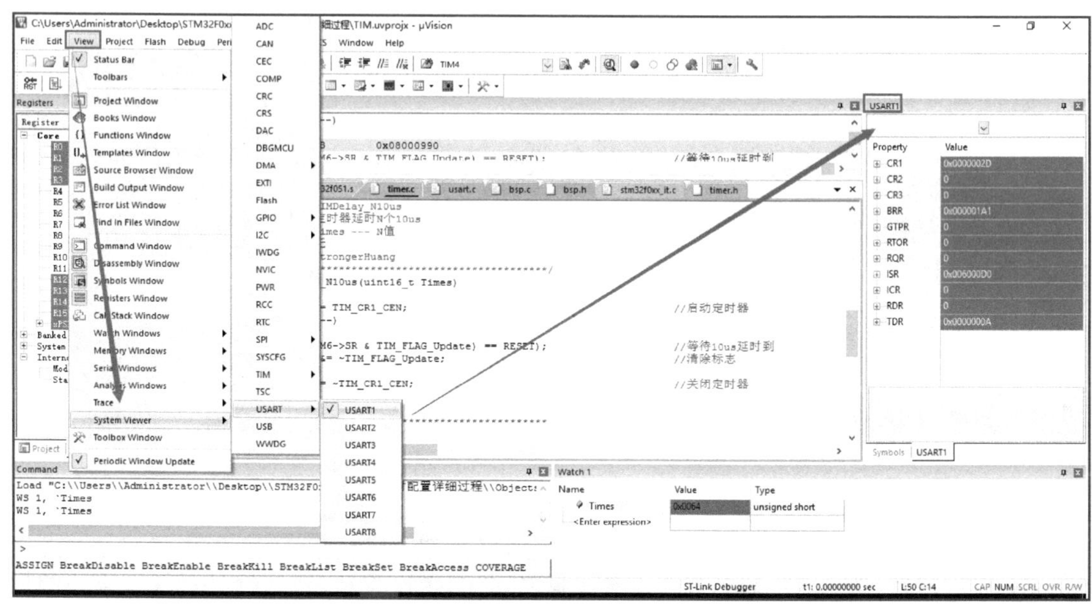

图 2-26　查看外设寄存器

2.5　应用实例

例 2.1　在本章 2.1 节建立并生成的工程文件的基础上，编写控制发光二极管闪烁代码。

实现原理：依次运行点亮发光二极管、延时 200 ms、熄灭发光二极管、延时 200 ms 4 条语句，然后在循环体中无限循环执行。执行的效果是发光二极管闪烁。

首先使用 CubeMx 软件进行硬件资源初始化，建立工程文件。然后应用程序控制一个发光二极管，即控制 GPIO 口 PA4 引脚，在主函数中增加代码，添加于 while(1)无限循环体中。实际编程时，建议将此程序段编写成子函数形式，然后在主函数循环体中调用子函数执行。在无限循环体中运行的程序也称为后台程序。

```
int main(void)
{
    /* Reset of all peripherals, Initializes the Flash interface and the Systick. */
    HAL_Init();                                    //系统初始化
    /* Configure the system clock */
    SystemClock_Config();                          //系统时钟初始化
    /* USER CODE BEGIN SysInit */
    /* USER CODE END SysInit */
    /* Initialize all configured peripherals */
    MX_GPIO_Init();                                //GPIO 初始化
    /* USER CODE BEGIN 2 */
    /* USER CODE END 2 */
```

```
    /* Infinite loop */
    /* USER CODE BEGIN WHILE */
    while (1)
        {
        /* USER CODE END WHILE */
        /* USER CODE BEGIN 3 */
        HAL_GPIO_WritePin(GPIOA,GPIO_PIN_4, GPIO_PIN_RESET);        //PA4 低电平,点亮
        HAL_Delay(200);                                             //延时 200 ms
        HAL_GPIO_WritePin(GPIOA,GPIO_PIN_4, GPIO_PIN_SET);          //PA4 高电平,熄灭
        HAL_Delay(200);                                             //延时 200 ms
        }
    /* USER CODE END 3 */
}
```

在代码模板中,有很多类似这样的注释代码,表示如下:

```
/* USER CODE BEGIN 2 */
/* USER CODE END 2 */
```

它们成对出现,把用户代码添加在这对注释之间,当再次重新生成代码模板时,添加的用户代码就不会被清除掉,以保证在开发过程中通过 STM32CubeMX 重新配置外设后,添加的用户代码不被覆盖。

工程编译和程序下载如图 2-27 所示,单击图中圆圈指示的 Build 编译按钮(此按钮是增量生成按钮,其功能是对修改过的关联文件进行重新编译和链接)进行编译链接,会发现第一次 Build 会需要比较长的时间,从下方的 Build Output 输出框可以看到所有工程内的文件都参与编译,总耗时大约是 32 s。

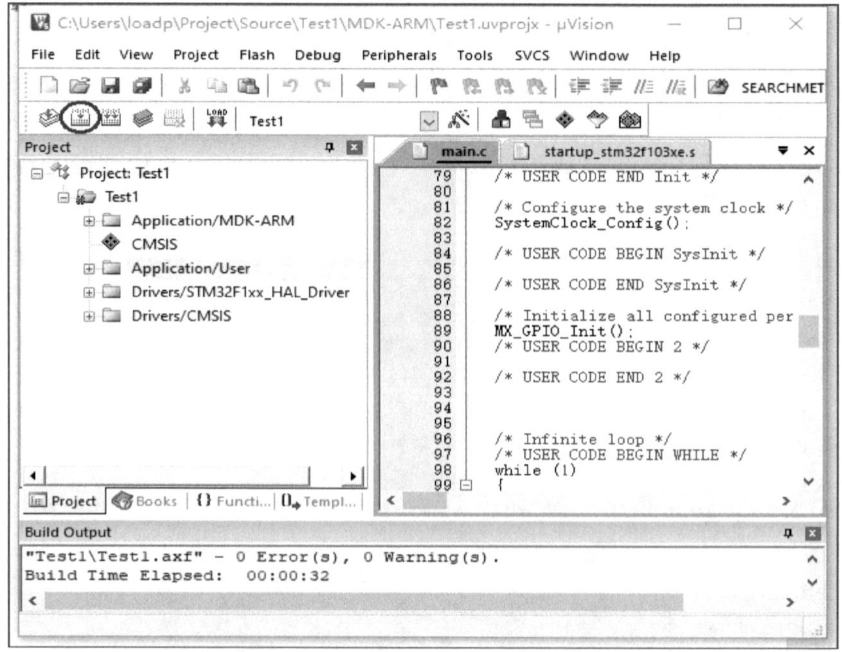

图 2-27　工程编译和程序下载界面

对主函数中的内容进行修改，再进行编译，此次仅仅是对 main.c 进行了编译，然后进行了整体的链接，总耗时是 9 s，这就是增量编译的作用；随着工程的增大，源文件越来越多，编译时间越来越长，使用增量编译可以大大减少编译时间，提高开发效率。

编译完成后，在生成的模板文件夹→MDK - ARM 目录→工程名（本例为 Test1）目录中可以找到 Test1.hex 文件，该文件就是生成的 Hex 格式的可执行文件，需要将此文件下载或烧录在 MCU 的用户 Flash 空间中，MCU 才能按照程序运行。

本章习题

1. 描述从源程序到可执行文件的处理过程，并思考所生成的 STM32F103RCT6 的可执行文件是否可以在计算机上运行。试说明原因。

2. 根据本章节的步骤，完成 STM32CubeMx 软件和 Keil 软件的安装和使用，并完成本章示例在实验板上的运行。

3. 完成 D1、D2 两个发光二极管的交替闪烁控制程序。

4. 通过查阅相关文献（如《STM32F10xxx 参考手册》）或 HAL 库工程文件，对本章应用实例（LED4 灯闪烁）使用函数原型代码进行解释。

```
void HAL_GPIO_TogglePin(GPIO_TypeDef * GPIOx, uint16_t GPIO_Pin);
```

5. CubeMx 图形化编程生成工程后，用户代码应写在指定区域。若未按要求操作，重新生成工程后会产生何种现象？试分析产生该现象的原因。

6. STM32CubeMX 是 ST 公司开发的一种图形化编程工具，请回答以下问题：

① 使用该工具能完成哪些操作？

② 该工作具有什么优点？

7. 利用 STM32CubeMX 生成的程序框架包含几部分，其作用分别是什么？

8. STM32 的时钟配置如图 2-5 所示。

① STM32 共有几种时钟源？分别是什么？

② 该配置图中是如何得到 72 MHz 的系统时钟 SYSCLK 的？请在使用 12 MHz 外部晶振情况下，在图中相应位置修改时钟源及分频参数。

第3章　嵌入式C语言基础

本章主要内容：嵌入式C语言的基本知识；C语言的数组、函数、指针、结构体及流程控制语句；C语言在STM32中的应用。

本章案例：结构体编程方式操作寄存器。

C语言诞生于20世纪70年代初，至今仍有强劲的生命力。C语言兼具高级语言和汇编语言的优点，不依赖硬件系统，具有可读性强、语言紧凑、使用灵活、硬件控制能力强、执行效率高、可移植性好、应用广泛等特点。嵌入式系统开发自身的特点及C语言能直接操作硬件的优势使得C语言成为嵌入式系统开发的主流语言。

3.1　标识符与关键字

标识符(identifier)用来标识程序的各种元素，如变量、常量、函数和其他用户定义对象的命名。简而言之，标识符就是用来标识某个对象的。C语言的标识符由大小写字母、数字和下划线三种字符构成，而且第一个字符必须是字母或下划线，不能以数字开头。

以下是一些正确的标识符：

zzuli_zz, day, abc28n, PRICE, _a123, year_number

以下是一些不正确的标识符：

Liu. Mark, King$, %percent, 2days

注意：C语言对大小写敏感，例如zzuli、Zzuli、ZZuli、ZZUli、ZZULi、ZZULI是6个不同的标识符；ANSI C标准没有规定标识符长度，但是不同编译器有不同的规定，有的系统识别32个字符长度，有的系统仅识别前面8个字符长度，后面的字符无效，因此为了增强程序的可移植性和可读性，建议标识符长度不超过8。

此外，C语言的关键字不能作为标识符使用。所谓关键字就是被C语言本身使用，不能作其他用途使用的标识符，例如关键字不能用作变量名、函数名等。

ANSI C定义了32个关键字：

auto	break	case	char	const	continue	default	do
double	else	enum	extern	float	for	goto	if
int	long	register	return	short	signed	sizeof	static
struct	switch	typedef	union	unsigned	void	volatile	while

因此，C语言是一种非常简洁的编程语言，只需要掌握32个关键字，就能掌握住C语言。32个关键字又可以分为4大类：数据类型定义关键字、流程控制关键字、存储类型关键字和其他关键字。首先来学习嵌入式C语言的数据类型定义。

3.2　数据类型与运算符

3.2.1　数据类型

C 语言中程序操作的对象是数据，而数据是以整数、实数、字符等某种特定形式存在的。C 语言的基本数据类型包括：整型、单精度实型、双精度实型、字符型和空类型。聚合类型包括：数组、指针、枚举、结构体和共用体。

各种类型的存储大小与系统位数有关。使用 Keil 公司的 MDK ARM 开发环境，HAL 库重新定义整型数据类型，STM32 数据长度及取值如表 3-1 所列。

表 3-1　HAL 库重新定义数据类型

类　型	描述及重定义	数据长度/字节	取值范围
int8_t	有符号 8 位整型(typedef signed char int8_t;)	1	-128～127
uint8_t	无符号 8 位整型(typedef unsigned char uint8_t;)	1	0～255
int16_t	有符号 16 位整型(typedef signed short int int16_t;)	2	-32 768～32 767
uint16_t	无符号 16 位整型(typedef unsigned short int uint16_t;)	2	0～65 535
int32_t	有符号 32 位整型(typedef signed int int32_t;)	4	-2 147 483 648～2 147 483 647
uint32_t	无符号 32 位整型(typedef unsigned int uint32_t;)	4	0～4 294 967 296
int64_t	有符号 64 位整型(typedef signed long int int64_t;)	8	-9 223 372 036 854 775 808～9 223 372 036 854 775 807
uint64_t	无符号 64 位整型(typedef unsigned long int uint64_t;)	8	0～18 446 744 073 709 551 615
float	单精度实数	4	1.2E-38～3.4E+38
double float	双精度实数	8	2.3E-308～1.7E+308

3.2.2　变　量

变量是内存中具有特定属性的存储单元，它用来存放变量的值，这些值在程序运行过程中可以修改。变量名的命名规则与 C 语言中标识符的规定相同。

变量定义举例：

```
uint8_t ReadValue;              //* 定义无符号 8 位整型变量 */
uint16_t GPIO_Pin;              //* 定义无符号 16 位整型变量 */
uint32_t WriteValue;            //* 定义无符号 32 位整型变量 */
float ReadValue;                //* 定义单精度实型变量 */
double ReadData;                //* 定义双精度实型变量 */
uint8_t WorkerID = 'a';         //* 定义字符型变量,并赋值 */
volatile uint32_t CRL;          //* 定义易变型无符号 32 位整型变量 */
static uint8_t bitcount;        //* 定义静态无符号 8 位整型变量 */
```

1. 变量作用域和生存期

在 C 语言中，对变量要“先定义，后使用”，这样可以为每一个变量指定确定的类型，方便编译器分配相应的存储单元,并检查程序中对该变量的引用和运算是否正确。

任何一种编程,作用域是程序中定义的变量所存在的区域,超过该区域变量就不能被访问。C 语言中有三个地方可以声明变量:在所有函数外部定义的全局变量、在函数内部定义的局部变量、在函数形式参数定义的局部变量。

(1) 变量作用域

全局变量(global) 也称为外部变量,它是在函数外部定义的变量。它不属于哪一个函数,而属于一个源程序文件,其作用域是整个源程序。

局部变量(local) 也称为内部变量,它在函数内部定义说明。其作用域仅限于函数内,即其所在的花括号{…}内,离开该函数后再使用这种变量是非法的。

全局变量副作用:全局变量过多时函数之间的“耦合性”增加,这样不利于程序的移植;过多的全局变量使程序的可读性变差;外部变量可加强函数模块之间的数据联系,但又会使这些函数依赖这些外部变量,因而使得这些函数的独立性降低;从模块化程序设计的观点来看这是不利的,因此不是非用不可时,建议不要使用外部变量;全局变量在程序执行的全过程都占用存储单元。

(2) 变量生存期

生存期即变量值存在的时间,从生存期角度可将变量分为静态存储和动态存储两种类型。可见生存期只是和变量存储的位置相关。

静态存储(static)是指在程序的整个运行时间内,变量始终占据内存空间,不会被销毁;静态存储类型变量通常是由编译器在编译时分配确定的存储单元(静态存储区),且存储单元一直保持不变,在函数调用结束后不消失并保留原值,生存期为整个程序运行过程。全局变量即属于静态存储。

动态存储(auto)通常是针对局部变量而言的,是指在程序运行期间,临时为其分配存储单元,使用完毕即将其销毁。函数中的形参和在函数中定义的变量(包括在复合语句中定义的变量),如果不专门声明为 static 存储类别,都属动态存储,都是系统在运行时动态地分配存储空间的,数据存储在动态存储区(栈区)中,在函数调用结束时自动释放这些存储空间。

2. volatile 关键字

volatile 关键字,此修饰符在微控制器编程中非常重要,在 MDK ARM 开发环境下的 HAL 库中重新定义为__IO 关键字(#define __IO volatile)。

```
__IO uint32_t CRL;          //*与 volatile uint32_t CRL;等效
```

volatile 的意思是“易变的”,可以理解为“直接存取原始内存地址”。例如,针对某寄存器中的特定位连续写操作,写 1、写 0、写 1,如果不用 volatile 关键字,则编译器会对代码优化,以上三条指令只会执行最后一条;如果加上 volatile 关键字,则编译器不会对代码优化,以上三条指令都会执行;特别当此操作位关联某 I/O 口时,只有使用易变型变量才能保证每次指令均执行对 I/O 的操作。

一般说来,volatile 用在如下的几个地方:

① 中断服务程序中修改的供其他程序检测的变量,需要加 volatile 修饰。当变量在触发某中断程序时被修改,而编译器判断主函数里面没有修改该变量,因此可能只执行一次从内存到某寄存器的读操作,而后每次只会从该寄存器中读取变量副本,使得中断程序的操作被短路。

② 多任务环境下各任务间共享的标志,应该加 volatile 修饰。在本次任务内,当读取一个变量时,编译器优化时有时会先把变量读取到一个寄存器中;以后就直接从寄存器中取变量值;当内存变量或寄存器变量因别的任务其值改变时,该寄存器的值不会相应改变,从而造成应用程序读取的值和实际的变量值不一致 。

③ 存储器映射的硬件寄存器通常也要加 volatile 修饰。因为硬件寄存器内容除程序可以修改外,硬件执行过程中,寄存器内容也会被修改。

3. static 关键字

static 用来定义静态变量,通常有 2 种含义:① 定义变量的生命周期;② 定义变量或者函数的作用域。static 可以用来修饰函数内部变量、函数外部变量和函数,当 static 修饰函数内部变量时,表明该变量为静态局部变量,即变量在被该函数调用过程中维持其值不变;当 static 修饰函数外部变量时,表明该变量为本地的静态全局变量,即变量可以被文件内所用函数访问,但不能被文件外其他函数访问;当 static 修饰函数时,表明该函数为静态函数,只可被该模块内的其他函数调用。

上面已经阐述过,全局变量属于静态存储方式,但并不是静态变量。全局变量的作用域是整个源程序,当一个源程序由多个源文件组成时,全局变量在各个源文件中都是有效的。

一般说来,static 用在如下的几个地方:

① 如果希望全局变量仅限于在本源文件中使用,在其他源文件中不能引用,也就是说限制其作用域只在定义该变量的源文件内,这时就可以通过在全局变量之前加上关键字 static 来实现,使全局变量被定义成一个静态全局变量。这样就可以避免在其他源文件中引起错误,也就起到了对其他源文件进行隐藏与隔离错误的作用,有利于模块化程序设计。

② 如果希望保留函数上一次调用结束时的值,就应该将该局部变量用关键字 static 声明为静态局部变量。或者说 static 局部变量只被初始化一次,下一次的取值依据上一次的结果。

静态局部变量将局部变量的存储位置改至静态存储区,这让它看起来很像全局变量,其实静态局部变量与全局变量的主要区别就在于可见性,静态局部变量只在其被声明的代码块中是可见的。例如,函数内部实现统计次数的功能时,静态局部变量是特别重要的。如果没有静态局部变量,则必须在这类函数中使用全局变量,由此就带来很多副作用。

3.2.3　常　量

C 语言程序运行过程中,其值不能被改变的量称为常量。可使用 const 关键字或者 #define 预处理指令来声明常量,例如:

```
const int8_t pid_para = 0x12;          // 定义整型常量并初始化
#define AGE 0x32                       // AGE 代表常量 0x32
```

在微控制器程序中,常量是存储在程序存储器(Flash)中的,并且在启动时不会被搬运到数据存储器(RAM)中,因此在运行期间其值是不能改变的。

为了区别于变量,符号常量名习惯用大写表示,而变量名用小写表示。符号常量是代表常量的符号,定义符号常量时应做到“见名知意”,在修改程序常量时,只需要在声明里修改即可,不用搜索并修改字面值常量的所有实例,极大地提高了程序的可读性和可维护性。

① 整数常量　可以是十进制、八进制或十六进制的常量。前缀指定基数:0x 或 0X 表示十六进制,0 表示八进制,不带前缀则默认表示十进制。整数常量也可以带一个后缀,后缀是

U 和 L 的组合，U 表示无符号整数(unsigned)，L 表示长整数(long)。后缀可以是大写，也可以是小写，U 和 L 的顺序是任意的。

② 浮点型常量　浮点数就是所说的实数，其具有两种表示形式：十进制小数形式，由数字和小数点组成；指数形式，由小数点和指数组成，指数用 e 或 E 表示。

③ 字符常量　用一对单引号括起来的一个字符。字符取值范围是 ASCII 码字符集。

④ 字符串常量　用一对双引号括起来的字符。

常量实例如表 3-2 所列。

表 3-2　常量实例

实　例	说　明	实　例	说　明
85	十进制整数常量	30UL	无符号长整数常量
0213	八进制整数常量	378.2324	浮点型常量
0x4b	十六进制整数常量	12.33E6	浮点型常量
30	整数常量	'A'	字符 A 常量
30U	无符号整数常量	'\"'	转义字符常量
30L	长整数常量	"hello"	字符串常量

3.2.4　运算符

C 语言提供了非常丰富的运算符，同时运算符范围也很宽，可以把除了控制语句和输入/输出外几乎所有的基本操作都作为运算符来处理，为了方便解释，将 C 语言的运算符按功能进行分类，见表 3-3。

表 3-3　常用的运算符

运算符	符号及说明
算术运算符	+(加)　-(减)　*(乘)　/(除)　%(取模)　++(自加)　--(自减)
关系运算符	＞(大于)　＜(小于)　==(等于)　＞=(大于或等于)　＜=(小于或等于)　!=(不等于)
逻辑运算符	!(逻辑非)　&&(逻辑与)　||(逻辑或)
位运算符	＜＜(左移)　＞＞(右移)　~(取反)　|(按位或)　^(按位异或)　&(按位与)
赋值运算符	=及其扩展赋值运算符
条件运算符	?:(条件表达式)　示例：max=(a＞b)? a:b，如果 a＞b 条件为真？则值为 a，否则值为 b
指针运算符	*(间接寻址运算符，即取变量内容为地址的内容)　&(取地址运算符)
求字节数运算符	sizeof
强制类型转换	(类型)，示例(float)(7%3)将运算结果强制转换为浮点数
成员运算符	.(成员访问运算符)　->(指针访问结构的成员)

说明：

① 算术表达式是用算术运算符和括号将操作数连接起来并符合 C 语言规则的式子。在表达式求值时，先按运算符的优先级执行，当优先级相同时，再按照运算符的结合性执行。当运算符两侧数据类型不同时，应先进行类型转换。

② 在赋值运算符之前可以加上其他运算符，构成复合运算符，例如+=、-=、*=、

/=、%=、>>=、<<=、&=、^=、|=等。例如：

```
GPIOA ->BSRR | = 0x000F;                       //运算结果,成员变量 BSRR 的低 4 位置 1,其他位不变
GPIOC ->CRL & = ~(uint32_t) (0x0F<<(4 * 3));  //运算结果,成员变量 CRL 的 12~15 位清 0,其他位不变
```

3.3 数　组

1. 数组定义

数组是指将那些具有相同类型的、数量有限的若干个变量通过有序的方法组织起来的一种便于使用的形式。数组属于一种构造类型,其中的变量被称为数组的元素。数组元素的类型可以是基本数据类型,也可以是特殊类型和构造类型。

一维数组的定义方式:类型说明符 数组名 [常量表达式]

例如,uint8_t zm[20]定义了一个数组名为 zm、元素个数为 20 的无符号 8 位整型数组。uint8_t dispcode[5]定义了一个 5 个元素的字符数组,数组名为 dispcode。

注意:数组名的命名规则同样遵循标识符的规则;定义时需要指明数组元素个数,即数组长度;数组的下标是从 0 开始的;常量表达式中不能包含变量。

2. 数组的初始化

一维数组的初始化可以在定义时直接对各元素赋初值,例如:

```
uint8_t zm[5] = {0,1,3,5,7};
uint8_t dispcode[5] = "Hello";
```

3. 一维数组的引用

数组必须先定义,后引用。数组元素的引用方式为:数组名[下标]。只能逐个引用数组元素的值而不能一次引用整个数组中全部元素的值。下标是从 0 开始的,下标最大值为数组长度值减 1。例如,对于数组 uint8_t zm[5]={0,1,3,5,7}来说,zm[0]、zm[1]、zm[2]、zm[3]、zm[4]分别是数组的第 1、2、3、4、5 个元素。

3.4 流程控制语句

3.4.1 语　句

C 语言源程序的主要组成部分是语句,语句主要包括表达式语句和流程控制语句。在表达式后面加上一个分号,就可以把表达式转变为表达式语句。流程控制语句则用于确定待执行的语句顺序。C 语句包括流程控制语句、函数调用语句、表达式语句、空语句及复合语句。

程序采取结构化的设计方式,具有可读性好、可靠性高、易于维护和易于移植的优点。任何一个结构化程序都可以由三种基本结构表示,分别是:

顺序结构,指每个程序都按照语句的书写顺序执行。

选择结构,指通过对特定条件进行判断来选择一个分支执行。

循环结构,指在给定的条件下重复执行某一段程序,直到条件不再满足跳出循环为止。这样,就避免了重复编写同类程序的麻烦,提高了编程效率。

3.4.2 if 语句

条件语句根据表达式的值来决定程序的走向,最常用的是 if 条件语句。根据 if 语句有无分支,可以分为单分支 if 语句、双分支 if 语句和多分支 if 语句,如表 3-4 所列。

表 3-4　if 语句的三种基本结构

语　句	单分支 if 语句	双分支 if 语句	多分支 if 语句

基本结构	if (expression)
	代码块 a
		if (expression)
		代码块 a
		else
		代码块 b
			if (expression 1)
			代码块 a
			else if (expression 2)
			代码块 b
			⋮
			else if (expression m)
			代码块 m
			else
			代码块 n

3.4.3 while 语句

while 语句是"当型"循环语句,形式如下:

```
while (表达式)
    {语句}
```

while 语句的执行过程如图 3-1 所示。

3.4.4 for 语句

for 语句的语法如下:

```
for(表达式 1;表达式 2;表达式 3)
        语句
```

for 语句的执行过程如图 3-2 所示。

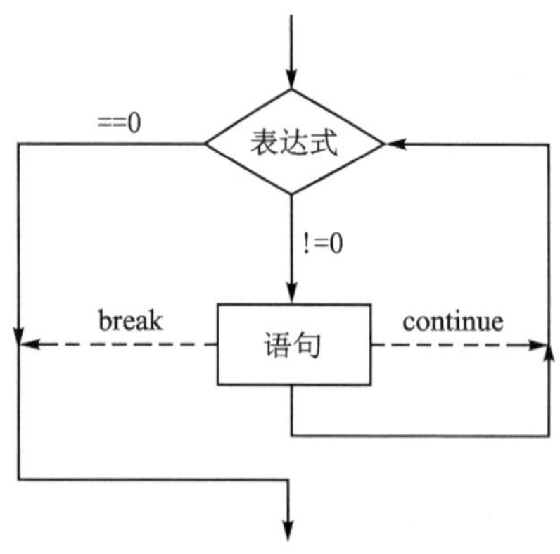

图 3-1　while 语句的执行过程

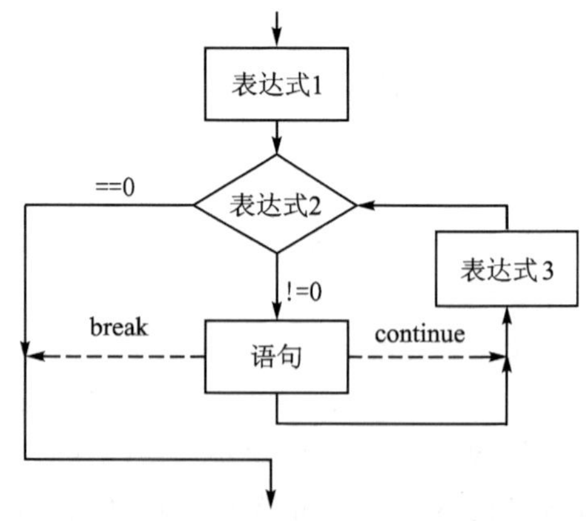

图 3-2　for 语句的执行过程

for 循环将操作循环的表达式放在一起，书写形式较简洁，且适用于循环次数已知的情况。

3.4.5 switch 语句

if 语句常用来处理两个分支选择结构，当处理多分支选择时需要使用嵌套的 if 语句结构，但是分支越多，需要嵌套的层数就越多，程序冗长且不易理解。因此，出现了 switch 语句，它是处理多分支条件选择的语句，其语法如下：

```
switch(表达式)
{
    case 常量表达式 1：
        语句 1；break；
    case 常量表达式 2：
        语句 2；break；
        ⋮
    case 常量表达式 n：
        语句 n；break；
    default：
        语句 n+1；break；
}
```

3.4.6 break 和 continue 语句

1. 应用在 while 循环中

while 循环中使用 break 语句可以跳出 while 循环，终止其执行，继续执行 while 循环后面的语句。

while 循环中使用 continue 语句可以结束本次循环，继续判断表达式的值，决定是否继续执行下一轮循环。

2. 应用在 for 循环中

for 循环中使用 break 语句，可以跳出 for 循环，终止其执行，继续执行 for 循环后面的语句。

for 循环中使用 continue 语句，则结束本次循环，执行调整部分；然后判断条件表达式是否成立，决定是否继续执行循环。

3. 应用在 switch 语句中

switch 语句中使用 break 语句，可以跳出 switch 结构，终止其执行。

3.5 函　数

函数是一段语句，可以独立完成某种任务或功能。程序可以由一个主函数 main()和若干个子函数构成。主函数可以调用其他子函数，其他子函数之间也可以互相调用。函数应用包括函数定义、函数声明和函数调用。

1. 函数定义

在 C 语言中，函数的定义就是函数体的具体实现。函数体就是一个代码块，当函数被调用时,执行的就是这个代码块。

函数定义语法如下:

```
返回类型 函数名(形式参数)
    {
    函数主体代码块
    }
```

返回类型:函数返回值的数据类型。有些函数执行所需的操作而不返回值,在这种情况下,返回类型关键字为 void。

函数名称:这是函数的实际名称。函数名和参数列表一起构成了函数签名。

形式参数:参数就像是占位符。当函数被调用时,向参数传递一个值,这个值被称为实际参数。参数列表包括函数参数的类型、顺序、数量。参数是可选的,也就是说,函数可能不包含参数。

函数主体:函数主体包含一组定义函数执行任务的语句。

注释:注释是为了便于阅读程序和理解程序设计思想。注释若仅仅解释代码就毫无意义,应该表达思路,解释功能,帮助读者理解程序。函数都需要注释,在函数前面注释名称、功能、参数、返回值、必要的说明和调用范例等。

例 3.1 函数定义

```
/*************************************************
 * 名称:HAL_GPIO_ReadPin
 * 功能:读取引脚输入电平状态
 * 入口参数 1:* GPIOx:GPIO 端口号,取值范围 GPIOA~GPIOG
 * 入口参数 2:GPIO_Pin: 引脚号,取值范围:GPIO_PIN_0~GPIO_PIN_15
 * 返回值:枚举类型变量 GPIO_PinState:
 *                      GPIO_PIN_SET:表示读到高电平
 *                      GPIO_PIN_RESET:表示读到低电平
**************************************************/
GPIO_PinState HAL_GPIO_ReadPin(GPIO_TypeDef * GPIOx, uint16_t GPIO_Pin)
{
    GPIO_PinState bitstatus;                    //定义引脚电平状态变量
    assert_param(IS_GPIO_PIN(GPIO_Pin));        //检测输入参数 GPIO_Pin 的合法性
    if((GPIOx->IDR & GPIO_Pin) ! = (uint32_t)GPIO_PIN_RESET)  //读端口输入寄存器,并判断
        {
        bitstatus = GPIO_PIN_SET;               //状态置 1
        }
        else
        {
        bitstatus = GPIO_PIN_RESET;             //状态清 0
        }
        return bitstatus;                       //返回状态值
}
```

2. 函数声明

当遇到一个函数调用时，编译器产生代码传递参数并调用这个函数，而且接收该函数返回的值(如果有的话)。例如函数调用：

```
ucTemp = ConvertToTemp(0x1356);                //0x1356 为传入的参数，转换为温度值
```

ucTemp 变量可以获取 ConvertToTemp 的返回值。

原则上函数声明需要出现在函数调用之前，否则编译时会报错。但实际程序编写过程中，经常定义之前就使用它们，编译器不知道 ConvertToTemp 函数的参数和返回值是什么类型，就会使用默认类型，这种情况会导致错误。因此，函数在调用之前，需要提前进行函数声明。

函数声明意在向编译器提供该函数的必要信息，包括形式参数的类型和数量，以及函数返回值类型(称为函数原型)。

函数声明形式如下：

```
uint8_t ConvertToTem(uint16_t usAdVal);
void LedDisplay(uint8_t LedValue);
```

注意，函数声明后面有个分号，它有别于函数定义的起始部分。编译器见过函数声明之后，可以检查该函数的调用，确保参数正确，函数返回值类型无误。

函数声明可以通过以下两种方法来实现：

① 函数声明放在源文件的前面，编译器就记住了它的参数类型和数量，以及函数返回值类型。这样编译器就可以检查同一个源文件中该函数的所有后续调用，确保正确调用。

② 使用函数原型进行函数声明。将函数原型放在单独的文件内，当需要用到该函数原型时，只需要使用＃include 包含指令包含该文件，这样只保留了一份该函数的原型，方便该原型的维护，并且不易出错。

3. 函数参数

C 语言在调用函数时，大多数情况下，函数之间都存在数据传递关系。在定义函数时函数名后面的参数是形式参数，当主调函数调用该函数时，函数名后面是实际参数。

C 语言函数的参数都以“传值调用”方式进行传递，也就是说函数获得的是参数值的一份复制。这样，函数可以放心修改这个复制值，而不必担心会修改调用程序实际传递给它的参数。

在函数中需要修改形参的值或者也可以描述为需要返回多个数据时，可以使用指针作为形参，传递给函数的就是这个指针的一份复制。通过访问指针指向的内存位置，可以修改指针指向的内存位置的数据。

如果被传递的参数是数组名，数组名是数组的首地址，其实是个指针，并且被调函数中引用了该数组的元素并进行了修改，那么实际上修改的是主调函数中的数组元素。被调函数将访问主调函数的数组元素，数组不会被复制。这被称为“传址调用”。

4. 内部函数和外部函数

函数本质上是全局的，因为一个函数要被其他函数调用。但是，根据需要也可以指定函数不能被其他文件调用。根据函数是否能被其他源文件调用，分为内部函数和外部函数。

(1) 内部函数

内部函数是指该函数仅能被本文件中的函数调用，内部函数的定义形式如下：

```
static 类型 函数名(形式参数);
```

例如:

```
static uint8_t ConvertToTemp(uint16_t usAdVal);
```

内部函数又称静态函数,其作用域只局限于所在文件。不同的文件中可以有同名的内部函数,互不干扰。这样方便分工协作,并且不用担心所定义函数与其他文件中函数同名。

(2) 外部函数

定义函数时,如果希望函数可供其他文件调用,可以在函数返回类型前加 extern 关键字,将此函数定义为外部函数。外部函数的定义形式如下:

```
extern 类型 函数名(形式参数);
```

例如:

```
extern uint8_t ConvertToTemp(uint16_t usAdVal);
```

函数 ConvertToTemp 被定义成外部函数,可供其他文件调用。C 语言规定,定义函数时省略 extern 关键字,则该函数隐含为外部函数。

在需要调用该函数的文件中,需要使用 extern 对函数进行声明,表示该函数是定义在其他文件中可供调用的外部函数。

5. 函数调用

函数调用的形式如下:

```
函数名(实际参数);
```

函数调用方式有以下 3 种:函数语句、函数表达式和函数参数。

(1) 函数语句

把函数调用作为一条语句,函数返回值为空,只要求函数完成一定操作。例如延时函数:

```
Delay(0XFFFFF);
```

(2) 函数表达式

表达式中出现函数,此表达式称为函数表达式。函数返回值作为表达式的一部分参与表达式运算。例如将串口接收字符函数赋值给变量:

```
k1 = USART1_ReceiveChar();
```

(3) 函数参数

函数的实参中出现了函数调用,函数调用的返回值作为另一函数的实参。例如,将温度转换值显示:

```
DisplayDigital(ConvertToTemp(0x1356));
```

6. 中断函数

在微控制器编程中,中断函数的定义和声明通常与普通函数有所区别,普通函数执行由主函数或子函数调用，而中断函数调用执行由事件驱动。在 STM32 中，由于启动文件对中断向量进行了处理，因此中断服务函数统一定义为 void xxx_Handler(void)，其中 xxx 为外设名称。例如，时钟滴答定时中断函数由周期定时事件驱动执行，中断函数如下：

```
void SysTick_Handler(void)      //时钟滴答的中断服务函数
{ }
```

其他微处理器会有不同的处理方式，例如在 C51 中，使用 interrupt 关键字指明中断服务函数所对应的中断号；在 AVR 中，使用 SIGNAL 关键字声明中断服务函数。

STM32 的中断服务函数存放在 stm32f10x_it.c 里，这个文件是专门用来编写中断服务函数的。可以看到，文件里已经定义了一些系统异常中断服务函数，其他外部中断异常的中断服务函数由用户根据需要添加。中断服务函数的接口可以在启动文件里找到。启动文件里包含一张向量表，向量表从 Flash 的 0 地址开始放置，4 字节为一个单位。地址 0 存放的是栈顶地址(__initial_sp)，0X04 存放的是复位程序的地址(Reset_Handler)，STM32F103 中断向量表如图 3-3 所示。

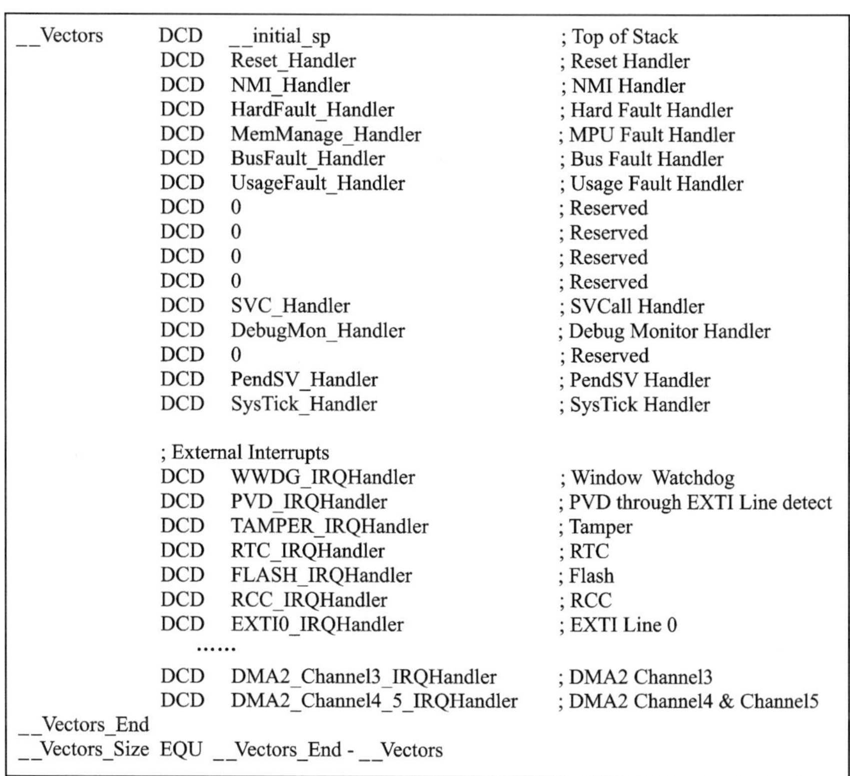

```
__Vectors       DCD     __initial_sp                 ; Top of Stack
                DCD     Reset_Handler                ; Reset Handler
                DCD     NMI_Handler                  ; NMI Handler
                DCD     HardFault_Handler            ; Hard Fault Handler
                DCD     MemManage_Handler            ; MPU Fault Handler
                DCD     BusFault_Handler             ; Bus Fault Handler
                DCD     UsageFault_Handler           ; Usage Fault Handler
                DCD     0                            ; Reserved
                DCD     0                            ; Reserved
                DCD     0                            ; Reserved
                DCD     0                            ; Reserved
                DCD     SVC_Handler                  ; SVCall Handler
                DCD     DebugMon_Handler             ; Debug Monitor Handler
                DCD     0                            ; Reserved
                DCD     PendSV_Handler               ; PendSV Handler
                DCD     SysTick_Handler              ; SysTick Handler

                ; External Interrupts
                DCD     WWDG_IRQHandler              ; Window  Watchdog
                DCD     PVD_IRQHandler               ; PVD through EXTI Line detect
                DCD     TAMPER_IRQHandler            ; Tamper
                DCD     RTC_IRQHandler               ; RTC
                DCD     FLASH_IRQHandler             ; Flash
                DCD     RCC_IRQHandler               ; RCC
                DCD     EXTI0_IRQHandler             ; EXTI Line 0
                ……
                DCD     DMA2_Channel3_IRQHandler     ; DMA2 Channel3
                DCD     DMA2_Channel4_5_IRQHandler   ; DMA2 Channel4 & Channel5
__Vectors_End
__Vectors_Size EQU __Vectors_End - __Vectors
```

图 3-3　STM32F103 中断向量表

向量表中，利用汇编指令 DCD 分配了一堆内存，并且对异常服务例程(ESR)的入口地址进行初始化。其实，启动文件里已经写好了所有中断的中断服务函数，不过这些函数都是空的，只是为了生成中断向量表，真正的中断服务函数需要用户编写。如果在使用外设时开启了中断，但是没有编写中断服务函数，程序会跳到启动文件预先写好的空的中断服务函数里去，并且在空函数里无限循环。

汇编语言编写中断服务程序如下：

```
SysTick_Handler PROC                                ;定义子程序
                EXPORT  SysTick_Handler  [WEAK]      ;声明中断函数标号全局属性,可外部使用,弱定义
                B.                                   ;跳转,这里跳转“.”,无限循环
                ENDP                                 ;子程序结束
```

外部定义了一个中断函数,优先使用外部定义标号(函数)：

```
void SysTick_Handler(void)
{
    HAL_IncTick();
}
```

3.6 指　针

3.6.1 内存和地址

当在程序中定义了一个变量,在编译时,系统会给变量分配内存单元。编译系统会根据变量类型分配一定长度的空间。内存区每个字节都有一个编号,即地址,相当于一条街上的门牌号。在地址所指示的内存单元中存放数据,相当于房子里容纳的人。

为了弄清楚内存单元的地址和内存单元的内容两个概念的区别,用图 3－4 说明,即程序中定义 3 个变量：

```
uint16_t i,j,k;
```

编译时编译系统分配 0x1000、0x1001 两个字节给变量 i,分配 0x1002、0x1003 两个字节给变量 j,分配 0x1004、0x1005 两个字节给变量 k。这些均是内存单元的地址。如果为变量赋值：

```
i = 2;j = 4;k = 8;
```

则 2、4、6 分别是内存单元的内容,均分配了两个字节。这种直接从变量地址中存取变量值的方式称为“直接寻址访问”方式。

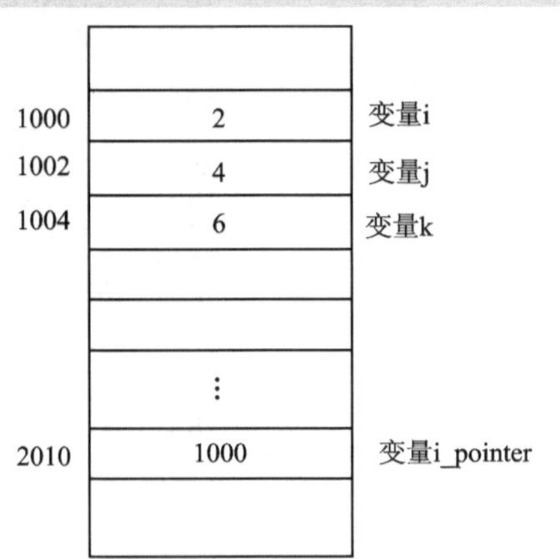

图 3－4　内存单元示意图

3.6.2 指针变量

变量的指针就是变量的地址,指针变量就是存放变量地址的变量。定义语法如下：

```
基类型 * 指针变量名
```

基类型指明了该指针变量可以指向的变量类型。例如：

```
uint16_t * i_pointer;
```

是指向整型变量的指针变量。在编译时，系统会给变量分配内存单元，如图 3－4 所示，其地址为 0x2010。

```
float * pointer_3;
GPIO_TypeDef * GPIOx
```

以上都是合法的指针变量。pointer_3 的基类型是 float，表示它是指向浮点型变量的指针变量；GPIOx 的基类型是结构体变量，表示它是指向结构体变量的指针变量。

指针变量作为函数参数时，可以将变量的地址传给另一个函数。

3.6.3　指针运算符

指针变量只能存放地址，不要将非地址类型的数据赋给指针变量。有两个相关的指针运算符：& 和 * 。& 是取地址运算符，* 是指针运算符。可以使用赋值语句将变量地址赋给指针变量，这样指针变量就指向了该变量，例如将变量 i 的地址 0x1000 赋值给指针变量：

```
i_pointer = 0x1000;
```

变量 i 的地址要经过编译后才能知道，因此一般要使用取地址运算符获得变量 i 的地址，即

```
i_pointer = &i;
```

那么利用指针为变量 i 赋值的语句为

```
* i_pointer = 2;
```

这种将变量 i 的地址存放在指针变量 i_pointer 中，根据该地址可以读写变量 i 的值的访问方式称为"间接寻址访问"。就是把变量 i 的地址赋给指针变量 i_pointer，这样 i_pointer 就指向了变量 i，如图 3－5 所示。

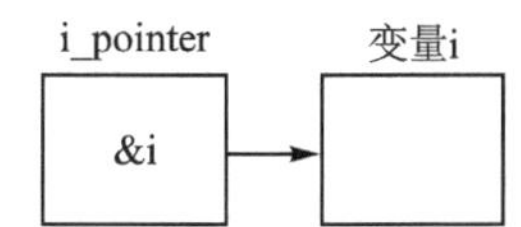

图 3－5　pointer_1 指向变量 i

3.6.4　指针在 STM32 中应用

STM32 将外设等都映射为地址的形式，地址均为固定值，对外设地址的操作就是对外设的操作。外设地址不能直接访问，只能通过间接寻址方式读写数据，即使用指针。

从本书 1.4.2 小节中 STM32 内存映射图可以看出，STM32 的外设地址从 0x4000 0000 开始。从 STM32 系统手册中可以看出，芯片生产商通过基于 0x4000 0000 地址的偏移量来为外设分配地址，并给其取别名，称之为操作寄存器。

因此，STM32 寄存器就是给已经分配好地址的特殊内存空间取的别名，可以使用指针来操作该内存空间。

例如，GPIOB 为 STM32 的 PB 引脚外设，其输出数据寄存器 ODR 的地址为 0x40010C0C，寄存器内容对应引脚状态，当需要访问寄存器时，示例如下：

```
int32_t *b;                                             //定义指针变量
b = 0x40010C0C;                                         //指针赋 ODR 寄存器地址
*b = 0;                                                 //ODR 寄存器写入 0,PB 引脚均为低电平
```

或者

```
*(uint32_t *)(0x40010C0C) = 0;                  //ODR 寄存器写入 0
uint32_t val = *(uint32_t *)(0x40010C0C);       //读取 ODR 寄存器数据到 val
```

强制类型转换,把值 0x40010C0C 从“整型”转换为“指向无符号整型的指针”,这样对它进行间接访问才是合法的。

直接访问寄存器的操作并不好用,每操作一个寄存器就必须去查看数据手册,然后找到这个寄存器的地址,容易出错。ST 公司为了方便使用,给这些寄存器起了一目了然的名字,把寄存器与地址映射关系放在它们提供的头文件里。

以下是 GPIOB 寄存器地址的定义,在这里把寄存器的地址值强制类型转换成指针,方便使用。

```
#define PERIPH_BASE    0x40000000UL                                    //外设基地址
#define APB2PERIPH_BASE   (PERIPH_BASE + 0x00010000UL)                 //系统已定义
#define GPIOB_BASE   (APB2PERIPH_BASE + 0x00000C00UL)                  //系统已定义
#define GPIOB_CRL    *(unsigned int *)(GPIOB_BASE + 0x00)              //用户定义
#define GPIOB_CRH    *(unsigned int *)(GPIOB_BASE + 0x04)              //用户定义
#define GPIOB_IDR     *(unsigned int *)(GPIOB_BASE + 0x08)             //用户定义
#define GPIOB_ODR    *(unsigned int *)(GPIOB_BASE + 0x0C)              //用户定义
```

这样在利用寄存器编程实现点亮引脚外接 LED 灯功能时,可以直接操作 GPIOB 的各个寄存器,实现代码如下:

```
GPIOB_CRL &= ~( 0x0F<< (4 * 1));    //清空控制 PB1 的端口位,CRL 寄存器 D4~D7 位清 0
GPIOB_CRL |= (1<<4 * 1);            //配置 PB1 为通用推挽输出,响应频率为 10 MHz,CRL 寄存器 D4 位
                                    //置 1,其他位不变
GPIOB_ODR &= ~(1<<1 * 1);           // PB1 输出低电平,ODR 寄存器 D1 位清 0,其他位不变
GPIOB_ODR |= (1<<1 * 1);            // PB1 输出高电平,ODR 寄存器 D1 位置 1,其他位不变
```

3.7　结构体与枚举

3.7.1　结构体

结构体可以包含多个基本类型的数据,也可以包含其他的结构体。结构体被称为复杂数据类型或构造数据类型,使用时需要先定义结构体数据类型,再定义结构体变量。

1. 结构体类型

数组是同类型数据的集合。对数据类型不同但是又相关的若干数据集合,通常使用结构体来表示。

结构体由一组称为成员(也可称为域或元素)的不同数据组成,每个成员可以具有不同的

类型，成员一般用名字访问。

声明结构体的语法定义如下：

```
struct 结构体名
{
    成员表列，标准数据类型
}变量名表列；
```

为了方便使用结构体，声明结构体时可以使用 typedef 创建一种新类型，即起个别名，或者称之为建立一个结构体框架。

例 3.2　定义一个 STM32 GPIO 参数初始化结构体。

```
typedef struct
{
    uint32_t Pin;
    uint32_t Mode;
    uint32_t Pull;
    uint32_t Speed;
} GPIO_InitTypeDef;
```

struct 是关键字，typedef 是将此结构声明为别名为 GPIO_InitTypeDef 的类型，花括号里面就是结构体的成员。

例 3.3　定义 STM32 GPIO 寄存器结构体。

```
typedef struct
{
    __IO uint32_t CRL;              // 端口配置低寄存器，地址偏移 0X00
    __IO uint32_t CRH;              // 端口配置高寄存器，地址偏移 0X04
    __IO uint32_t IDR;              // 端口数据输入寄存器，地址偏移 0X08
    __IO uint32_t ODR;              // 端口数据输出寄存器，地址偏移 0X0C
    __IO uint32_t BSRR;             // 端口位设置/清除寄存器，地址偏移 0X10
    __IO uint32_t BRR;              // 端口位清除寄存器，地址偏移 0X14
    __IO uint32_t LCKR;             // 端口配置锁定寄存器，地址偏移 0X18
} GPIO_TypeDef;
```

定义了一个结构体类型 GPIO_TypeDef，该结构体包括 7 个成员变量，类型为 uint32_t，该结构体变量的成员均为寄存器。

2. 结构体变量及引用

定义好结构体数据类型，接下来须定义结构体变量，例如：

```
GPIO_InitTypeDef          GPIO_InitStruct;
```

结构体定义的变量也可以是指针或数组等，用以实现较复杂的数据结构。

定义好结构体变量之后，系统会为其分配内存单元，这样就可以引用结构体变量的成员了。引用结构体变量成员使用成员访问运算符“(.)”和“->”。

例 3.4　初始化结构体变量 GPIO_InitStruct 中的成员。

```
GPIO_InitTypeDef GPIO_InitStruct =
{GPIO_PIN_4, GPIO_MODE_OUTPUT_PP, GPIO_NOPULL, GPIO_SPEED_ FREQ_LOW };
```

例 3.5　访问结构体变量 GPIO_InitStruct 中的成员。

```
GPIO_InitStruct.Pin = GPIO_PIN_4;
GPIO_InitStruct.Mode = GPIO_MODE_OUTPUT_PP;
GPIO_InitStruct.Pull = GPIO_NOPULL;
GPIO_InitStruct.Speed = GPIO_SPEED_FREQ_LOW;
```

例 3.6　定义指向结构体变量的指针,访问结构体变量中的成员。

对于结构体变量 GPIO_TypeDef,利用 #define GPIOB ((GPIO_TypeDef *) GPIOB_BASE) 进行外设声明,然后通过寄存器结构体指针来操作寄存器。

```
GPIOB->CRL &= ~( 0x0F<< (4 * 0));          //CRL 寄存器低 4 位清 0,其他位不变
GPIOB->CRL | = (1<<4 * 0);                 //CRL 寄存器最低位置 1,其他位不变
GPIOB->ODR | = (1<<0 * 0);                 //ODR 寄存器最低位置 1,其他位不变
```

这样就达到了利用指向运算符来引用结构体变量成员的目的了。

3.7.2　枚举类型

枚举类型用来定义变量仅有的几种可能的值,将变量的值全部列出来,变量的值仅限于该范围内。使用 enum 来声明枚举类型。

声明枚举类型时,同样可以使用 typedef 创建一种新类型,即给枚举类型起个别名。

例 3.7　定义 GPIO 工作模式枚举类型变量,并访问 GPIO 工作模式变量。

```
typedef enum
{
    GPIO_Mode_AIN = 0x0,                   //模拟输入 (0000 0000)b
    GPIO_Mode_IN_FLOATING = 0x04,          //浮空输入 (0000 0100)b
    GPIO_Mode_IPD = 0x28,                  //下拉输入 (0010 1000)b
    GPIO_Mode_IPU = 0x48,                  //上拉输入 (0100 1000)b
    GPIO_Mode_Out_OD = 0x14,               //开漏输出 (0001 0100)b
    GPIO_Mode_Out_PP = 0x10,               //推挽输出 (0001 0000)b
    GPIO_Mode_AF_OD = 0x1C,                //复用开漏输出 (0001 1100)b
    GPIO_Mode_AF_PP = 0x18                 //复用推挽输出 (0001 1000)b
} GPIOMode_TypeDef;                        //定义枚举类型及对应 GPIO 的 8 种工作模式的取值

GPIOMode_TypeDef GPIO_Mode;                //定义枚举类型变量 GPIO_Mode
GPIO_Mode = GPIO_Mode_Out_PP;              //为枚举类型变量赋值,推挽输出
```

例 3.8　定义 GPIO 引脚电平状态枚举类型变量。

```
typedef enum
{
    GPIO_PIN_RESET = 0u,
    GPIO_PIN_SET
} GPIO_PinState;
```

每个符号代表一个整数值。如果枚举没有初始化,从第一个标识符开始,顺序给标识符赋值 0,1,2,…,n,但当枚举中的某个成员赋值后,其后的成员依次加 1。

例 3.9　利用 HAL 库函数实现 GPIO 写操作。

写 GPIO 端口库函数:

```
void HAL_GPIO_WritePin(GPIO_TypeDef * GPIOx, uint16_t GPIO_Pin, GPIO_PinState PinState);
```

函数中第三个形参是枚举变量,因此在传入参数时只允许传入枚举声明中列举的元素,否则为不合法。这样一方面保证了传入参数的合法性,另一方面提高了程序的可读性。

```
HAL_GPIO_WritePin(GPIOB, GPIO_PIN_4, GPIO_PIN_RESET); //正确
HAL_GPIO_WritePin(GPIOB, GPIO_PIN_4, 2);          //不合法,编译器会报警或报错(与编译器相关)
```

3.8　预处理命令

C 语言提供了 3 种预处理功能,包括宏定义、文件包含和条件编译,这些功能分别使用相关命令来实现,这些命令以“#”开始。

3.8.1　宏定义

1. 宏定义

宏定义一般有 2 个参数,形式如下:

```
#define 标识符 字符串
```

#define 的功能是将标识符定义为其后的字符串。标识符称为宏名,宏所表示的字符串可以是数字、字符、表达式和带有形参的字符串,其中最常用的是数字。

注意:宏名一般用大写字母表示,预编译时进行宏展开,即将宏名替换成字符串,不作任何语法检查,只有在编译时才会发现语法错误;宏定义行末不必加分号,加了分号会被一起置换;宏定义只作字符的简单置换,不分配内存单元。例如:

```
#define  PI  3.1415926
#define  __IO  volatile
#define  GPIO_PIN_0  ((uint16_t)0x0001)  /* Pin 0 selected     */
#define  GPIO_PIN_1  ((uint16_t)0x0002)  /* Pin 1 selected     */

#define  PERIPH_BASE  ((uint32_t)0x40000000)
#define  APB2PERIPH_BASE  (PERIPH_BASE + 0x10000)
#define  GPIOB_BASE  (APB2PERIPH_BASE + 0x0C00)
#define  GPIOB  ((GPIO_TypeDef * ) GPIOB_BASE)
```

2. 带参数宏定义

C 语言允许宏带有参数。在宏定义中的参数称为形式参数，在宏调用中的参数称为实际参数，这点和函数有些类似。带参数的宏在展开过程中不仅要进行字符串替换，还要用实际参数去替换形式参数。

带参宏定义的一般形式为

```
#define 宏名(形参列表) 字符串
```

带参宏调用的一般形式为

```
宏名(实参列表);
```

例如，定义宏 SET_BIT，功能是将 REG(第 1 个形式参数)的 BIT(第 2 个形式参数)位置 1：

```
#define SET_BIT(REG, BIT)      ((REG) |= (BIT))
```

调用：

```
SET_BIT(GPIOB->ODR, GPIO_PIN_1);
```

执行结果是 GPIOB 的 pin1 引脚置 1，即输出高电平。

3. 只有 1 个参数的宏定义

宏定义只有 1 个参数时，相当于第 2 个参数为空字符，常用于条件编译，形式为

```
#define 标识符
```

宏定义一个符号，配合 #ifdef 或者 #ifndef 使用，用于多文件编译中防止头文件被多次包含。

3.8.2 文件包含

文件包含可以将另一个源文件的内容包含进来，并且被编译。有两种不同类型的 #include 文件包含，即函数库文件和本地文件。

使用函数库头文件包含的语法如下：

```
#include <文件名>
```

根据约定，标准库文件以“.h”后缀结尾。编译器会指定存放函数库头文件的标准位置，用户可以修改或添加文件目录，也可以创建自己的头文件函数库。

使用本地文件包含的语法如下：

```
#include "文件名"
```

本地头文件一般放在源文件所在当前目录，如果编译器未找到头文件，就会去编译器指定的标准位置查找本地头文件。

3.8.3　条件编译

有时希望源程序中的部分内容在满足一定条件时才进行编译，即对该部分内容指定了编译条件，此即为条件编译。条件编译语法定义有以下几种形式：

① 如果标识符被 # define 定义了，则编译程序段 1；如果没有定义，则编译程序段 2。

```
#ifdef 标识符
    程序段 1
#else
    程序段 2
#endif
```

② 如果标识符未被定义过，则编译程序段 1；如果被定义过，则编译程序段 2。

```
#ifndef 标识符
    程序段 1
#else
    程序段 2
#endif
```

③ 当指定表达式值为真时，编译程序段 1；否则，编译程序段 2。这样可以实现在不同条件下执行不同的功能。

```
#if  表达式
    程序段 1
#else
    程序段 2
#endif
```

可以使用条件编译来解决头文件被多次包含的问题，例如在 led.h 头文件中定义：

```
#ifndef __LED_H
#define __LED_H

/* 此处省略头文件的具体内容 */

#endif
```

当头文件 led.h 第 1 次被包含时，在头文件开头，首先判断符号_LED_H 是否被定义，如果没有定义过，则执行 # ifndef 和 # endif 之间的内容，利用 # define 命令定义符号_LED_H。如果该头文件在同一个源文件中被再次包含，通过条件编译，# ifndef 和 # endif 之间的所有内容被忽略，这样可有效防止头文件被多次包含。

本章习题

1. 简述程序的组成部分。

2. static 声明有什么用途（请至少说明两种）？static 全局变量与普通的全局变量有什么区别？

3. static 局部变量和普通局部变量有什么区别？static 函数与普通函数有什么区别？

4. 使用全局变量的优点和副作用是什么？

5. 定义变量如下：

```
uint8_t * pointer_1, * pointer_2;
float * pointer_3;
char * pointer_4;
GPIO_TypeDef * GPIOx
```

语句中的指针变量是否合法？试说明语句中各个量的类型。

6. 嵌入式 C 语言代码中为何使用“&=~”“|=”这种操作方法对寄存器赋值，而不是直接赋值？

7. 已知 STM32 微控制器 GPIOA 基地址为 0x40010800，配置寄存器地址 CRL 为 0x40010800，输出寄存器 ODR 地址为 0x4001080c，均为 32 位。请编写：

① 向 CRL 寄存器的位 19～16 写入二进制 0001 数据的程序，且不影响该寄存器其他位。

② 向 ODR 寄存器位 4 写入 1 语句，且不影响该寄存器其他位。

③ 从 ODR 寄存器读取数据到内存变量语句。

8. 宏定义及结构体定义如下：

```
#define     GPIOA_BASE      0x40010800
#define     GPIOA       ((GPIO_TypeDef * ) GPIOA_BASE)
typedef struct
{
__IO uint32_t CRL;
__IO uint32_t CRH;
__IO uint32_t IDR;
__IO uint32_t ODR;
__IO uint32_t BSRR;
__IO uint32_t BRR;
__IO uint32_t LCKR;
} GPIO_TypeDef;
```

试问：

① GPIOA 是什么类型的变量？

② ODR 是什么类型的变量？

③ 语句“GPIOA->ODR=0x0002;”具体可实现什么功能？

④ 执行语句“GPIOA->ODR^=0x0002;”具体可实现什么功能？

9. 某外设基地址 0x40009000，请根据表 3-5 定义结构体变量，成员包含各个寄存器，并编写读取 IDR 到变量 x、对 ODR 写入 0x55 的语句。

表 3-5　某外设寄存器偏移地址表

偏移地址	寄存器名称	功　能
0x0000	CTRL	读写
0x0004	IDR	只读
0x000C	ODR	只写
0x000D	LOCK	读写

10. 温度检测元件热敏电阻(NTC),型号为 MF52A103G3380,标称阻值为 10 kΩ(25 ℃),B 值为 3 380 K,精度为 1%。热敏电阻的电阻-温度特性为

$$R_t = R_0 e^{B\left(\frac{1}{T}-\frac{1}{T_0}\right)}$$

式中,R_t 为温度为 T(K)时的电阻值;R_0 为温度为 T_0(25 ℃)时的电阻值(10 000 Ω)。T(K)=t(℃)+273.15。K 为开尔文温度。

① 试编写函数,采用查表法得出温度值。函数入口参数为 R_t,出口参数为温度 t。温度范围为 0～20 ℃,分辨率为 1 ℃。

② 编写函数(滤波函数),利用 for 循环语句求数组 ucaAdcbuf 中 12 个 ADC 采样值的平均值,计算结果保存在 sum_Adc 中。其中 ADC 采样值为 12 位。

第 4 章 GPIO 基础

本章主要内容：GPIO 的基本概念；STM32F10x 系列 I/O 的基本结构、工作模式及相关寄存器；寄存器操作方法及 HAL 库函数使用。

本章案例：8 位流水灯电路及控制程序设计。

4.1 GPIO 基本结构

GPIO(General-Purpose Input/Output Ports)为通用型输入/输出端口的简称，可以通过软件来控制其输入和输出。STM32 芯片的 GPIO 引脚与外部设备连接起来，可以实现与外部通信、控制以及数据采集的功能。GPIO 最简单的应用就是点亮 LED 灯，只须通过软件控制 GPIO 输出高低电平即可；也可以检测引脚输入状态，比如在 GPIO 引脚上接入一个按键，通过电平的高低判断按键是否按下。

STM32F10x 系列最多有 7 个 16 位并行 I/O 口：PA、PB、PC、PD、PE、PF、PG，都是复用引脚，最少有 2 种功能，最多有 6 种功能。STM32F103RCT6 包含 PA、PB、PC、PD 共 4 个并行 GPIO。

本书中出现的 Px 表示 GPIO 外设端口，其中的 x 可以取值为 A～G，分别表示 PA 端口、PB 端口、PC 端口、PD 端口、PE 端口、PF 端口、PG 端口；Pxy 表示端口位，每个端口位对应一个芯片引脚，其中 x 表示端口名称(取值范围为 A～G)，y 表示端口位号(取值范围为 0～15)，比如 PA1、PA2、PB1、PB2 等。

STM32 可编程 I/O 端口的基本结构如图 4-1 所示，I/O 引脚表示芯片引脚。图中保护二极管连接电压为 V_{DD} 或 V_{DD_FT}，V_{DD_FT} 表示该端口能容忍 5 V 输入。

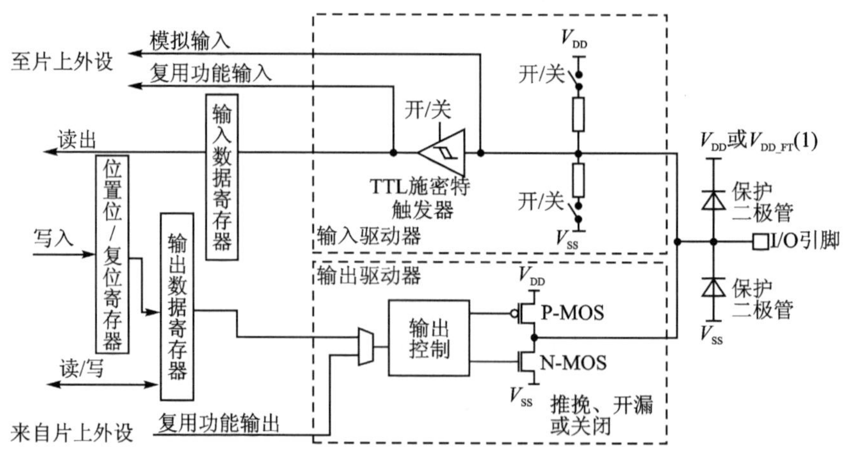

图 4-1 I/O 位端口的基本结构

STM32 能够兼容 5 V 输入的引脚可以通过数据手册引脚定义表查看，在 I/O Level 栏中,FT 表示该引脚兼容 5 V 输入,没有标注 FT 的引脚,使用时不能输入 5 V 信号,否则存在损坏的风险。STM32F103RCT6 芯片可以兼容 5V 输入的引脚共有 31 个。

在引脚上下连接保护二极管,当输入电压高于 V_{DD} 时,上方二极管导通吸收此高电压;当引脚电压低于 V_{SS} 时,下方的二极管导通。

图 4-1 中上半部分所示为引脚输入功能,通过一个电阻和一个开关(可以通过寄存器控制开关状态)把输入线拉高或者拉低。根据 STM32 的数据手册,上拉电阻和下拉电阻的阻值在 30～50 kΩ 之间,由于阻值较大,上拉及下拉能力较弱,通常又称弱上拉或弱下拉。作为普通的输入引脚,I/O 引脚的电平通过触发器后保存在输入数据寄存器内。

为什么要用带上拉或者下拉输入的模式呢？因为浮空模式下,在 GPIO 外部连接的电路未工作时,STM32 读取的 GPIO 状态是不确定的。

设置上拉或下拉电阻的意义:

(1) 保证 I/O 端口作为输入时有确定的输入状态。

采用带上拉或者下拉输入的模式先给 MCU 一个确定的状态,当外部电路电平状态发生变化时,易于 MCU 的判断。

例如直接在 I/O 端口接一个按键到地(或电源)。因为按键在没有按下时,状态是不确定的,微控制器就很难检测按键是否按下。所以人为地接一个上拉(或下拉),以确定未按下的时候 I/O 输入电平的状态。

(2) 提高 I/O 端口的抗干扰能力。

引脚在悬空状态下易受到外界的电磁干扰,若加上上拉电阻,可以提高输入信号的噪声容限,增强抗干扰能力。

图 4-1 中下半部分所示为引脚输出功能,通过一个 PMOS 管和一个 NMOS 管组合成推挽驱动输出。对于普通的引脚电平控制,通过控制置位或者复位寄存器的值,改变输出数据寄存器值,输出控制电路驱动推挽电路,从而改变引脚的状态。

STM32 引脚驱动能力有限。如果直接将引脚连接大功率器件,比如电机,须要使用功率放大电路驱动。

4.2 GPIO 的工作模式

STM32F10x 系列 I/O 工作模式分为 GPIO(通用 I/O)和 AFIO(复用功能 I/O),GPIO 包含浮空输入、上拉输入、下拉输入、模拟输入、开漏输出和推挽输出 6 种模式;AFIO 包含复用功能的推挽输出和复用功能的开漏输出 2 种工作模式。

在使用中,可以通过 CubeMX 工具软件直接配置位端口的工作模式,自动生成模式配置的相关程序代码;也可以直接操作端口配置寄存器 GPIOx_CRH 和 GPIOx_CRL 进行模式配置。

4.2.1 浮空输入模式

浮空输入也称悬空输入,一般多用于外部有源数字信号,如外部设备输出的信号或者带上拉的按键输入;在浮空输入的状态下,I/O 口的电平状态是不确定的,完全由外部输入决定;如果在该引脚悬空,读取端口的电平状态是不确定的。如果兼容 5 V 输入引脚输入信号 5 V 时,必须使用浮空模式。

当I/O端口配置为浮空输入时，原理如图4-2所示，图中灰色部分显示了数据传输通道，外部的电平信号通过I/O端口进入STM32内部，经过施密特触发器整形后送入输入数据寄存器，CPU通过内部的数据总线可以随时读出I/O端口的电平变化的状态。

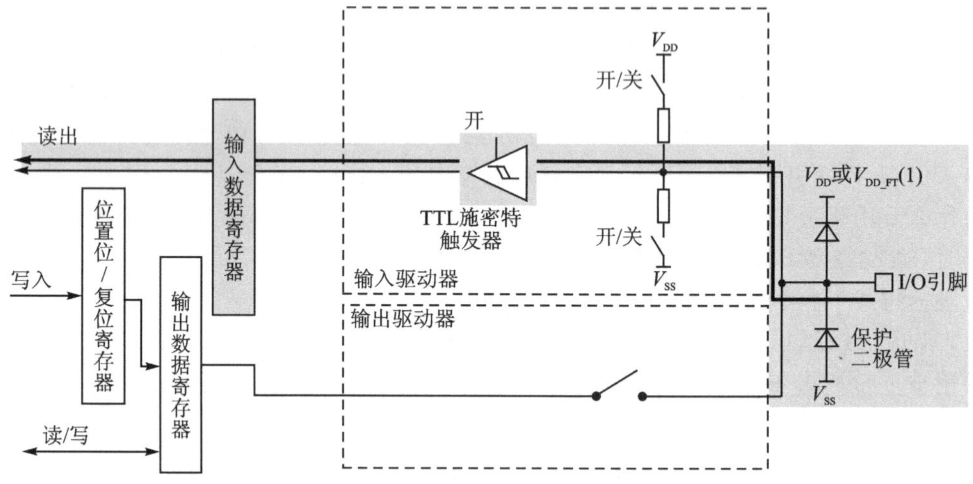

图4-2　I/O位端口浮空输入工作原理

图中未被灰色覆盖的部分在浮空输入模式下处于不工作状态，尤其是下半部分的输出电路。实际上这时的输出电路与输入的端口处于隔离状态。

浮空输入特点如下：

① 输出缓冲器被禁止。

② 施密特触发器被激活。

③ 上拉和下拉电阻被断开。

④ 出现在I/O脚上的数据在每个APB2时钟被采样到输入数据寄存器。

⑤ 对输入数据寄存器的访问可得到I/O状态。

4.2.2　上拉输入模式

当I/O端口配置为上拉输入时，原理如图4-3所示，与前面介绍的浮空输入模式相比，上拉输入模式仅仅是在数据通道上面接入了一个上拉电阻。同样，CPU可以随时通过内部的数据总线读出I/O端口的电平变化。

当端口配置为带上拉输入时，该端口可用于外部无源开关信号输入，若无外部输入信号，读取端口的电平状态是高电平。由于该上拉属于弱上拉，当有外部输入时，一般不影响外部输入的电平状态。

上拉输入特点如下：

① 输出缓冲器被禁止。

② 施密特触发器被激活。

③ 弱上拉电阻被连接，弱下拉电阻被断开。

④ 出现在I/O脚上的数据在每个APB2时钟被采样到输入数据寄存器。

⑤ 对输入数据寄存器的访问可得到I/O状态。

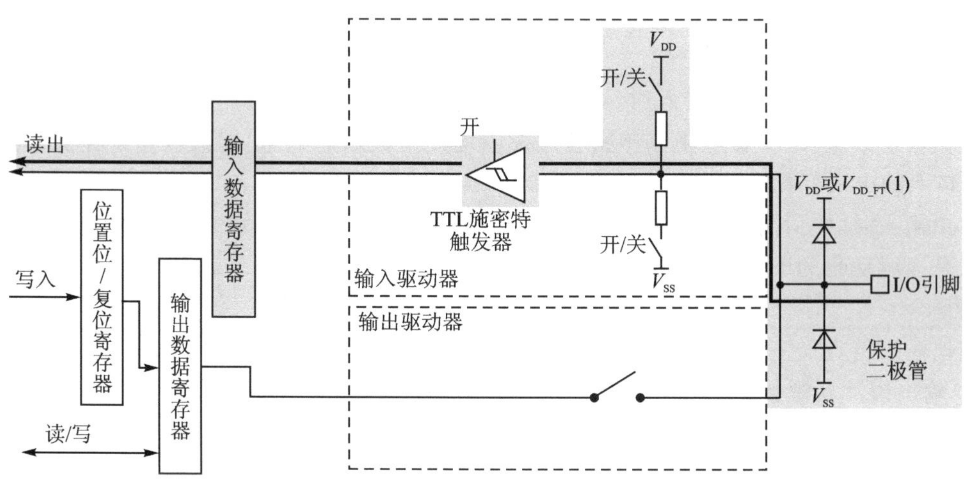

图 4-3　I/O 位端口上拉输入工作原理

4.2.3　下拉输入模式

当 I/O 端口配置为下拉输入时，原理图如 4-4 所示，与前面介绍的浮空输入模式相比，下拉输入模式仅仅是在数据通道上接入了一个下拉电阻。

当端口配置为带下拉输入时，该端口可用于外部无源开关信号输入，若无外部输入信号，读取端口的电平状态是低电平。由于该下拉属于弱下拉，当有外部输入时，一般不影响外部输入的电平状态。

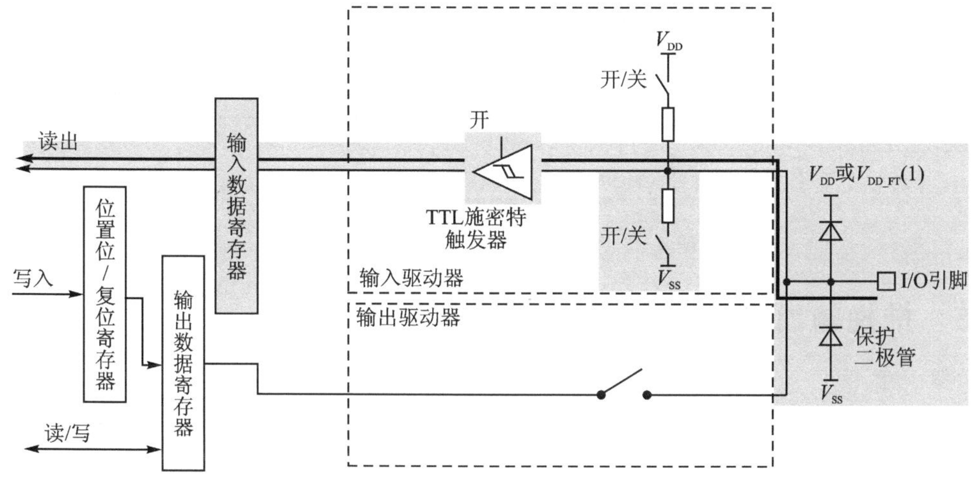

图 4-4　I/O 位端口下拉输入工作原理

下拉输入特点如下：

① 输出缓冲器被禁止。

② 施密特触发器被激活。

③ 弱下拉电阻被连接，弱上拉电阻被断开。

④ 出现在 I/O 脚上的数据在每个 APB2 时钟被采样到输入数据寄存器。

⑤ 对输入数据寄存器的访问可得到 I/O 状态。

4.2.4　模拟输入模式

当 I/O 端口配置为模拟输入时,原理如图 4-5 所示,信号从端口直接进入内部的 ADC 模块。数据通道中上拉、下拉电阻和施密特触发器均处于关断的状态,输入数据寄存器不能反映 I/O 端口上的电平变化。

模拟输入时,端口为高阻抗输入状态。模拟输入模式最常用的场合是 ADC 模拟输入,输入可以是连续变化的电压信号,比如将电压、电流、温度、湿度、压力等物理量信号转换为数字量应用场合。

模拟输入特点如下:

① 输出缓冲器被禁止。

② 施密特触发器被禁止,输出值被置 0,每个模拟输入引脚上零功率消耗。

③ 弱上拉和下拉电阻被禁止。

④ 读取输入数据寄存器时数值为 0。

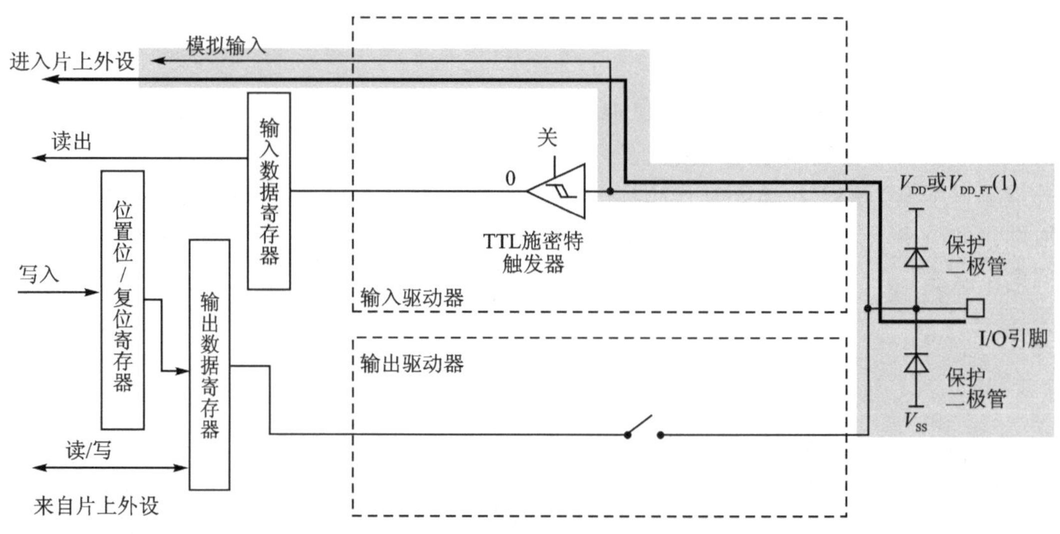

图 4-5　I/O 位端口模拟输入工作原理

4.2.5　推挽输出模式

1. 概　念

推挽结构是指两个互补的 MOSFET 开关管受互补驱动信号控制,每次只有一个导通,能输出高、低电平,输出既可以向负载提供拉电流,也可以为负载提供灌电流,且具有相同的驱动能力。推挽输出模式可以直接驱动小功率器件,比如 LED、蜂鸣器、继电器等。

2. 工作原理

推挽输出模式的工作原理如图 4-6 所示,I/O 位端口配置为推挽输出。当输出数据寄存器输出逻辑 1 时,图中上拉 P-MOS 管导通,而下方的 N-MOS 管截止,I/O 端口输出高电平。当输出数据寄存器输出逻辑 0 时,P-MOS 管截止,而下方的 N-MOS 管导通,输出低电平。在这个模式下,CPU 仍然可以从输入数据寄存器读到该 I/O 端口电压变化的信号。

图 4-6 中灰色部分表示工作的模块,带箭头的粗实线表示数据输出传输通道,带箭头的虚线表示读取 I/O 端口电平变化的数据传输通道,箭头不是数据传输方向。

3. 推挽输出特点

① 数据输出寄存器输出 0,激活 N－MOS 管;输出 1,将激活 P－MOS 管。

② 施密特触发器被激活。

③ 弱上拉和下拉电阻被禁止。

④ 出现在 I/O 脚上的数据在每个 APB2 时钟被采样到输入数据寄存器。

⑤ 在推挽式模式时,对输出数据寄存器进行读访问可得到最后一次写的值。

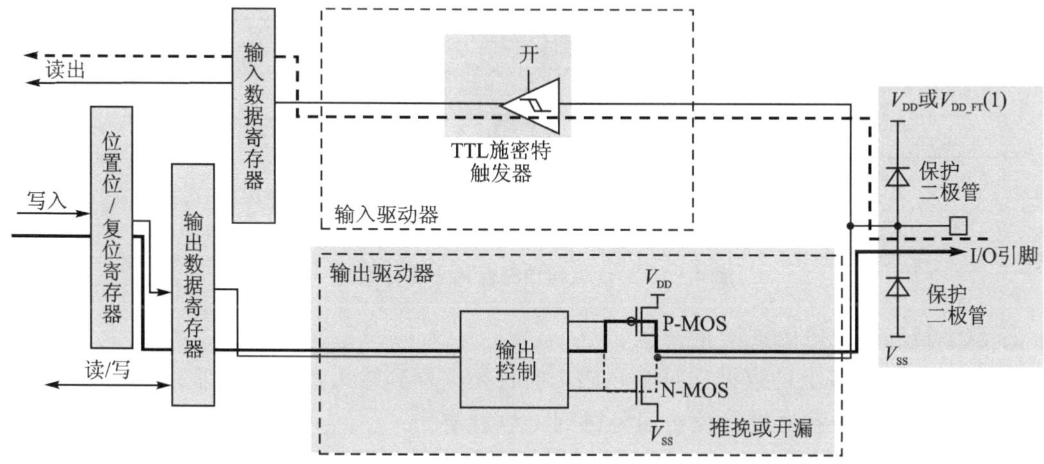

图 4－6　I/O 位端口推挽输出工作原理

4.2.6　开漏输出模式

1. 开漏输出概念

若推挽结构上拉的 P－MOS 管断开或者一直处于关闭状态,N－MOS 管相当于漏极开路,这种 I/O 配置称为开漏输出(Open Drain,OD)。实际应用时,外部需要加上拉电阻,确保当 N－MOS 管关断时,I/O 输出高电平。

2. 工作原理

如图 4－7 所示,I/O 端口配置为开漏输出,P－MOS 管一直处于关闭状态,图中灰色部分表示工作的模块,带箭头的粗实线表示数据输出传输通道,带箭头的虚线表示读取 I/O 端口电平变化的数据传输通道,箭头表示数据传输方向。CPU 通过位置位/复位寄存器或输出数据寄存器写入数据后,该数据位通过输出控制电路传送到 I/O 端口。

如果 CPU 写入的是逻辑 1,则 N－MOS 管将处于关闭状态,此时 I/O 端口的电平将由外部的上拉电阻决定。

如果 CPU 写入的是逻辑 0,则 N－MOS 管将处于开启状态,此时 I/O 端口的电平被 N－MOS 管拉到了"地"的零电位。

在图中的上半部,施密特触发器处于开启状态,这意味着 CPU 可以在输入数据寄存器的另一端随时监控 I/O 端口的状态。

3. 开漏输出特点

① 输出数据寄存器上输出 0,激活 N－MOS;输出 1,将端口置于高阻状态,P－MOS 从不被激活。

② 施密特触发输入被激活。

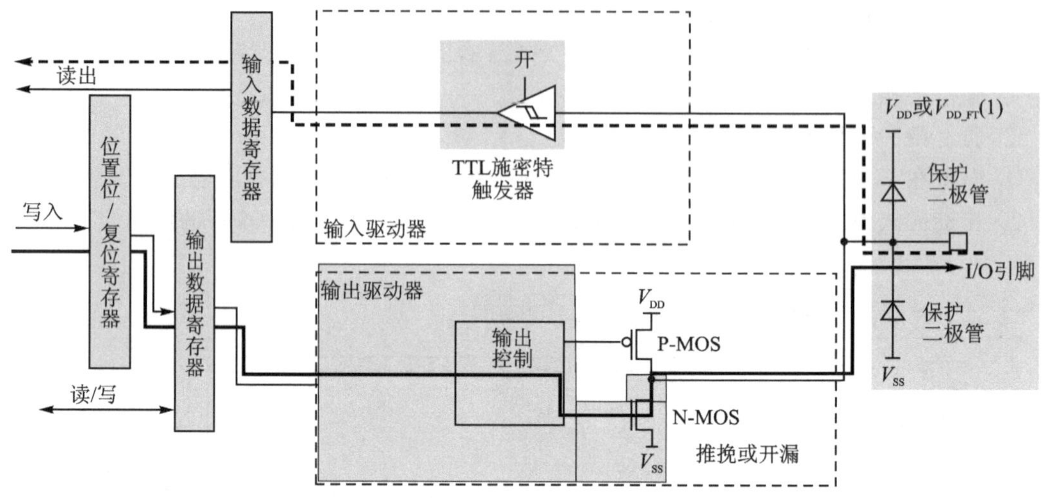

图 4-7 I/O 位端口开漏输出工作原理

③ 弱上拉和下拉电阻被禁止。

④ 出现在 I/O 脚上的数据在每个 APB2 时钟被采样到输入数据寄存器。

⑤ 对输入数据寄存器进行读访问可得到 I/O 状态。

4. 应用场合

开漏输出一般用于电平转换、“线与”和 I²C、SMBus 等总线接口。

(1) 电平转换

一般来说,开漏输出可以用来连接不同电平的器件,达到匹配电平的目的。外部接上拉电阻,通过改变上拉电源的电压,便可以改变传输电平。上拉电阻的阻值决定了逻辑电平转换的速度。阻值越大,速度越低,功耗越小,所以电阻的选择要兼顾功耗和速度。

(2) “线与”

可以将多个开漏输出连接到一条线上,通过一只上拉电阻,在不增加任何器件的情况下,形成“与逻辑”关系,即“线与”。可以简单地理解为:当所有引脚连在一起时,外接一个上拉电阻,如果有一个引脚输出为逻辑 0,相当于接地,与之并联的回路相当于被一根导线短路,所以外电路逻辑电平便为 0;只有都为高电平时,与的结果才为逻辑 1。这也是 I²C、SMBus 等总线判断总线占用状态的原理。

4.2.7 推挽复用输出

一个 I/O 引脚可以作为普通的 I/O 接口引脚,也可以作为其他内部外设的特殊功能引脚,有些引脚可能有多种不同功能,这种现象叫做复用。比如,STM32F103RCT6 的 29、30 引脚即可作为 PB10、PB11 的普通 I/O 功能,也可作为内部外设 UARST3、I²C2、TIM3 接口。在复用情况下,I/O 输出模式配置由外接外设技术要求决定。

GPIO 的推挽复用输出模式适用于普通数字信号接口,其工作原理与推挽输出模式基本相同,区别是输出控制电路输入与复用功能的输出端相连,此时输出数据寄存器从输出通道断开,片上外设的输出信号直接与输出控制电路的输入端相连接。推挽复用输出工作原理见图 4-8。

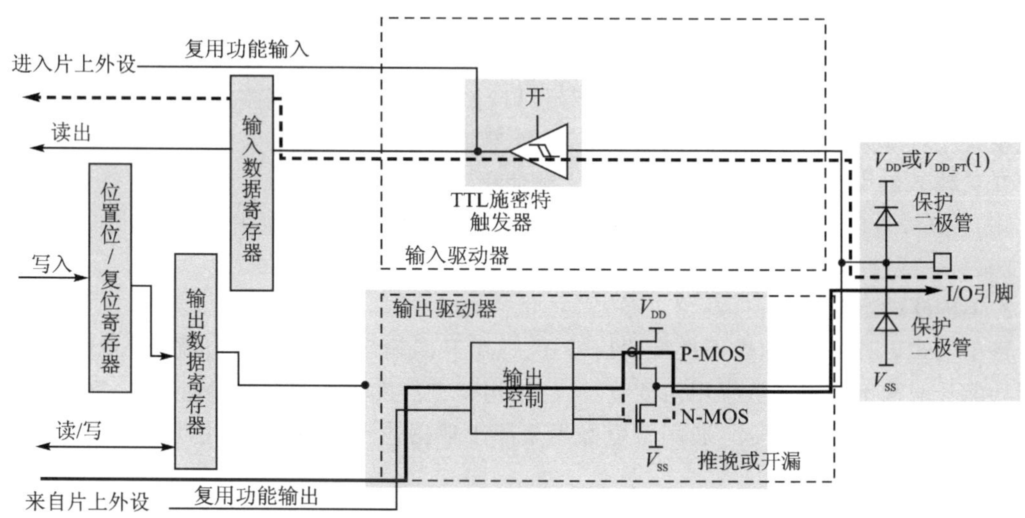

图4-8 I/O位端口推挽复用输出工作原理

4.2.8 开漏复用输出

GPIO的开漏复用输出模式适用于I^2C通信接口，工作原理与开漏输出模式基本相同，区别是输出控制电路输入与复用功能的输出端相连，此时输出数据寄存器从输出通道断开，片上外设的输出信号直接与输出控制电路的输入端相连接。开漏复用输出工作原理如图4-9所示。

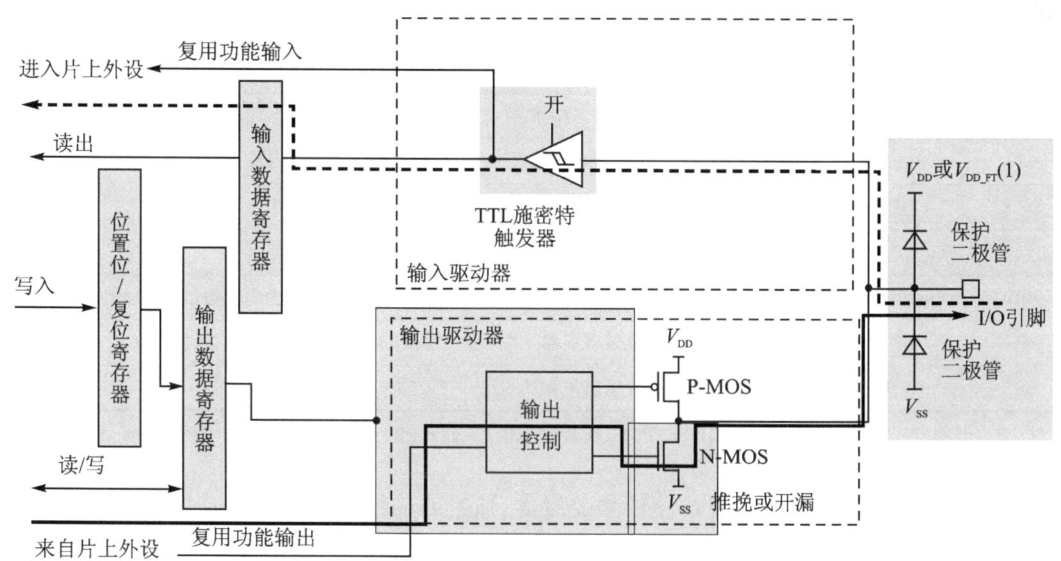

图4-9 I/O位端口开漏复用输出工作原理

4.2.9 GPIO工作模式总结

1. GPIO输入模式

GPIO输入有4种模式，即模拟输入模式、浮空输入模式、上拉输入模式和下拉输入模式，模式配置一般原则是,信号匹配,确保输入信号有确定的逻辑电平。

① 模拟输入模式,适用于片内 ADC,需要将引脚配置为模拟输入模式。

② 浮空输入模式,适用于有源数字信号接口,如芯片外接数字电路、编码码盘等一般均采用此模式。对于无源信号,如开关、按钮等,若外部加上拉电阻,也可以配置为浮空输入模式。兼容 5 V 输入的引脚输入信号为 5 V 时,必须使用浮空输入模式。

③ 上拉输入模式或下拉输入模式,适用于无源数字信号接口,如开关、按钮等,考虑到抗干扰能力,一般选择上拉输入模式。

2. GPIO 输出模式

输出模式也有 4 种,即通用推挽输出模式、通用开漏输出模式、复用功能推挽输出模式和复用功能开漏输出模式。从应用角度看,输出结构只有推挽输出和开漏输出两类,即输出电路硬件一样,差别是数据源不同,通用 I/O 数据来源于数据输出寄存器,复用功能输出来自芯片内部外设输出。

输出模式配置的一般原则是,信号匹配,确保输出信号满足负载要求。

① 推挽输出模式,适用于大部分应用场合。

② 开漏输出模式,适用于电平转换场合及 I^2C 总线通信。

4.3　STM32F10x 系列 GPIO 寄存器

STM32F10x 系列微控制器最多有 7 个 GPIO 端口,每个 GPIO 端口都有 7 个独立的 32 位寄存器,如表 4-1 所列。

表 4-1　STM32 微控制器 GPIO 相关寄存器

地址偏移	寄存器	名　称	功能描述
0x00	GPIOx_CRL	端口配置低寄存器	配置 GPIO 低 8 位对应引脚工作模式
0x04	GPIOx_CRH	端口配置高寄存器	配置 GPIO 高 8 位对应引脚工作模式
0x08	GPIOx_IDR	端口输入数据寄存器	读取 GPIO 输入状态
0x0C	GPIOx_ODR	端口输出数据寄存器	控制 GPIO 输出状态
0x10	GPIOx_BSRR	端口置位复位寄存器	位操作 GPIO 端口输出状态,输出 0 或 1
0x14	GPIOx_BRR	端口复位寄存器	位操作 GPIO 端口复位状态,输出 0
0x18	GPIOx_LCKR	端口配置锁定寄存器	锁定端口位配置

注:寄存器中的 x 可以分别为 A、B、C、D、E、F、G,表示对应端口,如 GPIOA_CRL 表示对应 GPIOA 端口的配置低寄存器。

这些寄存器都是与 GPIO 端口硬件相关联的,通过 GPIO 基址以及寄存器地址偏移,可以计算出每个寄存器的映射地址,通过地址就可以访问端口寄存器(不允许半字或字节访问),每个 I/O 端口位可以自由编程,配置工作模式,获取或控制端口输出的状态。

GPIO 基址可参见图 1-7,例如 GPIOA 的基址为 0x4001 0800,ODR 寄存器的地址偏移 0x0C,则 GPIOA 的端口输出数据寄存器 GPIOA_ODR 的地址为 0x4001 0800+0x0C。

4.3.1　端口配置寄存器

端口配置寄存器用于配置端口引脚工作模式。由于每个 GPIO 端口有 16 个引脚,因此,

GPIOx_CRL、GPIOx_CRH 寄存器分别用来配置 GPIO 端口低 8 位引脚和高 8 位引脚的工作模式。

端口配置低寄存器 GPIOx_CRL(Port Configuration Register Low),该寄存器的偏移地址为 0x00,复位值为 0x44444444。各位定义如下:

31	30	29	28	27	26	25	24	23	22	21	20	19	18	17	16
CNF7[1:0]		MODE7[1:0]		CNF6[1:0]		MODE6[1:0]		CNF5[1:0]		MODE5[1:0]		CNF4[1:0]		MODE4[1:0]	
rw	rw	rw	rw	rw	rw	rw	rw	rw	rw	rw	rw	rw	rw	rw	rw

15	14	13	12	11	10	9	8	7	6	5	4	3	2	1	0
CNF3[1:0]		MODE3[1:0]		CNF2[1:0]		MODE2[1:0]		CNF1[1:0]		MODE1[1:0]		CNF0[1:0]		MODE0[1:0]	
rw	rw	rw	rw	rw	rw	rw	rw	rw	rw	rw	rw	rw	rw	rw	rw

端口配置高寄存器 GPIOx_CRH(Port Configuration Register High),该寄存器的偏移地址为 0x04,复位值为 0x44444444。各位定义如下:

31	30	29	28	27	26	25	24	23	22	21	20	19	18	17	16
CNF15[1:0]		MODE15[1:0]		CNF14[1:0]		MODE14[1:0]		CNF13[1:0]		MODE13[1:0]		CNF12[1:0]		MODE12[1:0]	
rw	rw	rw	rw	rw	rw	rw	rw	rw	rw	rw	rw	rw	rw	rw	rw

15	14	13	12	11	10	9	8	7	6	5	4	3	2	1	0
CNF11[1:0]		MODE11[1:0]		CNF10[1:0]		MODE10[1:0]		CNF9[1:0]		MODE9[1:0]		CNF8[1:0]		MODE8[1:0]	
rw	rw	rw	rw	rw	rw	rw	rw	rw	rw	rw	rw	rw	rw	rw	rw

例如 GPIOA_CRL 配置低 8 位引脚(PA0～PA7),GPIOA_CRH 配置高 8 位引脚(PA8～PA15)。寄存器为端口每个引脚分配 4 位,位定义中的编号与引脚号对应,例如 CNF0、MODE0 用来配置对应 PA0 引脚的工作模式,具体模式配置如表 4-2 所列。根据寄存器复位值可以看出,上电复位后端口默认为输入浮空模式。

表 4-2 GPIO 模式配置表

模式配置	GPIOx_CRL 或 GPIOx_CRH 寄存器		GPIOx_ODR 寄存器
	CNFy[1:0]	MODEy[1:0]	
模拟输入	00	00	不使用
输入浮空	01		不使用
输入上拉	10		1
输入下拉	10		0
通用推挽输出	00	01:最高 10 MHz 10:最高 2 MHz 11:最高 50 MHz 00:保留	0 或 1
通用开漏输出	01		0 或 1
复用功能推挽输出	10		不使用
复用功能开漏输出	11		不使用

注:表中 GPIOx 表示端口名称,x 取值范围为 A～G,CNFy 及 MODEy 中的 y 表示端口引脚号,取值范围为 0～15。

4.3.2 端口输入数据寄存器

可以通过读取端口输入数据寄存器 GPIOx_IDR(Port Input Data Register)中相应 IDR

位来判断 I/O 的输入状态。

该寄存器地址偏移为 0x08 ,复位值为 0x0000xxxx。寄存器各位定义如下:

31	30	29	28	27	26	25	24	23	22	21	20	19	18	17	16
保留															

15	14	13	12	11	10	9	8	7	6	5	4	3	2	1	0
IDR15	IDR14	IDR13	IDR12	IDR11	IDR10	IDR9	IDR8	IDR7	IDR6	IDR5	IDR4	IDR3	IDR2	IDR1	IDR0
r	r	r	r	r	r	r	r	r	r	r	r	r	r	r	r

位 31～16 保留,始终读为 0。

位 15～0 分别对应端口引脚 15～0,这些位为只读并只能以字(32 位)的形式读出。读出的值为对应 I/O 口的状态。

4.3.3 端口输出数据寄存器

端口输出数据寄存器 GPIOx_ODR(Port Output Data Register)的 GPIO 端口配置为输出模式后,可以通过该寄存器相应的 ODR 位来读写数据以判断和控制 I/O 的输出状态。

GPIOx_ODR 寄存器地址偏移为 0x0C,复位值为 0x00000000,寄存器各位定义如下:

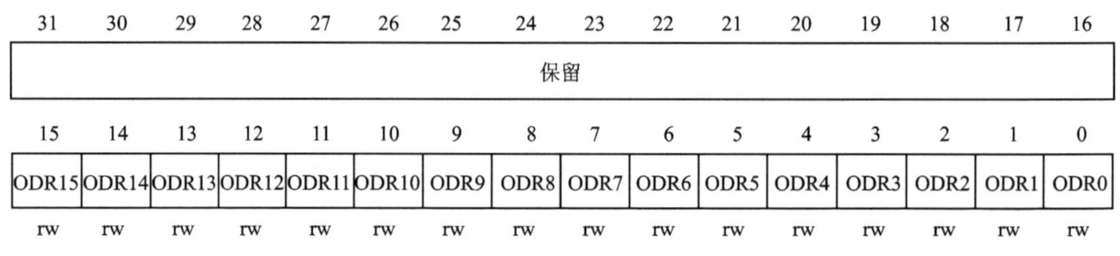

31	30	29	28	27	26	25	24	23	22	21	20	19	18	17	16
保留															

15	14	13	12	11	10	9	8	7	6	5	4	3	2	1	0
ODR15	ODR14	ODR13	ODR12	ODR11	ODR10	ODR9	ODR8	ODR7	ODR6	ODR5	ODR4	ODR3	ODR2	ODR1	ODR0
rw	rw	rw	rw	rw	rw	rw	rw	rw	rw	rw	rw	rw	rw	rw	rw

位 31～16 保留,始终读为 0。

ODRy (y=0,1,…,15),这些位可读可写,并只能以字(32 位)的形式操作。例如,GPIOA_ODR 中的 ODR0 位置 1,则 PA0 输出高电平。

另外也可以通过端口置位复位寄存器 GPIOx_BSRR,分别对各个 ODR 位进行独立的置位/清 0,这种方式属于原子操作,就是对寄存器的单个数据位进行 Read-Modify-Write 操作,并且整个操作过程不会被其他总线活动中断,从而避免数据冲突或竞争的产生。

也可用端口复位寄存器 GPIOx_BRR 分别对各个 ODR 位进行独立的清 0。

4.3.4 端口置位/复位寄存器

端口置位/复位寄存器 GPIOx_BSRR(Port Bit Set/Reset Register)用于对端口输出数据寄存器 GPIOx_ODR 中的某一位置位或清 0,也就是输出 1 或 0。

GPIOx_BSRR 寄存器地址偏移为 0x10 ,复位值为 0x00000000,寄存器各位定义如下:

31	30	29	28	27	26	25	24	23	22	21	20	19	18	17	16
BR15	BR14	BR13	BR12	BR11	BR10	BR9	BR8	BR7	BR6	BR5	BR4	BR3	BR2	BR1	BR0
w	w	w	w	w	w	w	w	w	w	w	w	w	w	w	w

15	14	13	12	11	10	9	8	7	6	5	4	3	2	1	0
BS15	BS14	BS13	BS12	BS11	BS10	BS9	BS8	BS7	BS6	BS5	BS4	BS3	BS2	BS1	BS0
w	w	w	w	w	w	w	w	w	w	w	w	w	w	w	w

高 16 位用来对 ODR 寄存器相应位复位(清 0),低 16 位用来对 ODR 寄存器相应位置位(置 1)。GPIOx_BSRR 寄存器中的 BSy 和 BRy 取值与 ODRy 的关系如表 4-3 所列,通过表 4-3 可以看出,对该寄存器任意位只有写 1 有效,写 0 不改变该位的值。

表 4-3　GPIOx_BSRR 功能表

BRy	BSy	ODRy	说　明
0	0	无影响	ODRy 位保持不变
0	1	1	ODRy 位置 1
1	0	0	ODRy 位置 0
1	1	1	ODRy 位置 1(BRy 和 BSy 同时置 1 时,BSy 优先)

注:表中 y 取值范围为 0～15,表示对应的端口引脚。

4.3.5　端口复位寄存器

端口复位寄存器 GPIOx_BRR(Port Bit Reset Register)用于对端口输出数据寄存器 GPIOx_ODR 中的某一位复位,也就是对应位端口置 0。

GPIOx_BRR 寄存器地址偏移为 0x14,复位值为 0x00000000,寄存器各位定义如下:

31	30	29	28	27	26	25	24	23	22	21	20	19	18	17	16
保留															

15	14	13	12	11	10	9	8	7	6	5	4	3	2	1	0
BR15	BR14	BR13	BR12	BR11	BR10	BR9	BR8	BR7	BR6	BR5	BR4	BR3	BR2	BR1	BR0
w	w	w	w	w	w	w	w	w	w	w	w	w	w	w	w

该寄存器各位定义及功能说明如表 4-4 所列。

表 4-4　GPIOx_BRR 各位定义及功能描述

位	定义及功能说明
31～16	保留位
15～0	BRy:端口 x 的引脚 y(0～15)复位,只能以字(32 位)的形式进行写操作 0:对应的 ODRy 位不产生影响 1:对应的 ODRy 位清 0

小结:

① 对于 GPIOx_ODR 寄存器中的 ODR 位置位,既可以通过直接写 GPIOx_ODR 对应 ODR 来实现,也可以通过写 GPIOx_BSRR 对应位的 BS 来实现(原子操作)。

② 对于 GPIOx_ODR 寄存器中的 ODR 位清 0,既可以通过直接写 GPIOx_ODR 对应 ODR 来实现,也可以通过写 GPIOx_BSRR 对应位的 BR 来实现(原子操作),还可以通过写 GPIOx_BRR 对应的 BR 位来实现。

4.3.6　端口配置锁定寄存器

端口配置锁定寄存器 GPIOx_LCKR(Port Configuration Lock Register),当执行正确的写序列设置了位 16(LCKK)时,该寄存器用来锁定端口位的配置。位[15:0]用于锁定 GPIO

端口的配置。在规定的写入操作期间,不能改变 LCKP[15:0]。当对相应的端口位执行了 LOCK 序列后,在下次系统复位之前将不能再更改端口位的配置。每个锁定位锁定控制寄存器(CRL, CRH)中相应的 4 个位。

GPIOx_LCKR 寄存器地址偏移为 0x18,复位值为 0x00000000,寄存器各位定义如下:

31	30	29	28	27	26	25	24	23	22	21	20	19	18	17	16
保留															LCKK
															rw

15	14	13	12	11	10	9	8	7	6	5	4	3	2	1	0
LCK15	LCK14	LCK13	LCK12	LCK11	LCK10	LCK9	LCK8	LCK7	LCK6	LCK5	LCK4	LCK3	LCK2	LCK1	LCK0
rw	rw	rw	rw	rw	rw	rw	rw	rw	rw	rw	rw	rw	rw	rw	rw

该寄存器各位定义及功能说明如表 4-5 所列。

表 4-5　GPIOx_LCKR 各位定义及功能说明

位	定义及功能说明
31～17	保留位
16	LCKK:锁键 (Lock key),该位可随时读出,但写该位只可通过锁键写入序列修改 0:端口配置锁键位未激活 1:端口配置锁键位激活 锁键的写入序列:写 1→写 0→写 1→读 0→读 1 最后一个读可省略,但可以用来确认锁键已被激活
15～0	端口 x 的锁位 y (y=0,1,…,15),这些位可读可写,但只能在 LCKK 位为 0 时写入 0:不锁定端口的配置 1:锁定端口的配置

4.3.7　寄存器操作

任务:设置 PA1 引脚输出高电平,PB1 引脚输出低电平。

1. 直接访问寄存器方式

方法是对端口置位/复位寄存器 GPIOx_BSRR 直接操作,即对 GPIOA_BSRR 和 GPIOB_BSRR 操作。

首先确定这两个寄存器的映射地址。查表 4-1 可知,BSRR 地址偏移为 0x10;查图 1-7 所示的 STM32 内存映射图,GPIOA 基址为 0x4001 0800,GPIOB 基址为 0x4001 0C00。因此 GPIOA_BSRR 和 GPIOB_BSRR 寄存器映射地址分别为 0x4001 0800+0x10 和 0x4001 0C00+0x10。

然后用指针方式(间接寻址)为寄存器赋值,查表 4-3,PA 端口 1 号引脚输出高电平,需要赋值 0000 0000 0000 0010(0x0002),PB1 引脚输出低电平,需要赋值 0000 0010 0000 0000 (0x0200)。

因此 PA1 引脚输出高电平,语句为

```
*(uint32_t *)(0x4001 0800 + 0x10) = 0x0002;
```

PB1 引脚输出低电平,语句为

```
*(uint32_t*)(0x4001 0C00 + 0x10) = 0x0200;
```

直接访问寄存器方式需要确定映射地址、寄存器位定义，既繁琐，还容易出错。

2. 使用结构体访问寄存器方式

方法是对 GPIO 寄存器组建立结构体，结构体指针指向 GPIO 基址，然后使用结构体对寄存器操作。

```
//定义 GPIO 寄存器结构体 GPIO_TypeDef
    typedef struct
    {
    __IO uint32_t CRL;                    // 端口配置低寄存器，地址偏移 0X00
    __IO uint32_t CRH;                    // 端口配置高寄存器，地址偏移 0X04
    __IO uint32_t IDR;                    // 端口数据输入寄存器，地址偏移 0X08
    __IO uint32_t ODR;                    // 端口数据输出寄存器，地址偏移 0X0C
    __IO uint32_t BSRR;                   // 端口位设置/清除寄存器，地址偏移 0X10
    __IO uint32_t BRR;                    // 端口位清除寄存器，地址偏移 0X14
    __IO uint32_t LCKR;                   // 端口配置锁定寄存器，地址偏移 0X18
    }GPIO_TypeDef;
//定义 GPIO 基址
    #define   GPIOA_BASE 0x4001 0800
    #define   GPIOB_BASE 0x4001 0C00
//定义 GPIOA、GPIOB 基址指针
    #define GPIOA ((GPIO_TypeDef *) GPIOA_BASE)
    #define GPIOB ((GPIO_TypeDef *) GPIOB_BASE)
//GPIO 引脚定义 GPIO_PIN_0～GPIO_PIN_15
    #define GPIO_PIN_0          ((uint16_t)0x0001)  /* Pin 0 selected    */
    #define GPIO_PIN_1          ((uint16_t)0x0002)  /* Pin 1 selected    */
    #define GPIO_PIN_2          ((uint16_t)0x0004)  /* Pin 2 selected    */
    #define GPIO_PIN_3          ((uint16_t)0x0008)  /* Pin 3 selected    */
    #define GPIO_PIN_4          ((uint16_t)0x0010)  /* Pin 4 selected    */
    #define GPIO_PIN_5          ((uint16_t)0x0020)  /* Pin 5 selected    */
    #define GPIO_PIN_6          ((uint16_t)0x0040)  /* Pin 6 selected    */
    #define GPIO_PIN_7          ((uint16_t)0x0080)  /* Pin 7 selected    */
    #define GPIO_PIN_8          ((uint16_t)0x0100)  /* Pin 8 selected    */
    #define GPIO_PIN_9          ((uint16_t)0x0200)  /* Pin 9 selected    */
    #define GPIO_PIN_10         ((uint16_t)0x0400)  /* Pin 10 selected   */
    #define GPIO_PIN_11         ((uint16_t)0x0800)  /* Pin 11 selected   */
    #define GPIO_PIN_12         ((uint16_t)0x1000)  /* Pin 12 selected   */
    #define GPIO_PIN_13         ((uint16_t)0x2000)  /* Pin 13 selected   */
    #define GPIO_PIN_14         ((uint16_t)0x4000)  /* Pin 14 selected   */
    #define GPIO_PIN_15         ((uint16_t)0x8000)  /* Pin 15 selected   */
    #define GPIO_PIN_All        ((uint16_t)0xFFFF)  /* All pins selected */
//PA1 引脚输出高电平，PB1 引脚输出低电平
    GPIOA->BSRR = GPIO_PIN_1;                    //1 号引脚置位，写低 16 位
    GPIOB->BSRR = (uint32_t)GPIO_PIN_1<<16u;     //1 号引脚复位，写高 16 位
```

从以上宏定义可以看出,每个 GPIO_PIN_x 的值,其对应 16 位二进制数的第 x 位是 1,其他位为 0。这样当执行语句

```
GPIOA ->BSRR = GPIO_PIN_1;
```

相当于将 0000 0000 0000 0010(0x0002)赋给 BSRR,由表 4-3 可知,对于 BSRR 的写入只有写 1 有效,写 0 无效,那么该语句执行结果相当于只修改了 BSRR 的 BS1 位(置 1),从而也只改变了寄存器 ODR 的 ODR1 位(置 1,第 1 引脚输出高电平)。因此,该语句执行后 PA1 引脚输出高电平,其他引脚不受影响。

使用结构体访问寄存器,对地址映射和引脚等常量宏定义,与对寄存器直接操作相比,程序更直观,含义更明显。但这种访问寄存器的方式要求用户对寄存器非常熟悉,应用起来还是不方便。

用户更关注的是逻辑功能实现,因此厂商建立了具有一定功能的函数的集,这些函数的集称为库函数库,库函数将寄存器操作代码封装起来,并进行了大量宏定义,且提供功能接口,便于用户使用。下面通过介绍函数库以及库函数编写示例(可参考库的封装模式)学习程序工程化设计技巧。

4.4 GPIO 常用 HAL 库函数

1. 引脚初始化函数

函数名称	HAL_GPIO_Init
函数原型	void HAL_GPIO_Init(GPIO_TypeDef * GPIOx, GPIO_InitTypeDef * GPIO_Init)
功能描述	配置 GPIOx 端口引脚的工作模式
入口参数 1	* GPIOx:端口寄存器结构体指针数据类型,即 GPIO 端口号,取值范围为 GPIOA～GPIOG
入口参数 2	* GPIO_Init:引脚初始化 GPIO_InitTypeDef 结构体指针,该结构体包含指定引脚的配置参数
返回值	无

实例	GPIO_InitTypeDef GPIO_InitStruct = {0}; //定义 GPIO 初始化结构体
	GPIO_InitStruct.Pin = GPIO_PIN_10; //GPIO 端口 10 引脚
	GPIO_InitStruct.Mode = GPIO_MODE_INPUT; //输入模式
	GPIO_InitStruct.Pull = GPIO_NOPULL; //无上/下拉电阻,浮空模式
	HAL_GPIO_Init(GPIOA, &GPIO_InitStruct);
	//对 GPIOA,10 引脚初始化上述参数。注意第 2 个参数为结构体的地址

函数说明	在使用 CubeMX 生成程序代码时,如果已经对 GPIO 进行了配置,则参数赋值及该函数已被直接调用,编程时就不需要再关心该函数

相关结构体如下:

```
//GPIO 初始化结构体 GPIO_InitTypeDef,在 stm32f1xx_hal_gpio.h 文件中定义
    typedef struct
    {
```

```
        uint32_t Pin;                   //端口引脚
        uint32_t Mode;                  //引脚的工作模式
        uint32_t Pull;                  //引脚的上/下拉电阻
        uint32_t Speed;                 //引脚的工作速度
    }GPIO_InitTypeDef;
//GPIO 寄存器结构体 GPIO_TypeDef,在 stm32f103xe.h 文件中定义
    typedef struct
    {
    __IO uint32_t CRL;                  //端口配置低寄存器,地址偏移 0X00
    __IO uint32_t CRH;                  //端口配置高寄存器,地址偏移 0X04
    __IO uint32_t IDR;                  //端口数据输入寄存器,地址偏移 0X08
    __IO uint32_t ODR;                  //端口数据输出寄存器,地址偏移 0X0C
    __IO uint32_t BSRR;                 //端口位置位/复位寄存器,地址偏移 0X10
    __IO uint32_t BRR;                  //端口位清除寄存器,地址偏移 0X14
    __IO uint32_t LCKR;                 //端口配置锁定寄存器,地址偏移 0X18
    }GPIO_TypeDef;
```

2. 引脚复位函数

函数名称	HAL_GPIO_DeInit
函数原型	void HAL_GPIO_DeInit (GPIO_TypeDef * GPIOx, uint32_t GPIO_Pin)
功能描述	引脚工作模式复位到初始复位状态
入口参数 1	* GPIOx:GPIO 端口号,取值范围为 GPIOA～GPIOG
入口参数 2	GPIO_Pin:引脚号,取值范围为 GPIO_PIN_0～GPIO_PIN_15
返回值	无
实例	HAL_GPIO_DeInit(GPIOC, GPIO_PIN_10|GPIO_PIN_11); //GPIOC 端口引脚 10、11 工作模式设置为初始复位状态(输入浮空模式)
函数说明	该函数需要用户调用

3. 读取引脚状态函数

函数名称	HAL_GPIO_ReadPin
函数原型	GPIO_PinState HAL_GPIO_ReadPin(GPIO_TypeDef * GPIOx, uint16_t GPIO_Pin)
功能描述	读取引脚输入电平状态
入口参数 1	* GPIOx:GPIO 端口号,取值范围为 GPIOA～GPIOG
入口参数 2	GPIO_Pin:引脚号,取值范围为 GPIO_PIN_0～GPIO_PIN_15

返回值	GPIO_PinState,引脚电平状态的枚举数据类型变量
	typedef enum {
	GPIO_PIN_RESET = 0u, //引脚低电平状态
	GPIO_PIN_SET //引脚高电平状态
	}GPIO_PinState;

实例	GPIO_PinState　PA1sta;　//定义枚举类型变量 PA1sta PA1sta = HAL_GPIO_ReadPin(GPIOA, GPIO_PIN_1);　//读取 PA1 引脚的状态到变量 PA1sta
函数说明	该函数需要用户调用

函数源码如下:

```
//此函数在 stm32f1xx_hal_gpio.c 文件中定义
GPIO_PinState HAL_GPIO_ReadPin(GPIO_TypeDef * GPIOx, uint16_t GPIO_Pin)
{
    GPIO_PinState bitstatus;                // 定义枚举类型变量,用于保存引脚状态判断
    assert_param(IS_GPIO_PIN(GPIO_Pin));//检测输入参数 GPIO_Pin 的合法性
    if((GPIOx->IDR & GPIO_Pin) ! = (uint32_t)GPIO_PIN_RESET)
                                            //读取引脚输入数据寄存器,判断是否非 0
    {
        bitstatus = GPIO_PIN_SET;           //逻辑判断为真,置引脚状态为 1
    }
    else
    {
        bitstatus = GPIO_PIN_RESET;         //逻辑判断为假,置引脚状态为 0
    }
    return bitstatus;                       //函数返回引脚状态
}
```

程序解析:首先判断参数是否合法,然后读取输入数据寄存器 IDR 的值与指定引脚进行按位与的操作,结果不为 0,表示该引脚当前的电平状态为高电平;结果为 0,表示该引脚当前的电平状态为低电平。

4. 写引脚函数

函数名称	HAL_GPIO_WritePin
函数原型	void HAL_GPIO_WritePin(GPIO_TypeDef *　GPIOx, uint16_t GPIO_Pin, GPIO_PinState PinState)
功能描述	设置引脚输出高/低电平
入口参数 1	* GPIOx:GPIO 端口号,取值范围为 GPIOA～GPIOG
入口参数 2	GPIO_Pin:引脚号,取值范围为 GPIO_PIN_0～GPIO_PIN_15
入口参数 3	GPIO_PinState 枚举类型变量,取值范围: GPIO_PIN_SET:表示输出高电平 GPIO_PIN_RESET:表示输出低电平

实例	HAL_GPIO_WritePin(GPIOB, GPIO_PIN_2, GPIO_PIN_RESET);
	//设置 PB2 引脚输出低电平
	HAL_GPIO_WritePin(GPIOC, GPIO_PIN_3, GPIO_PIN_SET);
	//设置 PC3 引脚输出高电平

函数说明	该函数需要用户调用

函数源码如下：

```
void HAL_GPIO_WritePin(GPIO_TypeDef * GPIOx, uint16_t GPIO_Pin, GPIO_PinState PinState)
{
    assert_param(IS_GPIO_PIN(GPIO_Pin));          //检查引脚参数合法性
    assert_param(IS_GPIO_PIN_ACTION(PinState));//检查引脚电平状态参数合法性
    if(PinState ! = GPIO_PIN_RESET)               //逻辑判断引脚电平参数
    {
        GPIOx ->BSRR = GPIO_Pin;  //逻辑判断为真,将 BSSR 寄存器低 16 位中对应的引脚位置 1
    }
    else
    {
        GPIOx ->BSRR = (uint32_t)GPIO_Pin << 16U;
                                        //BSSR 寄存器高 16 位中对应位置 1,输出低电平
    }
}
```

程序解析：首先判断参数是否合法，然后根据函数输入参数要求设置的电平，对置位/复位寄存器 BSRR 进行操作，若输出高电平，对 BSRR 低 16 位中的对应位置 1 操作；若输出低电平，对 BSRR 高 16 位中的对应位置 1 操作。

5. 引脚状态翻转函数

函数名称	HAL_GPIO_TogglePin
函数原型	void HAL_GPIO_TogglePin (GPIO_TypeDef * GPIOx,uint16_t GPIO_Pin)
功能描述	翻转引脚状态，原来为高电平则输出低电平，原来为低电平则输出高电平
入口参数 1	* GPIOx:GPIO 端口号，取值范围为 GPIOA～GPIOG
入口参数 2	GPIO_Pin:引脚号，取值范围为 GPIO_PIN_0～GPIO_PIN_15
实例	HAL_GPIO_TogglePin (GPIOB, GPIO_PIN_2); //调用一次，PB2 引脚电平翻转一次
函数说明	该函数需要用户调用

函数源码如下：

```
void HAL_GPIO_TogglePin(GPIO_TypeDef * GPIOx, uint16_t GPIO_Pin)
{
    assert_param(IS_GPIO_PIN(GPIO_Pin));              //检查引脚参数合法性
    if ((GPIOx ->ODR & GPIO_Pin) = = GPIO_Pin)
                                    //读取引脚输出数据寄存器,判断是否与引脚参数相等
    {
        GPIOx ->BSRR = (uint32_t)GPIO_Pin <<16U;   //逻辑判断为真,输出低电平
    }
    else
    {
        GPIOx ->BSRR = GPIO_Pin;                   //逻辑判断为假,输出高电平
    }
}
```

程序解析:首先判断参数是否合法,然后读取引脚输出数据寄存器 ODR,判断当前引脚的电平状态。程序中的判断语句将当前值与函数输入参数引脚常量值进行比较,根据前面引脚常量定义值,若等式成立,表明引脚当前状态为高电平,即逻辑判断为真,需要引脚翻转输出低电平,因此对置位/复位寄存器 BSRR 高 16 位中的对应位置 1 操作。若逻辑判断为假,对置位/复位寄存器 BSRR 低 16 位中的对应位置 1 操作,引脚输出高电平。

6. 锁定引脚配置函数

函数名称	HAL_GPIO_WritePin
函数原型	HAL_StatusTypeDef HAL_GPIO_LockPin(GPIO_TypeDef * GPIOx, uint16_t GPIO_Pin)
功能描述	锁定引脚配置
入口参数 1	* GPIOx:GPIO 端口号,取值范围为 GPIOA~GPIOG
入口参数 2	GPIO_Pin:引脚号,取值范围为 GPIO_PIN_0~GPIO_PIN_15

返回值	表示操作结果的枚举类型变量,变量定义如下:
	typedef enum
	{
	HAL_OK = 0x00U, //表示引脚锁定成功
	HAL_ERROR = 0x01U, //表示引脚锁定失败
	HAL_BUSY = 0x02U,
	HAL_TIMEOUT = 0x03U
	} HAL_StatusTypeDef;

实例	HAL_GPIO_LockPin (GPIOA, GPIO_PIN_1); //锁定 PA1 引脚的配置
函数说明	该函数需要用户调用

4.5 GPIO 应用实例——流水灯

1. 任务要求

设计一个由 8 个 LED 构成的流水灯电路,并完成流水灯程序设计。

2. 电路设计

根据任务要求,需要用 8 个 I/O 口分别控制 8 个 LED,具体设计如图 4-10 所示,图中电阻为限流电阻,调整该电阻的阻值,可以改变 LED 的亮度。从图中可以看出引脚输出低电平有效,即 GPIO 引脚输出低电平,对应的 LED 点亮;GPIO 引脚输出高电平,对应的 LED 熄灭。

3. 程序设计

程序设计包含两部分,首先通过 CubeMX 进行初始化配置,然后在生成的工程中添加用户代码。代码须实现从 D1 开始,依次点亮到最后一个 D8,然后再从第一个开始,一直循环,实现流水灯效果。

CubeMX 配置主要完成时钟初始化,GPIO 引脚初始化,最后生成工程模板,在工程模板中已经实现了相应的初始化函数及初始化调用。由于在 2.1.3 小节已经完成时钟配置,本任

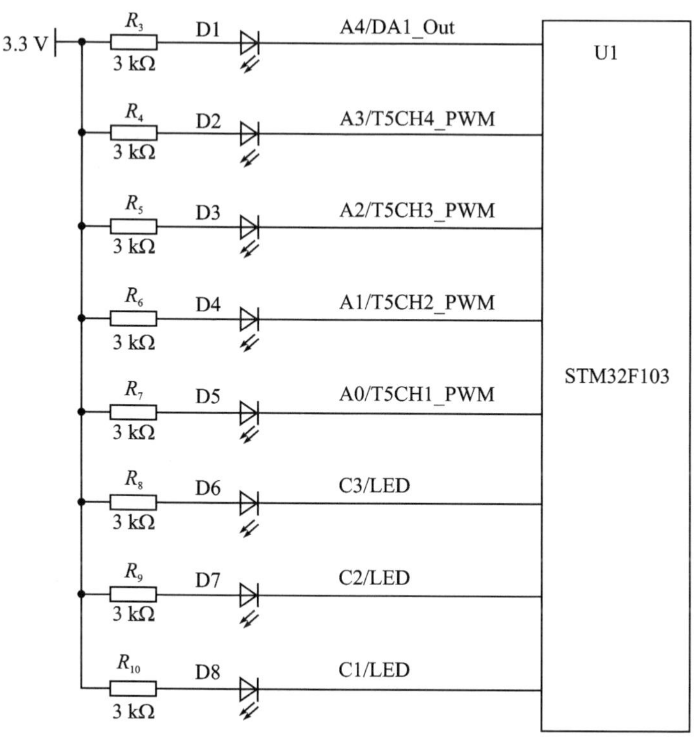

图 4-10　流水灯电路图

务不需要再次配置时钟。

添加用户代码部分，主要是用户根据实际需求添加相应程序代码，这里主要添加流水灯控制代码。

(1) CubeMX 初始化配置

1) 引脚配置

在如图 4-11 所示的引脚图中，单击需要配置的引脚，在弹出的菜单中选择需要的配置，这里选择 GPIO_Output，所用到的 8 个 GPIO 引脚均按此配置。

选择左侧导航栏 System Core 分类中的 GPIO，可以在列表中选中具体的引脚，修改默认电平(GPIO output level)、模式(GPIO mode)、上下拉(GPIO Pull-up/Pull-down)、最大端口速度(Maximum output speed)等工作模式。本例中设置为默认高电平(LED 熄灭)、推挽输出，无上下拉、低速。

2) 生成工程

选择 Project Manager 选项，进入工程配置，如图 4-12 所示。首先输入工程名称，然后选择工程保存路径，再次选择开发环境 MDK-ARM，最后单击 GENERATE CODE 按钮生成代码。

3) 打开工程

单击 GENERATE CODE 按钮生成代码后，弹出对话框，单击 Open Project 按钮打开工程，如图 4-13 所示，在 main.c 文件中可以看到，时钟配置，GPIO 初始化已经被调用。在 Keil 中可以查看 GPIO 初始化函数的定义。

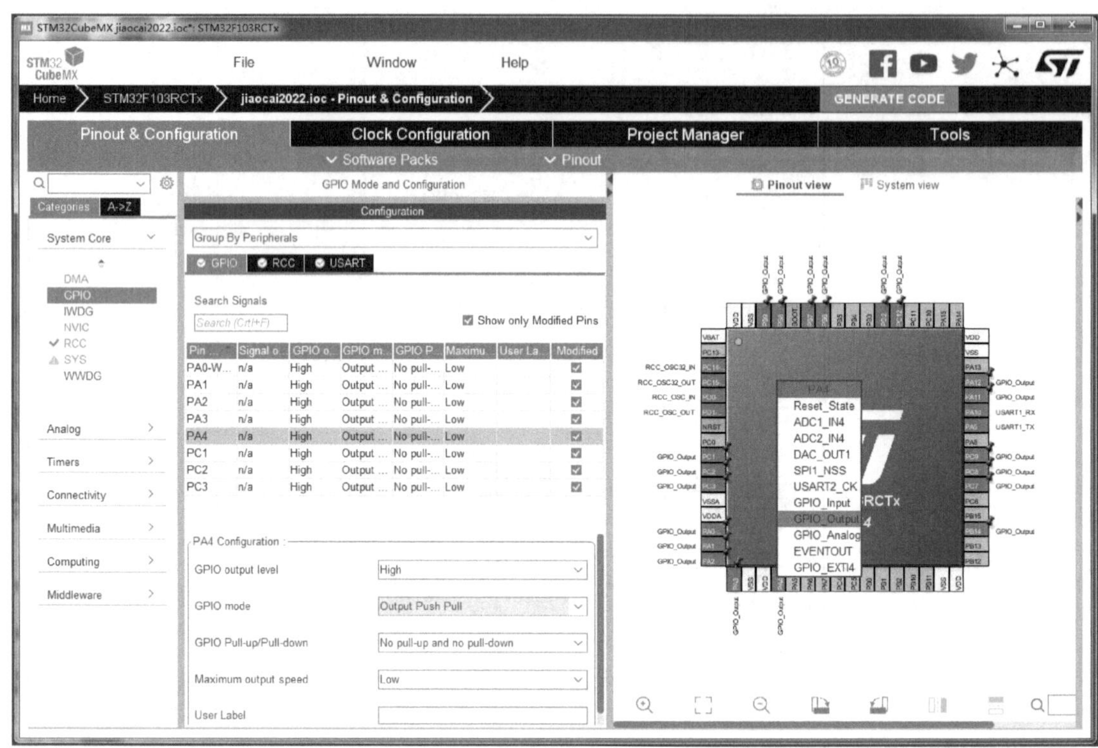

图 4-11　GPIO 引脚配置

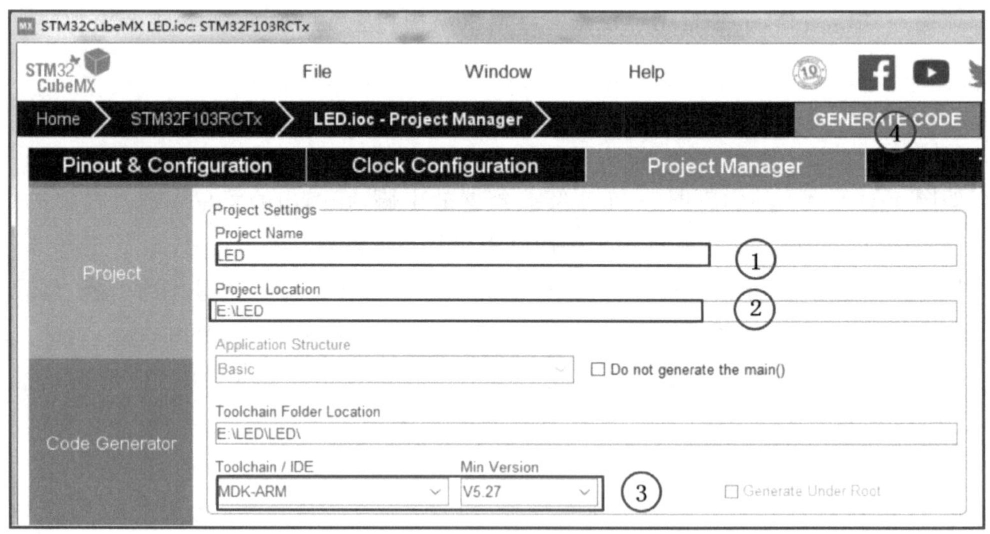

图 4-12　工程配置

(2) 程序设计

在 MDK 开发环境下，编写流水灯函数。

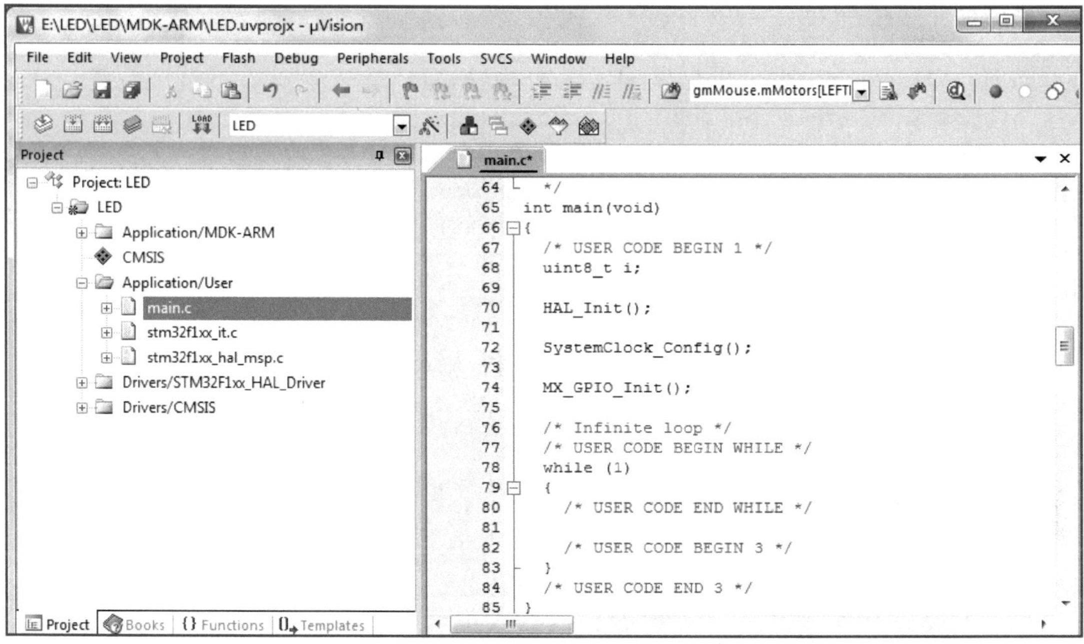

图 4 - 13　工程界面

```
/***************************************************
 * 名称:led8Bit
 * 功能:依次点亮 8 个 LED 灯,然后依次熄灭,流水灯效果
 * 入口参数:无
 * 返回值:无
****************************************************/
void led8Bit(void)        //定义流水灯函数
{ //下列语句依次点亮所有 LED 灯
    HAL_GPIO_WritePin(GPIOA, GPIO_PIN_4, GPIO_PIN_RESET);
    HAL_Delay(100);       //延时 100 ms
    HAL_GPIO_WritePin(GPIOA, GPIO_PIN_3, GPIO_PIN_RESET);
    HAL_Delay(100);
    HAL_GPIO_WritePin(GPIOA, GPIO_PIN_2, GPIO_PIN_RESET);
    HAL_Delay(100);
    HAL_GPIO_WritePin(GPIOA, GPIO_PIN_1, GPIO_PIN_RESET);
    HAL_Delay(100);
    HAL_GPIO_WritePin(GPIOA, GPIO_PIN_0, GPIO_PIN_RESET);
    HAL_Delay(100);
    HAL_GPIO_WritePin(GPIOC, GPIO_PIN_3, GPIO_PIN_RESET);
    HAL_Delay(100);
    HAL_GPIO_WritePin(GPIOC, GPIO_PIN_2, GPIO_PIN_RESET);
    HAL_Delay(100);
    HAL_GPIO_WritePin(GPIOC, GPIO_PIN_1, GPIO_PIN_RESET);
    HAL_Delay(100);
    //下列语句使所有引脚输出高电平,熄灭对应的所有 LED 灯
    HAL_GPIO_WritePin(GPIOA, GPIO_PIN_4, GPIO_PIN_SET);
```

```
    HAL_GPIO_WritePin(GPIOA, GPIO_PIN_3, GPIO_PIN_SET);
    HAL_GPIO_WritePin(GPIOA, GPIO_PIN_2, GPIO_PIN_SET);
    HAL GPIO WritePin(GPIOA, GPIO_PIN_1, GPIO_PIN_SET);
    HAL_GPIO_WritePin(GPIOA, GPIO_PIN_0, GPIO_PIN_SET);
    HAL_GPIO_WritePin(GPIOC, GPIO_PIN_3, GPIO_PIN_SET);
    HAL_GPIO_WritePin(GPIOC, GPIO_PIN_2, GPIO_PIN_SET);
    HAL_GPIO_WritePin(GPIOC, GPIO_PIN_1, GPIO_PIN_SET);
    HAL_Delay(100);
}
```

然后在主函数 while(1)循环中，调用流水灯函数，流水灯任务在后台执行。

```
while(1)
{
led8Bit();   //主循环中调用流水灯函数
}
```

(3) 代码优化(仅供参考)

以上过程仅说明流水灯的简单实现，从上面的代码可以看出，LED 的依次点亮过程是重复调用 8 次写引脚函数和延时函数的结果，所有 LED 熄灭过程是重复调用 8 次写引脚函数的结果，所以还可以利用 for 循环语句实现代码优化，示例如下。

考虑使用 HAL 库函数对 GPIO 操作，需要端口及引脚参数，因此先定义结构体数据类型，成员包括 GPIO 端口(指针)变量和引脚变量，相当于将引脚封装为 2 个成员变量的结构体类型，简称“引脚封装结构体”类型。

```
typedef struct
{
    GPIO_TypeDef * port;
    uint16_t pin;
}GPIO_PackDef;
```

定义数据类型为引脚封装结构体的数组变量 leds[]，并初始化(数组中元素依次对应 LED 的 GPIO 控制端口和引脚号)：

```
GPIO_PackDef  leds[8] =
{
    {GPIOA,GPIO_PIN_4},              //PA4 引脚,接 LED 灯 D1
    {GPIOA,GPIO_PIN_3},              //PA3 引脚
    {GPIOA,GPIO_PIN_2},              //PA2 引脚
    {GPIOA,GPIO_PIN_1},              //PA1 引脚
    {GPIOA,GPIO_PIN_0},              //PA0 引脚
    {GPIOC,GPIO_PIN_3},              //PC3 引脚
    {GPIOC,GPIO_PIN_2},              //PC2 引脚
    {GPIOC,GPIO_PIN_1},              //PC1 引脚,接 LED 灯 D8
};
```

重新编写流水灯函数，程序如下：

```
void led8Bit(void)           //定义流水灯函数
{
    uint8_t i;
    for(i = 0;i<8;i++)
        {
        HAL_GPIO_WritePin(leds[i].port, leds[i].pin, GPIO_PIN_RESET);//依次点亮 LED
        HAL_Delay(100);
        }
    for(i = 0;i<8;i++)
        {
        HAL_GPIO_WritePin(leds[i].port, leds[i].pin, GPIO_PIN_SET);  //熄灭所有 LED
        }
    HAL_Delay(100);
}
```

至于进一步的结构优化及程序运行效率优化，请参考其他章节。

函数的 for 循环中，i=0 到 i=7，依次点亮 D1～D8，例如 i=0 时，HAL_GPIO_WritePin 函数前 2 个参数为 led[]数组第一个元素，即

```
HAL_GPIO_WritePin(GPIOA, GPIO_PIN_4, GPIO_PIN_RESET)
```

本章习题

1. GPIOA 基地址为 0x40010800，GPIO 有 7 个 32 位寄存器——CRL、CRH、IDR、ODR、BSRR、BRR、LCKR，按序排列，寄存器位定义参见本章内容。

① 定义 GPIO 寄存器结构体变量。

② 编写输出配置函数，要求配置 PA4 引脚为推挽输出，刷新频率为 10 MHz。PA4 输出高电平。

③ 配置 PA4 引脚为输入浮空模式，编写读取 PA4 引脚状态函数。

④ 配置 PA 端口为输入上拉模式，编写读取 GPIOA 端口状态函数。

2. 使用 HAL 库函数，完成如下功能函数，电路见图 4-10。

① 设计 LED 灯驱动函数，入口参数为无符号 8 位变量，该数据送入对应的 LED 驱动引脚，数据位为 1，则对应 LED 亮。

② 通过调用驱动函数，编写跑马灯函数，即每次只亮一个 LED，依次为 D1，D2，…，D8。

③ 自定义一种显示效果，完成相应功能。

3. 设计一个函数，将任意 32 位数据从 PA0 口输出。

4. 配置引脚 PB4 接口为推挽输出，最高频率为 50 MHz，使用 HAL 库函数模式编写函数。

5. 设计电路并编写实现 6 位流水灯函数。

6. 假设 PA1 和 PA2 引脚分别连接 LED 的阴极，请编写程序实现 2 只 LED 的双闪功能，要求闪烁延时为 100 ms。

7. 使用 HAL 库函数编写函数。要求 PB1 引脚状态为高电平时，点亮 PA1 连接的 LED 灯(低电平有效)。

第 5 章　GPIO 接口电路及应用

本章主要内容:数码管显示、键盘的工作原理及应用,I/O 接口电路设计的特点及常用方法。

本章案例:4 位数码管电路及程序设计,键盘接口电路及程序设计。

5.1　LED 数码显示接口电路

5.1.1　LED 数码管显示原理

LED 数码管是常见的显示器件,常用于仪表、家用电器、医疗设备、电梯等场合。常见 LED 数码管为“8”字型,如果包含小数点,共计 8 段,通常称为 8 段数码管。每一段对应一个发光二极管,有共阳极和共阴极两种类型,如图 5 - 1 所示。

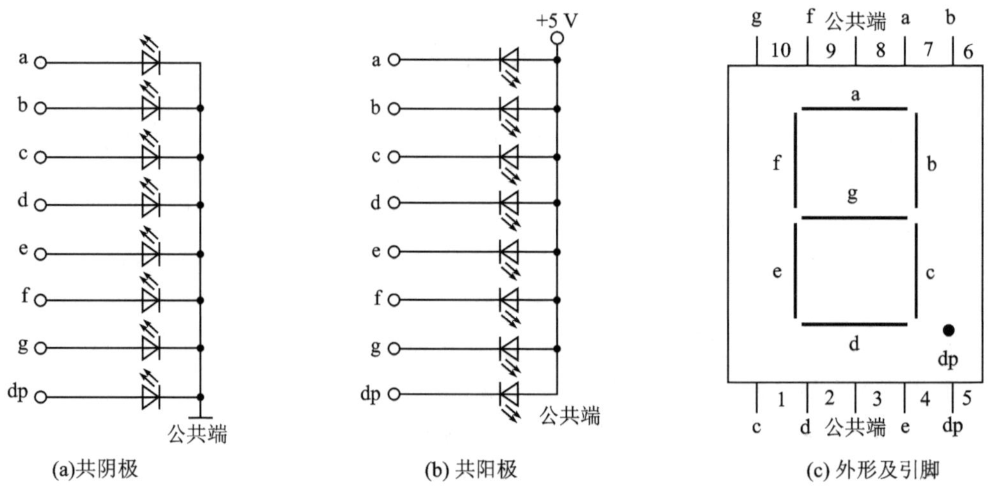

图 5 - 1　常见的 8 段 LED 数码管引脚定义及原理

共阳极数码管的 8 个发光二极管的阳极(二极管正端)连接在一起。通常,公共阳极接高电平,其他引脚接段驱动电路输出端。当某段驱动电路的输出端为低电平时,该端所连接的字段导通并点亮。

共阴极数码管的 8 个发光二极管的阴极(二极管负端)连接在一起。通常,公共阴极接低电平,其他引脚接段驱动电路输出端。当某段驱动电路的输出端为高电平时,该端所连接的字段导通并点亮。

发光字段的不同组合可显示出各种数字或字符。此时,要求段驱动电路能提供额定的段导通电流,还须根据外接电源及额定段导通电流来确定相应的限流电阻。

为使 LED 数码管显示不同的字符,要把某些段点亮,就要为数码管的各段提供一个字节的二进制代码，这个二进制数称为段码。习惯上以“a”段对应字型码字节的最低位。各种字符的段码见表 5-1。如要在数码管上显示某一字符，只须将该字符的段码加到各段上即可。

例如某存储单元中的数为 0x02，若在共阳极数码管上显示“2”，需要把“2”的段码“0xA4”加到数码管各段。通常采用的方法是将要显示的字符的段码做成一个表，根据显示的字符从表中查找相应的段码，然后微控制器把该段码输出到数码管的各个段上，同时数码管的公共端接高电平，此时在数码管上显示出字符“2”。

表 5-1　LED 数码管的段码

显示字符	共阴极段码	共阳极段码	显示字符	共阴极段码	共阳极段码
0	0x3F	0xC0	C	0x39	0xC6
1	0x06	0xF9	d	0x5E	0xA1
2	0x5B	0xA4	E	0x79	0x86
3	0x4F	0xB0	F	0x71	0x8E
4	0x66	0x99	P	0x73	0x8C
5	0x6D	0x92	U	0x3E	0xC1
6	0x7D	0x82	y	0x6E	0x91
7	0x07	0xF8	H	0x76	0x89
8	0x7F	0x80	L	0x38	0xC7
9	0x6F	0x90	-	0x40	0xBF
A	0x77	0x88	全灭	0x00	0xFF
b	0x7C	0x83	⋮	⋮	⋮

5.1.2　LED 数码管显示方式

LED 数码管有两种显示方式：静态显示和动态扫描显示。

1. 静态显示

静态显示就是指无论多少位 LED 数码管，都同时处于显示状态。

图 5-2 为 4 位 LED 数码管静态显示的电路示意图，各个数码管可独立显示，只要向控制各位的 I/O 口写入相应的显示段码，该位就能保持相应的显示字符。这样在同一时间，每一位显示的字符可以各不相同。静态显示方式的显示无闪烁，亮度较高。但是，静态显示方式占用 I/O 口线较多、功耗大。在实际的系统设计中，如果显示位数较少，可采用静态显示方式。但显示位数较多时，为了降低功耗，一般采用动态显示方式。

2. 动态扫描显示

显示位数较多时，常采用动态扫描显示方式。图 5-3 为一个 4 位 8 段 LED 数码管动态扫描显示电路示意图。将所有 LED 数码管显示器的段码线的相应段并联在一起，由一个 8 位 I/O 端口控制，称为段选信号；而各显示位的公共端分别由另一单独的 I/O 端口线控制，称为位选信号。

微控制器 I/O(1)端口发出欲显示字符的段码，I/O(2)控制 4 位位选，每一时刻，只有 1 位位选线有效，即选中某一位显示，其他各位位选线都无效，不显示。每隔一定时间逐位地轮流点亮各数码管(扫描)，由于数码管的余辉和人眼的“视觉暂留”作用，只要控制好每位数码管点

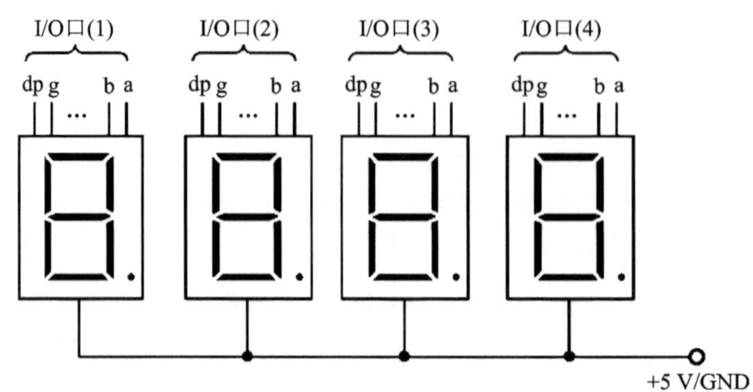

图 5-2 4 位 LED 数码管静态显示的示意图

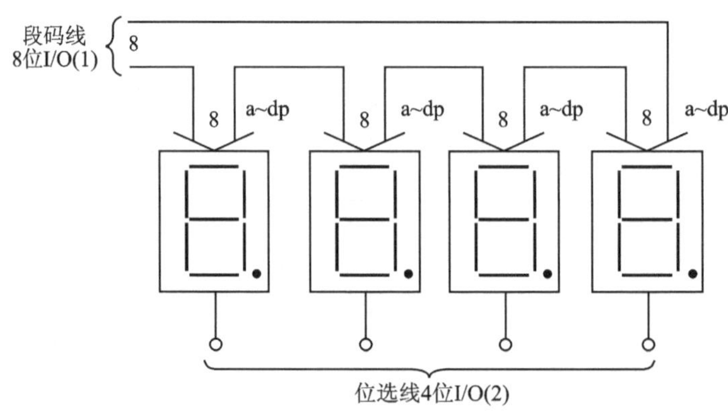

图 5-3 4 位 LED 数码管动态显示示意图

亮显示的时间间隔,就可造成“多位同时亮”的假象,达到 4 位同时显示的效果。

因此,动态显示硬件电路简单,显示位数越多,优势越明显;但显示亮度不如静态显示的亮度高,如果“扫描”速率较低,会出现闪烁现象。

5.1.3 LED 数码管显示应用

对于多位数码管显示电路,在实际中,静态显示很少应用,这里以 4 位数码管的动态显示为例。

1. 动态显示应用电路设计

图 5-4 所示为 4 位共阳极数码管显示控制电路,图中上半部分与电阻相连的 8 个 I/O 引脚控制段码,下方 4 个电阻连接 I/O 引脚控制数码管位选。

图中 330 Ω 电阻的作用是限流,因为门电路输出约为 3.3 V 的高电平电压,数码管中 LED 压降一般为 1 V 左右,因此在门电路和数码管之间必须有限流电阻。限流电阻的大小可以决定数码管的亮度,阻值越大,电流越小,则亮度越低。由于数码管公共端电流是该位所有显示段的总电流,微控制器无法直接驱动,因此需要放大电流,图中 S8550 三极管导通时处于饱和导通状态,可以为数码管公共端提供较大的电流。

由共阳极数码管特点及图 5-4 所示电路可以看出,当微控制器位选控制引脚输出低电平时,PNP 三极管导通,此时数码管公共端相当于连接高电平,该位数码管工作(可以显示);当段码控制引脚输出低电平时,对应段显示。因此,该电路段码控制引脚为低电平有效,位选控

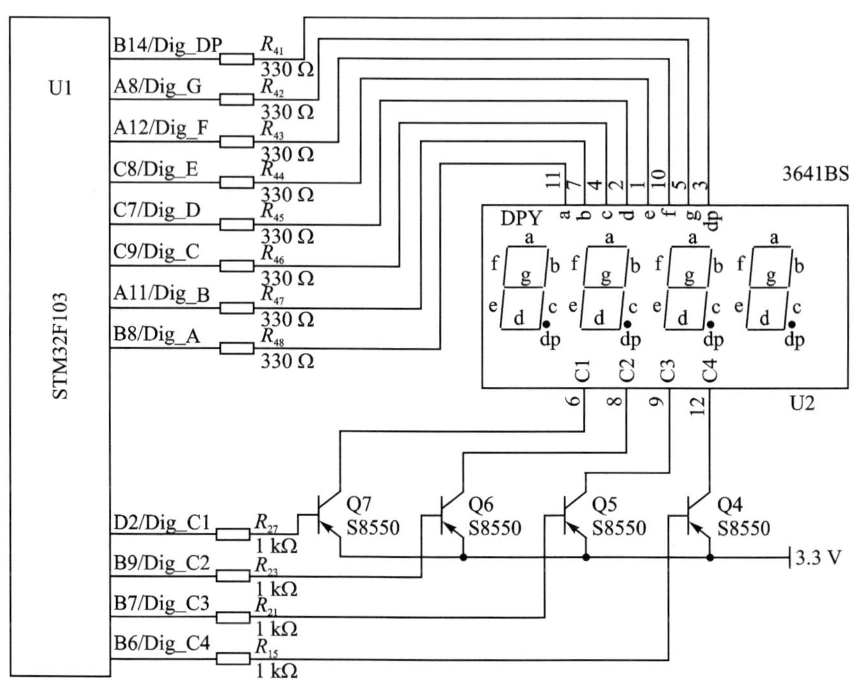

图 5-4　4 位共阳极数码管控制电路

制引脚为低电平有效。

2. 动态显示控制程序设计

(1) 利用 CubeMX 进行初始化配置

数码管控制引脚初始化配置可以通过 CubeMX 实现，8 位段码控制引脚和 4 位位选控制引脚全部配置为输出模式，如图 5-5 所示。可以在列表选中具体的引脚，修改默认电平、模式、上下拉、端口速度等工作模式。本例中设置为默认高电平、推挽输出、无上下拉、低速。

其中，User Label 的作用是给对应引脚起一个别名(方便程序编写及阅读)，相当于在程序中给引脚宏定义。比如该图中将 PD2 引脚设置为 DP_C1，生成代码如下：

```
#define DP_C1_Pin GPIO_PIN_2
#define DP_C1_GPIO_Port GPIOD
```

该段宏定义把数码管的控制信号与微处理器端口关联起来，若电路图中修改了段码线或位选线，直接修改宏定义即可，后面的显示函数就不需要修改，该宏定义有利于程序移植和提高通用性。

(2) 定义结构体变量

定义数据类型为“引脚封装结构体”GPIO_PackDef 的段选数组变量 segs[ ]和位选数组变量 bits[ ]，并初始化，数组元素使用引脚别名。GPIO_PackDef 在 4.5 节已经定义。

```
GPIO_PackDef segs[8] = {
    {DP_A_GPIO_Port,DP_A_Pin},
    {DP_B_GPIO_Port,DP_B_Pin},
    {DP_C_GPIO_Port,DP_C_Pin},
    {DP_D_GPIO_Port,DP_D_Pin},
    {DP_E_GPIO_Port,DP_E_Pin},
```

```
    {DP_F_GPIO_Port,DP_F_Pin},
    {DP_G_GPIO_Port,DP_G_Pin},
    {DP_DP_GPIO_Port,DP_DP_Pin},
};
GPIO_PackDef bits[4] = {
    {DP_C1_GPIO_Port,DP_C1_Pin},     //数码管左边开始,第 1 位
    {DP_C2_GPIO_Port,DP_C2_Pin},
    {DP_C3_GPIO_Port,DP_C3_Pin},
    {DP_C4_GPIO_Port,DP_C4_Pin},
};
```

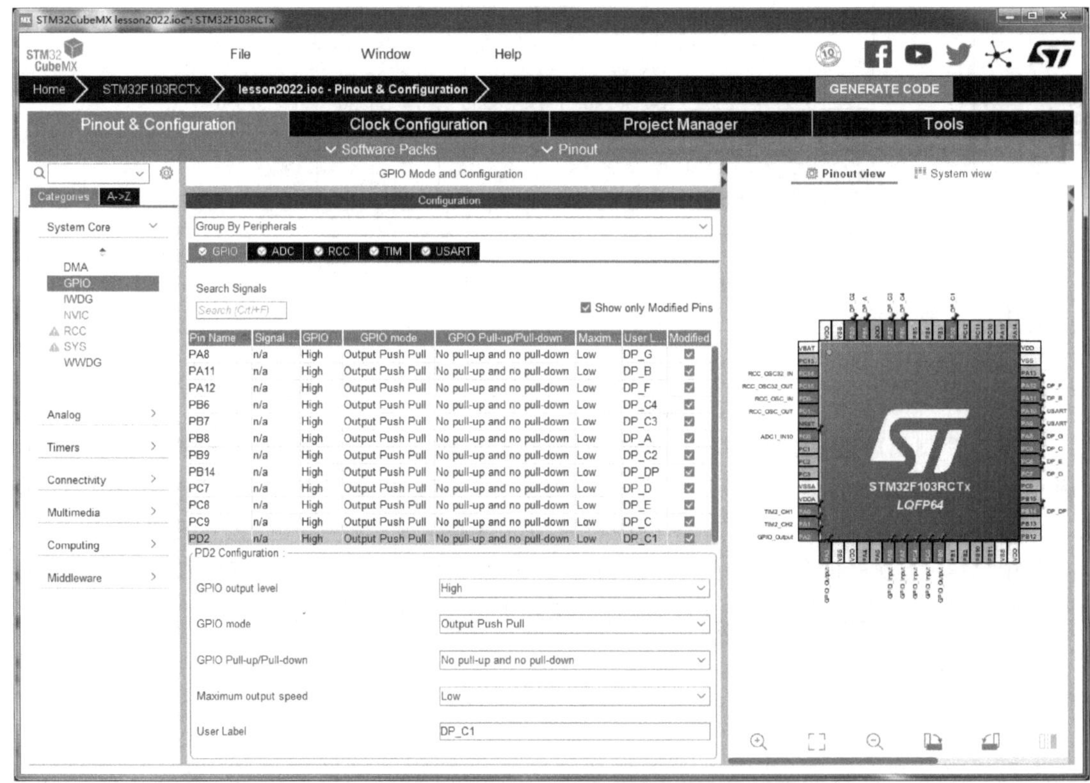

图 5-5　GPIO 引脚配置

(3) 段码定义

段码定义实现了每个字符到每个段输出逻辑电平的关联,在硬件电路中,相当于显示译码功能。

```
const uint8_t SEG_CODE[] = {
0xC0,0xF9, 0xA4,0xB0, 0x99, 0x92, 0x82, 0xF8, 0x80, 0x90,     //代表"0~9"
0x88, 0x83, 0xC6,0xA1,0x86, 0x8E,                             //代表"A~F"
0xBF,                                                         //" - "
0xFF,                                                         //熄灭
};
```

(4) 编写位显示函数

```
/***************************************************
* 名称：DisplayOneBit
* 功能:在指定的位显示指定的字符
* 入口参数 1:digtal,需要显示的字符,数值范围为 0～18
* 入口参数 2:bit,显示数码的位置,数值范围为 0～3,0 对应最低位,3 对应最高位
* 返回值:无
* 实例 DisplayOneBit(5,1);数码管第 2 位显示数值 5
***************************************************/
void DisplayOneBit(uint8_t digtal,uint8_t bit)
{
    uint8_t i;
    for(i = 0;i<8;i++)
    {
        HAL_GPIO_WritePin(segs[i].port,segs[i].pin, (GPIO_PinState)(SEG_CODE[digtal]&(0x01<<i)));
                                                                                        //段码
    }
    for(i = 0;i<4;i++)
    {
        HAL_GPIO_WritePin(bits[i].port,bits[i].pin,(GPIO_PinState)(i! = bit));        //位选
    }
}
```

(5) 编写数据显示函数

```
/***************************************************
* 名称:DisplayDigtal
* 功能:在 4 位数码管上显示形参数值
* 入口参数:digtal,需要显示的字符,数值范围为 0～9999
* 返回值:无
* 实例 DisplayDigtal(26);数码管显示数值"26"
***************************************************/
void DisplayDigtal(uint16_t digtal)
{
    DisplayOneBit(digtal % 10,0);              //个位
    HAL_Delay(2);
    DisplayOneBit(digtal/10 % 10,1);           //十位
    HAL_Delay(2);
    DisplayOneBit(digtal/100 % 10,2);          //百位
    HAL_Delay(2);
    DisplayOneBit(digtal/1000 % 10,3);         //千位
    HAL_Delay(2);
}
```

(6) 函数调用

例如显示数字"1234",可在主函数无限循环中调用函数 DisplayDigtal(1234)。

5.2　键盘接口电路

通过键盘可以向微控制器输入数据、命令等信息,这是人机对话的主要手段。键盘是由若干按键按照一定规则组成的。按键按构造可分为有触点开关按键和无触点按键。

常见的有触点开关按键有触摸式键盘、薄膜式键盘、按键式键盘,最常用的是按键式键盘。无触点开关按键有电容式按键、光电式按键和磁感应按键。按键盘结构分有独立式键盘和矩阵式键盘两种结构。

下面以按键式开关键盘为例,介绍其工作原理、工作方式、接口电路设计以及程序设计。

5.2.1　键盘原理

1. 按键特点

键盘的一个按键实质就是一个按钮开关。如图 5-6(a)所示,按键开关的两端分别连接在行线和列线上,列线接地,行线通过上拉电阻接到+5 V 或+3.3 V 的电源上(根据微控制器供电电压 V_{DD} 确定),然后接入微控制器引脚。

键盘开关机械触点的断开、闭合,其行线电压输出波形如图 5-6(b)所示。t_1 和 t_3 分别为按键的闭合和断开过程中的抖动期(呈现一串负脉冲),抖动时间长短与开关机械特性有关,一般为 5～10 ms;t_2 为稳定的闭合期,其时间由按键动作确定,一般为十分之几秒到几秒;t_0、t_4 为断开期。

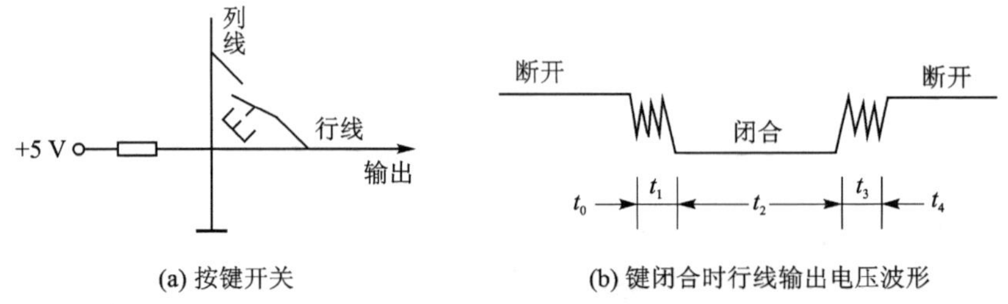

图 5-6　按键开关及闭合输出电压波形

2. 按键的识别与键值

按键按下呈现低电平,松开呈现高电平。微控制器通过对行线电平状态的检测,便可确认按键是否按下与松开。为了确保一次按键动作,只认为一次按键有效(所谓按键有效,是指按下按键后,一定要再松开),必须消除抖动期 t_1 和 t_3 的影响,否则微控制器会认为有多次按键。判断按键有效按下后,下一个问题是如何获取按下键的键号。

由于按键直接与微控制器的 I/O 口线相连,键盘按下时程序能够判断哪个 I/O 按键有效,给按键变量赋常值,常值即为该按键键值。键值可以按顺序编号,若微控制器应用于标准键盘,可以考虑键盘编码,即使用 ASCII 编码为按键赋键值。

3. 按键消除抖动

可以用软件延时来消除按键抖动。在检测到有键按下时,该按键所对应的行线为低电平,执行一段 10 ms 延时的程序,然后再确认该行线是否仍为低电平,如果仍为低电平,则确认该行确实有键按下。当按键松开时,行线的低电平变为高电平,执行一段延时 10 ms 的子程序后,检测该行线仍为高电平,说明按键确实已经松开。以上措施可消除两个抖动期 t_1 和 t_3 的影响。

4. 键盘的任务

① 键盘扫描(判断所有按键状态),判别是否有键被按下。若有,进入第②步,否则退出键盘任务。

② 消抖。

③ 识别哪一个键被按下,并获取相应的键值。松键处理,确保按键仅一次有效。

④ 根据键值运行相应键值处理程序。

5. 键盘的工作方式

程序设计原则:既不能过多占用 CPU 时间,影响其他程序工作,又须保证及时响应键盘。

(1) 程序控制扫描方式(查询方式)

当微控制器空闲时,调用键盘扫描函数,响应键盘的输入请求。主程序循环调用键盘扫描函数,要求不能阻塞 CPU 运行。

(2) 定时扫描方式

利用定时器,产生 10 ms 的定时中断,中断程序对键盘进行扫描,以响应键盘输入请求。优点是能及时响应键入的命令或数据。

(3) 中断扫描方式

当键盘上有键闭合时产生中断请求,CPU 响应中断,执行中断服务程序,判别键盘上闭合键的键号,并作相应的处理。中断扫描方式提高了 CPU 的使用效率,但需要有硬件配合。

5.2.2 独立式键盘及应用

1. 接口电路设计

独立式键盘电路如图 5-7 所示,有 4 个按键 SW1～SW4,每个按键单独连接微控制器的一个引脚,当无键按下时,由于上拉电阻作用引脚输入高电平,当有键按下时,对应引脚输入低电平。

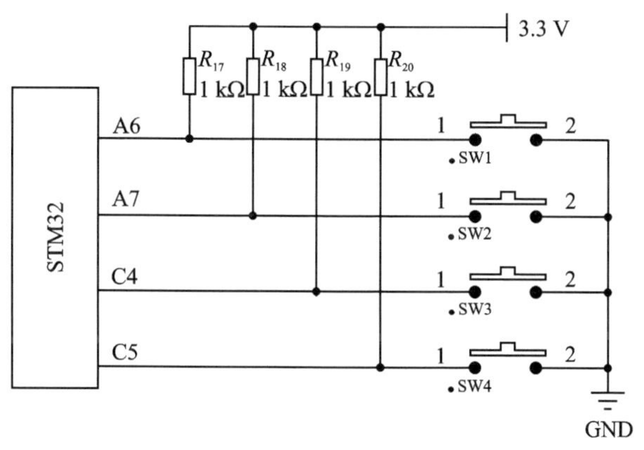

图 5-7 独立式键盘接口电路

2. 独立式键盘程序设计

(1) 利用 CubeMX 进行初始化配置

通过 CubeMX 实现独立式键盘引脚初始化配置,将与按键连接的 PA6、PA7、PC4、PC5 引脚全部配置为浮空、输入模式。

(2) 程序设计

按照键盘任务,程序可以拆分 2 块,底层程序(与硬件相关)负责获取键值,应用层程序处理键盘具体功能。二者使用全局变量传递参数。

1) 键盘函数

```
uint8_t KeyValue;//定义键值全局变量
/***********************************************
 * 名称: Key
 * 功能:键盘检测及键值处理
 * 入口参数:无
 * 返回值:无
 ***********************************************/
void Key(void)
{
    GetKey();                  //获取键值函数
    KeyDel();                  //键值(键盘任务)处理函数
}
```

2) 获取键值函数

该函数实现按键检测,并消抖,确认有效按键后,将键值保存,并置位有键盘任务标志。

```
/***********************************************
 * 名称:GetKey
 * 功能:按键检测,并消抖,确认有效按键后,将键值保存,并置位有键盘任务标志
 * 入口参数:无
 * 返回值:键值存放在全局变量 uint8_t  KeyValue
 ***********************************************/
uint8_t flag_KeyDeal;                                //按键任务标志,全局变量
void GetKey(void)
{
    if(ScanKey()! = 0 )                              //判断是否有键按下
        {HAL_Delay(10);                              //有键按下,延时 10 ms
            if( ScanKey()! = 0 )                     //确认有键按下
                {
                KeyValue = ScanKey();                //读取键值
                flag_KeyDeal = 1;                    //有按键按下,标志置位
                while(ScanKey())                     //等待按键弹起
                    {    ;}                          //如果系统有动态数码显示,会发生闪烁现象
                }
        }
}
```

3) 键盘扫描函数

该函数用于按键检测,并判断有无按键按下,返回值为 0 时表示无按键按下,返回值不为 0 时表示按键键值。

```
/***************************************************
* 名称:ScanKey
* 功能:按键检测,并返回键值
* 入口参数:无
* 返回值:无键按下,返回值为0;有按键按下,返回键值
****************************************************/
uint8_t ScanKey(void)
{
    uint8_t KeyCode = 0;                              //定义键值变量
        if(HAL_GPIO_ReadPin(GPIOA,GPIO_PIN_6) == GPIO_PIN_RESET)
                                                      //读PA6引脚,判断是否为低电平
            KeyCode = 1;                              //SW1键值为1
                else if(HAL_GPIO_ReadPin(GPIOA,GPIO_PIN_7) == GPIO_PIN_RESET)
                    KeyCode = 2;                      //SW2键值为2
                        else if(HAL_GPIO_ReadPin(GPIOC,GPIO_PIN_4) == GPIO_PIN_RESET)
                            KeyCode = 3;              //SW3键值为3
                                else if(HAL_GPIO_ReadPin(GPIOC,GPIO_PIN_5) == GPIO_PIN_RESET)
                                    KeyCode = 4;      //SW4键值为4
return  KeyCode;
}
```

4）键盘任务处理函数

```
/***************************************************
* 名称:KeyDel
* 功能:键值处理,根据键值处理相关任务
* 入口参数:无
* 返回值:无
****************************************************/
void KeyDel()
{
    if(flag_KeyDeal == 1)
    {
        switch(KeyValue)
        {
            case 1:   break;          //按键任务1,在break前添加任务1语句
            case 2:   break;          //按键任务2,在break前添加任务2语句
            case 3:   break;          //按键任务3,在break前添加任务3语句
            case 4:   break;          //按键任务4,在break前添加任务4语句
            default:break;
        }
    flag_KeyDeal = 0;                 //任务处理完成,清除任务标志
    }
}
```

5）键盘函数调用

定义键盘任务标志变量 flag_KeyDeal（全局变量），在主函数 while(1)中添加下列代码，可

以实现按键扫描,并根据实际功能要求,执行对应的键盘任务。

```
while (1)
{
    Key();
}
```

5.2.3 矩阵式键盘及应用

1. 矩阵式键盘接口电路

按键数目较多的场合常采用矩阵式(也称行列式)键盘。键盘由行线和列线组成,按键位于行、列的交叉点上。如图 5-8 所示,一个 4×4 的行列结构可构成一个 16 个按键 SW0~SW15 的键盘,需要 8 位 I/O 口。如果采用 8×8 的行列结构,可构成一个 8×8=64 键的键盘,只需要 16 位 I/O 口。很明显,在按键数目较多的场合,矩阵式键盘要比独立式键盘节省更多的 I/O 口线。

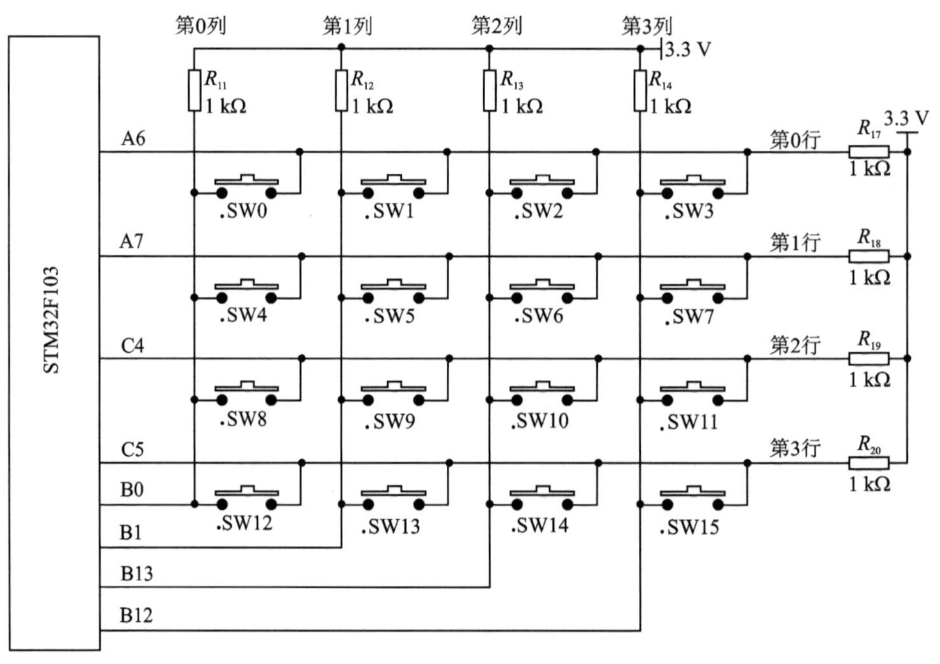

图 5-8　矩阵式键盘接口电路图

2. 矩阵式键盘扫描原理

矩阵式键盘扫描常见方式为逐行扫描法和线反转法。

(1) 逐行扫描法

对图 5-8 所示的矩阵式键盘的查询扫描一般有如下 4 个步骤。

① 首先判别整个键盘有无按键按下,方法为微控制器驱动列线 B0、B1、B12、B13 输出全 0,然后读行线 A6、A7、C4、C5 的状态,若为全 1,则键盘上没有闭合键,若行线不全为 1,则有键按下。

② 去除键的抖动。当判别出可能有键按下时,软件延时一段时间(10 ms 左右),再判别

键盘的状态，若仍有键闭合，则认为键盘上有确定的键按下，否则是键抖动。

③ 求出按下键的键号。图 5-8 中的 16 个按键，键号依次为 0,1,2,…,15。各行的首键号分别为 0,4,8,12，列号依次为 0,1,2,3。行线通过上拉电阻接 3.3 V 电源，当无键按下时，行线为高电平，当有键按下时，对应的行线与列线短接，行线的电平将由此行线相连的列线电平决定。

如果把行线设置为微控制器的输入口线，列线设置为微控制器的输出口线，则按键号的识别过程是：先令 0 列线 B0 口输出为低电平 0，其余 3 根列线都为高电平，逐行检查行线状态。如果行线 A6、A7、C4、C5 都为高电平 1，则 0 列上没有按键闭合，若行线中有一行为低电平，则该行线与列线交叉的按键按下。如果第 0 列上没有按键闭合，接着再使 1 列 B1 口输出为低电平，其余列线为高电平。用同样的方法检查第一列上有无按键闭合，以此类推。这样采用逐列扫描（只有一列为低），然后读入各行线的电平，即可求出按下键的键号 N 为：N＝行号×4＋列号。行号分别为 0,1,2,3，列号依次为 0,1,2,3。编程时设置 1 个列号计数器，初值为 0，每扫描 1 列，列号计数器加 1。

④ 判断闭合键是否松开，如果松开则将键号送入键值变量中保存，微控制器根据按下键的键号，对该键的一次闭合仅作一次键功能处理。

(2) 线反转法

矩阵式键盘的扫描要逐列扫描查询，当被按下的键处于最后一列时，则要经过多次扫描才能最后获得此按键所处的行列值。而线反转法则很简练，无论是矩阵式键盘被按下的键是处于第一列还是最后一列，均只须经过两步便能获得此按键所在的行列值。下面仍以图 5-8 所示的矩阵式键盘为例，介绍线反转法键盘操作的具体步骤。

① 令行线编程为输入，列线编程为输出，并使输出线为全低电平，则行线电平由高变低的所在行为按键所在行；

② 再令行线编程为输出，列线编程为输入，并使输出线输出为全低电平，则列线中电平由高变低所在列为按键所在列。

结合上述两步，可确定按键所在的行和列，从而识别出所按的键。

假设 SW3 键被按下。第一步，所有列线输出全为 0，然后读入所有行线的状态，结果 A6＝0，而 A7、C4、C5 均为 1，因此，第 0 行出现电平的变化，说明第 0 行有键按下；第二步，让行线输出全为 0，然后读入所有列线的状态，结果 B0＝0，而 B1、B13、B12 均为 1，因此第 3 列出现电平的变化，说明第 3 列有键按下。综合上述分析，即第 0 行、第 3 列按键被按下，此按键即为键 3(0×4＋3)。因此，线反转法非常简单适用。

3. 矩阵式键盘程序设计

矩阵式键盘与前述独立式键盘相比，硬件接线有变化，因此程序设计中，只需要修改与硬件相关的键盘扫描程序 ScanKey()，其他部分，包括程序框架完全相同。

(1) 利用 CubeMX 进行初始化配置

矩阵式键盘控制引脚初始化配置可以通过 CubeMX 实现，可在数码管工程配置基础上修改，将行线 A6、A7、C4、C5 全部配置为输入模式，并定义行线引脚别名分别为 KEY_ROW1、KEY_ROW2、KEY_ROW3、KEY_ROW4；将列线 B0、B1、B13、B12 全部配置为输出模式，列线初始电平为高电平，并定义所有列线引脚别名分别为 KEY_COL1、KEY_COL2、KEY_COL3、KEY_COL4，如图 5-9 所示。

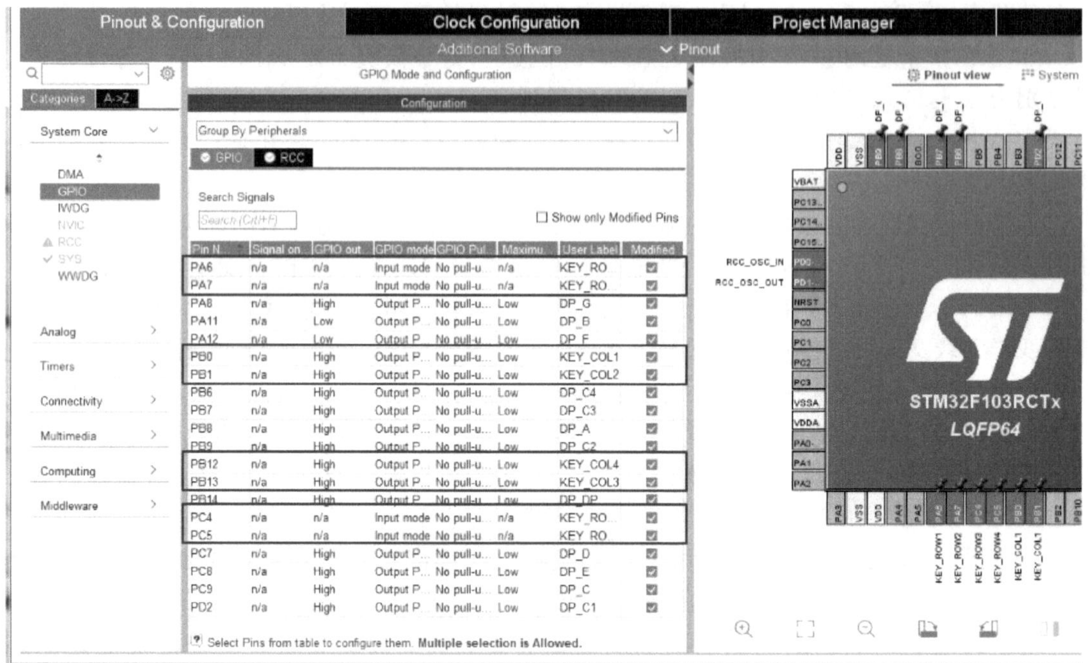

图 5-9　矩阵式键盘引脚配置

(2) 定义结构体变量(结构体类型在数码管部分已定义)

```
GPIO_PackDef cols[4] = {                                    //列线引脚封装数组
    {KEY_COL1_GPIO_Port,KEY_COL1_Pin},
    {KEY_COL2_GPIO_Port,KEY_COL2_Pin},
    {KEY_COL3_GPIO_Port,KEY_COL3_Pin},
    {KEY_COL4_GPIO_Port,KEY_COL4_Pin},
};
GPIO_PackDef rows[4] = {                                    //行线引脚封装数组
    {KEY_ROW1_GPIO_Port,KEY_ROW1_Pin},
    {KEY_ROW2_GPIO_Port,KEY_ROW2_Pin},
    {KEY_ROW3_GPIO_Port,KEY_ROW3_Pin},
    {KEY_ROW4_GPIO_Port,KEY_ROW4_Pin},
};
```

(3) 逐行扫描法程序设计

1) 按键扫描函数

检测有无键按下函数,该函数用来判断有无键按下,返回值为键盘状态,有键按下返回键值,无键按下返回 0。

```
uint8_t ScanKey(void)
{
    uint8_t i,j,col = 0,row = 0,KeyCode = 0;
    for(j = 0;j<4;j ++ )
        {
        Key_ColOut(j);                   //列线端口依次输出低电平
        for(i = 0;i<4;i ++ )             //依次读取行线端口,若为低电平,表示该行有键按下
            {
```

```
                if(HAL_GPIO_ReadPin(rows[i].port,rows[i].pin) == GPIO_PIN_RESET)
                    {
                        row = i;                        //获取被按下按键所在的行
                        col = j;                        //获取被按下按键所在的列
                        KeyCode = row * 4 + col + 1;    //计算键值,键值从 1 开始;
                    }
            }
    }
        return  KeyCode;                                //返回键值
}
```

2）列电平控制输出函数

指定列线输出低电平函数，该函数实现指定列输出低电平，其他列输出高电平，输入参数为指定行序号，函数定义如下：

```
void Key_ColOut(uint8_t x)
{
    HAL_GPIO_WritePin(cols[0].port,cols[0].pin,GPIO_PIN_SET);
    HAL_GPIO_WritePin(cols[1].port,cols[1].pin,GPIO_PIN_SET);
    HAL_GPIO_WritePin(cols[2].port,cols[2].pin,GPIO_PIN_SET);
    HAL_GPIO_WritePin(cols[3].port,cols[3].pin,GPIO_PIN_SET);
    //以上 4 行将所有列输出高电平
        switch(x)           //根据参数,使对应列输出低电平
        {
        case 0:HAL_GPIO_WritePin(cols[0].port,cols[0].pin,GPIO_PIN_RESET);break;
        case 1:HAL_GPIO_WritePin(cols[1].port,cols[1].pin,GPIO_PIN_RESET);break;
        case 2:HAL_GPIO_WritePin(cols[2].port,cols[2].pin,GPIO_PIN_RESET);break;
        case 3:HAL_GPIO_WritePin(cols[3].port,cols[3].pin,GPIO_PIN_RESET);break;
        default:break;
        }
}
```

3）获取键值函数

函数名称：GetKey(void)，与独立式按键程序一样。

（4）按键线反转法扫描函数

按键线反转法扫描函数基于线反转法程序编写，由于工作模式有差异，需要改写键盘扫描函数。

```
uint8_t ScanKey(void)
{
    uint8_t i,col = 0,row = 0;
    GPIO_InitTypeDef GPIO_InitStruct;
for(i = 0;i<4;i++)    //设置所有行端口为输出,且全部输出低电平
    {
    HAL_GPIO_WritePin(rows[i].port,rows[i].pin,GPIO_PIN_RESET);
    GPIO_InitStruct.Pin = rows[i].pin;
    GPIO_InitStruct.Mode = GPIO_MODE_OUTPUT_PP;
```

```
        GPIO_InitStruct.Pull = GPIO_NOPULL;
        GPIO_InitStruct.Speed = GPIO_SPEED_FREQ_LOW;
        HAL_GPIO_Init(rows[i].port, &GPIO_InitStruct);
        }
    for(i = 0;i<4;i ++ )      //设置所有列为输入,并依次读各列状态,若为低电平,则记下列值
        {
        GPIO_InitStruct.Pin = cols[i].pin;
        GPIO_InitStruct.Mode = GPIO_MODE_INPUT;
        GPIO_InitStruct.Pull = GPIO_NOPULL;
        GPIO_InitStruct.Speed = GPIO_SPEED_FREQ_LOW;
        HAL_GPIO_Init(cols[i].port, &GPIO_InitStruct);
        if(HAL_GPIO_ReadPin(cols[i].port,cols[i].pin) == GPIO_PIN_RESET)
            {   col = (i + 1);   }
        }
    for(i = 0;i<4;i ++ )      //设置所有列端口为输出,且全部输出低电平
        {
        HAL_GPIO_WritePin(cols[i].port,cols[i].pin,GPIO_PIN_RESET);
        GPIO_InitStruct.Pin = cols[i].pin;
        GPIO_InitStruct.Mode = GPIO_MODE_OUTPUT_PP;
        GPIO_InitStruct.Pull = GPIO_NOPULL;
        GPIO_InitStruct.Speed = GPIO_SPEED_FREQ_LOW;
        HAL_GPIO_Init(cols[i].port, &GPIO_InitStruct);
        }
    for(i = 0;i<4;i ++ )      //设置所有行为输入,并依次读各行状态,若为低电平,则记下行值
        {
        GPIO_InitStruct.Pin = rows[i].pin;
        GPIO_InitStruct.Mode = GPIO_MODE_INPUT;
        GPIO_InitStruct.Pull = GPIO_NOPULL;
        GPIO_InitStruct.Speed = GPIO_SPEED_FREQ_LOW;
        HAL_GPIO_Init(rows[i].port, &GPIO_InitStruct);
        if(HAL_GPIO_ReadPin(rows[i].port,rows[i].pin) == GPIO_PIN_RESET)
            {   row = (i + 1);   }
        }
    if((row == 0)&&(col == 0)) return 0;                    //如果没有键按下,则返回 0
    return ((col - 1) * 4) + row;                           //如果有键按下,则返回按键值
    }
```

(5) 函数调用

在主函数 while(1)中添加下列代码,可以实现按键扫描并用数码管显示按键值功能。

不论按键结构如何,键值获取函数 GetKey()均相同,原因是按键特征均一样,因此程序处理方法也一样。KeyDel()键值处理函数属于应用层,跟按键结构无关。

```
    while (1)
    {
        GetKey();                                           //获取键值函数
        KeyDel();                                           //键值(键盘任务)处理函数
        DisplayDigtal(KeyValue);                            //显示键值
    }
```

5.2.4 键盘显示接口芯片

1. 南京沁恒 CH451

CH451 是一个整合了数码管显示驱动和键盘扫描控制以及 μP 监控的多功能外围芯片。CH451 内置 RC 振荡电路，可以动态驱动 8 位数码管或者 64 只 LED 发光管，具有 BCD 译码、闪烁、移位等功能；同时还可以进行 64 键的键盘扫描，内置按键状态输入的下拉电阻，内置去抖动电路。键盘中断，低电平有效输出。CH451 通过可以级联的串行接口与微控制器等交换数据，并且提供上电复位和看门狗等监控功能。具体应用说明可到南京沁恒官网查询。

2. 天微电子 TM1628

TM1628 是一种带键盘扫描接口的 LED 显示器驱动控制专用电路，内部集成有 MCU 数字接口、数据锁存器、LED 高压驱动、键盘扫描等电路，其特点是具有多种显示模式（10 段×7 位～13 段×4 位）、键扫描（10×2 bit）、灰度调节电路（占空比 8 级可调）、串行接口（CLK，STB，DIO）、内置 RC 振荡电路和上电复位电路。具体应用说明可到天微电子官网查询。

3. 立功科技 ZLG72128

ZLG72128 是广州立功科技股份有限公司自行设计的数码管显示驱动及键盘扫描管理芯片。一片 ZLG72128 能够直接驱动 12 位共阴式数码管（或 96 只独立的 LED），同时还可以扫描管理多达 32 只按键。其中有 8 只按键还可以作为功能键使用，就像计算机键盘上的 Ctrl 键、Shift 键、Alt 键一样。另外，ZLG72128 内部还设置有连击计数器，能够使某键按下后不松手而连续有效。通信采用 I^2C 总线接口，与微控制器的接口仅需两根信号线。该芯片为工业级芯片，抗干扰能力强，在工业测控中已有大量应用。详细资料可到立功科技官网查询。

5.3 其他接口电路

微控制器接口电路设计一般要考虑 I/O 引脚的驱动能力、引脚的电平标准和引脚的防护。一般来讲，STM32F103 系列 GPIO 的每个引脚能够承受流入的灌电流（Sink）和从引脚流出的拉电流（Source）为±8 mA，最大不能超过±20 mA。芯片所有 I/O 引脚总电流不能超过 150 mA，否则会使芯片过热而损坏。

如图 5－10 所示的 3 种 LED 灯控制电路，LED 点亮电流一般为 5～10 mA，理论上都可以正常控制灯的点亮或熄灭。图中 CPU－IO 表示连接到微控制器 I/O 口，74LVC245 是一个同相门电路。

图（a）所示电路 LED 点亮时驱动电流是 I/O 口输出高电平电流（拉电流）；图（b）所示电路 LED 点亮时驱动电流是 I/O 口输出低电平电流（灌电流）；图（c）所示电路 LED 点亮时驱动电流是 74LVC245 输出的电流，微控制器 I/O 仅需要提供门电流的驱动电流，这个电流一般为微安级。

从微控制器驱动能力来说，单个 LED 可以直接驱动，若微控制器总体电流较小时，图（a）和图（b）所示电路在可靠及稳定性要求不高、低成本的产品中很常用。若微控制器多个引脚外接 LED，需要考虑总电流不能超限，可选用图（c）所示电路。从微控制器工作稳定性方面来说，微控制器工作电流变化越小，电源越稳定，运行越可靠。

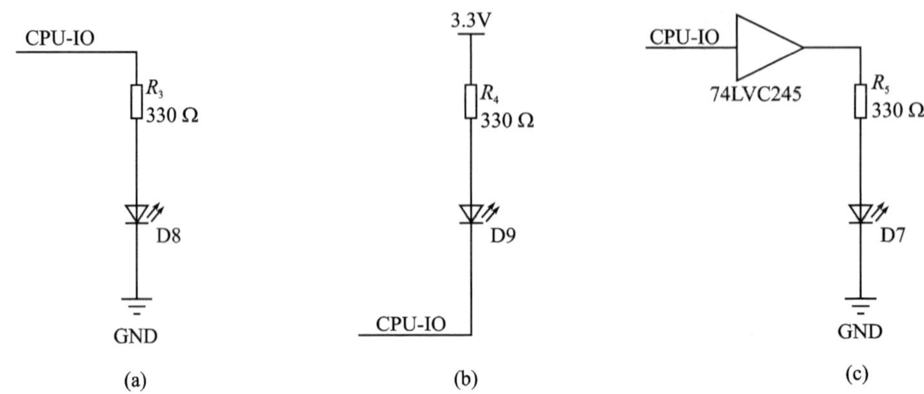

图 5-10 三种 LED 控制电路图

在实际应用中，必须考虑电平匹配问题、驱动能力问题等，这些均可以理解为驱动与负载的关系。在设计电路中，应使驱动电路能为负载电路提供合适的电流，为负载电路提供合适的电压。

5.3.1 GPIO 驱动电路

从抗干扰及微处理器工作稳定性考虑，应尽可能减小流经微处理端口的电流，常用方法有以下几种。

① 在微处理器与外部电路间添加门驱动，常用的有 8 路驱动门系列及单路驱动门系列，常用于信号驱动及通道较多的场合。

8 路驱动门系列：74LVC245 和 74LVC244、74HC14、74HC245、74LS245 等，LVC 系列兼容 3.3 V 和 5 V 系统，比如图 5-4 所示的数码管电路设计。

单路驱动门电路有单路施密特缓冲器 74LVC1G17、单路施密特反相器 74LVC1G14、单路三态缓冲 SN74LVC1G07、单路反相器 SN74LVC1G04 等。

② 采用三极管或 MOS 管驱动，常用的有 S8050、S8550、SI2301、SI2302 等，通常用于对速度要求不高及通道较少的场合，比如驱动 LED、蜂鸣器等。若驱动功率比较大，负载可以采用集成达林顿结构晶体管阵列，常用的是 ULN2003，通常用来驱动继电器。

图 5-11 所示为三极管及 MOS 管驱动功率大的 LED 示例。

图 5-12 所示为蜂鸣器驱动电路，图 5-13 所示为继电器驱动电路，图中二极管为续流二极管，一般选择快速恢复二极管或者肖特基二极管。该二极管是一种配合电感性负载使用的二极管，在电路中一般用来使元件不被感应电压击穿或烧坏，以并联的方式接到产生感应电动势的元件两端，并与其形成回路，使其产生的高电动势在回路以续电流方式消耗，从而起到保护电路中的元件不被损坏的作用。

图 5-12 中的电阻 R_{52} 可以使三极管不受噪声信号影响而产生误动作，使晶体管截止更可靠，三极管的基极不能出现悬空，当输入信号不确定时(如输入信号为高阻态时)，加下拉电阻，就能有效接地。特别是 GPIO 连接此基极时，一般是在 GPIO 刚刚上电初始化时，此时 GPIO 的内部也处于一种上电状态，很不稳定，容易产生噪声，引起误动作，加此电阻，可消除此影响。

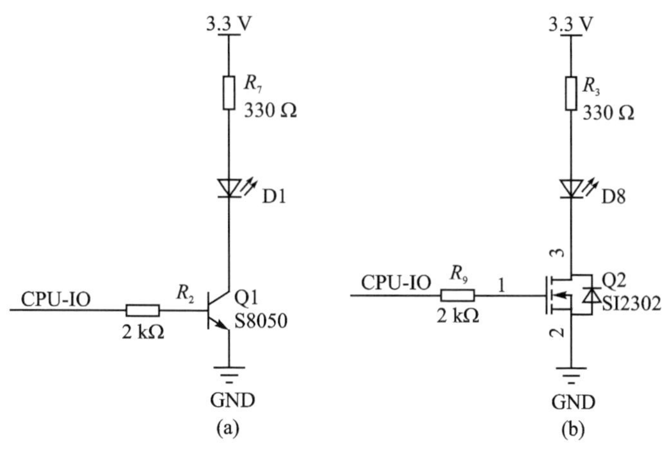

图 5 - 11　LED 驱动电路图

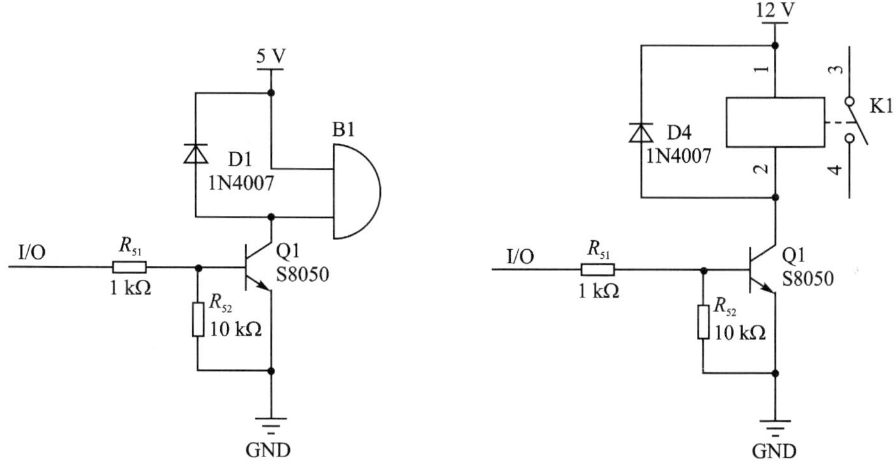

图 5 - 12　蜂鸣器驱动电路

图 5 - 13　继电器驱动电路

5.3.2　GPIO 电平转换电路

STM32F10x 系列微控制器一般系统供电采用 3.3 V，这样 I/O 电平皆为 3.3 V 标准，对于一些 5 V 电平标准芯片，存在电平兼容问题，可通过以下方案解决。

1. 采用三极管或 MOS 实现单向转换

采用三极管或 MOS 管实现电平转换，如图 5 - 14 所示，该电路可将 3.3 V 电平信号转换为 5 V 电平信号。

2. 采用 MOS 实现双向转换

采用 MOS 管实现电平双向转换，如图 5 - 15 所示。该电路常用于需要双向数据传送的 I/O 电路。

3. 采用集成电路实现电平转换

采用集成电路实现电平转换，常用的芯片如下：

74LVC4245 是一款 8 路总线收发器，可实现 5 V 电平与 3.3 V 电平双向传送。

74LVC245 是一款 8 路总线收发器，可实现 3.3 V 电平与 5 V 电平的单向传送。

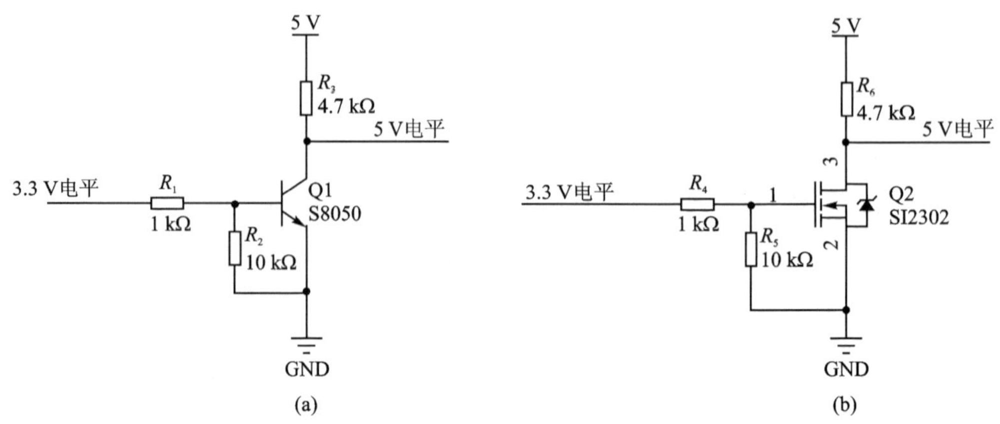

图 5-14　单向电平转换电路

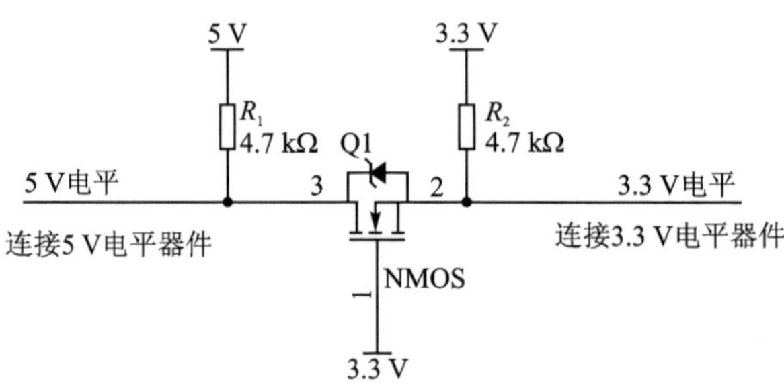

图 5-15　双向传送电平转换电路

74LVC1G14、74LVC1G04、74LVC1G17 可实现单路 3.3 V 电平与 5 V 电平的单向传送。

5.3.3　GPIO 隔离电路

I/O 隔离的意义在于微控制器系统与外部电路之间没有电的直接连接，主要是防止外部引起的干扰，特别是外部高压电路对微控制器的干扰。

I/O 隔离一般采用光电耦合器(Optical Coupler，OC)，亦称光电隔离器，简称光耦。光电耦合器以光为媒介传输电信号。光耦合器一般由三部分组成：光的发射、光的接收及信号放大。输入的电信号驱动发光二极管(LED)，使之发出一定波长的光，被光探测器接收而产生光电流，再经过进一步放大后输出。这就完成了电—光—电的转换，从而起到输入、输出、隔离的作用。由于光耦合器输入/输出间电气上互相隔离、电信号传输具有单向性等特点，故其具有良好的电绝缘能力和抗干扰能力。

图 5-16 所示为带光电隔离的开关量输入接口电路，可以用来检测外部开关量。图中二极管可以避免信号接反对电路造成的损坏，电容 C_{30} 可以根据实际情况选取，主要用来滤波。该电路适用于高电平信号检测。

图 5-17 所示为带光电隔离的数字量输出电路，输出部分可以根据实际要求调整，比如隔离后去控制继电器可以参考图 5-18。

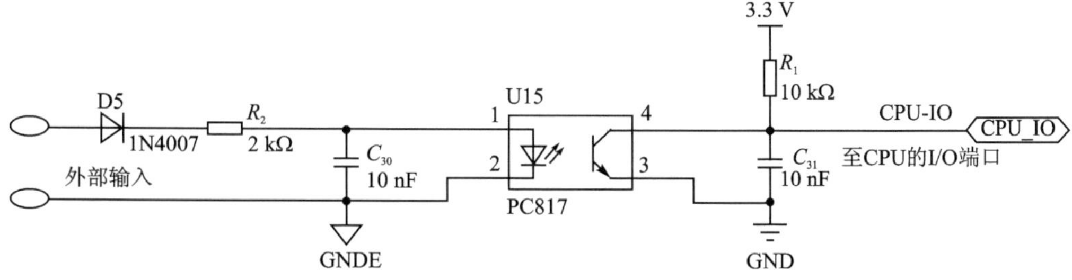

图 5-16　带光电隔离的开关量输入接口电路

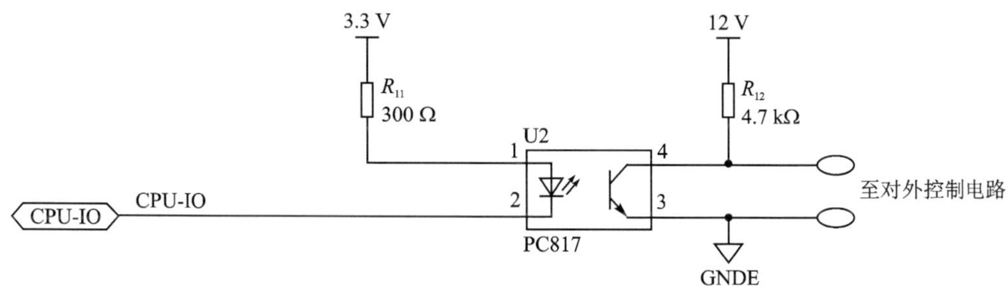

图 5-17　带光电隔离的数字量输出电路

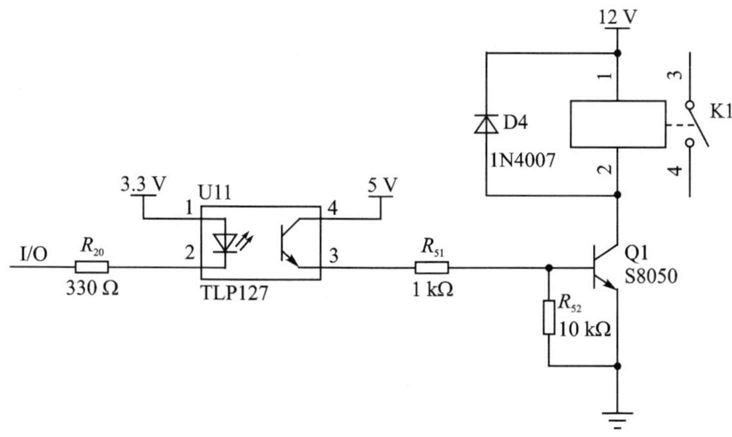

图 5-18　带光电隔离的继电器输出控制电路

本章习题

1. 设计 3×3 矩阵键盘电路图(行线控制采用引脚 PA1、PA2、PA3,列线控制采用 PB1、PB2、PB3),并以函数方式写出返回键值的键盘扫描函数。

2. 在本章键盘例程中,当有键按下时,会发生数码管闪烁现象,为什么?如何解决上述问题。

3. 设计带隔离的电路,并使用 HAL 库函数编写一个函数,要求该函数能记录 PB1 引脚高电平脉冲数。

4. 设计 4 位 LED 数码管电路,编写显示函数,要求入口 2 个参数为分钟、秒。功能为高

2 位显示分钟,低 2 位显示秒,二者之间用数码管小数点“.”分隔。

5. 设计独立式键盘,要求键盘有 4 个按键,分别接入 PB0、PB1、PB13、PB12,并完成如下任务。

① 编写读取键值函数。

② 若使用图 5 - 8 所示的矩阵式键盘,如何通过软件配置,实现按键 SW0、SW1、SW2、SW3 独立式键盘功能。

③ 自定义键值,使用图 5 - 4 所示的数码管控制电路,实现键值显示。

6. 设计 3 个按键和 1 个 LED 灯指示电路及程序,实现如下功能:按键 1 使 LED1 翻转,按键 2 使内存变量+1,按键 3 使内存变量−1。上电时初始状态为 LED 亮。

7. 编写使蜂鸣器鸣响的函数,函数入口参数为蜂鸣时间,单位为 ms。蜂鸣器由 PC12 引脚控制,高电平有效。

8. 设计 1 个按键和 2 个 LED 电路,实现上电 LED 灭,按 1 次按键时,1 个灯亮;按 2 次按键时,2 个灯亮;按 3 次按键时,灯均熄灭;再次按键,则重复上述过程。

9. 编程实现 3 人抢答器,设计电路和编写程序,要求如下:

① 3 个选手和 1 个主持人共 4 个按键,每人前面有 1 个 LED 指示灯。按键按下时蜂鸣器会鸣叫一下。

② 主持人指示灯亮后,选手可以抢答。选手抢答后其面前的指示灯亮,当某一选手抢答后,其他选手抢答无效。主持人按键复位时,灯灭,可以继续抢答。

10. 全自动滚筒洗衣机采用 AC220V 供电,洗涤电机功率为 200 W,加热管功率为 800 W,进水电磁阀功率为 1 W,排水泵功率为 90 W。设计微控制器驱动电路,控制上述负载,并选择合适的驱动元件的型号。

11. 已知信息如下:

① 段码高电平有效,接口如下:

A1	A2	B	C	D1	D2	E	F	DP1
PA0	PB0	PA1	PC0	PC3	PD3	PC5	PD8	PA9
H	I	J	K	L	M	G1	G2	DP2
PB10	PB11	PC6	PC7	PD2	PB12	PC2	PB4	PA10

② 位选高电平有效,从高位顺序接入 PA2、PA3 和 PA4。

请根据以上信息,编写 3 位 LED 显示函数,显示函数既能显示数字,又能显示字符,并写出显示 K、L、M 的三种字母的函数调用。

第6章 中断系统

本章主要内容：中断的基本概念和执行流程，中断嵌套的概念和嵌套中断的响应过程，嵌套向量中断控制器和外部中断/事件控制器原理，中断处理机制及HAL库的使用方法和流程。

本章案例：外部中断的使用。

6.1 中断的基本概念

中断系统是微控制器的重要组成部分。实时控制、故障自动处理、与外围设备间的数据传送往往采用中断方式。中断系统的应用大大提高了微控制器的处理效率。

STM32微控制器使用CM3内核，CM3的所有中断机制都由嵌套向量中断控制器（Nested Vectored Interrupt Controller，NVIC）实现。CM3内核支持256个中断，其中包含16个内核异常（Exception）以及240个外部中断（Interrupt）。外部中断均是相对于内核而言的，比如串口中断、定时器中断等都是（内核的）外部中断。所有能打断当前程序正常执行流程的事件都称为异常。中断属于异常的一种。

STM32微控制器根据原有NVIC中断，从中选择性添加了部分中断，并重新命名与排序。如添加的外部中断（External Interrupt，EXTI）由芯片引脚外部事件触发。

1. 中　断

微控制器正在处理主程序时，由于内部或者外设发生了一个随机事件，打断了当前程序的正常执行流程，转而去执行中断处理程序，处理完毕后再自动继续执行主程序。这样的一个过程就被称为中断。一般而言中断在大多时候指一个完整的过程，它包括中断的触发源（中断请求源）产生的触发（中断请求）、中断响应、中断处理、中断返回，全程需要CPU介入。

中断的响应（执行）过程如图6-1所示。一个正常的主程序（A），CPU按程序A的命令序列逐条执行，当CPU执行A程序命令序列的第a条指令时，外部中断源产生了对应的中断请求，在满足中断响应的条件下，在中断控制器的作用下，CPU暂停当前执行的正常程序A，并保留程序A当前指令a（断点）的下条将要执行的指令a+1的地址，然后从对应该中断源的中断向量表入口地址中获取将要执行的中断程序的入口地址，并装入程序计数器（PC）中，该地址是中断服务程序的第一条指令指定的。一旦程序转到入口地址，CPU先进行压栈，然后开始读取中断程序指令序列并执行，直到中断被高级中断打断或者中断程序指令执行完毕，一旦执行完毕，恢复中断保存的地址（出栈），继续从原程序A的a+1处执行。

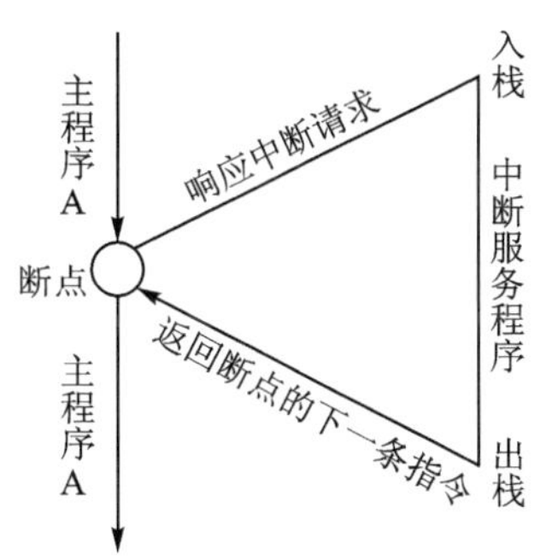

图6-1　中断响应和处理过程

2. 异　常

异常是指由于 CPU 内部事件所引起的中断,如程序出错(非法指令、地址越界)。内中断(Trap)也被称为捕获或陷入。异常是由于执行了现行指令所引起的。中断则是由于系统中某事件引起的,该事件与现行指令无关。

3. 事　件

事件本质上就是运动、变化。每个状态的改变都可以表达为事件。比如:引脚电平变化、计数器溢出、数据接收寄存器满、数据发送寄存器空、ADC 转换结束、超时、初始化等,均可以称为事件。

事件是中断的触发源,事件可以触发中断,也可以不触发中断,开放了对应的中断使能,则事件可以触发相应的中断,最终让 CPU 内核参与进来,并完成后续的中断服务动作。

若禁止了事件中断功能,即为事件触发方式,后续工作不需要软件参与。

例如,使用微控制器内部 ADC 转换电路来测量外部交流电压。可以启用 I/O 触发产生事件,然后联动启动 ADC 转换,ADC 转换自动完成,不需要软件参与 ADC 启动。也可以使用中断触发模式,需要 I/O 触发产生外部中断,外部中断处理程序启动 ADC 转换。

事件机制提供了一个完全由硬件自动完成的触发到产生结果的通道,不需要软件参与,降低了 CPU 的负荷,节省了中断资源,提高了响应速度(硬件总快于软件),是利用硬件提升 CPU 芯片处理事件能力的一个有效方法。

4. 中断源

可以引起中断的事件称为中断源。

根据触发源可将其分为内部中断、外部中断和软件中断。内部中断,即程序运行错误引起的中断;外部中断,即由 CPU 外设引起的中断;软件中断,即程序中的软中断指令引起的中断。

5. 中断的优先级

不同中断源(事件)的重要程度不同。重要的中断源(事件)可以打断相对不重要的中断源(事件)的处理,用户可以根据自己的需求对不同的事件设定重要级别,称为设定中断的优先级。

6. 中断的嵌套

如果在执行一个中断时又被另一个更重要的事件打断,暂停该中断处理过程转去处理这个更重要的事件,处理完毕后再继续处理本中断,这个过程称为中断的嵌套,如图 6-2 所示。中断嵌套有两条基本规则:

① 低优先级的中断服务可被高优先级中断源中断,反之则不能。

② 任何一种中断(不管是高级还是低级),一旦得到响应,则其不会被同级中断源的请求所中断。

7. 中断向量与中断服务程序

每个中断源都有一个对应的处理程序,该程序称为中断服务程序,对应中断服务程序的入口地址称为中断向量。

对应每个中断源设置一个向量。这些向量顺序存在主存储器的特定存储区。在响应中断时,由中断系统硬件提供向量地址,处理机根据该地址取得向量,并转入相应的中断服务程序。

8. 中断通道

中断通道是传递、处理中断的信息通道。中断通道对应唯一的中断号、中断优先级、中断

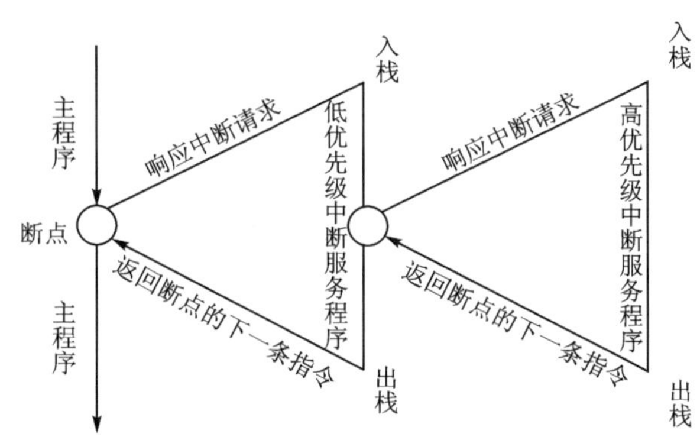

图 6-2 嵌套中断响应和处理过程

向量、服务程序；1 个中断通道可以有多个中断源，每个中断源有对应的中断服务程序。

9. 中断屏蔽

CPU 通过指令限制某些设备发出中断请求，该过程称为中断屏蔽。根据中断源的可屏蔽性，可将中断源分为可屏蔽中断源（Maskable Interrupt，MI）和不可屏蔽中断源（Non Maskable Interrupt，NMI）。

10. 中断悬挂

如果中断发生时，正在处理同级或高优先级中断，则中断不能立即得到响应，中断被挂起，此时称中断悬挂（Pending）。中断源将悬挂状态标记在悬挂寄存器中，即使后来中断源取消了中断请求，当优先级高的或者同等级先发生的中断完成后，挂起的中断才会被执行。但是，如果在某个中断得到响应之前，其悬挂状态就被清除了，则中断被取消。

11. 活　跃

当某中断的服务例程开始执行时，就称此中断进入了活跃（Active）状态，该状态也称为激活状态，并且其悬挂位会被硬件自动清 0。

6.2 中断组成结构

STM32F103x 是基于 CM3 内核的微控制器，STM32F103x 中断结构如图 6-3 所示，该结构主要分为三大部分，系统控制块（System Control Block，SCB）、嵌套向量控制器（Nested Vectored Interrupt Controller，NVIC）和外部中断/事件控制器（External Interrupt/Event Centroller，EXTI）组成。

中断控制器是中断源和 CPU 之间的桥梁，CM3 内核把复位（Reset）、不可屏蔽中断（NMI）、硬件错误（Hard Fault）、存储管理错误（Memory Management Fault）、总线错误（Bus Fault）、应用错误（Usage Fault）、系统服务异常（SVCall）、可悬挂异常（PendSV）、系统滴答时钟（SysTick）、各种不同中断源等都称作异常，一共 83 个异常。为了概念清晰，其中异常号 1～15 定义为异常，16～83 定义为中断。

嵌套向量控制器 NVIC 和系统控制块 SCB 属于 STM32 的内核部件。

NVIC 管理中断的优先级，设置悬挂、使能等。它管理的中断源分为两大类，一类来自片内外设，比如定时器、串口等；另一类来自 EXTI 产生中断信号。

SCB 管理异常、不可屏蔽中断（NMI）、中断的分组设置、当前活跃中断号、中断向量表重

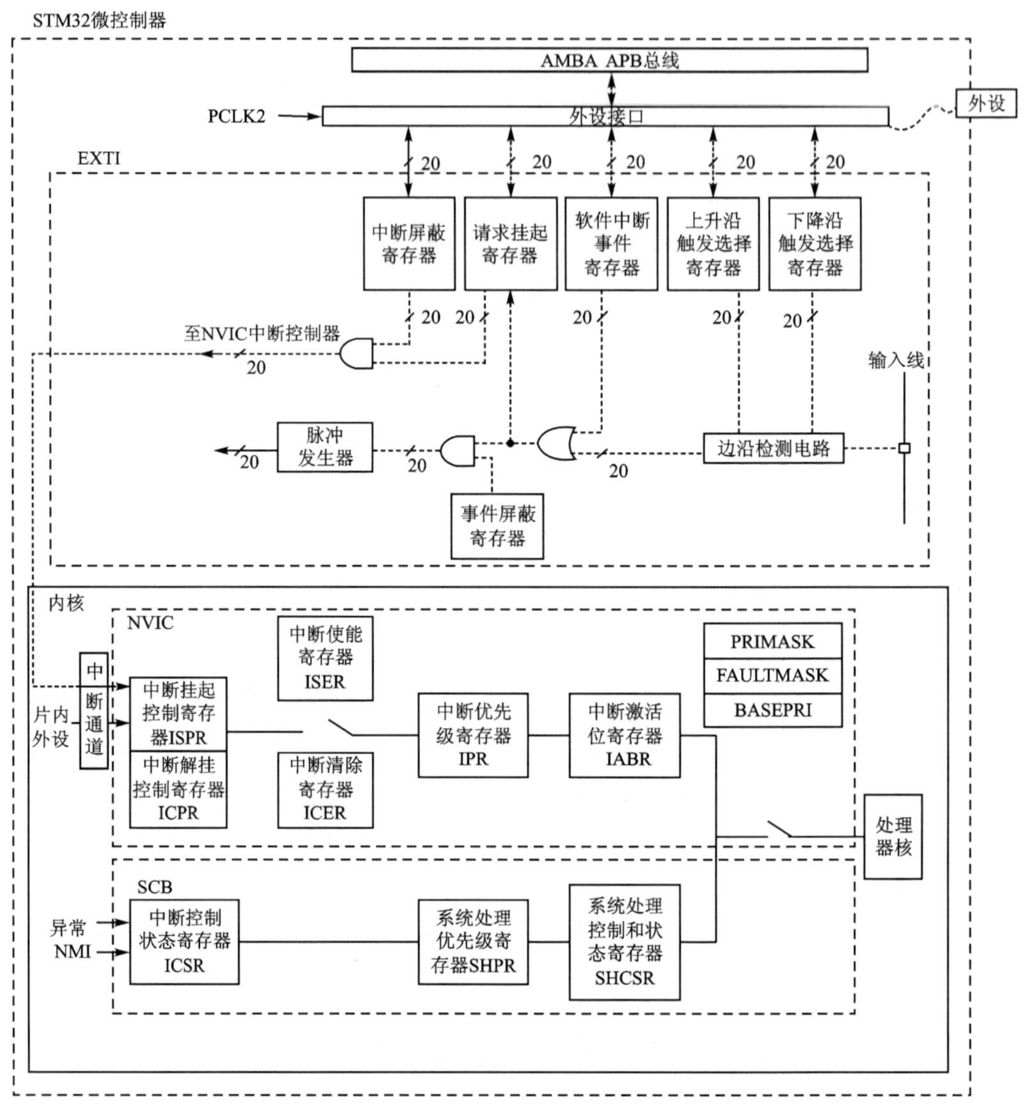

图 6-3　STM32F103x 中断系统结构

定位以及 CPU 本身辅助信息等功能。因此,NVIC 和 SCB 共同管理中断,实际上 SCB 是 NVIC 一部分,不能完全分开,但是在 CMSIS 驱动中把 SCB 作为一个单独结构来定义。

EXTI 管理 STM32 芯片外部引脚到中断的映射、电平的触发方式、事件等,通常由外部设备驱动,比如触摸开关,所以把它称为外部中断/事件控制器。

6.2.1　系统控制块

系统控制块(SCB)通过 21 个寄存器管理 STM32 的异常,包括配置、控制及异常信息。例如图 6-3 中,中断控制与状态寄存器(Interrupt Control and State Register,SCB_ICSR)、系统控制与状态寄存器(System Handler Control and State Register,SHCSR)用于异常使能控制、异常的悬挂及记录异常活跃状态;系统处理优先级寄存器(System Handler Priority Register,SHPR)用于配置异常处理优先级。

当 STM32 微控制器复位后,只有 Reset、NMI 和 Hard Fault 是使能的,其他异常和外设中断是被禁止的。

6.2.2　嵌套向量中断控制器(NVIC)

嵌套向量中断控制器(NVIC)是 STM32 实现中断机制的机构,它对所有进入的中断信号设置屏蔽,进行优先级排序,最后生成一个总中断信号给 CPU,与 CPU 交互完成中断的产生、中断排序、中断识别、中断向量提取等操作。

1. 中断源

STM32 中断系统提供 10 个系统异常和 60 个可屏蔽中断源。

① 处理器异常中断源(15 个通道)包括非屏蔽中断、异常、指令中断、复位、除法异常,这些中断优先级较高,通过 SCB 直接进入 NVIC。

② 片内设备中断源(43～68 个),STM32 微控制器片内所有设备中断的数量与型号有关,对于大容量(hd)类型,共 60 个。如定时器、串行通信接口、ADC 转换器、PWM 控制器等都会产生中断,这些设备所产生的中断会直接进入 NVIC。

③ 外部中断源 20 个,其中 16 个(16 个中断源、7 个通道)从 MCU 外部引脚引入,另外 4 个中断源连接的是内部设备,两个用于检测电压、RTC 闹钟,两个用于唤醒 CPU,且各占 1 个通道。中断源信号经外部中断控制器 EXTI 进行边沿检测、触发选择后送至 NVIC。

2. NVIC 寄存器

NVIC 通过对寄存器的操作,对每个外部中断通道进行管理。寄存器为 32 位,每位对应一个中断通道。

① 中断悬挂设置寄存器(Interrupt Set-Pending Registers,ISPR),存放中断请求标志,ISPR 寄存器中某位若为 1,表明某通道中断已经发生但还没有执行,NVIC 可能正在处理同级或高优先级异常,或者当前被挂起的中断被禁止或没有开启。悬挂意味着等待而不是舍去,当优先级高的或者同等级先发生的中断完成后,被挂起的中断才会被执行。也可以通过软件对 ISPR 寄存器置 1 来挂起正在执行的中断,通过对 ICPR 寄存器置 1 来解除挂起正在进行的中断。

② 中断悬挂清除寄存器(Interrupt Clear-Pending Registers,ICPR),通过对 ICPR 寄存器置 1 来清除中断通道标志位,清除中断。中断响应后,需要用户清除标志位。

③ 中断使能寄存器(Interrupt Set-Enable Registers,ISER),当中断使能位置 1 时,允许相应中断。若为 0,则禁止中断,如果有中断源触发,会置中断悬挂设置寄存器相应位为 1,但不会执行中断。

④ 中断除能寄存器(Interrupt Clear-Enable Registers,ICER),当需要禁止某个中断时,将 ICPR 的相应位置 1。

⑤ 中断优先级寄存器(Interrupt Priority Registers,IPR),用于设置中断源的优先级。

⑥ 中断状态(活跃)寄存器(Interrupt Active Bit Registers,IABR),为中断活跃状态标志,若 IABR 某位为 1,则表示该位所对应的中断正在被执行。这是一个只读寄存器,通过它可以知道当前正在执行的中断;在中断执行完成后,该位由硬件自动清 0。

⑦ NVIC 中的全局屏蔽寄存器,用于屏蔽中断信号,中断被屏蔽后,中断信号不能送入 CPU,CPU 也就不能响应中断。全局屏蔽寄存器包括 3 个:

优先级屏蔽寄存器(Priority Mask Register,PRIMASK),可以屏蔽除了 NMI、Hard Fault、Reset 以外所有可配置优先级的异常、外中断和软故障。

错误屏蔽寄存器(Fault Mask Register,FAULTMASK)可以屏蔽除了 NMI 外所有的异常和外中断。

基本优先级屏蔽寄存器(Base Priority Mask Register,BASEPRI),可以屏蔽等于和低于寄存器设置值的优先级的中断。

3. 中断处理机制

中断控制器 NVIC 对中断源的处理过程包含非活跃(Inactive)、悬挂(Pending)、活跃(Active)和活跃与悬挂(Active and Pending)4 个状态。中断处理机制如图 6-4 所示。

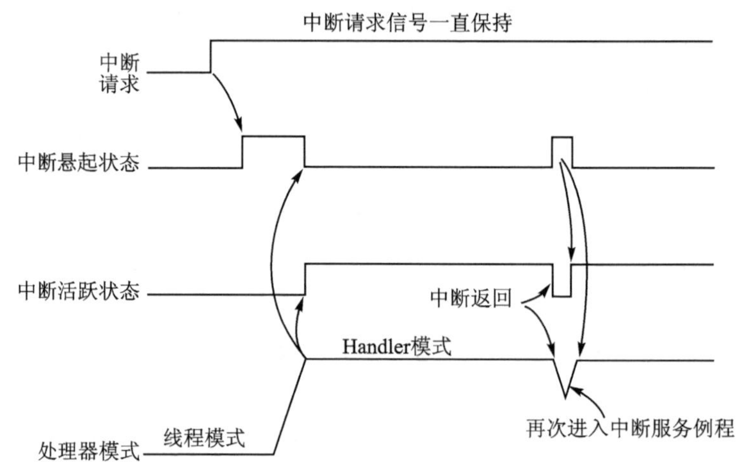

图 6-4 STM32 中断处理机制

假设某中断源使能中断,且没有更高级的中断源同时触发。

① 当进入 NVIC 的中断源发出中断请求信号时,中断源处于初始的非活跃状态。

② 如果某个中断源被触发,NVIC 会将中断悬挂设置寄存器(ISPR)中该中断源对应的位置 1,然后通知 CPU,在 CPU 尚未做出应答之前,该中断处于悬挂待处理状态。

在悬挂状态,NVIC 会关闭对该中断源的响应,在此期间,如果该中断源上有新的中断到来,所有连接 NVIC 的 CPU 都无法收到。因为 NVIC 是中断源和 CPU 之间的桥梁,NVIC 已经在桥的这一头挡住了中断源,在桥另一头的 CPU 自然无法接收。

③ 接下来 CPU 会读取 ISPR 寄存器中置 1 的位,读取后硬件自动将其清 0,同时回复一个硬件信号给 NVIC 的中断状态(活跃)寄存器(IABR),表示 CPU 已经开始处理,执行中断服务程序(Handler 模式),此时中断源进入活跃状态。

④ 这时 NVIC 会解除对该中断源的屏蔽,也就是说,如果之后该中断源上有第二个中断到来,那么 CPU 是可以接收到的。从新来的中断角度,该中断源应该处于 Pending 状态,而从上一个还没处理完的中断角度,该中断源又应该处于活跃状态,所以这个特殊时期被叫做活跃与悬挂状态。

之后,CPU 完成了对该中断源的处理,就会清除中断状态(活跃)寄存器,中断此时又回到了非活跃状态。

如果中断请求信号一直保持,则该中断源就会在其上次中断服务程序返回后再次被置为悬挂状态。实际应用时希望每次中断请求只执行一次中断服务程序。大部分外部中断设备具有中断标志寄存器,且具备硬件中断标志自动清 0 功能,若没有,则应该从软件方面清除中断请求信号。

4. 中断使用

使用中断,需要配置中断使能寄存器(ISER)和中断优先级寄存器(IPR),即开放某一中断并配置某一中断的优先级。

6.2.3 中断优先级

CM3 内核支持 256 个中断,包括 16 个内核中断和 250 个外部中断,同时具有256 级可编程中断设置。CM3 的 NVIC 嵌套式中断控制器可以由不同厂商定制,STM32 只使用了一部分。STM32 拥有 84 个中断,包括 16 个内核中断和 68 个可屏蔽中断(STM32F107 系列使用了 68 个可屏蔽中断),还拥有 16 级可编程的中断优先级。STM32F103 系列只使用了 60 个可屏蔽中断,每个中断都有编号。

CM3 还把 256 级优先级按位分成高低两段,分别是抢占先优先级(Preemption Priority)和次优先级(Subpriority,也称子优先级)。

STM32 中控制中断优先级的寄存器组是 IP[240]。IP[240]是由 240 个 8 bit 寄存器组成的(IPR[80],每个寄存器有 4 个 8 位 IP)。而 STM32F103 只用了前 60 个(0～59)。在 STM32F103 系列微控制器中,这 8 bit 也没有全部使用,而是只使用了其高四位(4～7 位)。

SCB 中的应用中断及复位控制寄存器(Application Interrupt and Reset Control Register,SCB_AIRCR)中 PRIGROUP[10:8]的 3 位定义了 STM32F103x 的优先级 IPR 寄存器的二进制分位点,它的 IPR 寄存器 4 位分为抢占优先级和次优先级,中断优先级分组情况如表 6-1 所列。

表 6-1 STM32F103x 系列中断优先级管理

分 组	SCB_AIRCR[10:8]	NVIC_IPR[7:4]	优先级取值范围	
			抢占优先级	次优先级
0	111	0:4	0 位:0	4 位:0～15
1	110	1:3	1 位:0～1	3 位:0～7
2	101	2:2	2 位:0～3	2 位:0～3
3	100	3:1	3 位:0～7	1 位:0～1
4	011	4:0	4 位:0～15	0 位:0

表中第一列表示分组号,第二列为具体优先级寄存器二进制分位点,后边的两列表示抢占优先级、次优先级所占位数及数值范围。具体如下:

第 0 组:所有 IPR 寄存器 4 位用于指定次优先级,抢占优先级取值只能为 0,次优先级取值范围为 0～15;

第 1 组:最高 1 位用于指定抢占式优先级,最低 3 位用于指定次优先级,抢占优先级取值范围为 0～1,次优先级取值范围为 0～7;

第 2 组:最高 2 位用于指定抢占式优先级,最低 2 位用于指定次优先级,抢占优先级取值范围为 0～3,次优先级取值范围为 0～3;

第 3 组:最高 3 位用于指定抢占式优先级,最低 1 位用于指定次优先级,抢占优先级取值范围为 0～7,次优先级取值范围为 0～1;

第 4 组:所有 4 位用于指定抢占式优先级,抢占优先级取值范围为 0～15,次优先级取值只能为 0。

STM32 优先级管理原则如下：

① STM32F103x 中断优先级分组(PRIORITY_GROUP)(5 种分组模式)管理所有中断，每个中断源优先级又指定抢占优先级(Preemption Priority)和次优先级(Subpriority)，每个中断源都需要被指定这两种优先级。数值越小，优先级越高。

② 高抢占优先级的中断可以打断低抢占优先级的中断服务，从而构成嵌套；相同抢占优先级的中断之间不能构成中断嵌套。

③ 次优先级不能够构成中断嵌套；抢占优先级相同、而次优先级不同的中断同时发生时，首先响应次优先级高的中断。

④ 抢占优先级和次优先级相同的中断同时发生时，首先响应编号小的中断。

优先级：抢占优先级＞次优先级＞中断表中的排位顺序。

6.2.4 中断和异常向量表

在 HAL 库中，启动文件 startup_stm32f103xe.s 中定义了向量表，向量表提供了异常和中断函数的程序入口地址，一般默认情况下，向量表的起始地址在硬件地址的 0x00000000 处，如果向量表驻留在 Flash 时候，因为 Flash 的地址为 0x08000000，此时中断向量表地址从 Flash 地址开始。

表 6－2 所列为 STM32F10x 的中断和异常向量在内存中的组织形式。缺省情况下，认为该表位于零地址处，且各向量占用 4 字节，因此每个表项占用 4 字节，开始 4 个字节是主堆栈指针的地址。只要是有中断被触发而且被响应，硬件就会自动跳到固定地址的硬件中断向量表中，无须人为操作(即编程)就能通过硬件自身的总线来读取向量，然后找到 xx_IRQHandler()程序的入口地址，放到 PC 去进行跳转，这是 STM32 的硬件机制。

表 6－2 STM32F10x 产品(小容量、中容量和大容量)的向量表

异常号	中断号	优先级	优先级类型	名　称	说　明	地　址
		—	—	—	保留	0x0000_0000
1	－15	－3	固定	Reset	复位	0x0000_0004
2	－14	－2	固定	NMI	不可屏蔽中断 RCC 时钟安全系统(CSS)连接到 NMI 向量	0x0000_0008
3	－13	－1	固定	硬件失效(HardFault)	所有类型的失效	0x0000_000C
4	－12	0	可设置	存储管理(MemManage)	存储器管理	0x0000_0010
5	－11	1	可设置	总线错误(BusFault)	预取指失败，存储器访问失败	0x0000_0014
6	－10	2	可设置	错误应用(UsageFault)	未定义的指令或非法状态	0x0000_0018
7～10		—	—	—	保留	0x0000_001C ～0x0000_002B
11	－5	3	可设置	SVCall	通过 SWI 指令的系统服务调用	0x0000_002C
12	－4	4	可设置	调试监控 (Debug Monitor)	调试监控器	0x0000_0030
13	－3	—	—	—	保留	0x0000_0034

续表 6－2

异常号	中断号	优先级	优先级类型	名　称	说　明	地　址
14	－2	5	可设置	PendSV	可挂起的系统服务	0x0000_0038
15	－1	6	可设置	SysTick	系统嘀嗒定时器	0x0000_003C
	0	7	可设置	WWDG	窗口定时器中断	0x0000_0040
	1	8	可设置	PVD	连到 EXTI 的电源电压检测(PVD)中断	0x0000_0044
	2	9	可设置	TAMPER	侵入检测中断	0x0000_0048
	3	10	可设置	RTC	实时时钟(RTC)全局中断	0x0000_004C
	4	11	可设置	FLASH	闪存全局中断	0x0000_0050
	5	12	可设置	RCC	复位和时钟控制(RCC)中断	0x0000_0054
	6	13	可设置	EXTI0	EXTI 线 0 中断	0x0000_0058
	7	14	可设置	EXTI1	EXTI 线 1 中断	0x0000_005C
	8	15	可设置	EXTI2	EXTI 线 2 中断	0x0000_0060
	9	16	可设置	EXTI3	EXTI 线 3 中断	0x0000_0064
	10	17	可设置	EXTI4	EXTI 线 4 中断	0x0000_0068
	11	18	可设置	DMA1 通道 1	DMA1 通道 1 全局中断	0x0000_006C
	12	19	可设置	DMA1 通道 2	DMA1 通道 2 全局中断	0x0000_0070
	13	20	可设置	DMA1 通道 3	DMA1 通道 3 全局中断	0x0000_0074
	14	21	可设置	DMA1 通道 4	DMA1 通道 4 全局中断	0x0000_0078
	15	22	可设置	DMA1 通道 5	DMA1 通道 5 全局中断	0x0000_007C
	16	23	可设置	DMA1 通道 6	DMA1 通道 6 全局中断	0x0000_0080
	17	24	可设置	DMA1 通道 7	DMA1 通道 7 全局中断	0x0000_0084
	18	25	可设置	ADC1_2	ADC1 和 ADC2 的全局中断	0x0000_0088
	19	26	可设置	USB_HP_CAN_TX	USB 高优先级或 CAN 发送中断	0x0000_008C
	20	27	可设置	USB_LP_CAN_RX0	USB 低优先级或 CAN 接收 0 中断	0x0000_0090
	21	28	可设置	CAN_RX1	CAN 接收 1 中断	0x0000_0094
	22	29	可设置	CAN_SCE	CAN SCE 中断	0x0000_0098
	23	30	可设置	EXTI9_5	EXTI 线[9:5]中断	0x0000_009C
	24	31	可设置	TIM1_BRK	TIM1 刹车中断	0x0000_00A0
	25	32	可设置	TIM1_UP	TIM1 更新中断	0x0000_00A4
	26	33	可设置	TIM1_TRG_COM	TIM1 触发和通信中断	0x0000_00A8
	27	34	可设置	TIM1_CC	TIM1 捕获比较中断	0x0000_00AC
	28	35	可设置	TIM2	TIM2 全局中断	0x0000_00B0
	29	36	可设置	TIM3	TIM3 全局中断	0x0000_00B4
	30	37	可设置	TIM4	TIM4 全局中断	0x0000_00B8
	31	38	可设置	I2C1_EV	I^2C1 事件中断	0x0000_00BC
	32	39	可设置	I2C1_ER	I^2C1 错误中断	0x0000_00C0
	33	40	可设置	I2C2_EV	I^2C2 事件中断	0x0000_00C4

续表 6-2

异常号	中断号	优先级	优先级类型	名　称	说　明	地　址
	34	41	可设置	I2C2_ER	I^2C2 错误中断	0x0000_00C8
	35	42	可设置	SPI1	SPI1 全局中断	0x0000_00CC
	36	43	可设置	SPI2	SPI2 全局中断	0x0000_00D0
	37	44	可设置	USART1	USART1 全局中断	0x0000_00D4
	38	45	可设置	USART2	USART2 全局中断	0x0000_00D8
	39	46	可设置	USART3	USART3 全局中断	0x0000_00DC
	40	47	可设置	EXTI15_10	EXTI 线[15:10]中断	0x0000_00E0
	41	48	可设置	RTCAlarm	连到 EXTI 的 RTC 闹钟中断	0x0000_00E4
	42	49	可设置	USB 唤醒	连到 EXTI 的从 USB 待机唤醒中断	0x0000_00E8
	43	50	可设置	TIM8_BRK	TIM8 刹车中断	0x0000_00EC
	44	51	可设置	TIM8_UP	TIM8 更新中断	0x0000_00F0
	45	52	可设置	TIM8_TRG_COM	TIM8 触发和通信中断	0x0000_00F4
	46	53	可设置	TIM8_CC	TIM8 捕获比较中断	0x0000_00F8
	47	54	可设置	ADC3	ADC3 全局中断	0x0000_00FC
	48	55	可设置	FSMC	FSMC 全局中断	0x0000_0100
	49	56	可设置	SDIO	SDIO 全局中断	0x0000_0104
	50	57	可设置	TIM5	TIM5 全局中断	0x0000_0108
	51	58	可设置	SPI3	SPI3 全局中断	0x0000_010C
	52	59	可设置	UART4	UART4 全局中断	0x0000_0110
	53	60	可设置	UART5	UART5 全局中断	0x0000_0114
	54	61	可设置	TIM6	TIM6 全局中断	0x0000_0118
	55	62	可设置	TIM7	TIM7 全局中断	0x0000_011C
	56	63	可设置	DMA2 通道 1	DMA2 通道 1 全局中断	0x0000_0120
	57	64	可设置	DMA2 通道 2	DMA2 通道 2 全局中断	0x0000_0124
	58	65	可设置	DMA2 通道 3	DMA2 通道 3 全局中断	0x0000_0128
	59	66	可设置	DMA2 通道 4_5	DMA2 通道 4 和 DMA2 通道 5 全局中断	0x0000_012C

编号 1～15 对应系统异常，大于等于 16 的则全是外部中断。除了个别异常的优先级被固定外，其他异常的优先级都是可编程的。因为芯片设计者可以修改 CM3 的硬件描述源代码，所以做成芯片后，支持的中断源数目常常不到 240 个，并且优先级的位数也由芯片厂商最终决定。STM32F10x 系列进行了定制，编号最靠前的几个中断源被指定到片上外设。

复位、NMI 以及 Hard Fault 有固定的优先级，并且它们的优先级号是负数，从而高于所有其他异常，其他异常的优先级则都是可编程的。

6.2.5　外部中断/事件控制器(EXTI)

外部中断/事件控制器的结构见图 6-3 中 EXTI 部分。STM32F103x 芯片集成了一个外部中断/事件控制器(EXTI),EXTI 由 20 个能产生事件/中断请求的边沿检测器组成(20 个中断源)。每个输入线可以独立地配置输入类型(脉冲或挂起)和对应的触发事件(上升沿或下降沿或者双边沿都触发)。输出通道包含两路,一路经过悬挂寄存器、中断屏蔽寄存器后,输出到 NVIC 的输入线,每个输入线都可以独立地被屏蔽,保持中断请求。另一路经过事件屏蔽寄存器和脉冲发生器,输出一个脉冲信号,该脉冲信号可以用做触发其他外设的事件源,例如作为触发 ADC 转换启动信号。

1. 中断源

STM32F103x 有 3～7 个 GPIO 外设,最多 112 个 GPIO 引脚,每个引脚都可以设置为外部中断线输入。但进入 NVIC 的中断通道只有 20 个,因此芯片引脚输入线通过线路选择器后,进入中断信号通道。图 6-5 所示的 EXTIx(x=0,1,…,15)为中断/事件控制器的信号输入线。

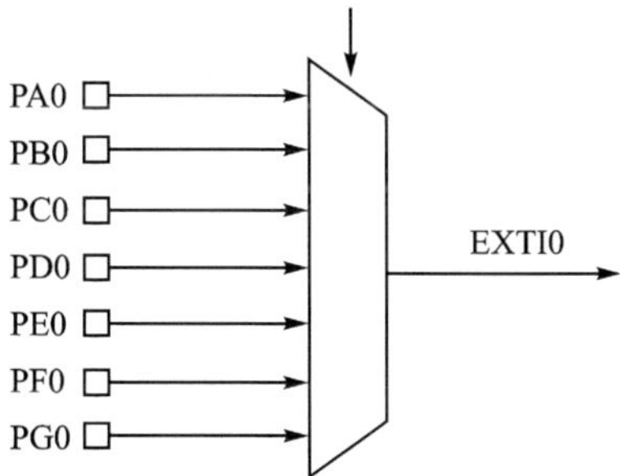

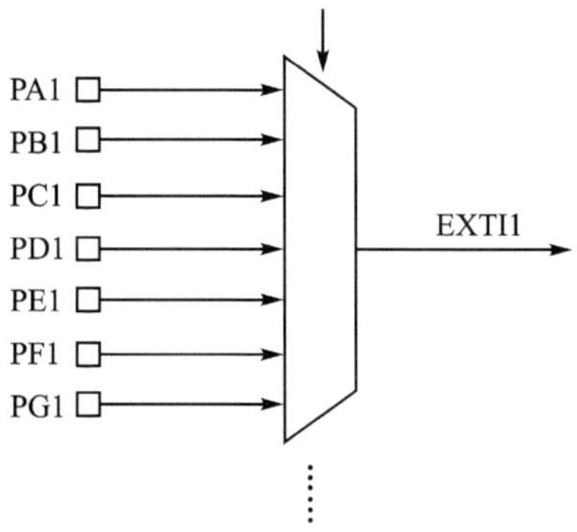

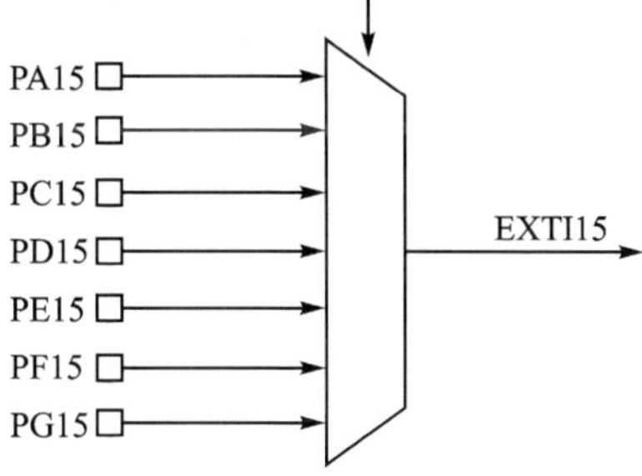

图 6-5 外部中断/事件线路映像

EXTI0～EXTI15 共 16 个通道,每个通道最多有 7 个 GPIO 引脚输入,通过外部中断配置寄存器(AFIO_EXTICRx)的 EXTIx[3:0]选通引脚中的一个,这里也只能选择其中一个,无法选择两个同时使用同一个通道的外部中断。

另外输入中断/事件控制器的其余 4 通道信号如下:

EXTI 线 16 连接到 PVD 输出,PVD(Programmable Voltage Detector)为可编程电源电压监视器;

EXTI 线 17 连接到 RTC 警告事件;

EXTI 线 18 连接到 USB 唤醒事件;

EXTI 线 19 连接到以太网唤醒事件(只适用于互联型产品)。

2. EXTI 寄存器

与 NVIC 机理相同,EXTI 通过对寄存器操作管理每个中断或事件通道。

① 上升沿触发选择寄存器(Rising Trigger Selection Register,EXTI_RTSR),对应的位写 1,允许该位对应的外部引脚中断或事件上升沿触发,写 0 则禁止触发。

② 下降沿触发选择寄存器(Falling Trigger Selection Register,EXTI_FTSR),对应的位写 1,允许中断或事件下降沿触发,写 0 则禁止触发。

③ 软件中断寄存器(Software Interrupt Event Register,EXTI_SWIER),对应的位写 1,EXTI 会产生中断请求信号(需要在中断开放条件下)。

④ 悬挂寄存器(Pending Register,PR),读取对应的位为 1,表明发生了中断请求信号,相当于中断请求标志。对该位写 1,可以清除中断请求信号。

⑤ 中断屏蔽寄存器(Interrupt Mask Register,EXTI_IMR),对应的位写 1 就是开放中断,写 0 就是屏蔽中断。

⑥ 事件屏蔽寄存器(Event Mask Register,EXTI_EMR),对应的位写 1 就是开放事件,写 0 就是屏蔽事件。

3. 中断通道

GPIO 引脚外部中断信号进入到 NVIC 后,分配了 7 个通道,即只有 7 个中断向量地址和 7 个中断函数,具体分配为 EXTI0～EXTI4 各自独立通道,EXTI5～EXTI9 共用一个中断通道 EXTI9_5,EXTI10～EXTI15 共用一个中断通道 EXTI15_10,具体参见表 6-2。

4. 中断机理及使用

要产生中断,必须先配置并使能中断线。根据需要的边沿检测类型设置 2 个触发寄存器,同时在中断屏蔽寄存器的相应位写 1,允许中断请求。当外部中断线上发生了期待的边沿时,将产生一个中断请求,对应的悬挂位也随之被置 1。在挂起寄存器的对应位写 1,将清除该中断请求。

如果需要产生事件,必须先配置并使能事件线。根据需要的边沿检测类型设置 2 个触发寄存器,同时在事件屏蔽寄存器的相应位写 1,允许事件请求。当事件线上发生了需要的边沿时,将产生一个事件请求脉冲,对应的挂起位不被置 1。也可以通过在软件的中断/事件寄存器中写 1,使软件产生中断/事件请求。

(1) 硬件中断使用配置流程

选择外部引脚中断源,并开放中断线的屏蔽位(EXTI_IMR),选择中断线的触发方式

(EXTI_RTSR 和 EXTI_FTSR),开放对应到 NVIC 中断通道的使能和屏蔽位。

(2) 软件中断使用配置流程

配置对应的中断/事件线屏蔽位(EXTI_IMR, EXTI_EMR),设置软件中断寄存器的请求位(EXTI_SWIER),开放对应到 NVIC 中断通道的使能和屏蔽位。

(3) 硬件事件使用配置流程

选择外部引脚事件源,配置事件线的屏蔽位(EXTI_EMR),选择事件线的触发选择方式(EXTI_RTSR 和 EXTI_FTSR)。

6.3　中断响应过程

中断处理的整个过程包括中断请求、中断响应、中断处理及中断返回 4 个步骤。

1. 中断请求

如果系统中存在多个中断源,处理器要先对当前中断的优先级进行判断。当多个中断请求同时到达时,先响应抢占优先级高的中断。若多个中断请求的抢占优先级相同,则先处理次优先级高的中断。

2. 中断响应

① 断点入栈,CPU 内部寄存器的值压入栈,包括程序计数器 PC、程序状态寄存器 PSR 等。

② 取向量,从向量表中找出对应的服务程序入口地址,见中断向量表 6－2。

③ 更新寄存器,更新堆栈指针 SP,更新程序计数器 PC,在 NVIC 中,也会更新若干个相关寄存器。例如,新响应异常的悬挂位将被清除,同时其活跃位将被置位。

3. 中断处理

主要完成中断通道状态检测、中断处理内容和中断清除。

4. 中断返回

① 出栈,恢复先前压入堆栈的寄存器的值。恢复程序计数器 PC,堆栈指针的值也恢复更新,即恢复硬件现场,继续执行原程序。

② 更新 NVIC 寄存器:伴随着异常的返回,中断对应的活动位(Active)也被硬件清除。对于外部中断,如果中断输入再次被置为有效,悬起位也将再次置位,新的中断响应序列也随之再次执行。

以外部中断 EXTI0 为例,说明中断响应过程,如图 6－6 所示。

① 程序运行在主程序中,当 EXTI0 中断源中断请求得到响应后,硬件自动入栈保护断点。

② 取中断向量 EXTI0(0x0000 0058)。

③ 根据向量表,跳转到中断入口处理函数 EXTI0_IRQHandler。

④ 执行中断处理程序。

⑤ 中断返回,通过硬件自动出栈,恢复硬件现场,继续执行原程序。

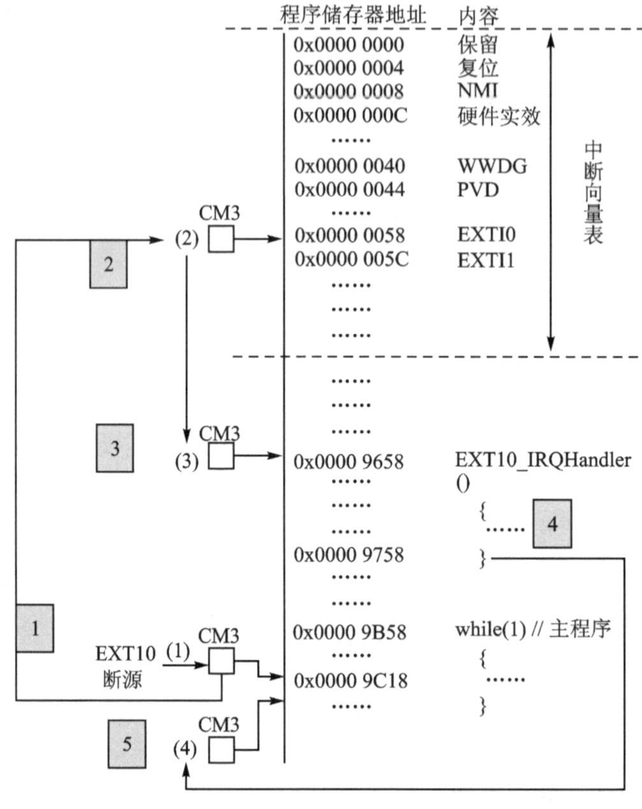

图 6-6　外部中断响应过程

6.4　HAL 库中断函数与中断处理机制

6.4.1　HAL 库常用中断函数

1. 中断函数命名规则

HAL 库对所有的函数模型进行了统一,外设中断系统包括了外设中断初始化和反初始化 Msp 回调函数、中断处理函数、中断处理完成回调函数、错误处理回调函数。

HAL 库函数对外设初始化包含 2 个层面。一是初始化与具体 MCU 无关的参数,函数命名为 HAL_xxx_Init()和 HAL_xxx_DeInit();二是初始化与具体 MCU 有关的参数,函数命名为 HAL_xxx_MspInit()和 HAL_xxx_MspDeInit(),此函数在 HAL_xxx_Init()和 HAL_xxx_DeInit()函数中被调用,故称为 Msp 回调函数。HAL 库函数采用回调方式完成外设初始化工作。xxx 为外设名称。

回调函数(Callback)是指由用户自己实现,但不是由用户调用,而是由软件框架(或者系统)调用的一类函数的统称。从某种意义上来说,中断入口也是一类回调函数,不过中断入口函数是由硬件调用的。所以为了区分中断入口函数,把由用户自定义的函数、由软件框架(或者系统)调用的函数叫做回调函数。

(1) 外设中断初始化和反初始化 Msp 回调函数

回调函数采用 HAL_xxx_MspInit()和 HAL_xxx_MspDeInit()方式命名。反初始化,是

将外设初始化为复位时的状态。这些函数已在 stm32f1xx_hal_msp.c 文件中定义。

名称中 Msp(MCU Specific Package)是指和具体 MCU 芯片相关的初始化。一般来讲是指与 GPIO、时钟、中断、DMA 有关的参数,因为这几个参数与具体 MCU 内部资源有关,不同型号的 MCU 资源有差异。另外中断初始化仅仅是 Msp 回调函数的一部分任务。

(2) HAL 库中断处理函数

HAL_xxx_IRQHandler()全局中断处理函数完成中断源判断、清除中断标志等工作。此函数已在 stm32f1xx_hal_xxx.c 文件中定义。

(3) 中断处理完成回调函数

__weak HAL_xxx_ProcessCpltCallback()中断处理完成回调函数在 HAL_xxx_IRQHandler()函数中被调用,故称为中断处理完成回调函数。用户应用层程序需要编写在回调函数里。名称中 Process 表示处理过程。此函数已在 stm32f1xx_hal_xxx.c 文件中定义。

(4) 错误处理回调函数

错误处理回调函数采用 HAL_xxx_ErrorCallback()命名方式。当外设或者 DMA 出现错误时,触发中断,该回调函数会在外设中断处理函数或者 DMA 的中断处理函数中被调用。

所有带有__weak 关键字的函数都可以由用户重新定义,如果出现了同名函数,且不带__weak 关键字,那么连接器就会采用外部实现的同名函数,以便实现中断源要求的特定功能,实例如表 6-3 所列。

表 6-3　中断相关库函数命名方式

序　号	函数命名方式	HAL 库函数实例及说明
1	HAL_xxx_Init()/_DeInit()	HAL_USART_Init(),串行异步通信初始化函数,初始化波特率、字长、校验方式等,与 MCU 无关
2	HAL_xxx_MspInit()/_MspDeInit()	HAL_USART_MspInit(),串行异步通信 Msp 回调函数,初始化 GPIO 引脚、中断等
3	HAL_xxx_IRQHandler()	HAL_ADC_IRQHandler(),ADC 转换中断处理函数
4	HAL_xxx_processCpltCallback()	HAL_USART_TxCpltCallback(),串行异步通信发送完成回调函数
5	HAL_xxx_ErrorCallback()	HAL_USART_ErrorCallback(),串行异步通信出错回调函数

2. NVIC 库函数

在 HAL 库中,与内核相关的中断函数如表 6-4 所列,使用这些函数可以完成前述的对 NVIC 寄存器的操作,完成对中断的管理。

表 6-4　HAL 内核相关中断函数

序　号	函数名字	功　能
1	HAL_NVIC_SetPriority()	设置中断优先级
2	HAL_NVIC_SetPriorityGrouping()	设置优先级分组
3	HAL_NVIC_GetPriority()	获取优先级
4	HAL_NVIC_GetPriorityGrouping()	获取优先级分组
5	HAL_NVIC_EnableIRQ()	使能中断

续表 6-4

序　号	函数名字	功　能
6	HAL_NVIC_DisableIRQ()	除能中断
7	HAL_NVIC_SystemReset()	系统复位
8	HAL_SYSTICK_IRQHandler()	系统滴答时钟中断服务函数
9	HAL_NVIC_GetPendingIRQ()	获取悬挂中断号
10	HAL_NVIC_SetPendingIRQ ()	设置中断悬挂
11	HAL_NVIC_ClearPendingIRQ()	清除中断悬挂
12	HAL_NVIC_GetActive(IRQn)	激活对应的中断
13	HAL_SYSTICK_Config()	系统滴答时钟配置
14	HAL_SYSTICK_CLKSourceConfig()	系统滴答时钟源配置
15	HAL_SYSTICK_Callback()	系统滴答时钟回调函数

例 6.1　使能外部中断 EXTI0,即开放中断。

使能中断函数的原型:void HAL_NVIC_EnableIRQ(IRQn_Type IRQn)

入口参数 IRQn 为 IRQn_Type 枚举变量,取值为相应中断的中断号,定义在 stm32F103xe.h 中。

函数调用:HAL_NVIC_EnableIRQ(EXIT0_ IRQn)。

3. 外部中断(EXTI)库函数

除了标准的 GPIO 模式(输入、输出、模拟模式),引脚可以配置为 EXTI 中断或者事件产生模式。HAL 库函数主要有 2 个。

(1) 外部中断处理函数

函数名称	HAL_GPIO_EXTI_IRQHandler
函数原型	void HAL_GPIO_EXTI_IRQHandler (uint16_t GPIO_Pin)
功能描述	作为所有 GPIO 外部中断发生后的通用处理函数
入口参数	GPIO_Pin:引脚号,取值范围为 GPIO_PIN_0～GPIO_PIN_15
返回值	无
函数说明	此函数由外部中断事件触发,硬件系统自动调用,完成如下功能: ① 清除中断标志,即清除对应悬挂位; ② 调用外部中断回调函数 HAL_GPIO_EXTI_Callback; ③ 该函数由 CubeMX 自动生成

(2) 外部中断回调函数

函数名称	HAL_GPIO_EXTI_Callback
函数原型	void HAL_GPIO_EXTI_Callback (uint16_t GPIO_Pin)
功能描述	用于处理所有 GPIO 外部中断,用户在该函数内编写实际的任务处理程序
入口参数	GPIO_Pin:引脚号,取值范围为 GPIO_PIN_0～GPIO_PIN_15

返回值	无
函数说明	① 此函数在外部中断处理函数 HAL_GPIO_EXTI_IRQHandler 中被调用； ② 函数内部需要根据引脚号判断哪个引脚产生的中断，完成所有外部中断任务处理； ③ 函数由用户根据具体的处理任务编写

6.4.2 HAL 库中断处理机制

HAL 库对中断的处理是统一规定全局中断处理函数 HAL_xxx_IRQHandler()和中断处理完成回调函数__weak HAL_xxx_Callback()，完成中断任务处理。xxx 为外设名称。

中断的处理流程如图 6-7 所示。

① 中断响应后，执行由中断向量表指向的中断入口函数 xxx_IRQHandler()，此函数已在 stm32f1xx_it.c 文件中定义。此函数触发(调用)HAL 库中断处理函数 HAL_xxx_IRQHandler()。

② 执行中断处理函数 HAL_xxx_IRQHandler()，内部完成中断标志判断和清除，并触发(调用)中断处理完成回调函数 HAL_xxx_Callback()。

③ 执行中断处理，完成回调函数 HAL_xxx_Callback()，即执行用户编写程序，最后中断返回。

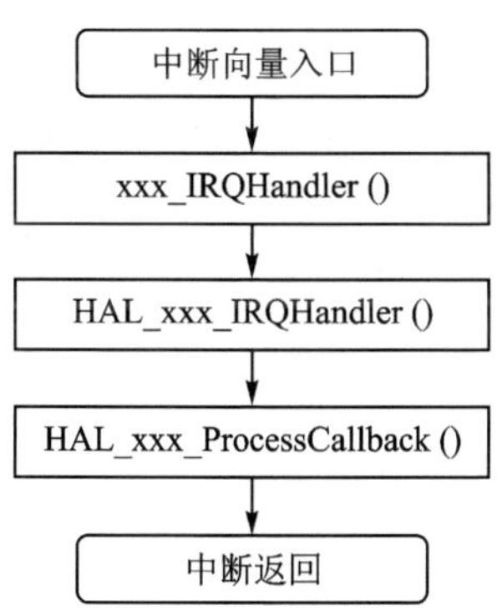

图 6-7 中断的处理流程

例 6.2 使用 GPIO 的 PA6、PA7、PC4 和 PC5 引脚 EXTI 中断。

用 STM32CubeMX 建立工程，生成程序框架，说明这 3 个函数之间的关系及中断处理过程。按前述 EXTI 中断结构，4 个引脚占用 2 个中断通道——EXTI4、EXTI9_5。

1. 启动文件及中断处理接口函数

下面通过分析中生成的 startup_stm32f103xe.s 和 stm32f1xx_it.c 文件，进一步学习中断函数使用方法。

用 STM32CubeMX 建立工程，查看生成的启动文件 startup_stm32f103xe.s，程序代码如下：

```
Stack_Size EQU 0x400
AREA STACK, NOINIT, READWRITE, ALIGN = 3
Stack_Mem SPACE Stack_Size
__initial_sp
; <h> Heap Configuration
; <o> Heap Size (in Bytes) <0x0 - 0xFFFFFFFF:8>
; </h>
Heap_Size EQU 0x200
AREA HEAP, NOINIT, READWRITE, ALIGN = 3
__heap_base
Heap_Mem SPACE Heap_Size
__heap_limit
```

```
PRESERVE8
THUMB
; Vector Table Mapped to Address 0 at Reset
AREA RESET, DATA, READONLY
EXPORT __Vectors
EXPORT __Vectors_End
EXPORT __Vectors_Size
__Vectors DCD __initial_sp ; Top of Stack
DCD Reset_Handler ; Reset Handler,给标号 Reset Handler 分配地址为 0x00000004
DCD NMI_Handler ; NMI Handler
DCD HardFault_Handler ; Hard Fault Handler
DCD MemManage_Handler ; MPU Fault Handler
DCD BusFault_Handler ; Bus Fault Handler
DCD UsageFault_Handler ; Usage Fault Handler
DCD 0 ; Reserved
DCD 0 ; Reserved
DCD 0 ; Reserved
DCD 0 ; Reserved
DCD SVC_Handler ; SVCall Handler
DCD DebugMon_Handler ; Debug Monitor Handler
DCD 0 ; Reserved
DCD PendSV_Handler ; PendSV Handler
DCD SysTick_Handler ; SysTick Handler

; External Interrupts
DCD WWDG_IRQHandler ; Window Watchdog
DCD PVD_IRQHandler ; PVD through EXTILine detect
DCD TAMPER_IRQHandler ; Tamper
DCD RTC_IRQHandler ; RTC
DCD FLASH_IRQHandler ; Flash
DCD RCC_IRQHandler ; RCC
DCD EXTI0_IRQHandler ; EXTI Line 0
DCD EXTI1_IRQHandler ; EXTI Line 1
DCD EXTI2_IRQHandler ; EXTI Line 2
DCD EXTI3_IRQHandler ; EXTI Line 3
DCD EXTI4_IRQHandler ; EXTI Line 4
⋮            ;省略
DCD EXTI9_5_IRQHandler ; EXTI Line 9..5
DCD TIM1_BRK_IRQHandler ; TIM1 Break
DCD TIM1_UP_IRQHandler ; TIM1 Update
DCD TIM1_TRG_COM_IRQHandler ; TIM1 Trigger and Commutation
DCD TIM1_CC_IRQHandler ; TIM1 Capture Compare
DCD TIM2_IRQHandler ; TIM2
DCD TIM3_IRQHandler ; TIM3
```

```
DCD TIM4_IRQHandler ; TIM4
⋮             ;省略
DCD USART1_IRQHandler ; USART1
DCD USART2_IRQHandler ; USART2
DCD USART3_IRQHandler ; USART3
DCD EXTI15_10_IRQHandler ; EXTI Line 15..10
⋮             ;省略
DCD TIM6_IRQHandler ; TIM6
DCD TIM7_IRQHandler ; TIM7
DCD DMA2_Channel1_IRQHandler ; DMA2 Channel1
DCD DMA2_Channel2_IRQHandler ; DMA2 Channel2
DCD DMA2_Channel3_IRQHandler ; DMA2 Channel3
DCD DMA2_Channel4_5_IRQHandler ; DMA2 Channel4 & Channel5
__Vectors_End
__Vectors_Size EQU __Vectors_End - __Vectors
AREA |.text|, CODE, READONLY
; Reset handler
Reset_Handler PROC                        ;伪指令,复位子程序的开始
EXPORT Reset_Handler [WEAK]               ;伪操作,其他文件中的代码能访问当前文件中的符号
IMPORT __main                             ;伪操作,声明一个符号是在其他源文件中的定义
IMPORT SystemInit
LDR R0, = SystemInit;                     ;取 C 语言程序中系统初始化函数地址
BLX R0                                    ;跳转执行初始化函数
LDR R0, = __main                          ;取 C 语言程序中 main 函数地址
BX R0                                     ;跳转执行 main 函数
ENDP                                      ;伪指令,复位子程序结束
; Dummy Exception Handlers (infinite loops which can be modified)
NMI_Handler PROC
EXPORT NMI_Handler [WEAK]
B .
ENDP
HardFault_Handler PROC
EXPORT HardFault_Handler [WEAK]
B .
ENDP
⋮             ;省略
PendSV_Handler PROC
EXPORT PendSV_Handler [WEAK]
B .
ENDP
SysTick_Handler PROC                      ;伪指令,系统滴答定时器中断程序的开始
EXPORT SysTick_Handler [WEAK]             ;伪操作,其他文件中的代码能访问当前文件中的符号
B .                                       ;当前地址跳转,死循环
ENDP                                      ;伪指令,系统滴答定时器子程序结束
```

以上是一部分 ARM 汇编语言代码,DCD 指令用于分配一个字存储单元(32 bit),并将表

达式的值初始化给该存储单元,比如 DCD 0 的意思是:分配一个字存储单元,并将该单元初始化为 0。

代码的一开始定义了堆和栈大小,然后定义了中断向量表,中断向量表的第一个是复位中断向量 Reset_Handler(程序第 61 行),在汇编语言和 C 语言中函数实际是一个指向对应函数的第一个指令的地址,145 行为 Reset_Handler 复位子程序,把该函数声明为[WEAK]函数,即遇到同名函数时候,编译器将用非弱函数代替弱函数。紧接着是执行系统初始化子程序,最后跳转到 main 函数执行,这个就是启动过程。

在第 75 行定义系统滴答定时器 SysTick_Handler 中断向量。若发生中断,则程序执行 189 行子程序,即执行 C 语言程序中的 SysTick_Handler()函数。

第 88 行和 101 行分别定义了 EXTI4_IRQHandler 和 EXTI9_5_IRQHandler 中断向量,由于 EXTI 中断属于内核外部中断,对应的中断入口函数放到了 Stm32f1xx_it. c 文件中。

查看 Stm32f1xx_it. c 文件,文件中生成 EXTI 中断入口函数(非弱函数,可取代启动程序定义的弱函数)。

```
//外部中断输入线 4(EXTI4)中断入口函数
void EXTI4_IRQHandler(void)
{
    HAL_GPIO_EXTI_IRQHandler(GPIO_PIN_4);
}
//外部中断输入线 5~9(EXTI9_5)中断入口函数
void EXTI9_5_IRQHandler(void)
{
    HAL_GPIO_EXTI_IRQHandler(GPIO_PIN_5);
    HAL_GPIO_EXTI_IRQHandler(GPIO_PIN_6);
    HAL_GPIO_EXTI_IRQHandler(GPIO_PIN_7);
}
```

按照 EXTI 中断通道的 I/O 映射,有 2 个中断入口函数,其中 PA5、PC6、PC7 复用一个中断入口函数。可以看到,函数内部触发 HAL 库的中断处理函数 HAL_GPIO_EXTI_IRQHandler。函数入口实参为 GPIO 引脚号。

2. HAL 库中断处理函数和中断回调函数

查看 Stm32f1xx_hal_gpio. c 文件。

```
/*  * 外部中断 EXTI 处理函数
    * 入口参数 GPIO_Pin:中断线连接的 GPIO 引脚
    * 返回值:无 */
void HAL_GPIO_EXTI_IRQHandler(uint16_t GPIO_Pin)
{
/* 中断检测 */
    if (__HAL_GPIO_EXTI_GET_IT(GPIO_Pin) != 0x00u)
    {
    __HAL_GPIO_EXTI_CLEAR_IT(GPIO_Pin);     //清除中断标志,即清除对应悬挂位
    HAL_GPIO_EXTI_Callback(GPIO_Pin);       //外部中断回调函数
    }
}
```

```
/* * 外部中断回调函数
   * 入口参数 GPIO_Pin:中断线连接的 GPIO 引脚
   * 返回值:无 */
__weak void HAL_GPIO_EXTI_Callback(uint16_t GPIO_Pin)
    {
    /* 防止未使用参数编译时警告 */
       UNUSED(GPIO_Pin);
    /* 注意:当使用回调函数时,此函数不要修改,HAL_GPIO_EXIT_Callback 可在用户程序中执行 */
    }
```

程序中“__HAL_GPIO_EXTI_CLEAR_IT(GPIO_Pin);”在 Stm32f1xx_hal_gpio.h 文件中定义,为带参数的宏定义。

```
/* * 清除中断悬挂位
   * 入口参数__EXTI_LINE__:指定的中断输入线悬挂位清 0,参数取值 GPIO_PIN_x,x 取值 0,
                        1,...,15
   * 返回值:无 */
#define __HAL_GPIO_EXTI_CLEAR_IT(__EXTI_LINE__) (EXTI->PR = (__EXTI_LINE__))
```

EXTI 为 EXTI 寄存器结构体指针,PR 为悬挂寄存器。悬挂寄存器相应位写 1,即清 0,清除中断标志。

HAL_GPIO_EXTI_IRQHandler()函数调用了中断回调函数 HAL_GPIO_EXTI_Callback(),该函数定义为一个弱函数(__weak 是控制编译器编译行为的一个宏,当两个函数同名时,不带__weak 声明的函数将被编译链接),带__weak 声明的函数为空函数,所以可以覆盖,因此最好的使用方式是在自己的程序文件中重定义回调函数 HAL_GPIO_EXTI_Callback()来实现中断任务。

回调(Callback)函数是弱函数,因此对于此类中断可以采用覆盖回调(Callback)函数方法。

```
void  HAL_GPIO_EXTI_Callback(GPIO_Pin)
{
    //填写用户代码,具体见 6.5.2 小节
}
```

6.5 中断、外部中断应用

6.5.1 中断编程步骤

一般中断使用流程可以分为以下几个步骤。

① 设置中断触发条件,如果是 EXTI 外部中断,设置 IO 口与中断线的映射关系及触发模式等。

② 配置中断优先级,根据需要对中断优先级进行分组,确定中断的抢占优先级和次优先级。

③ 使能中断。

以上 3 步,用 STM32CubeMX 建立工程完成初始化。

④ 清除中断标志,HAL 库中断处理函数 HAL_xxx_IRQHandler()自动完成,用户可以不考虑。

⑤ 编写中断回调函数。如果中断触发源复用 1 个中断通道,需要在中断回调函数里进一步判断触发源后再做处理。具体参见 6.5.2 小节。

6.5.2 中断应用举例

以按键点亮 LED 为例说明外部中断使用方法。

例 6.3 外部 GPIO 引脚 PA6、PA7、PC4 和 PC5 接入 4 个按键,按键电路见图 5-7;LED 灯由 PA3、PA4 驱动,低电平有效;LED 数码显示电路见图 5-4。实现如下任务:两个按键 PC4、PC5 分别实现加 1 和减 1 功能,计数采用一个 8 位无符号表示,送 LED 数码显示;两个按键 PA6、PA7 分别实现 LED 灯翻转。

实现:使用 GPIO 的引脚外部中断方式,执行按键识别任务,4 个按键占用中断通道 EXTI4、EXTI9_5。显示任务后台执行,程序放在主函数无限循环体内。

下面以 CubeMX 初始化代码生成工具为例详细说明中断的使用方法。

(1) 引脚配置

如图 6-8 所示,在芯片引脚图中分别选择引脚 PA6、PA7、PC4 和 PC5,分别选择 GPIO_EXTI6、GPIO_EXTI7、GPIO_EXTI4、GPIO_EXTI5,并将其配置为外部中断线;选择左侧导航栏 System Core 分类中的 GPIO,在 GPIO 列表栏目中,将上述引脚的 GPIO 模式设置为下降沿触发的外部中断模式(External Interrupt Mode with Falling edge trigger detection)。

图 6-8 引脚配置

(2) NVIC 配置

如图 6-9 所示,选择 System Core 分类中的 NVIC,配置中断优先级分组,对 2 个中断通道使能中断请求，并设置抢占优先级和次优先级。在这里设置中断优先级分组（Priority Group）为 2，即有 2 位抢占式优先级和 2 位次优先级；EXTI4、EXTI9_5 的抢占式优先级均为 1，次优先级均为 0。

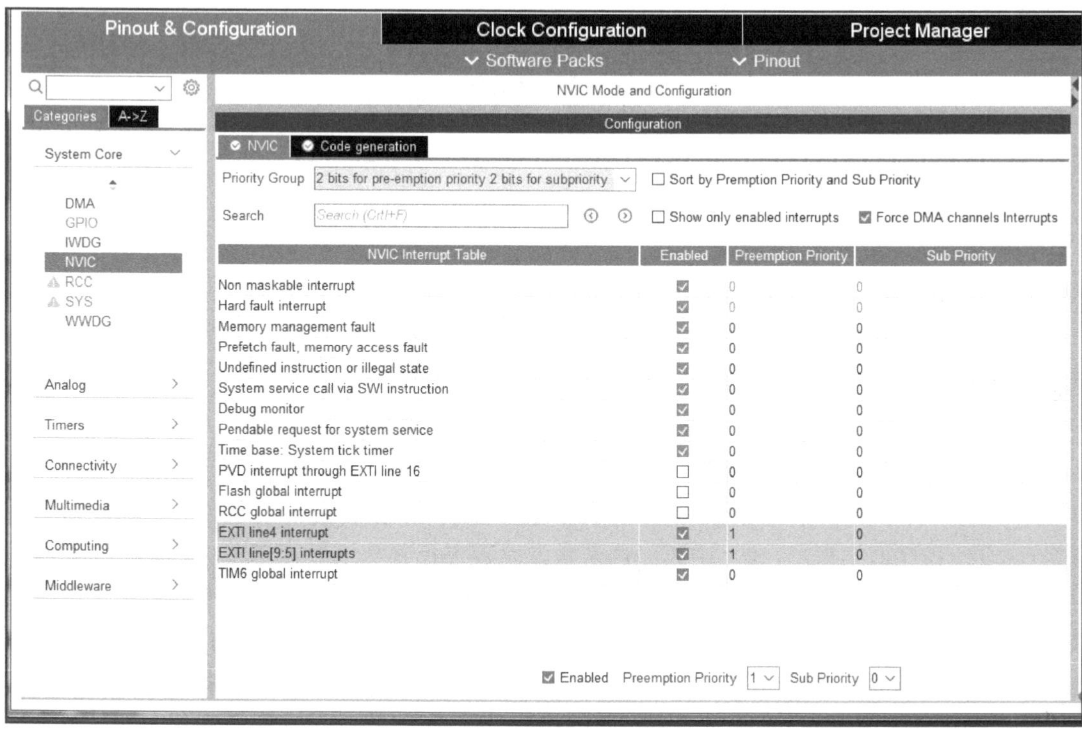

图 6－9　优先级设置

（3）编写中断回调函数

中断回调函数根据任务都需要重新编写。函数可以放在 main.c 文件中。由于任务在中断中执行，故称之为前台程序。

```
uint8_t DisData;                                    //定义全局变量,存放显示数据
void HAL_GPIO_EXTI_Callback(uint16_t GPIO_Pin)
{
    if(GPIO_Pin == GPIO_PIN_4)                      //判断是否为 PC4 引脚
        {
        DisData ++ ;                                //数据加 1
        }
    if(GPIO_Pin == GPIO_PIN_5)                      //判断是否为 PC5 引脚
        {
        DisData -- ;                                //数据减 1
        }
    if(GPIO_Pin == GPIO_PIN_6)                      //判断是否为 PA6 引脚
        {
        HAL_GPIO_TogglePin (GPIOA, GPIO_PIN_3);     //PA3 输出翻转
        }
    if(GPIO_Pin == GPIO_PIN_7)                      //判断是否为 PA7 引脚
        {
        HAL_GPIO_TogglePin (GPIOA, GPIO_PIN_4);     //PA4 输出翻转
        }
}
```

(4) 显示任务后台执行,在主函数循环体中调用显示函数显示数据。

```
while(1)
{DisplayDigtal(DisData);}      //调用显示函数,见 5.1 节
```

本章习题

1. 试述中断与查询方式的区别?

2. 中断入口函数和中断处理函数有什么区别,中断处理函数的使用方式有哪些?请举例说明。

3. 什么是回调函数,回调函数与中断入口函数有何区别?

4. 中断优先级管理方式是什么,如何分组?

5. 中断使用的基本流程是什么,请举例说明?

6. 设计外部信号计数电路及程序。计数值在数码管中显示。

7. 利用按键中断控制跑马灯启停程序。

8. 利用四个按键的外部中断功能实现跑马灯的四种工作模式切换(如方向变换、闪烁方式等)。设计程序框架框图,编写中断回调函数及主程序循环体函数调用程序,完成上述功能。

9. 在某一电机控制器应用系统中,须使用以下中断:定时器 1 中断,用于电机的电流环控制,对实时性要求非常高;串口中断,用于控制器的远程控制,要求响应及时;ADC 采样中断,用于电机过热保护,要求在温度超限时能够做出动作,实时性要求不高。请根据表 6-1,选择合适的中断优先级配置参数(上述三个中断的中断分组选择、抢占优先级和次优先级),并简述这样设置的原因。

10. STM32 中使能了某外设中断,若在程序中未给出该外设对应的中断处理函数,系统会怎样?

11. 在使用 CubeMX 生成的 Keil 程序框架时,已经有一个中断回调函数__weak void HAL_GPIO_EXTI_Callback(uint16_t GPIO_Pin),为什么还需要再编写一个中断回调函数。最终程序运行是会执行哪一个回调函数?

12. 某一控制应用系统中,须使用以下中断

中断名	抢占优先级	次优先级
A	0	3
B	1	2
C	1	1

试回答以下问题:

① 当 B 正在进行中断处理函数响应时,发生 A 中断,中断系统如何响应?

② 当 B 正在进行中断处理函数响应时,发生 C 中断,中断系统如何响应?

③ 当 A 正在进行中断处理函数响应时,同时发生 B、C 中断,中断系统如何响应?

④ 当 B、C 同时发生中断时,中断系统如何响应?

⑤ 当 A、C 同时发生中断时,中断系统如何响应?

第7章　定时器原理及应用

本章主要内容:STM32的定时器及其结构,基本定时功能,PWM输出、输入捕获功能及常用HAL库函数。

本章案例:Systick定时器基本应用,基本定时功能应用,PWM输出和输入捕获应用设计案例。

7.1　定时器概述

计数器是对外部脉冲信号计数的电路,如对MCU的I/O引脚所引入的外部脉冲信号计数。定时器是计数器对周期固定的脉冲计数,故也称之为定时计数器。脉冲一般由MCU内部提供,周期非常准确。因此定时器和计数器本质上都是计数器,定时器是计数器的一种特例。

定时功能在检测、控制系统中应用极为广泛,比如测控系统需要定时采集各路数据,定时进行数据通信;信号发生器可以输出频率、占空比可变波形及频率和数量可控的脉冲;交流电机控制需要PWM波形信号驱动;测量仪表可以测量输入信号的频率、宽度,脉冲计数等。任何一个稍复杂的系统都需要使用定时功能。

STM32中定时器资源丰富,STM32F103系列产品都具有1个Systick定时器及8个常规定时器。常规定时器包括基本定时器、通用定时器和高级定时器三种类型,其中基本定时器2个、通用定时器4个、高级定时器2个。所有定时器都是彼此独立的,不共享任何资源。

7.2　SysTick定时器

SysTick定时器又称系统滴答定时器,是一个24 bit的向下递减的计数器,属于CM3内核中的一个外设,内嵌在NVIC中。因此,所有基于CM3内核的微控制器都具有这个系统定时器,使得程序在CM3微控制器中可以直接移植。SysTick定时器一般用于产生时基,维持操作系统的心跳。

7.2.1　SysTick定时器结构

SysTick定时器功能框图如图7-1所示,该定时器共包含4个24位寄存器,分别为控制/状态寄存器(STK_CTRL)、自动重载寄存器(STK_LOAD)、计数器(STK_VAL)和校准值寄存器(STK_CALIB)。

控制/状态寄存器可以控制定时器的工作模式并指示其工作状态;计数器对输入的时钟脉冲进行递减计数;自动重装载寄存器保存计数器的计数初值。每个计数周期开始前,计数初值装载到计数器,然后在输入时钟脉冲的作用下进行递减计数,当计数值递减至0时,系统定时器就产生一次中断,如此循环往复。

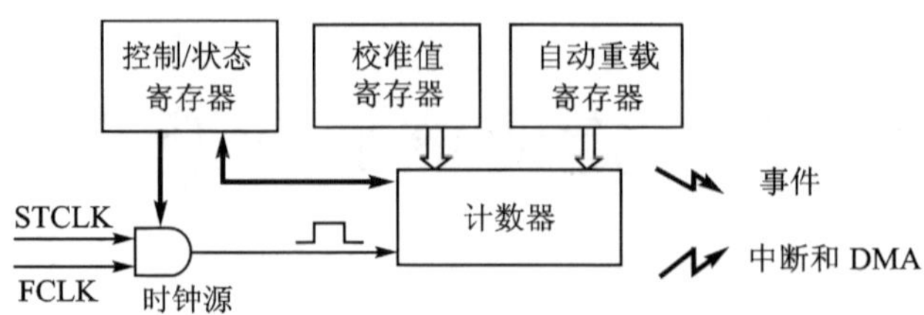

图 7-1　SysTick 定时器功能框图

计数器有两个可选的计数时钟源:外部时钟源(STCLK=HCKL/8)和内核时钟源(FCLK=HCLK),可通过对控制/状态寄存器设置来选择。

校准值寄存器设置为 9 000,当系统时钟频率为 9M(HCLK/8)时,用于产生一个 1 ms 的参考时基。该寄存器很少使用。

7.2.2　Systick 定时器工作机制

SysTick 定时器的计数器是向下递减计数的,时钟为 FCLK,则计数一次的时间为 1/FCLK,当计数值 VAL 从重装载寄存器的值 V_{LOAD} 减到 0 时,产生中断,由此可以推算出中断周期为

$$T=(V_{LOAD}+1)*(1/FCLK) \tag{7-1}$$

其中,FCLK=72 MHz。如果设置重装载值 V_{LOAD} 为 72 000−1,则中断一次的时间为

$$T=72\ 000*\frac{1}{72\ \text{MHz}}=1\ \text{ms} \tag{7-2}$$

使用 CubeMX 配置工程时,默认配置为 SysTick 定时器中断开放,中断周期为 1 ms。中断处理函数执行全局变量 uwTick 加 1 功能。

因此全局变量 uwTick 为系统 ms 级实时时钟。使用库函数 uint32_t HAL_GetTick(void)可获取系统时钟当前值。

7.2.3　Systick 定时器常用 HAL 库函数

1. 获取系统滴答定时器当前值函数

函数名称	HAL_GetTick
函数原型	__weak uint32_t HAL_GetTick (void)
函数描述	该函数实现读取系统时钟当前值,即全局变量 uwTick 当前值
入口参数	无
返回值	uwTick,系统时钟当前值,单位为 ms
函数实例	HAL_GetTick( );
函数说明	库函数代码: __weak uint32_t HAL_GetTick(void) {　return uwTick;}

2. 延时函数

函数名称	HAL_Delay

<table>
<tr><td>函数原型</td><td>void HAL_Delay (__IO uint32_t Delay)</td></tr>
<tr><td>函数描述</td><td>实现以 ms 为单位的延时</td></tr>
<tr><td>入口参数</td><td>Delay:以 ms 为单位的延时时间</td></tr>
<tr><td>返回值</td><td>无</td></tr>
<tr><td>函数实例</td><td>HAL_Delay (10);延时 10 ms</td></tr>
<tr><td>函数说明</td><td>库函数代码:
<pre>
#define HAL_MAX_DELAY   0xFFFFFFFFU
__weak void HAL_Delay(uint32_t Delay)
{
    uint32_t tickstart = HAL_GetTick();
                                         //取滴答定时器时钟当前值,以此作为计时初值
    uint32_t wait = Delay;   //入口参数赋值变量
    /* Add a freq to guarantee minimum wait */
    if (wait < HAL_MAX_DELAY)
    {   wait += (uint32_t)(uwTickFreq); }   //uwTickFreq 为常数,默认为 1(kHz)
    while ((HAL_GetTick() - tickstart) < wait)
                                  //取时钟当前值 - 计时初值,若小于入口延时时间,则等待
    { }
}
</pre>
这是一种阻塞(Blocking)模式的延时方法,阻塞是长期占用 CPU 资源。该函数执行后,只有到达延时时间后才能退出。执行期间,CPU 处于等待状态,这样会影响后续要求快速响应任务执行的实时性</td></tr>
</table>

3. 系统滴答定时器中断处理函数

<table>
<tr><td>函数名称</td><td>SysTick_Handler</td></tr>
<tr><td>函数原型</td><td>void SysTick_Handler(void)</td></tr>
<tr><td>函数描述</td><td>SysTick 定时中断处理函数,系统默认 1 ms 中断 1 次</td></tr>
<tr><td>入口参数</td><td>无</td></tr>
<tr><td>返回值</td><td>无</td></tr>
<tr><td>函数实例</td><td>SysTick_Handler( );</td></tr>
<tr><td>函数说明</td><td>不需要用户调用。库函数执行固有任务 HAL_IncTick(),库函数代码为
<pre>
void SysTick_Handler(void)
{   HAL_IncTick();   }
__weak void HAL_IncTick(void)   //系统默认,全局变量 uwTick + 1
{   uwTick += uwTickFreq;}
</pre></td></tr>
</table>

7.2.4 SysTick 定时器应用

例 7.1 使用 SysTick 定时功能,实现 PA4 引脚的 LED 灯亮 1 s,灭 1 s,如此循环。LED 灯点亮低电平有效。

任务分析:使用 HAL_Delay 函数。

函数设计:

```
void Led4Flash(void)
{
    HAL_GPIO_TogglePin(GPIOA,GPIO_PIN_4);      //PA4 电平翻转
    HAL_Delay(1000);                           //延时 1 000 ms
}
```

采用阻塞模式延时,CPU 一直处于等待状态,会影响其他任务的执行,因此不能采用长延时。

7.3 常规定时器

STM32F1 系列中,除互联型的产品外,共有 8 个常规定时器,其中基本定时器有 2 个,通用定时器有 4 个,高级定时器有 2 个。所有定时器都是彼此独立的,不共享任何资源。

表 7-1 所列为基本定时器、通用定时器和高级定时器的功能对比,基本定时器 TIM6 和 TIM7 只有定时计数功能,计数只是单方向向上,也称之为时基定时器。通用定时器 TIM2/3/4/5 在时基定时器的基础上增加了捕获比较等功能;高级定时器 TIM1/8 在通用定时器的基础上,增加了死区插入和刹车功能,可用于三相电机的控制。

TIM1、TIM8 的时钟由 APB2 提供,TIM2~TIM7 的时钟由 APB1 提供,最大均为 72 MHz。

表 7-1 常规定时器的分类及其功能对比

主要功能	基本定时器(TIM6/7)	通用定时器(TIM2/3/4/5)	高级定时器(TIM1/8)
内部时钟源(最大 72 MHz)	APB1 总线时钟	APB1 总线时钟	APB2 总线时钟
带 16 位分频的计数单元	●	●	●
更新中断和 DMA	●	●	●
计数方向	向上	向上、向下、双向	向上、向下、双向
重复计数单元	○	○	●
外部事件计数	○	●	●
其他定时器触发或级联	○	●	●
4 个独立输入捕获/输出比较通道	○	●	●
单脉冲输出方式	○	●	●
正交编码器输入	○	●	●
霍耳传感器输入	○	●	●
输出比较信号死区产生	○	○	●
刹车信号输入	○	○	●

7.3.1　基本定时器

基本定时器主要有两个功能:① 基本定时功能,生成时基;② 专门用于驱动数模转换器(DAC)。

STM32F103RCT6 中有两个基本定时器:TIM6 和 TIM7,二者功能完全一样,但所用资源彼此完全独立,故可以同时使用。TIM6 和 TIM7 均为 16 位向上递增的定时器。在本章内容中,TIMx 统称基本定时器。

1. 基本定时器的结构

基本定时器的结构如图 7-2 所示,包括三部分:时钟源、控制器和时基单元。

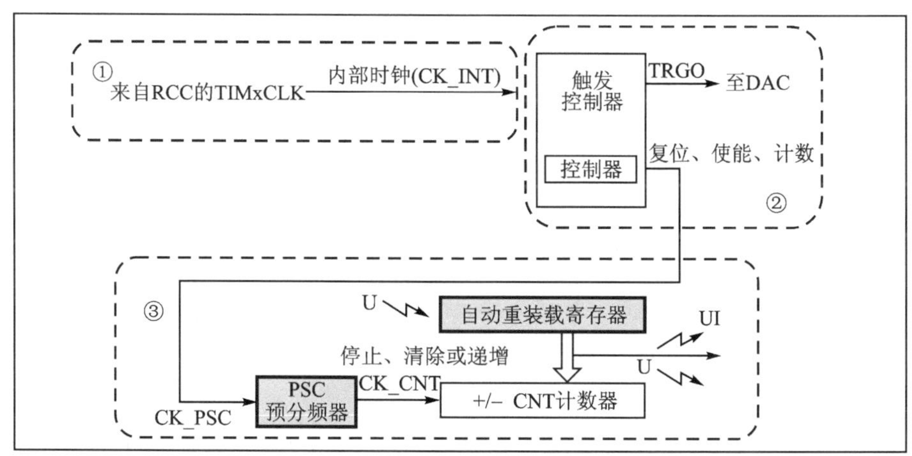

图 7-2　基本定时器的功能框图

(1) 时钟源

基本定时器是 APB1 外设,时钟来源为 APB1 总线时钟。基本定时器的时钟即内部时钟 CK_INT,来自 72 MHz 的 HCLK 时钟经 APB1 预分频器,再倍频后的输出 TIMxCLK,最大为 72 MHz。

(2) 控制器

控制器控制定时器的复位、使能、计数,这些功能为控制器的基础功能。基本定时器还专门用于 DAC 转换触发。

当 TIM6 和 TIM7 控制寄存器 1(TIMx_CR1)的使能位 CEN 位置 1 时,基本定时器启动,内部时钟 CK_INT 送至定时器。

(3) 时基单元

时基单元包含三部分:计数器寄存器(CNT)、预分频寄存器(PSC) 和自动重装载寄存器(ARR) 。预分频寄存器(PSC)和自动重装载寄存器(ARR)都是带有阴影的方框,阴影表示这个寄存器还自带影子寄存器,在硬件结构上实际是有两个寄存器,即源寄存器和影子寄存器。源寄存器是可以直接进行读写操作的,而影子寄存器由内部硬件使用,是直接参与定时过程的寄存器,无法直接操作。通过程序设置,可以令写入源寄存器的值立即保存到影子寄存器,或是在事件发生时写入影子寄存器。

1) 预分频寄存器(PSC)

预分频寄存器(PSC)可将时钟源分频。输入时钟 CK_PSC 来源于控制器部分,选择内部时钟源 CK_PSC 实际等于 CK_INT。经过预分频寄存器分频之后,为计数器提供计数时钟 CK_CNT。预分频寄存器为 16 位,取值为 0～65 535,分频系数为 1～65 536。分频后的频率为

$$f_{CK\_CNT}=\frac{f_{CK\_PSC}}{PSC+1} \tag{7-1}$$

因为预分频寄存器具有影子寄存器,所以可以在运行过程中改变它的数值,新的预分频数值将在下一个更新事件时起作用。

2) 计数器寄存器(CNT)

在定时器使能(CEN 置 1) 时,计数器寄存器根据 CK_CNT 频率向上计数,即每来一个 CK_CNT 脉冲,CNT 值就加 1。当 CNT 值与 ARR 的设定值相等时就自动生成更新事件(UEV),该事件称之为上溢事件,同时 CNT 自动清 0,然后自动重新开始计数,如此反复,实现周期计时功能。计数器计数时序如图 7-3 所示。产生上溢更新事件时,还可以触发 DMA 或中断(需要使能 DMA 和中断),另外通过软件设置 TIMx_EGR 寄存器的 UG 位也可以产生更新事件。

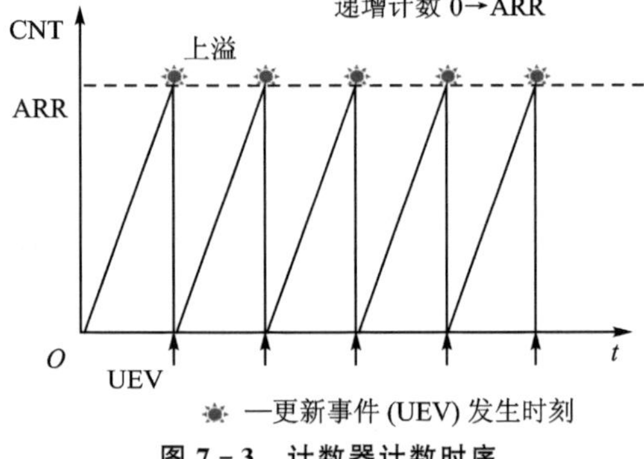

图 7-3　计数器计数时序

3) 自动重载寄存器(ARR)

自动重载寄存器存放的是计数溢出值,该寄存器具有影子寄存器,当定时器产生上溢更新事件时,ARR 值可以重装载。

2. 定时器周期计算

向上计数方式下,当 CNT 值从 0 递增到 ARR 时,CNT 溢出并自动清 0,然后重新开始计数。因此定时周期为

$$T=\frac{1}{f_{CK\_CNT}}*(ARR+1) \tag{7-2}$$

将式(7-1)代入式(7-2),故定时周期为

$$T=\frac{(PSC+1)*(ARR+1)}{f_{CK\_PSC}} \tag{7-3}$$

定时周期由 PSC 和 ARR 两个寄存器值决定,参数配置时,可以先确定分频系数,使分频后为整数频率。例如时钟源为 72 MHz,按 72 的整数倍进行分频,如 72 或 720,分频系数越大,则定时时间越长。

3. 与基本定时器相关的寄存器

与基本定时器相关的寄存器共有 8 个,均为 16 位的寄存器,寄存器及其各位的定义,如表 7-2 所列。

表 7-2　基本定时器相关寄存器汇总表

序　号	寄存器	名　称	功能描述
1	TIMx_CR1	控制寄存器 1	定时器的使能控制及工作模式控制

续表 7-2

序　号	寄存器	名　称	功能描述
2	TIMx_CR2	控制寄存器 2	定时器主模式选择
3	TIMx_DIER	中断使能控制器	DMA/中断使能控制
4	TIMx_SR	状态寄存器	更新中断标志
5	TIMx_EGR	事件产生寄存器	指示产生更新事件
6	TIMx_CNT	计数器	保存计数当前值
7	TIMx_PSC	预分频器	保存预分频数值
8	TIMx_ARR	自动重载寄存器	保存自动重装载数值

(1) 基本定时器常用的控制位

基本定时器常用的控制位的定义及功能说明见表 7-3。

表 7-3　基本定时器常用的控制位的定义及功能说明

位	定义及功能说明
TIMx_CR1 位 7	ARPE:自动重装载预装载使能(Auto-reload Preload Enable) 0:TIMx_ARR 寄存器没有缓冲 1:TIMx_ARR 寄存器具有缓冲
TIMx_CR1 位 2	URS:更新请求源(Update Request Source),该位由软件设置和清除,以选择 UEV 事件的请求源 0:如果使能了中断或 DMA,以下任一事件可以产生一个更新中断或 DMA 请求:计数器上溢或下溢;设置 UG 位;通过从模式控制器产生的更新 1:如果使能了中断或 DMA,只有计数器上溢或下溢可以产生更新中断或 DMA 请求
TIMx_CR1 位 1	UDIS:禁止更新(Update Disable),该位由软件设置和清除,以使能或禁止 UEV 事件的产生 0:UEV 使能。更新事件(UEV)可以由下列事件产生:计数器上溢或下溢;设置 UG 位;通过从模式控制器产生的更新,产生更新事件后,带缓冲的寄存器被加载为预加载数值 1:禁止 UEV。不产生更新事件(UEV),影子寄存器保持它的内容(ARR、PSC)。但是如果设置了 UG 位或从模式控制器产生了一个硬件复位,则计数器和预分频器将被重新初始化
TIMx_CR1 位 0	CEN:计数器使能(Counter Enable) 0:关闭计数器 1:使能计数器 注:门控模式只能在软件已经设置了 CEN 位时有效,而触发模式可以自动地由硬件设置 CEN 位。在单脉冲模式下,当产生更新事件时 CEN 被自动清除
TIMx_DIER 位 8	UDE:更新 DMA 请求使能(Update DMA Request Enable) 0:禁止更新 DMA 请求 1:使能更新 DMA 请求 TIMx_DIER
TIMx_DIER 位 0	UIE:更新中断使能(Update Interrupt Enable) 0:禁止更新中断 1:使能更新中断
TIMx_EGR 位 0	UG:产生更新事件(Update Generation),该位由软件设置,由硬件自动清除 0:无作用 1:重新初始化定时器的计数器,并产生对寄存器的更新。注意:预分频器也被清除(但预分频系数不变)

(2) 基本定时器常用的状态位

基本定时器常用的状态位的定义及功能说明见表7-4。

表7-4　基本定时器常用的状态位的定义及功能说明

位	定义及功能说明
TIMx_SR位0	UIF:更新中断标志(Update Interrupt Flag),硬件在更新中断时设置该位,由软件清除 0:没有产生更新 1:产生了更新中断。下述情况下由硬件设置该位: • 计数器产生上溢或下溢,并且TIMx_CR1中的UDIS=0; • 如果TIMx_CR1中的URS=0并且UDIS=0,当使用TIMx_EGR寄存器的UG位重新初始化计数器CNT时

7.3.2　通用定时器和高级定时器

通用定时器(TIM2～TIM5)和高级定时器(TIM1和TIM8)在基本定时器的基础上增加了如下功能:

① 引入了外部引脚,具有外部计数、输入捕获和输出比较功能。

② 时基单元:可向上/向下/双向计数。时钟源有多种,可选内部、外部时钟。

③ 高级定时器还增加了可编程死区互补输出、重复计数器、刹车(断路)功能,可应用于工业电机控制。

通用定时器的结构如图7-4所示,分为四个部分:时钟源、控制器、时基单元和比较/捕获通道。

1. 时钟源

时钟源的选择决定了定时器的工作模式和应用场合。定时器工作模式有4种,分别为定时模式、外部时钟源模式1、外部时钟源模式2和内部触发输入模式。

(1) 内部时钟源(CK_INT)

当选择内部时钟源时,定时器工作于基本定时模式,其内部时钟CK_INT来源与基本定时器来源相同,一般为72 MHz。

(2) 外部时钟源模式1

在外部时钟源模式1下,时钟脉冲由外部捕获引脚TIMx_CH1/2/3/4输入,计数器可以在选定输入端的每个上升沿或下降沿计数。该模式可用于测量信号频率和脉宽等信号。

输入信号TIx(x=1,2,3,4)即来自TIMx_CH1/2/3/4引脚。经过滤波、边沿检测后成为触发源。触发源分为2路输出,一路是TI1FP1和TI2FP2信号,分别连接捕获通道IC1和IC2,用于信号脉宽或频率捕获;另一路是TI1F_ED信号,连接TRGI引脚和从模式控制器,进而控制计数器的工作。

(3) 外部时钟源模式2

外部时钟源模式2为外部计数工作模式。计数器能够对外部引脚的每一个上升沿或下降沿计数,也可以通过设置对外部触发信号分频之后计数。

时钟脉冲信号由芯片ETR引脚输入,经过降频、滤波等环节后,连接到ETRF端,成为外部时钟模式2的输入,由控制电路连接到CK_PSC,驱动计数器CNT计数。

(4) 内部触发输入(ITRx)

定时器属于级联工作模式。一个定时器作为另一个定时器的预分频器,硬件上高级控制

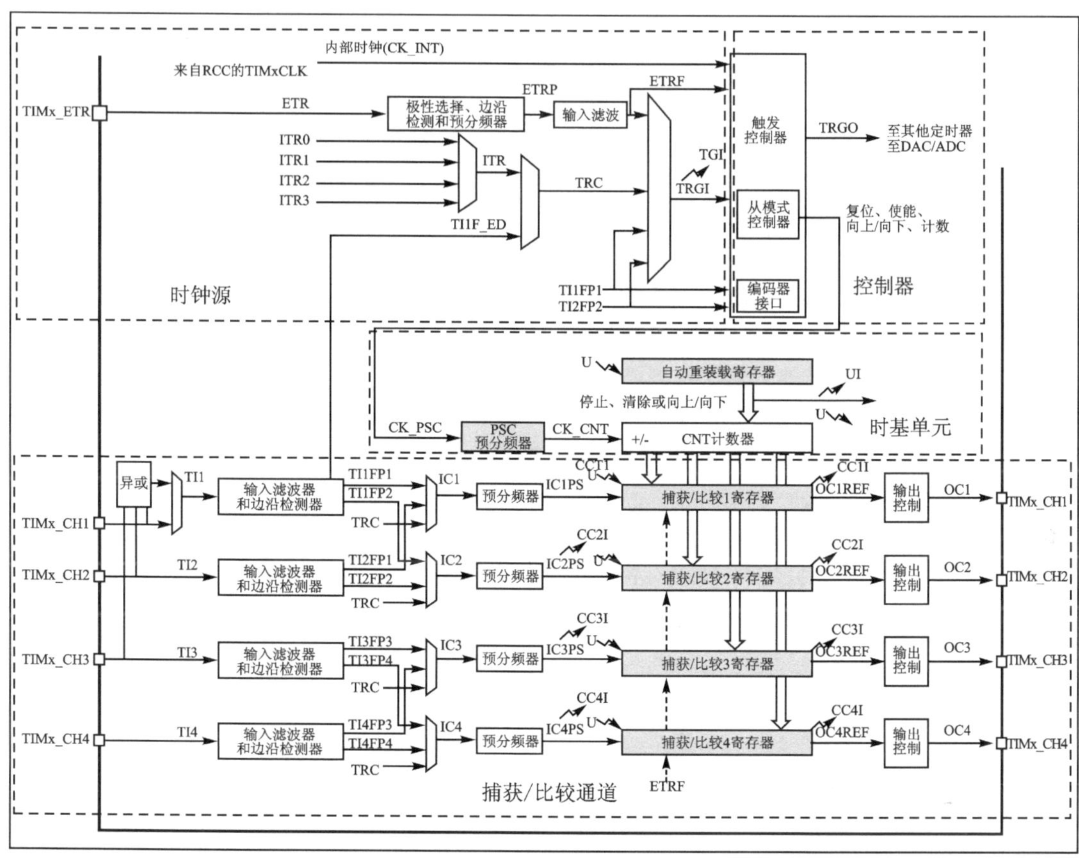

注：Reg —根据控制位的设定，在U事件时传送预加载寄存器的内容至工作寄存器；

—事件；

—中断和DMA输出。

图 7-4　通用定时器结构

定时器和通用定时器在内部连接在一起，可以实现定时器同步或级联。主模式的定时器可以对从模式定时器执行复位、启动、停止或提供时钟。如可以配置定时器 1 作为定时器 2 的预分频器，如图 7-5 所示，此时定时器 1 完成一个计数周期，定时器 2 计数一次。

2. 控制器

控制器控制定时器的工作模式、是否产生中断等。通用定时器的控制器部分包括触发控制器、从模式控制器以及编码器接口。触发控制器用来针对片内外设输出触发信号，比如为其他定时器提供时钟和触发 DAC/ADC 转换。编码器接口专门针对编码器计数而设计。从模式控制器可以控制计数器复位、启动、向上/向下计数。

3. 时基单元

通用定时器的时基单元的结构与基本定时器基本相同，区别仅在于基本定时器只可以向上计数，而通用定时器有三种计数模式，分别为向上计数、向下计数和双向计数（中心对齐模式）。三种计数模式对比如图 7-6 所示。

(1) 向上计数模式

通用定时器在向上计数模式与基本定时器相同。启动定时器后，计数器从 0 开始计数，每来一个 CK_CNT 脉冲计数器就增加 1，直到计数器的值与自动重载寄存器 ARR 的值相等，

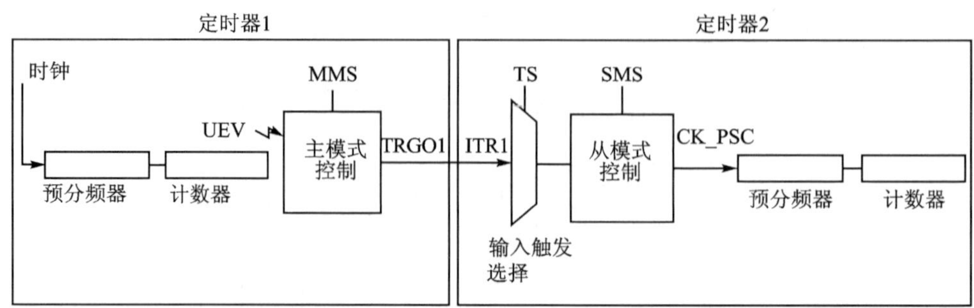

图 7-5　主从定时器示意图

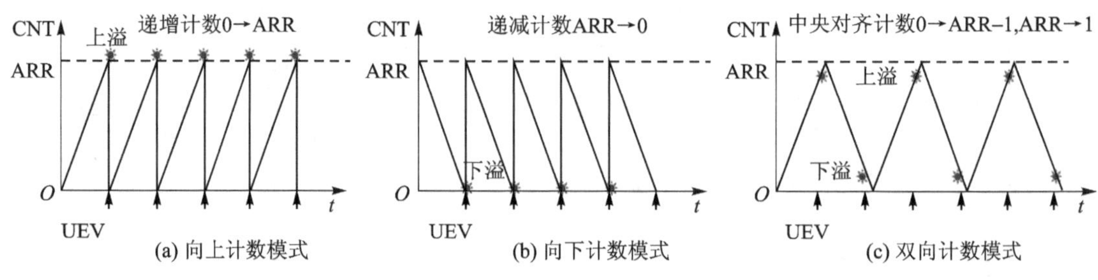

图 7-6　三种计数模式对比

然后计数器又从 0 开始并生成计数器上溢事件,如此循环。

每次计数器向上溢出时产生更新事件,如图 7-6(a)所示,所有的寄存器都被更新,硬件同时设置更新标志位。

(2) 向下计数模式

定时器在向下计数模式下,启动定时器后,计数器从自动重载寄存器 ARR 值开始计数,每来一个 CK_CNT 脉冲,计数器的值就减 1,直到计数器值为 0,然后计数器又从自动重载寄存器 ARR 值重新开始并生成计数器下溢事件,如此循环。

每次计数器向下溢出时产生更新事件,如图 7-6(b)所示,所有的寄存器都被更新,硬件同时设置更新标志位。

(3) 双向计数模式

双向计数模式下,启动定时器后,计数器从 0 开始递增计数,直到计数值等于 ARR－1,生成计数器上溢事件,然后从 ARR 值开始递减计数直到 1,生成计数器下溢事件。然后又从 0 开始计数,如此循环。

每次发生计数器上溢和下溢事件都会生成更新事件,如图 7-6(c)所示。当发生更新事件时,所有的寄存器都被更新。

4. 捕获/比较通道

捕获/比较通道对输入信号的周期、频率、占空比等特征进行测量,或产生特定频率、占空比的 PWM 信号输出。每个通用寄存器都有四个同样的捕获/比较通道,具体由三部分组成:

(1) 输入部分

输入部分电路对 TIx 输入信号采样,并进行滤波和边沿检测,产生信号(TIxFPx),该信号分为两路,一路用于从模式控制器的输入触发,另一路经预分频器进入捕获/比较寄存器。

（2）寄存器组

捕获/比较寄存器组（包含影子寄存器）CCRx（x=1，2，3，4）的作用是保存数据。捕获/比较寄存器组的每个寄存器都由一个预装载寄存器和一个影子寄存器组成。读写过程仅操作预装载寄存器。

在输入捕获模式下，以定时计数器为时基，将输入信号上升沿或下降沿发生时定时计数器CNT 值捕获到 CCRx 中。

（3）输出部分

在输出比较模式下，CCRx 存放输出 PWM 波形的脉宽值。以输出通道 1 为例，计数器CNT 的值与捕获/比较寄存器 CCR1 的值比较，产生一个基准波形 OC1REF（高电平有效），再经过输出逻辑控制，从定时器通道 1（TIMx_CH1）输出。

定时器输入通道和输出通道使用的是同一个引脚，因此在某时刻，定时器某个通道只能选择其一，要么用作输入，要么用作输出。

7.3.3 时基定时器常用 HAL 库函数

HAL 库对所有外设的函数模型也进行了统一，包括外设初始化函数和三种编程模式：轮询模式、中断模式、DMA 模式。函数命名方式如下，其中 xxx 为外设名称代号，yyy 为函数处理过程。

（1）外设初始化和反初始函数

HAL_xxx_Init()和 HAL_xxx_DeInit()函数，初始化与芯片无关的外设参数，反初始化是将外设初始化为复位时的状态。

HAL_xxx_MspInit()和 HAL_xxx_MspDeInit()函数，初始化与芯片有关的参数，一般为与 GPIO、时钟、中断优先级有关的参数。

（2）轮询模式（Blocking Mode，属阻塞模式）

HAL_xxx_yyy()函数，轮询模式是指函数启动处理过程（如外设启动、数据发送等），通过查询处理过程执行状态，判断处理是否完成，若未完成，CPU 等待，直至判断完成后函数退出。

（3）中断模式（Non-blocking Mode，属非阻塞模式）

HAL_xxx_yyy_IT()函数，函数带_IT 表示工作在中断模式，此模式下函数启动处理过程，并开放中断。处理完成后硬件系统自动触发中断，由中断服务函数进行后续处理，CPU 不需要等待判断是否完成。

（4）DMA 模式（Non-blocking Mode，属非阻塞模式）

HAL_xxx_yyy_DMA()函数，函数带_DMA 表示工作在 DMA 模式下，在 DMA 模式下开启 DMA 数据传输，同时开放中断。DMA 模式数据传输不需要 CPU 介入，适用于数据传输量比较大的场合，如串口通信或大量数据采集。DMA 方式传输原理参见本书 8.5.3 小节。

具体使用何种方式，须依据程序设计结构选择。比如利用定时器实现实时时钟程序需要选择中断模式，串口通信在程序中若采用前台程序模式则选择中断或者 DMA 模式函数。

以外设时基定时器 TIM 为例，HAL 库定义函数命名如表 7-5 所列。

表 7-5 外设相关 HAL 库函数命名方式

序 号	函数命名方式	HAL 库函数实例及说明
1	HAL_xxx_Init() / _DeInit()	HAL_TIM_Base_Init()，时基初始化函数，初始化预分频、计数模式等参数等，与 MCU 无关

续表 7-5

序 号	函数命名方式	HAL 库函数实例及说明
2	HAL_xxx_MspInit() / _Msp-DeInit()	HAL_TIM_Base_MspInit(),时基定时器 Msp 回调函数,初始化 GPIO 引脚、中断、时钟等参数
3	HAL_xxx_yyy()	HAL_TIM_Base_Start()/_Stop(),轮询方式启动/停止定时器
4	HAL_xxx_yyy_IT()	HAL_TIM_Base_Start_IT()/_Stop_IT(),中断方式启动/停止定时器
5	HAL_xxx_yyy_DMA()	HAL_TIM_Base_Start_DMA()/_Stop_DMA(),DMA 方式启动/停止定时器

1. 时基初始化函数

(1) 初始化函数

函数名称	HAL_TIM_Base_Init
函数原型	HAL_StatusTypeDef HAL_TIM_Base_Init(TIM_HandleTypeDef * htim);
功能描述	按照定时器句柄中指定的定时器,初始化定时器参数
入口参数	* htim:定时器时基句柄的地址,例如对 TIM6 操作,取值 &htim6
返回值	HAL status
函数说明	① 该函数将初始化结构体赋值内容,初始化时基定时器;然后调用与 MCU 相关的初始化函数 HAL_TIM_Base_MspInit,内容包括开启时钟、中断优先级、GPIO 分配等底层硬件的初始化操作。 ② 该函数由 CubeMX 自动生成,在 CubeMX 配置定时器后,不需要用户再调用

(2) 相关结构体

1) 定时器外设句柄结构体

```
typedef struct
{
    TIM_TypeDef                 * Instance;         /* 定时器寄存器的基地址定义 */
    TIM_Base_InitTypeDef        Init;               /* 时基功能的初始化配置参数定义 */
    HAL_TIM_ActiveChannel       Channel;            /* 捕获/比较通道的定义 */
    DMA_HandleTypeDef           * hdma[7];          /* DMA 通道句柄定义 */
    HAL_LockTypeDef             Lock;               /* 保护锁类型定义 */
    __IO HAL_TIM_StateTypeDef   State;              /* 定时器运行状态定义 */
} TIM_HandleTypeDef;
```

② 定时器时基初始化结构体

```
typedef struct
{
    uint32_t Prescaler;                 /* 对定时器时钟预分频 PSC 定义 */
    uint32_t CounterMode;               /* 计数模式定义,向上、向下和双向 */
    uint32_t Period;                    /* 计数周期 ARR 定义 */
    uint32_t ClockDivision;             /* 时钟分频定义,总线到定时器时钟的分频 */
    uint32_t RepetitionCounter;         /* 重复计数 RCR 定义,高级定时器特有 */
    uint32_t AutoReloadPreload;     /* 自动重装载预装载允许位,0:ARR 寄存器没有缓冲,1:有缓冲 */
} TIM_Base_InitTypeDef;
```

2. 中断模式下启动时基函数

函数名称	HAL_TIM_Base_Start_IT
函数原型	HAL_StatusTypeDef HAL_TIM_Base_Start_IT (TIM_HandleTypeDef * htim)
函数描述	中断方式启动定时器
参数	* htim,定时器句柄,例如对 TIM6 操作,取值 &htim6
返回值	HAL status
函数实例	HAL_TIM_Base_Start_IT(&htim6);
函数说明	操作寄存器,使能定时计数器(CEN 位置 1),使能定时器更新中断(UIE 置 1)

3. 中断模式下时基停止函数

函数名称	HAL_TIM_Base_Stop_IT
函数原型	HAL_StatusTypeDef HAL_TIM_Base_Stop_IT (TIM_HandleTypeDef * htim)
函数描述	中断方式停止定时器
参数	* htim,定时器句柄,例如对 TIM6 操作,取值 &htim6
返回值	HAL status
函数实例	HAL_TIM_Base_Stop_IT(&htim6);
函数说明	操作寄存器,禁止定时计数器(CEN 位置 0),禁止定时器更新中断(UIE 置 0)

4. 定时器周期更新中断回调函数

函数名称	HAL_TIM_PeriodElapsedCallback
函数原型	void HAL_TIM_PeriodElapsedCallback (TIM_HandleTypeDef * htim)
函数描述	定时中断回调函数
参数	* htim,定时器句柄,例如对 TIM6 操作,取值 &htim6
返回值	无
函数实例	void HAL_TIM_PeriodElapsedCallback (&htim6);
函数说明	使用时,需要根据任务重新编写。由于所有定时器的定时中断都使用该回调函数,使用时需要判断中断源

5. 修改重装载寄存器 ARR 值函数

函数名称	__HAL_TIM_SET_AUTORELOAD
宏定义	#define __HAL_TIM_SET_AUTORELOAD(__HANDLE__, __AUTORELOAD__) do{ (__HANDLE__)->Instance->ARR = (__AUTORELOAD__); (__HANDLE__)->Init.Period = (__AUTORELOAD__); } while(0)
函数描述	实时修改 ARR
参数 1	__HANDLE__,定时器句柄的地址,例如对 TIM6 操作,取值 &htim6

参数 2	AUTORELOAD,自动重装载 ARR 值
返回值	无
函数实例	__HAL_TIM_SET_AUTORELOAD(&htime6, 500)
函数说明	宏定义

7.4　时基定时器应用

例 7.2　使用 CubeMX 配置一个分辨率为 1 ms 的定时中断。

选择基本定时器 TIM6 实现定时功能。1 ms 定时周期计算如下:

定时器时钟频率为 72 MHz,预分频 PSC 选择 71,由式(7-3)有

$$T=(PSC+1)*(ARR+1)/f_{CK\_PSC}$$

$$1\ ms=1\ 000\ \mu s=(71+1)*(ARR+1)/72\ MHz$$

则

$$ARR=999$$

(1) CubeMX 初始化配置

1) 时钟配置

TIM6 使用 APB1 总线定时器时钟,频率为 72 MHz。按 2.1.3 小节时钟参数配置。

2) 定时器参数配置

单击图 7-7 左侧导航栏定时器外设 Timers,选中 TIM6,开启 TIM6 定时器。时钟源默认内部时钟(TIM6 和 TIM7 只有内部时钟模式,不需要选择),激活定时器,即 Mode 栏选择 Activated。

定时器参数配置如下:预分频器 PSC 值修改为 71,ARR 修改为 999。

3) NVIC 配置

NVIC 配置如图 7-8 所示。中断优先级分组仍为 2,使能 TIM6 定时中断,抢占式优先级均为 0,次优先级均为 0。

(2) 程序设计

1) 主程序

在主程序中完成初始化、变量的定义、启动定时器。

```
#include "main.h"
TIM_HandleTypeDef htim6;                    //定时器句柄结构体变量,配置 TIM6 后,自动生成
void SystemClock_Config(void);
static void MX_TIM6_Init(void);
int main(void)
{
    HAL_Init();
    SystemClock_Config();                   //系统时钟初始化,配置时钟后自动生成
    MX_TIM6_Init();                         //TIM6 初始化,配置 TIM6 后自动生成
    HAL_TIM_Base_Start_IT(&htim6);          //以中断方式启动定时器 TIM6 时基产生,用户编写
    while (1)
    {  }
}
```

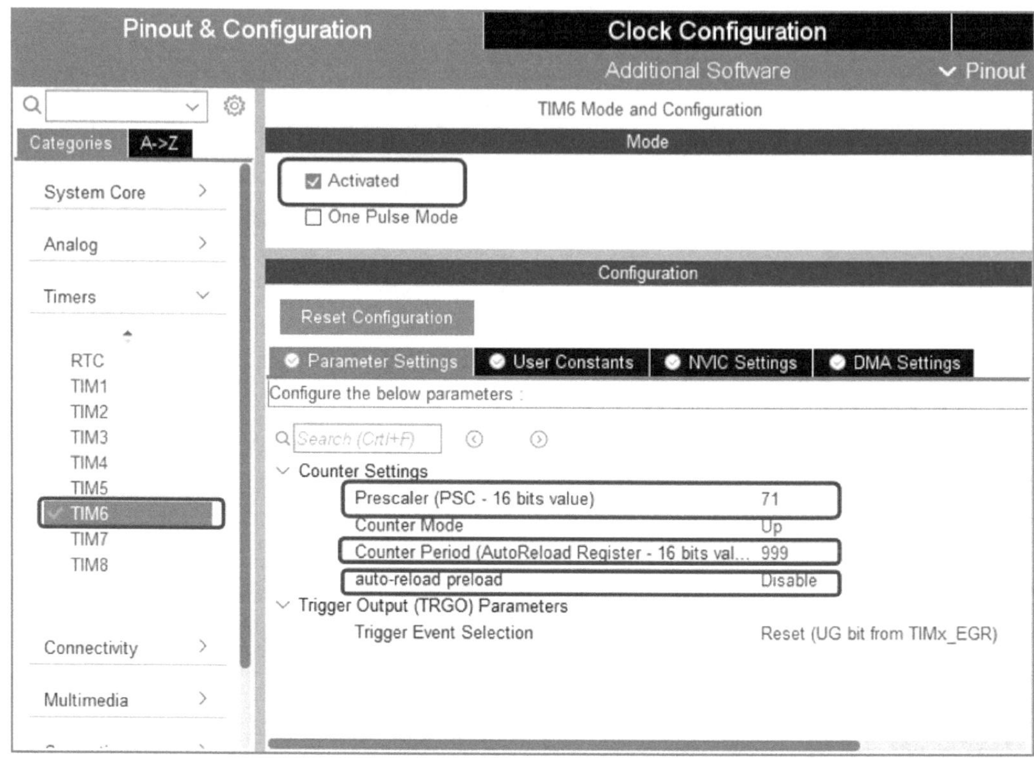

图 7-7　定时器 TIM6 的模式选择与参数设置

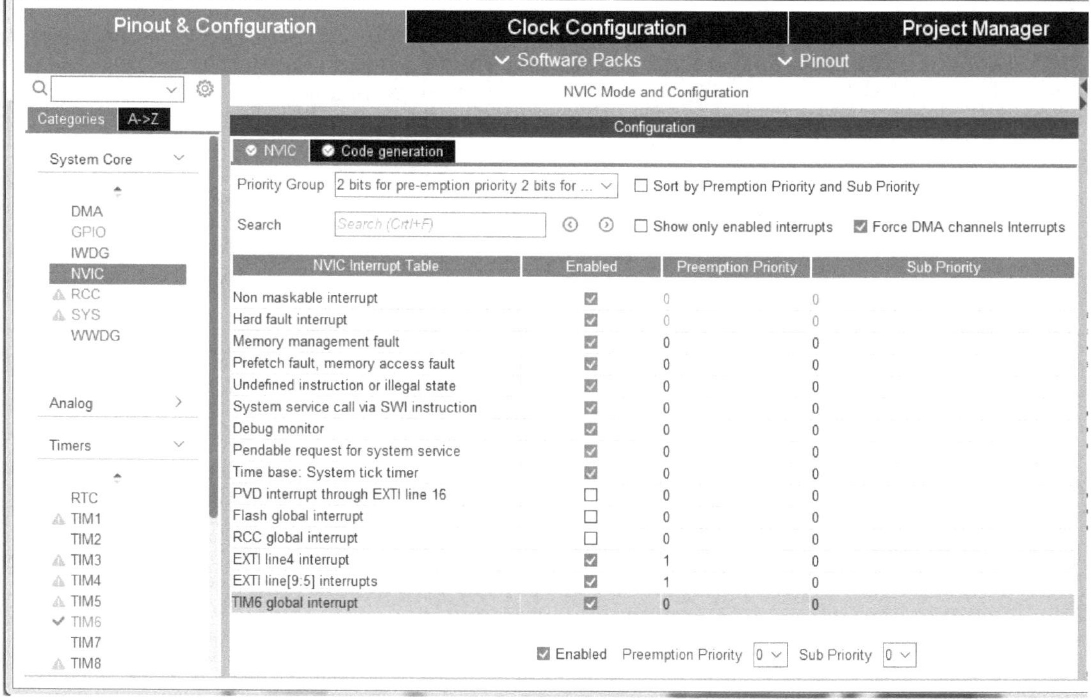

图 7-8　NVIC 配置

2) 定时器周期(1 ms)更新中断回调函数,实现计时功能

```
void HAL_TIM_PeriodElapsedCallback(TIM_HandleTypeDef * htim)     //用户编写
{
    if (htim ->Instance == htim6. Instance)
        {
                                              //此处若为 1 个任务函数,则任务可周期执行
        }
}
```

此例生成了 1 个 1 ms 定时中断工程框架,可以通过调用中断回调函数,来执行周期性任务。

例 7.3 使用例 7.2 的定时器及参数配置,设计电子时钟,从 00:00:00 开始计时,并显示秒计时。

(1) 时钟函数设计。

```
/ **********************************************
 * 名称:UserClock
 * 功能:秒、分钟、小时计数,秒数据送入全局变量显示缓冲区 DisplayBuf
 * 入口参数:无
 * 返回值:无
***********************************************/
void UserClock()
{
    static __IO uint8_t Tick_hour = 0;                      //小时计数静态变量,仅在本函数内能访问
    static __IO uint8_t Tick_min = 0;                       //分计数静态变量
    static __IO uint8_t Tick_s = 0;                         //秒计数静态变量
    static __IO uint16_t Tick_ms = 0;                       //ms 计数静态变量
    Tick_ms ++ ;                                            //每 1ms 加 1
    if(Tick_ms == 1000)   { Tick_ms = 0; Tick_s ++ ;}       // 每 1000 次为 1 s,修改秒变量
    if(Tick_s == 60)    {Tick_s = 0; Tick_min ++ ; }        // 每 60 s 为 1 min,修改分钟变量
    if(Tick_min == 60)    {Tick_min = 0; Tick_hour ++ ; }   // 每 60 min 为 1 h,修改小时变量
    DisplayBuf = Tick_s;                                    //若需要显示秒计时,则送入显示缓冲区
}
```

(2) 定时器周期(1 ms)更新中断回调函数,实现计时功能。

```
void HAL_TIM_PeriodElapsedCallback(TIM_HandleTypeDef * htim)
{
    if (htim ->Instance == TIM6)
    {
        UserClock()                //每 1 ms 调用一次时钟函数
    }
}
```

(3) 主函数循环体调用显示函数,显示秒计时数据。

```
while(1)
    {DisplayDigtal(DisplayBuf);}        //调用显示函数，从显示缓冲区取数据显示（需要先定义变量）
```

例 7.4　本例利用定时器，介绍时序程序设计方法。图 7－9 所示为人行道信号灯系统，过街信号启动后，按图中时序工作，红灯、绿灯分别由 PA4、PA3 口控制，低电平控制信号灯亮。设计信号灯控制程序。

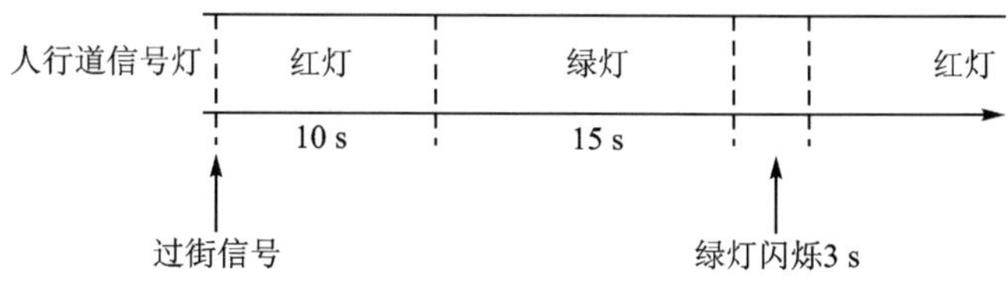

图 7－9　人行道信号灯工作时序

```
//宏定义，程序简洁，便于阅读
#define RedLedOn HAL_GPIO_WritePin(GPIOA, GPIO_PIN_4, GPIO_PIN_RESET)  //红灯亮
#define RedLedOff HAL_GPIO_WritePin(GPIOA, GPIO_PIN_4, GPIO_PIN_SET)    //红灯灭
#define GreenLedOn HAL_GPIO_WritePin(GPIOA, GPIO_PIN_3, GPIO_PIN_RESET)//绿灯亮
#define GreenLedOff HAL_GPIO_WritePin(GPIOA, GPIO_PIN_3, GPIO_PIN_SET) //绿灯灭
#define GreenLedOnOff HAL_GPIO_TogglePin (GPIOA, GPIO_PIN_3)           //绿灯翻转，用于闪烁
uint8_t Light_EN = 0;          //过街信号变量，用于信号灯控制使能，为 1 时，执行信号灯控制程序
/*前台程序，需要在 1 ms 定时器周期更新中断回调函数调用，可以使用例 7.2 的程序框架*/
/*********************************************
*名称：SidewalkLight
*功能：以 ms 为单位计数，按信号灯工作时序要求，执行相关任务。函数需要每 1 ms 执行 1 次
*入口参数：无
*返回值：无
*********************************************/
void SidewalkLight()
{static uint16_t timer_ms = 0;               //ms 计数静态变量
    static uint16_t timer_halfsec = 0;       //0.5s 计数变量
    if(Light_EN == 1)                        //使能判断，若使能则执行信号灯控制程序
    {
        timer_ms ++ ;
        if(timer_ms == 500)                              // 每 500 次为 0.5 s
        {    timer_ms = 0; timer_halfsec ++ ;            // 0.5 s 加 1
            switch(timer_halfsec)
            {
            case 20:{GreenLedOn;RedLedOff;break;}        // 10 s 到，绿灯亮，红灯灭
            case 50:{GreenLedOnOff;break;}               // 15 s 到，绿灯闪烁
            case 51:{GreenLedOnOff;break;}
            case 52:{GreenLedOnOff;break;}
            case 53:{GreenLedOnOff;break;}
            case 54:{GreenLedOnOff;break;}
```

```
            case 55:{GreenLedOnOff;break;}
            case 56:{Light_EN = 0;timer_halfsec = 0;GreenLedOff;RedLedOn;break;}
            //清使能标志、0.5 秒计数单元及红绿灯设置为初始状态
            }
        }
    }
}
```

此例以定时器定时为时间轴,控制信号灯,任务在中断中执行,适用于简单时序逻辑程序。由于信号灯控制任务在前台执行,信号灯控制使能标志 Light_EN 参数需要其他程序传递,例如在启动按钮处理程序中,当按钮有效时,Light_EN 标志置 1,则前台信号灯控制程序可以执行,实现前后台程序传递参数。

7.5　定时器 PWM 输出

PWM 输出就是对外输出脉宽(占空比)可调的方波信号,定时器 PWM 输出模式是定时器输出比较模式的特例。

7.5.1　定时器输出比较模式

定时器输出比较功能框图如图 7-10 所示,定时器比较输出有 4 个通道,分别对应 4 个捕获/比较寄存器(CCR1~CCR4),它们共用一个定时计数器 CNT。CNT 值与捕获/比较寄存器 CCRx 值比较,输出参考信号 OCxREF,经输出控制电路送到引脚 CHx。当 CNT 和 CCRx 值相等,即比较匹配时,会产生中断信号 CCxI。这里 x=1,2,3,4,表示通道号。

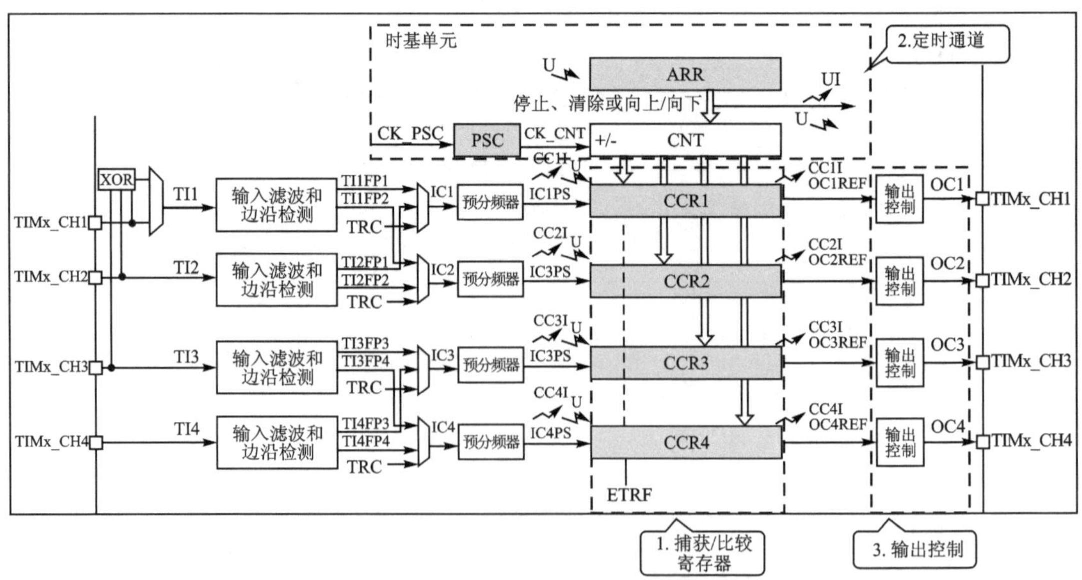

图 7-10　输出比较通道的功能框图

由于 4 个通道共用一个定时计数器 CNT，当启用多路 PWM 输出时，输出信号频率相同，频率与定时计数器的 ARR 及 PSC 有关系，见前述的定时计数器原理分析。

输出控制逻辑，以通用定时器输出通道 CH1 为例分析，如图 7－11 所示。在输出比较模式下，计数器 CNT 的值与输入捕获寄存器 CCR1 的值比较，产生一个输出参考信号 OC1REF，在此基准信号的基础上，经过极性选择（选择同相或反相）和输出使能控制，最终输出信号 OC1，并输出到芯片引脚。

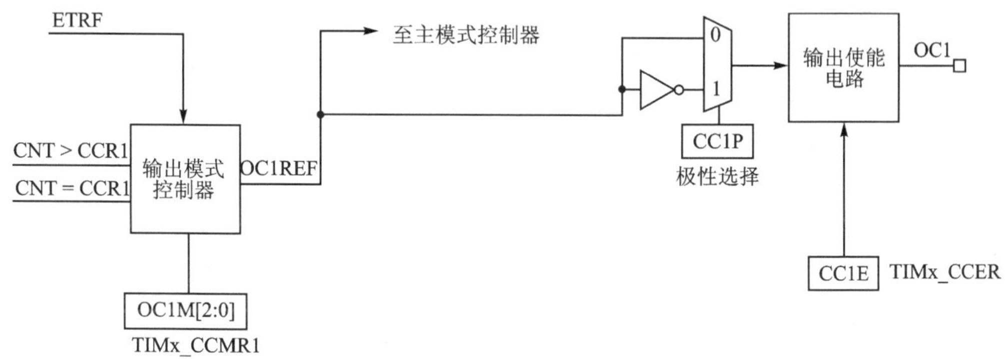

图 7－11　通用定时器捕获/比较通道的输出电路图

OC1REF 就是一个参考信号，并且约定 OC1REF＝1 时，OC1REF 为有效电平；OC1REF＝0 时，OC1REF 为无效电平。

输出模式控制器提供 3 类输出模式，即强制输出模式、比较输出模式和 PWM 模式。

1. 强制输出模式

输出参考信号 OC1REF 直接由软件强制控制，不依赖于输出比较寄存器 CCR1 和定时计数器 CNT 间的比较结果。这种模式包括冻结、强制变为无效电平、强制变为有效电平三种模式。冻结模式，CCR1 与 CNT 比较的结果对输出无影响；强制变为无效电平模式，强行拉低 OC1REF 信号；强制有效电平模式，强行拉高 OC1REF 信号。

2. 比较输出模式

此模式包括匹配时输出有效电平、匹配时输出无效电平、匹配时翻转三种模式。

匹配时输出有效电平，即拉高 OC1REF 信号；匹配时输出无效电平，拉低 OC1REF 信号；匹配时翻转，OC1REF 信号取反。

3. PWM 模式

PWM 模式是输出比较模式的一种特例，PWM 模式可以产生一个确定频率、确定占空比的方波信号，其频率由定时计数器 ARR 寄存器确定，占空比由 CCRx 寄存器确定。

根据参考信号极性的不同，PWM 模式分为 2 种，即 PWM1 模式和 PWM2 模式，两种模式为互补模式，其输出情况如表 7－4 所列。

表 7－4　PWM1 模式与 PWM2 模式

模　式	CNT 计数方式	说　明
PWM1	向上计数	CNT＜CCR，输出有效电平，反之输出无效电平
	向下计数	CNT＞CCR，输出无效电平，反之输出有效电平
PWM2	向上计数	CNT＜CCR，输出无效电平，反之输出有效电平
	向下计数	CNT＞CCR，输出有效电平，反之输出无效电平

7.5.2 PWM 输出工作原理

由于时基定时计数器 CNT 有 3 种计数方式,即向上计数、向下计数和双向计数,因此 PWM 输出模式分为边沿对齐模式和中心对齐模式。在电机控制中,一般直流电机控制用边沿对齐模式,而 FOC 电机一般使用中心对齐模式。

1. PWM 边沿对齐模式

在边沿对齐模式下,计数器 CNT 进行单向计数,通过计数器模式配置可选择向上计数或者向下计数,这里以 CNT 工作在向上计数方式为例说明边沿对齐模式的工作过程,如图 7-12 所示为 PWM1 模式下的边沿对齐波形。

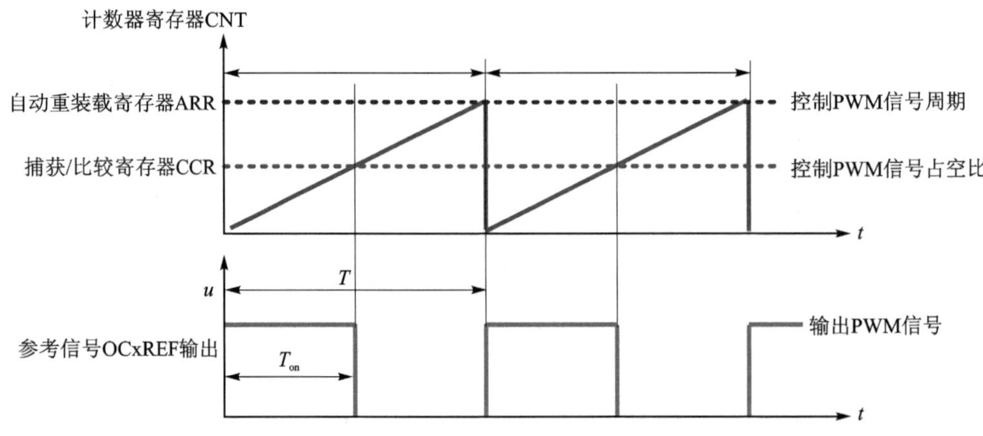

图 7-12　PWM1 模式的边沿对齐波形

在向上计数方式下,计数器从 0 计数到自动重载值(ARR 寄存器的内容),然后重新从 0 开始计数并生成计数器上溢事件。

根据 PWM 比较输出逻辑,当 CNT<CCR 时,输出参考信号为高电平,即 OCxREF=1;当 CNT>CCR 时,输出参考信号为低电平,即 OCxREF=0;当 CNT=CCR 时,输出参考信号状态切换点,时间为 T_{on} 时,此后如此循环往复。

可以看出,ARR 决定 PWM 周期 T,CCR 决定 T_{on},也决定占空比。

$$周期\ T=(ARR+1)*(PSC+1)/f_{CK\_PSC}$$

$$占空比\ D=\frac{CCR}{ARR+1}\times 100\%$$

因此,改变 ARR,可改变 PWM 周期;改变 CCR,可改变 PWM 占空比。

例 7.5　设计输出周期为 1 ms、占空比为 80% 的 PWM 信号。假设定时器输入时钟 f_{CK_PSC} 为 72 MHz,计算并配置满足任务要求的 PSC、ARR 和 CCR。

设计过程:

(1) 假设 PSC=71,表示对时钟 72(71+1)分频,分频后的时钟频率为 1 MHz。

(2) 由周期

$$T=(ARR+1)*(PSC+1)/f_{CK\_PSC}=\frac{(ARR+1)*(71+1)}{72\ MHz}=1\ 000\ \mu s$$

则 ARR=999。

(3) 占空比为

$$D=\frac{CCR}{ARR+1}*100\%=\frac{CCR}{999+1}*100\%=80\%$$

则 CCR=800。

2. PWM 的中心对齐模式

在中心对齐模式下,计数器 CNT 进行双向计数,即工作于向上/向下计数方式。定时计数器 CNT 从 0 开始计数到 ARR-1,生成计数器上溢事件;然后计数器从 ARR 开始向下计数到 1 并生成计数器下溢事件;之后从 0 开始重新计数,如此循环。

图 7-13 所示为 PWM1 模式的中心对齐波形,其中 ARR=8,CCR=4。

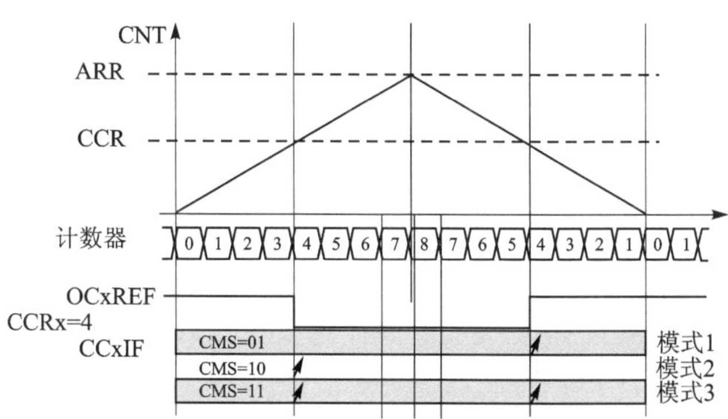

图 7-13 PWM1 模式的中心对齐波形

按照输出比较逻辑:CNT<CCR 时,OCxREF=1;CNT>CCR 时,OCxREF=0。

第一阶段计数器 CNT 工作在向上模式下,计数器从 0 开始计数,当 CNT<CCR 时,OCxREF=1,当 CCR≤CNT≤ARR-1 时,OCxREF=0。第二阶段计数器 CNT 工作在向下模式,从 ARR 的值开始递减,当 CNT>CCR 时,OCxREF=0,当 1≤CNT≤CCR 时,OCxREF=1。

从 OCRxREF 波形可以看出,PWM 输出波形中心对称。

中心对齐模式又分为中心对齐模式 1、中心对齐模式 2、中心对齐模式 3,三种模式的区别在于捕获比较中断信号 CCxIF 发生时刻不同。CNT 与 CCR 相等匹配时产生中断信号,即 CCxIF 置 1。

模式 1:在向下计数匹配时,CCxIF=1。

模式 2:在向上计数匹配时,CCxIF=1。

模式 3:在向上和向下计数匹配时,CCxIF=1。

7.5.3 PWM 输出常用 HAL 库函数

1. PWM 输出启动函数

函数名称	HAL_TIM_PWM_Start
函数原型	HAL_StatusTypeDef HAL_TIM_PWM_Start(TIM_HandleTypeDef * htim, uint32_t Channel)

函数描述	启动 PWM 信号产生
参数 1	* htim,定时器的句柄
参数 2	Channel:要使能的定时器输出比较通道号,该参数可为下列值之一: TIM_CHANNEL_1,定时器的输出比较通道 1 TIM_CHANNEL_2,定时器的输出比较通道 2 TIM_CHANNEL_3,定时器的输出比较通道 3 TIM_CHANNEL_4,定时器的输出比较通道 4
返回值	HAL status
函数实例	HAL_TIM_PWM_Start(&htim2, TIM_CHANNEL_1);使用 TIM2 的通道 1,输出 PWM 波形
函数说明	该函数产生固定脉宽和占空比的 PWM 信号,仅适用于通用定时器和高级定时器

HAL_TIM_PWM_Start()函数为轮询方式下 PWM 输出启动函数,函数执行后,会启动 PWM 信号输出;中断方式下 PWM 启动函数为 HAL_TIM_PWM_Start_IT(),函数执行后,会启动 PWM 信号输出并开放捕获比较中断;DMA 方式下 PWM 启动函数为 HAL_TIM_PWM_Start_DMA(),函数执行后,启动 PWM 信号输出并开放 DMA 传输。

2. 比较/捕获寄存器 CCR 设置函数

CCR 设置是底层操作的一个宏定义,在 stm32f1xx_hal_tim.h 文件中可以找到,其作用是在运行期间设置定时器比较捕获寄存器的值。

函数名称	__HAL_TIM_SET_COMPARE
宏定义原型	#define __HAL_TIM_SET_COMPARE(__HANDLE__, __CHANNEL__, __COMPARE__) \\ (((__CHANNEL__) == TIM_CHANNEL_1) ? ((__HANDLE__)->Instance->CCR1 = (__COMPARE__)) :\\ ((__CHANNEL__) == TIM_CHANNEL_2) ? ((__HANDLE__)->Instance->CCR2 = (__COMPARE__)) :\\ ((__CHANNEL__) == TIM_CHANNEL_3) ? ((__HANDLE__)->Instance->CCR3 = (__COMPARE__)) :\\ ((__HANDLE__)->Instance->CCR4 = (__COMPARE__)))
宏定义描述	在运行期间设置定时器比较捕获寄存器 CCR 的值
参数 1	__HANDLE__,定时器句柄
参数 2	__CHANNEL__,定时器通道号,该参数可为下列值之一: TIM_CHANNEL_1,定时器的输出比较通道 1 TIM_CHANNEL_2,定时器的输出比较通道 2 TIM_CHANNEL_3,定时器的输出比较通道 3 TIM_CHANNEL_4,定时器的输出比较通道 4
参数 3	__COMPARE__,设置的定时器比较捕获寄存器的新值
返回值	无
宏定义实例	__HAL_TIM_SET_COMPARE(&htim2,TIM_CHANNEL_1,20);使用 TIM2 的通道 1,设置 CCR=20
宏定义说明	参数__COMPARE__应小于 ARR

7.5.4 PWM 输出应用

例 7.6 使用通用定时器控制 LED 灯的亮度,实现呼吸灯的效果。两路 LED 分别接 PA0 和 PA1。

任务分析:利用 STM32 的数字输出控制 LED 的亮度,实现呼吸灯的效果,简单的说就是利用 STM32 产生 PWM 波,通过控制 PWM 的占空比来控制 LED 灯的功率,从而控制其亮度。

1. 硬件配置

根据任务要求,需要配置 PA0 和 PA1 为 PWM 输出通道。

结合 STM32F103RCT6 的内部资源,连接 LED 的引脚 PA0、PA1,实际对应 TIM2/TIM5 的通道 1、通道 2,也可以使用 CubeMX 软件查看对应的通道,本例中 TIM2 通道 1 设置为 PWM 模式 1,TIM2 通道 2 设置为 PWM 模式 2。

2. 软件设计

(1) CubeMX 初始化配置

1) 配置时钟

TIM2 使用 APB1 总线定时器时钟,频率为 72 MHz。按 2.1.3 小节时钟参数配置。

2) 引脚配置

PA0 引脚选择 TIM2_CH1,PA1 引脚选择 TIM2_CH2。若不知道 I/O 口是否具有 PWM 输出功能,也可以先选择定时器,然后选择通道配置 PWM 输出,再查看 I/O 口分配。

3) 定时器模式与参数配置

如图 7-14 所示,选择左侧导航栏 Timers 分类中的 TIM2,在 TIM2 列表模式(Mode)栏目中配置模式,时钟源(Clock Source)选择内部时钟,通道 1(Channel1)选择 PWM Generation CH1,通道 2(Channel2)选择 PWM Generation CH2。

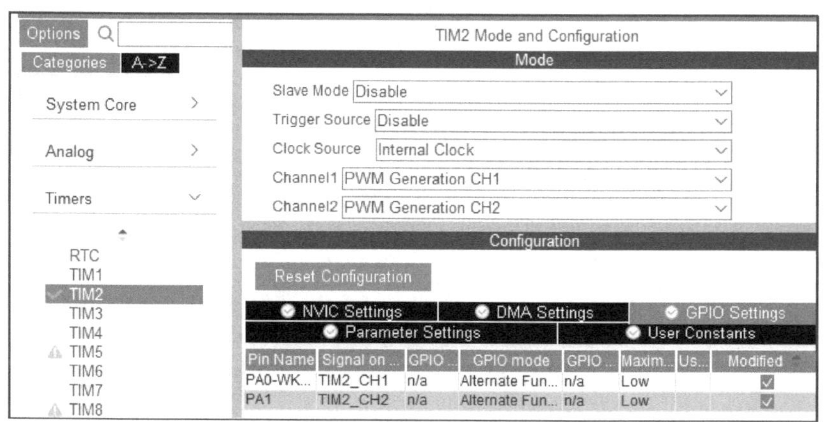

图 7-14 PWM 时钟源及输出通道口配置

在 TIM2 配置(Configuration)栏目中,选择参数设置(Parameter Settings)。如图 7-15 所示,PSC 和 ARR 根据需要设定,由于这里没有特殊要求,只是为了控制灯的亮度变化,其实质就是控制占空比,因此按 10 ms 配置 PWM 周期,预分频 PSC 可以设为 71(72 分频),计数周期(Counter Period-ARR)可以设为 9999,通道 1 使用 PWM 模式 1(PWM mode 1),通道 2 使用 PWM 模式 2(PWM mode 2)。

Pulse 选项为 CCR,在这里没有配置,这个值决定占空比,本实例在程序中修改 。

CH Polarity 选项为输出极性控制,选择 High,表示比较通道的引脚输出信号与该通道输出参考信号 OCxREF 同相。

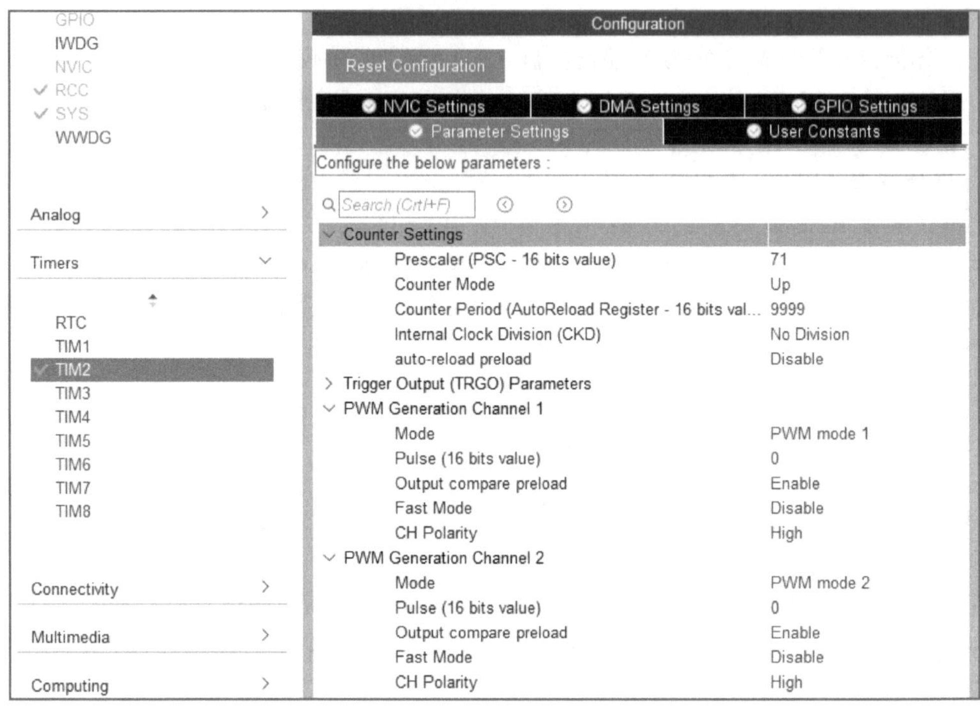

图 7-15　定时器参数配置

(2) 程序设计

在 Cube 设置完成后,生成程序框架,这时,系统时钟配置、GPIO 初始化、定时器 2 初始化均已完成,其他程序不动,修改主程序以设定 PWM 占空比并输出。

1) 呼吸灯控制函数设计

```
/**********************************************
* 名称: LED_PWM
* 功能:修改定时器 T2 的捕获比较寄存器 CCR,改变 PWM 占空比
* 入口参数:无
* 返回值:无
**********************************************/
void LED_PWM(void)
{
    static uint16_t PulseWidth = 100;
    uint16_t Increment = 300;
    __HAL_TIM_SET_COMPARE(&htim2,TIM_CHANNEL_1,PulseWidth);      //改变通道 1 的 CCR
    __HAL_TIM_SET_COMPARE(&htim2,TIM_CHANNEL_2,PulseWidth);      //改变通道 2 的 CCR
    PulseWidth += Increment;
        if(PulseWidth > 9999)   PulseWidth = 100;
        HAL_Delay(100);                                          //延时,视觉延时
}
```

由于人眼视觉效应需要延时，如果系统为单一任务，可以在后台执行。若为多任务系统，需要去除延时对 CPU 的阻塞。具体处理可参见 11.2 节的任务调度。

2) 后台程序设计

```
#include "main.h"
TIM_HandleTypeDef htim2;                    //定时器句柄结构体变量，配置 TIM2 后自动生成
void SystemClock_Config(void);
static void MX_GPIO_Init(void);
static void MX_TIM2_Init(void);
int main(void)
{
    HAL_Init();
    SystemClock_Config();
    MX_GPIO_Init();
    MX_TIM2_Init();                                     //TIM2 初始化，配置 TIM2 后自动生成
    __HAL_TIM_SET_COMPARE(&htim2,TIM_CHANNEL_1,20);     //设置通道 1 的 CCR 初值
    __HAL_TIM_SET_COMPARE(&htim2,TIM_CHANNEL_2,20);     //设置通道 2 的 CCR 初值
    HAL_TIM_PWM_Start(&htim2,TIM_CHANNEL_1);            //启动通道 1 的 PWM 输出
    HAL_TIM_PWM_Start(&htim2,TIM_CHANNEL_2);            //启动通道 2 的 PWM 输出
    while (1)
    {
        LED_PWM();                                      //单一任务后台执行
    }
}
```

7.6　定时器输入捕获

定时器输入捕获可以对输入信号的上升沿、下降沿或者双边沿进行捕获，有输入捕获模式和 PWM 输入捕获模式两种工作方式。前者可以测量输入信号的频率或脉宽，后者可以直接测量 PWM 输入信号的频率和脉宽。

7.6.1　输入捕获工作原理

输入捕获通道功能如图 7－16 所示，每个高级定时器和通用定时器都有 4 路独立的输入捕获通道。

输入通道信号 TIx 来自定时器外部输入通道，经边沿检测器检测出上升沿和下降沿信息，再通过 ICx 边沿选择器（又称捕获通道）输出边沿信号，边沿信号经预分频器 PSC（也可以不分频）形成 ICxPS 信号。

输入捕获的原理是，当捕获到 ICxPS 信号跳变沿的时候，把计数器 CNT 的值锁存到捕获寄存器 CCRx 中。如果连续捕获，把前后两次捕获到的 CCRx 寄存器中的值相减，就可以计算出脉宽或者频率。

输入通道和捕获通道的关系映射如图 7－17 所示，TI1 信号经边沿检测，输出 2 路边沿特征信息 TI1FP1 和 TI1FP2，分别送给两个捕获通道。比如 PWM 输入捕获模式下，一路输入

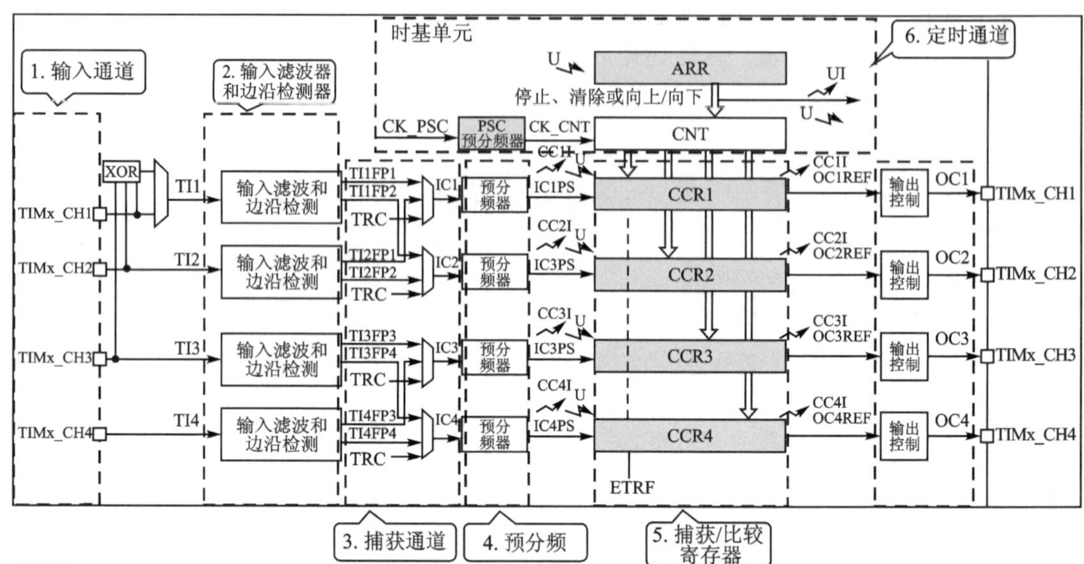

图 7-16　输入捕获通道的功能

信号(TI1)需要送入两个捕获通道(IC1 和 IC2)。

TI1 信号边沿特征信息有两类,两路信号 TI1FP1、TI1FP2 均可以配置上升沿或者下降沿信号。

IC1、IC2 是选择器,当只需要测量 TI1 信号周期时,选择 TI1FP1 上升沿信号,用一个捕获通道 IC1,称之为直接输入方式。

当进行 PWM 输入捕获、测量信号频率和脉宽时,需要使用两个通道,IC1 通道选择 TI1FP1 上升沿信号(直接输入方式),并捕获信号周期。IC2 通道选择 TI1FP2 下降沿信号(称之为间接输入方式),此时 IC2 通道捕获信号脉宽。

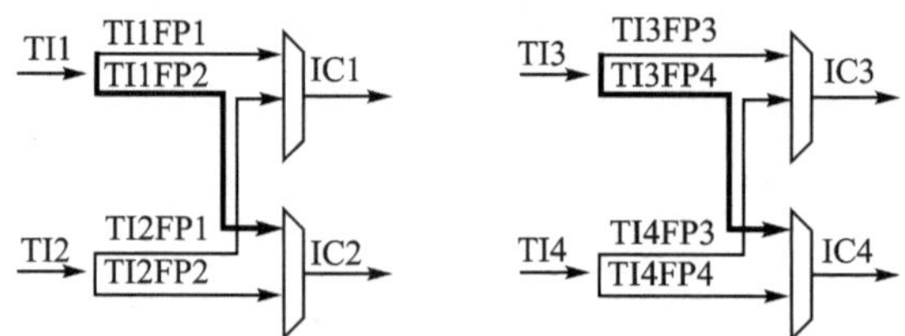

图 7-17　PWM 输入捕获模式下输入通道和捕获通道的关系映射

1. 输入捕获模式

(1) 频率测量

频率测量的工作原理如图 7-18 所示,当捕获通道 TIx 出现上升沿时,发生第一次捕获,计数器 CNT 的值会被锁存到捕获寄存器 CCR 中,并进入捕获中断,在中断服务程序中记录一次捕获,并把捕获寄存器中的值读取到 CapVal1 中。当捕获通道 TIx 出现第二次上升沿时,计数器 CNT 的值会再次被锁存到捕获寄存器 CCR 中,并再次进入捕获中断,在捕获中断中,把捕获寄存器的值读取到 CapVal3 中,利用 CapVal3 和 CapVal1 的差值就可以算出周期和频率。

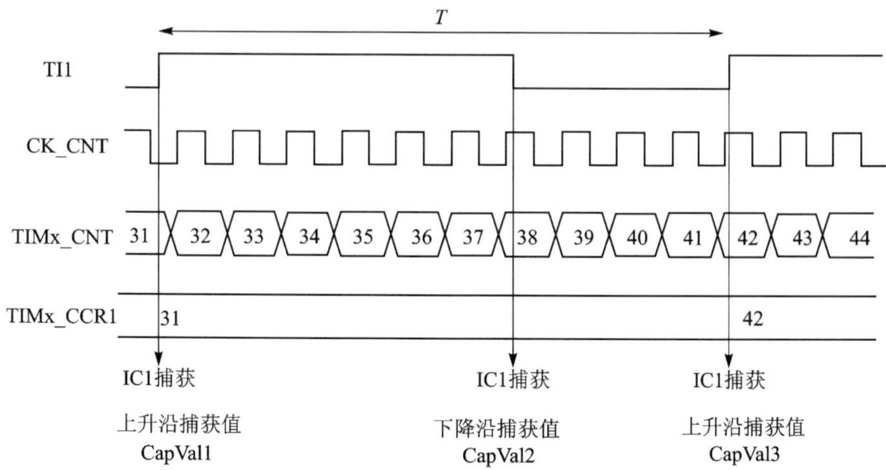

图 7-18　周期/频率、脉宽测量示意图

捕获差值 ΔCapVal 可以按照如下方法计算：

当待测信号不大于定时器的一个完整计数周期(ARR＋1)时：

若 CapVal3＞CapVal1　　ΔCapVal＝CapVal3－CapVal1

若 CapVal3＜CapVal1　ΔCapVal＝CapVal3＋(ARR＋1－CapVal1)

如果待测信号大于定时器的一个完整计数周期，则需要结合定时器的更新中断次数来计算捕获差值。如果计数时钟频率为 f_{CK_CNT}，则被测信号被测信号频率为

$$f_P=\frac{f_{CK\_CNT}}{CapVal3-CapVal1}$$

被测信号周期为

$$T=(CapVal3-CapVal1)/f_{CK\_CNT}$$

(2) 脉宽测量

当捕获通道 TIx 出现上升沿时，发生第一次捕获，计数器 CNT 的值会捕获到 CCR 中，在捕获中断处理程序中记录一次捕获(可以用一个变量来标志上升沿捕获)，并把捕获寄存器中的值读取到 CapVal1 中。然后把捕获边沿改变为下降沿捕获，当下降沿到来的时候，计数器 CNT 的值会再次捕获到 CCR 中，并再次进入捕获中断处理程序，把捕获寄存器的值读取到 CapVal2 中。两次差值即为脉宽。

此种方法可以实现用内部 1 个捕获通道采集信号脉宽，但需要软件动态改变捕获边沿。

2. PWM 输入模式测量脉宽和频率

还有一个更简便的方法测量脉宽和频率，就是使用 PWM 输入模式，该模式是输入捕获的特例，与只使用一个捕获寄存器测量脉宽和频率的方法相比，PWM 输入模式需要占用两个捕获寄存器。

CubeMX 配置过程如下：

① 假设输入通道 TI1 工作在 PWM 输入模式下，被测 PWM 信号由输入通道 TI1 进入，然后信号被分为两路：TI1FP1 和 TI1FP2。其中一路进入 IC1 通道，触发源选择 TI1FP1 上升沿，则 IC1 通道捕获周期；另一路进入 IC2 通道，触发源选择 TI1FP2 下降沿(间接输入方式)，

则 IC2 通道捕获脉宽。触发源 TI1FP1 作为触发输入需要设置极性(是上升沿还是下降沿捕获),一旦设置好触发输入极性,另外一路硬件就会自动配置为相反的极性捕获,无需软件配置。

② 当使用 PWM 输入模式的时候必须将从模式控制器配置为复位模式,即当启动触发信号开始进行捕获时,同时把计数器 CNT 复位清 0。

PWM 输入模式时序如图 7-19 所示。

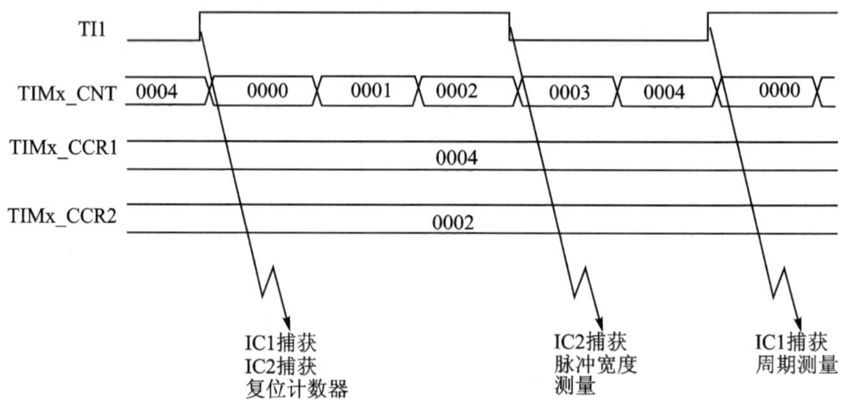

图 7-19　PWM 输入模式时序

PWM 信号由输入通道 TI1 进入,TI1FP1 配置为触发信号,上升沿捕获。当上升沿到达时 IC1 和 IC2 同时捕获,计数器 CNT 清 0,下降沿到来时,IC2 捕获,此时计数器 CNT 的值被锁存到捕获寄存器 CCR2 中,到了下一个上升沿的时候,IC1 捕获,计数器 CNT 的值被锁存到捕获寄存器 CCR1 中。至此,捕获过程结束,测量的脉宽为 CCR2,测量的周期为 CCR1。

如果计数时钟频率为 f_{CK_CNT},脉宽的计算公式为

$$T_W = \frac{CCR2}{f_{CK\_CNT}}$$

周期的计算公式为

$$T_P = \frac{CCR1}{f_{CK\_CNT}}$$

从软件上来说,用 PWM 输入模式测量脉宽和周期更容易,付出的代价是测量一路信号需要占用两个捕获通道和两个捕获寄存器。

7.6.2　输入捕获常用 HAL 库函数

1. 中断方式下输入捕获启动函数

函数名称	HAL_TIM_IC_Start_IT
函数原型	HAL_StatusTypeDef HAL_TIM_IC_Start_IT (TIM_HandleTypeDef * htim, uint32_t Channel)
函数描述	以中断方式启动定时器的输入捕获功能
参数 1	* htim,定时器的句柄

参数 2	Channel:要使能的定时器通道号,该参数可为下列值之一: TIM_CHANNEL_1,选择定时器的通道 1 TIM_CHANNEL_2,选择定时器的通道 2 TIM_CHANNEL_3,选择定时器的通道 3 TIM_CHANNEL_4,选择定时器的通道 4
返回值	HAL status
函数实例	HAL_TIM_IC_Start_IT(&htim2, TIM_CHANNEL_1);
函数说明	此函数使能通道中断、使能通道。每次改变捕获极性后都需要调用该函数以中断方式启动输入捕获

2. 输入捕获中断回调函数

函数名称	HAL_TIM_IC_CaptureCallback
函数原型	HAL_StatusTypeDef HAL_TIM_IC_CaptureCallback (TIM_Handle TypeDef * htim)
函数描述	输入捕获中断回调函数
参数 1	* htim,定时器的句柄
返回值	无
函数实例	HAL_TIM_IC_CaptureCallback(&htim2)
函数说明	该函数有多个中断源,因此进入中断后必须先区别中断源

3. 捕获值读取函数

函数名称	HAL_TIM_ReadCapturedValue
函数原型	uint32_t HAL_TIM_ReadCapturedValue (TIM_HandleTypeDef * htim, uint32_t Channel)
函数描述	从输入捕获单元读取捕获值
参数 1	* htim,定时器的句柄
参数 2	Channel:要使能的定时器通道号,该参数可为下列值之一: TIM_CHANNEL_1,选择定时器的通道 1 TIM_CHANNEL_2,选择定时器的通道 2 TIM_CHANNEL_3,选择定时器的通道 3 TIM_CHANNEL_4,选择定时器的通道 4
返回值	无符号 32 位捕获值
函数实例	HAL_TIM_ReadCapturedValue(&htim2, TIM_CHANNEL_1);
函数说明	无

4. 修改捕获极性函数

修改捕获极性函数是底层操作的一个宏定义,在 stm32f1xx_hal_tim.h 文件中可以找到,其作用是修改定时器某一通道的输入捕获极性,其宏定义原型如下:

函数名称	__HAL_TIM_SET_CAPTUREPOLARITY
宏定义原型	__HAL_TIM_SET_CAPTUREPOLARITY(__HANDLE__, __CHANNEL__, __POLARITY__)
宏定义描述	修改定时器某一通道的输入捕获极性
参数 1	__HANDLE__,定时器的句柄
参数 2	__CHANNEL__,定时器通道号,该参数可为下列值之一: TIM_CHANNEL_1,选择定时器的通道 1 TIM_CHANNEL_2,选择定时器的通道 2 TIM_CHANNEL_3,选择定时器的通道 3 TIM_CHANNEL_4,选择定时器的通道 4
参数 3	__POLARITY__,输入捕获极性,该参数可为下列值之一: TIM_INPUTCHANNELPOLARITY_FALLING,下降沿 TIM_INPUTCHANNELPOLARITY_RISING,上升沿
返回值	无
应用实例	__HAL_TIM_SET_CAPTUREPOLARITY(&htim2, TIM_CHANNEL_1, TIM_INPUTCHANNELPOLARITY_RISING);
宏定义说明	该宏定义仅用于通用定时器和高级定时器,不可用于基本定时器,注意参数范围

7.6.3 输入捕获应用

例 7.7 测量信号功能:能测量 PWM 信号的周期、正脉冲的宽度及占空比。信号发生功能:能产生 PWM 波形。

本例使用 PB11(TIM2_CH4)作为信号输入口,PB15(TIM1_CH3N,3 通道的互补通道)作为 PWM 输出端口。

任务分析:信号发生器选择定时器 PWM 输出模式;信号测量使用定时器输入捕获模式或者 PWM 输入模式。由于 PB11(TIM2_CH4)引脚不支持 PWM 输入模式,故采用输入捕获模式。

微控制器主频设定为 72 MHz,为提高测量精度,脉冲宽度、脉冲周期分辨率 1 μs,此时应对时钟进行 72 分频,即 PSC=72-1,计数器每计 1 个数表示 1 μs。

1. CubeMX 初始化配置

(1) 配置时钟

2 个定时器均将输入时钟频率配置为 72 MHz。

(2) 定时器 TIM1 配置

TIM1 的具体配置方法见 7.5.4 节。时钟源选择内部时钟,通道 3 选择输出比较通道 3。预分频器值 PSC 配置为 72-1,计数器周期 ARR 配置为 999,输出比较模式选择 PWM 模式 1,脉冲(CCR)为 500,通道极性选择 High。

(3) 定时器 TIM2 配置

图 7-20 所示为 TIM2 的模式设置,时钟源选择内部时钟,通道 4 选择输入捕获直接模式(Input Capture direct mode)。

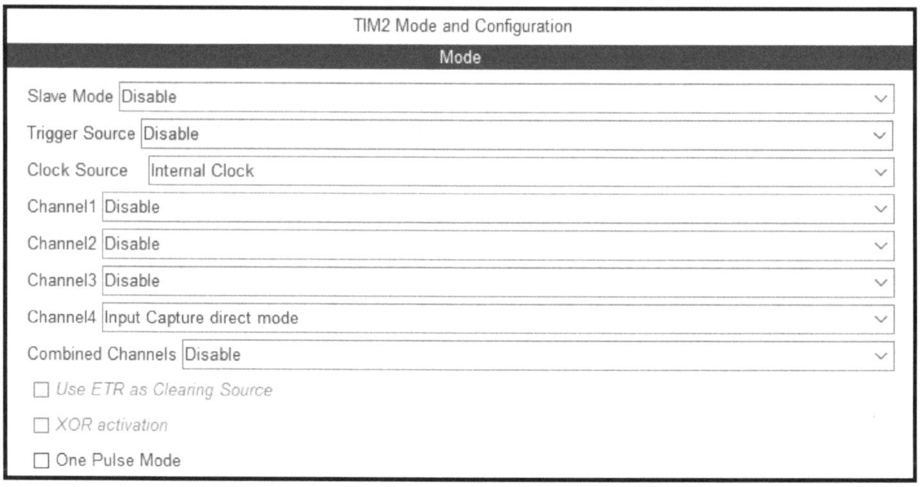

TIM2 Mode and Configuration

Mode

Slave Mode Disable

Trigger Source Disable

Clock Source Internal Clock

Channel1 Disable

Channel2 Disable

Channel3 Disable

Channel4 Input Capture direct mode

Combined Channels Disable

☐ Use ETR as Clearing Source

☐ XOR activation

☐ One Pulse Mode

图 7－20　TIM2 模式配置

图 7－21 所示为 TIM2 的参数设置，预分频器（Prescaler）配置为 72－1，计数模式（Counter Mode）选择向上（Up），计数器周期（Counter Period）配置为 0xFFFF，内部时钟分频（Internal Clock Division）选择不分频（No Division），ARR 预装载（auto-reload preload）选择禁能（Disable）。

触发输出参数设置：主从模式（Master/Slave Mode）选择禁能（Disable），触发事件（Trigger Event Selection）选择复位（Reset）。

输入捕获通道 4 设置：极性选择（Polarity Selection）选择上升沿（Rising Edge），输入捕获选择（IC Selection）选择直接（Direct），预分频比率（Prescaler Division Ratio）选择不分频（No division），输入滤波（Input Filter）选择 0。

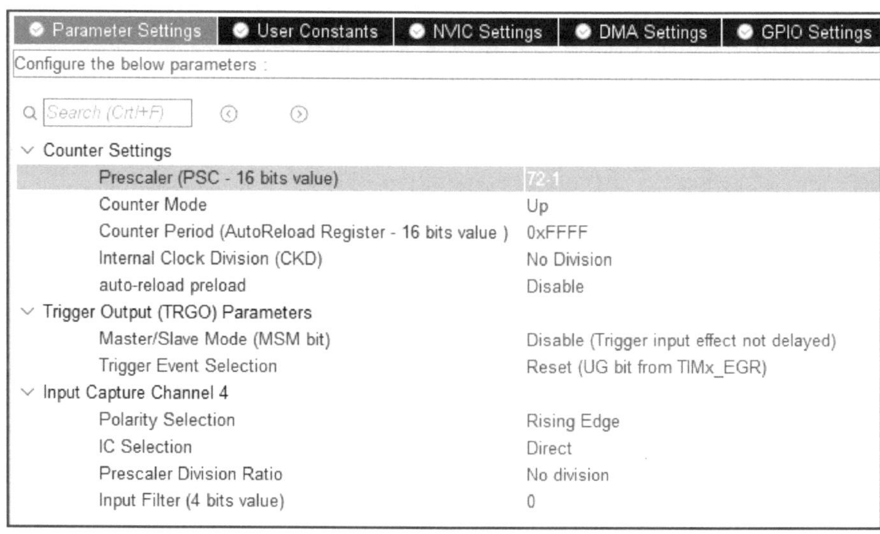

图 7－21　TIM2 参数配置

（4）NVIC 配置

中断优先级分组（Priority Group）不变，仍为 2，使能 TIM2 全局中断（TIM2 global interrupt),设置 TIM2 的抢占优先级(Preemption Priority)为 0,次优先级(Sub Priority)为 1,如图 7-22 所示。

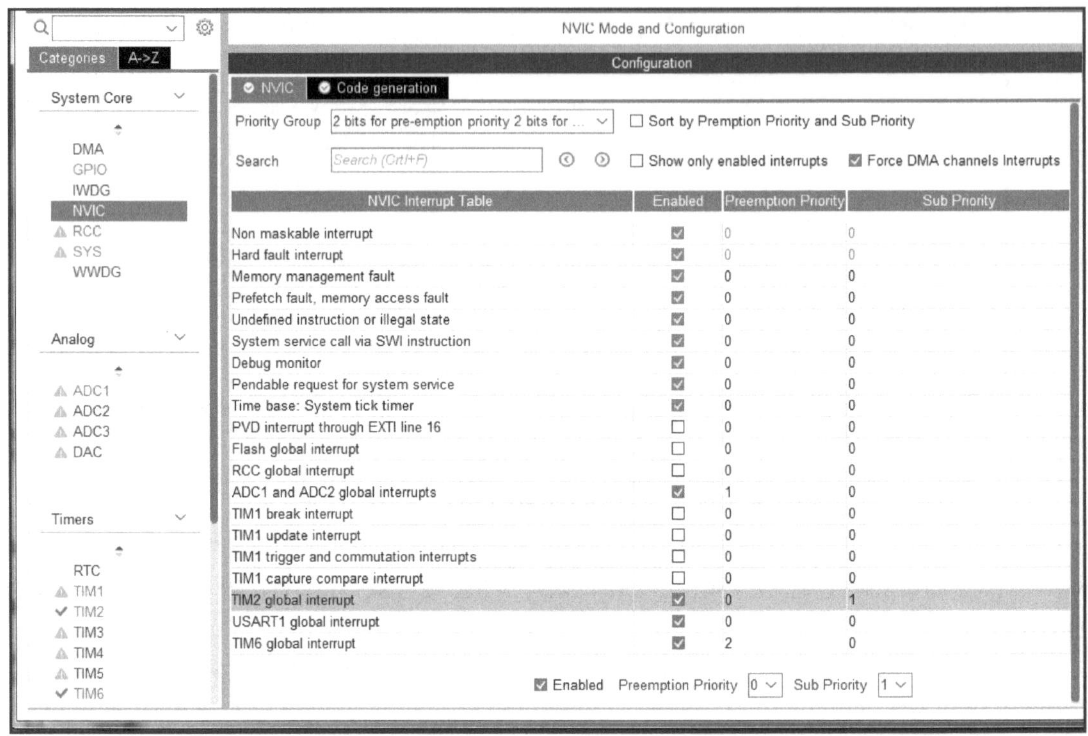

图 7-22　NVIC 设置

2. 程序设计

设置完成后生成应用程序框架,在应用程序框架中修改主程序 main( ),完成各种初始化任务、时钟配置,启动 PWM 输出和输入捕获功能,在主循环体显示测量的参数。

(1) 主函数

```
#include "main.h"
TIM_HandleTypeDef htim1;          //定时器句柄结构体变量,配置 TIM1 后,自动生成
TIM_HandleTypeDef htim2;          //定时器句柄结构体变量,配置 TIM2 后,自动生成
static uint16_t HighTime_us;      //脉宽值变量
uint16_t Period_us;               //周期值变量
uint8_t Ch2Edge,Duty_cycle;       //边沿标志(0 为上升沿,1 为下降沿)、占空比值变量
uint16_t RisingTime_us_Pre = 0, RisingTime_us = 0, FallingTime_us = 0;    //捕获值存放变量
int main(void)
{
    HAL_Init();
    SystemClock_Config();
    MX_GPIO_Init();
    MX_TIM1_Init();
    MX_TIM2_Init();
    HAL_TIMEx_PWMN_Start(&htim1,TIM_CHANNEL_3);    /启动定时器 1 互补通道 3 的 PWM 输出
    HAL_TIM_IC_Start_IT(&htim2,TIM_CHANNEL_4);    //中断方式启动定时器 2 通道 4 的输入捕获
```

```
    while (1)
    {
        DisplayDigtal(Period_us);                   //显示测量参数
        //DisplayDigtal(HighTime_us);
        //DisplayDigtal(Duty_cycle);
    }
}
```

(2) 输入捕获中断回调函数

信号边沿会触发输入捕获中断回调函数,在函数内部读取捕获数据并计算波形参数。

```
void HAL_TIM_IC_CaptureCallback(TIM_HandleTypeDef * htim)
{
        if(htim ->Channel == HAL_TIM_ACTIVE_CHANNEL_4)          //判断通道 4
        {
            if(Ch2Edge == 0)                                    //判断上升沿,= 0,上升沿处理
            {
                RisingTime_us = HAL_TIM_ReadCapturedValue(&htim2, TIM_CHANNEL_4);
                                                                //捕获上升沿
              __HAL_TIM_SET_CAPTUREPOLARITY(&htim2,TIM_CHANNEL_4, TIM_INPUTCHANNELPOLARITY_FALLING);
                                                                //修改捕获极性为下降沿
                HAL_TIM_IC_Start_IT(&htim2, TIM_CHANNEL_4);//重启捕获
                Ch2Edge  = 1;                                   //置下降沿标志
                if(RisingTime_us == RisingTime_us_Pre)
                                                        //当前上升沿捕获值与前一次比较,计算周期
                    {
                        Period_us  = 0;
                    }
                else
                {
                    if(RisingTime_us > RisingTime_us_Pre)
                    {
                        Period_us = RisingTime_us  -  RisingTime_us_Pre;
                    }
                    else
                    {
                        Period_us = 0xffff - RisingTime_us_Pre  + RisingTime_us + 1;
                    }
                }
            RisingTime_us_Pre = RisingTime_us;                  //保存当前上升沿捕获值为前值
        }
        else                                                    //下降沿处理
        {
          FallingTime_us = HAL_TIM_ReadCapturedValue(&htim2, TIM_CHANNEL_4);       //捕获下降沿
          __HAL_TIM_SET_CAPTUREPOLARITY(&htim2, TIM_CHANNEL_4, TIM_INPUTCHANNELPOLARITY_RISING);
                                                                //修改捕获极性为上升沿
```

```
        HAL_TIM_IC_Start_IT(&htim2, TIM_CHANNEL_4);                //重启捕获
        Ch2Edge = 0;                                               //置上升沿标志
        if(FallingTime_us < RisingTime_us_Pre)
                                   //当前下降沿沿捕获值与前一次上升沿比较,计算脉宽
        {
            HighTime_us = 0xffff - RisingTime_us + 1 + FallingTime_us;
        }
    else
        {
            HighTime_us = FallingTime_us - RisingTime_us;
        }
    if(Period_us ! = 0)
        {
            Duty_cycle = (uint8_t)(((float)HighTime_us / Period_us) * 100);
                                                                   //计算占空比
        }
    }
  }
}
```

本章习题

1. 解释 HAL_TIM_Base_Start_IT(&htim6)语句的作用。

2. 解释 HAL_TIM_PeriodElapsedCallback 函数的作用、参数及函数调用语句的作用。

3. 使用普通定时器 TIM7 周期定时,时钟源频率为 72 MHz,定时周期为 1 ms。

① 配置预分频器(PSC)和自动重装载寄存器(ARR)参数。

② 设计定时程序,要求能够记录 ms、s 和 min。

4. 编写 8 位跑马灯函数,即每次只亮一个 LED,依次为 D1,D2,…,D8,时间间隔为 1 s。不能阻塞 CPU 运行,电路见图 4-10。

5. 设计一个简单的秒表程序,利用 LED 显示计时秒数。秒表有 1 个按键,按下 1 次,秒表开始计数;按下 2 次,计数停止;按下 3 次,计数器清 0。

6. 设计自动冲水器电路并编写程序,要求如下:

① 采用红外对管,在接收端进行人体检测。冲水电磁阀采用 DC6V 供电,功耗 1 W。

② 检测到来人时冲水 3 s 后关闭,检测到人离去,冲水 10 s 后关闭。

7. 编写使蜂鸣器鸣响函数,不能阻塞 CPU 运行,函数入口参数为蜂鸣时间,单位为 ms。蜂鸣器由 PC12 引脚控制,高电平有效。

8. 比较输出模式下,定时器时钟源频率为 72 MHz,若 PSC=71,ARR=24,CCR=4,则

① 输出 PWM 信号的占空比及频率为多少?若高电平为 3.3 V,则输出平均电压为多少?

② 如欲输出周期为 1 ms、分辨率为 0.05%的 PWM 信号,PSC、ARR 的值如何设置?

③ 若欲输出占空比为 50%的信号,CCR 值如何设置?

9. 直流电机供电电压为 DC6 V,最大功率为 10 W,请设计电机驱动电路,使其具备调速功能,并编写调速函数。

10. 微控制器定时器输入捕获功能的捕获方式有几种？假设使用定时器 TIM1 捕获通道测量信号周期，定时器时钟源频率为 72 MHz，若测量分辨率要求为 0.5 ms，试配置预分频器 PSC，重装载寄存器 ARR 参数。

11. 试设计程序对 PWM 的信号宽度进行测量，当检测到 PWM 信号为 0.56 ms 高电平、0.56 ms 低电平时，返回数字 0；当检测到 PWM 信号为 0.56 ms 高电平、1.68 ms 低电平时，返回数字 1。

12. 针对本章例 7.6 问题，设计按键启动信号灯控制的程序。

第 8 章　串口通信原理及应用

本章主要内容：通信的基本概念，通信协议及串口通信接口电平转换；STM32 通用同步异步收发器（Universal Synchronous Asynchronous Receiver Transmitter，USART）的结构、功能与工作原理，相关寄存器，常用的 HAL 库函数，串口通信软件编程的实现方法。

本章案例：单机通信，从机和主机方式与 PC 机串口通信；多机通信，从机方式下采用简单通信协议与 PC 机串口通信。

8.1　通信的基本概念

1. 串行通信与并行通信

串行通信是指设备间通过少量通信线路，数据按位依次传输的一种通信方式。串行通信线路简单，成本低，适用于远距离数据传输，但传输速度较慢。

并行通信是数据的各位同时传送，传输速度快。并行通信适用于近距离数据传输。实际工程中串行通信应用更广泛，可节省硬件成本，且对传输线的要求较低。

2. 通信方式

串行通信方式有单工通信、半双工通信和全双工通信三类。

单工通信是指数据只能单方向传输的工作方式，即指在任何时刻都只能进行一个方向的通信，一个设备固定为发送设备，另一个设备固定为接收设备，例如遥控与遥测就是单工通信方式。

半双工通信是指通信的双方都可以收发数据，但不能双方同时进行，需要轮流交替进行，每一时刻，只能有一方发送另一方接收。这种方式要变换信道方向，效率低，但可以节约传输线路。半双工通信适用于通信双方会话式通信，例如无线对讲机。

全双工通信是指在同一时刻数据可以进行双向传输的工作方式，其速度快，适用于交互式应用（例如远程监测和控制系统），例如电话机。

3. 同步通信与异步通信

同步通信是一种比特同步通信技术，发送方除了发送数据，还要传输同步时钟信号，在时钟信号的驱动下双方进行协调，同步数据，如图 8－1 所示。通信中通常双方会统一规定在时钟信号的上升沿或下降沿对数据线进行采样。该种通信方式可以实现高速度、大容量的数据传送，但其不足是硬件复杂。

异步通信时，双方不需要共同的时钟，但需要双方约定数据的传输速率，进行数据同步。在发送信息时要有提示接收方开始接收的信息，如开始位，同时在结束时有停止位。异步通信如图 8－2 所示。

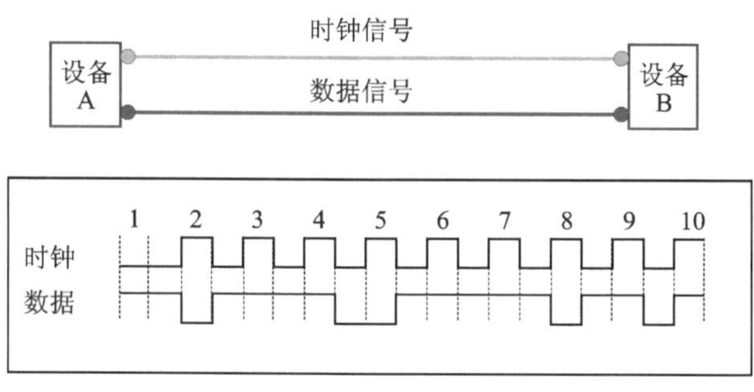

图 8－1　同步通信示意图

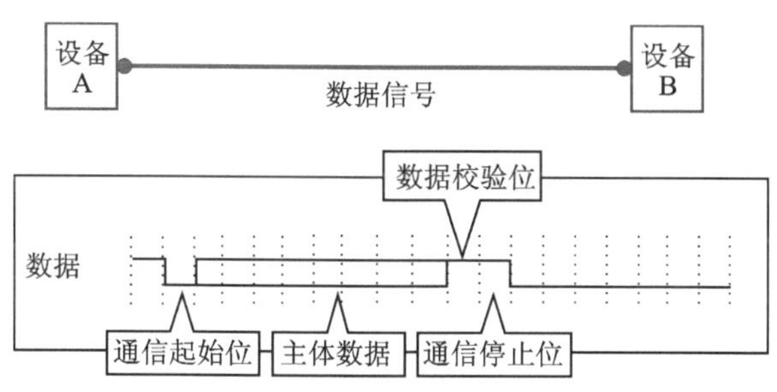

图 8－2　异步通信示意图

4. 数据传输速率

数据传输速率是指单位时间内传输数据的信息量。常用波特率和比特率来表示，其中波特率是指单位时间内传输的码元速率，码元是信息经过调制后的数据，单位为 Baud。比特率是指单位时间内传输的二进制位数，单位为比特每秒(bit/s 或 bps)。在微控制器系统中数字通信一般传输二进制数据，因此常常以 bps 为单位，用波特率度量数据传输速率，异步通信中因没有时钟信号，所以通信设备间需要约定好波特率，以便对信号进行解码，常见的波特率为 4 800 bps、9 600 bps、115 200 bps。

5. 起始信号与停止信号

异步通信数据包从起始信号开始，直到停止信号结束。数据包起始信号由一个逻辑 0 的数据位表示，而停止信号可由 0.5、1、1.5 或两个逻辑 1 的数据位表示，具体应用时，停止信号的位数选择需要通信双方一致。

6. 数据校验

在有效数据之后有一个可选的数据校验位。由于数据通信易受外部干扰而使传输数据出现偏差，故可在传输时加上校验位来解决这个问题。校验方法有奇校验(Odd)、偶校验(Even)、0 校验(Space)、1 校验(Mark)以及无校验(Noparity)。

奇校验要求有效数据和校验位中 1 的个数为奇数，比如一个 8 位长的有效数据 01101001，此时共有 4 个 1，为达到奇校验效果，校验位为 1，最后传输数据共 9 位，即 8 位有效数据加上 1 位校验位，共 9 位。偶校验与奇校验要求刚好相反，要求帧数据和校验位中 1 的个数为偶数，比如数据帧 11001010，此时数据帧 1 的个数为 4，所以偶校验位为 0。

以数据帧的格式传输数据时，一般在数据尾部增加校验字节，常用的有累加和校验和 CRC 校验方式。

8.2　串行通信协议

对于通信协议,也可采用分层的方式来理解,通常把它分为物理层和协议层。物理层规定通信系统中具有机械、电气功能部分的特性,确保原始数据在物理媒体的传输。协议层主要规定通信逻辑,统一收发双方的数据打包、解包标准。

8.2.1　物理层

物理层用于实现原始数据在通信通道上的传输,是数据通信的基础。物理层有四个特性,分别是机械特性、电气特性、功能特性和规程特性,物理层能确保原始数据在各种物理媒体上的传输。物理层为设备之间的数据通信提供传输媒体及互联设备,为数据传输提供可靠的环境。

机械特性定义接口所用的接线器的形状和尺寸、引线数目和排列、固定和锁定装置等;电气特性定义接口电缆的各条线上的电压范围;功能特性定义某条线上出现的某一电平的电压表示的意义;规程特性定义物理线路的工作过程和时序关系。

逻辑电平是产生信号的状态,通常由信号与地线之间的电位差来体现。逻辑电平浮动范围由器件特性所决定,数字电路利用信号0和1进行设计,在实际工作中,集成电路器件需要一个特定的电压电流标准去判定信号是0还是1,通常这个标准称为逻辑电平。

常见的逻辑电平有:TTL、CMOS、LVDS、RS-232、RS-422、RS-485、CML、SSTL、HSTL等。TTL和CMOS按照典型电压可分为5V系列、3.3V系列、2.5V系列和1.8V系列;RS-232、RS-422和RS-485是串口电平标准,RS-232是单端输入/输出,RS-422和RS-485是差分输入/输出;LVDS、CML等是差分输入/输出;SSTL主要用于DDR储存器,HSTL主要用于QDR存储器。

1. TTL电平标准

一般情况下,TTL电平使用高电平表示二进制逻辑1,使用低电平表示逻辑0。3.3 V供电时,逻辑1电平为2.4~3.3 V,逻辑0电平为0~0.4 V。STM32微控制器串行通信口为TTL电平,以TTL电平串行传输数据,具有抗干扰性差、传输距离短的缺点。因此TTL电平常用于电路板内器件之间或设备内的近距离通信。

2. RS-232C标准

RS-232C标准的全称是EIA-RS-232C标准,它规定连接电缆和机械、电气特性、信号功能及传送过程。RS-232C发送器和接收器之间具有公共信号地(GND),直接可靠进行数据传输的最大通信距离为15 m。

个人计算机提供的串行端口终端的传输速度一般都可以达到115 200 bps甚至更高,标准串口能提供的传输速率为:1 200 bps、2 400 bps、4 800 bps、9 600 bps、19 200 bps、38 400 bps、57 600 bps、115 200 bps等。在仪器仪表或工业控制场合,9 600 bps是最常见的传输速度,传输距离和传输速度的关系成反比,适当地降低传输速度,可以延长RS-232的传输距离,提高通信稳定性。

RS-232C规定的逻辑1电平为-15~-3 V,而微控制器逻辑1是用5 V或者3.3 V表示的,因此采用RS-232C标准通信时必须对两种电平进行转换。

3. RS－485/422 标准

RS－422 接口的接收器采用高输入阻抗的差分驱动器，有比 RS－232 更强的驱动能力，能够在相同的传输线上连接多个接收节点，最多可接 10 个节点。该接收器采用主从通信模式，即一个为主设备(Master)，其余为从设备(Slave)，从设备之间不能通信。RS－422 支持单点对多的双工通信，采用四线接口，具有单独发送和接收通道。

RS－485 是在 RS－422 基础上衍生的，采用两线制接线方式，即总线式拓扑结构，在同一总线上最多可挂 32 个节点，实现多点半双工通信。

RS－485/422 的最大传输距离为 1 200 m，最大传输速率为 10 Mbps。其平衡双绞线的长度与传输速率成反比，在 100 Kbps 速率以下，才可能达到最大传输距离。一般 100 m 长的双绞线上所能获得的最大传输速率仅为 1 Mbps。图 8－3 给出了 RS－232、RS－422 和 RS－485 的 9 针串口接头的引脚定义。表 8－1 给出了 RS－232、RS－485 和 RS－422 的性能及电气参数。

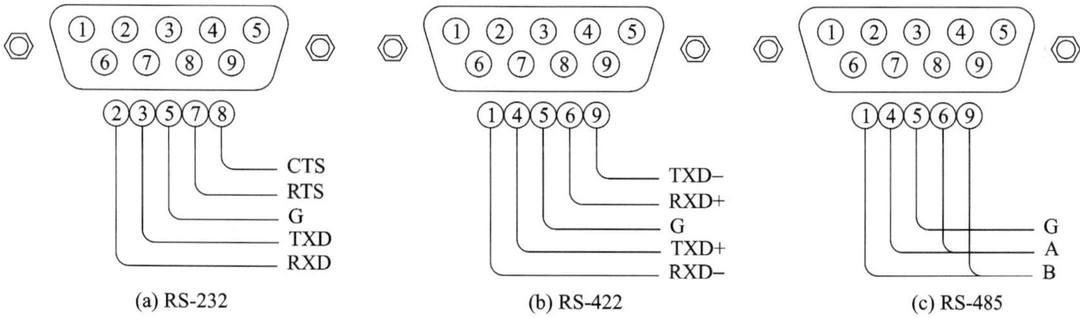

(a) RS-232　(b) RS-422　(c) RS-485

图 8－3　RS－232、RS－422 和 RS－485 接口定义及对比

表 8－1　3 种标准传输性能的比较

标　准	RS－232	RS－422	RS－485
工作方式	单端	差分	差分
节点数	1 发 1 收	1 发 10 收	1 发 32 收
最大传输电缆长度/m	15	1 200	1 200
最大传输速率	20 Kbps	10 Mbps	10 Mbps
最大驱动输出电压/V	±25 V	−0.25～+6 V	−7～+12 V
驱动器输出信号电平(负载最小值)/V	±5～±15 V	±2.0 V	±1.5 V
驱动器输出信号电平(空载最大值)	±25 V	±6 V	±6 V
驱动器负载阻抗/Ω	3 000～7 000	100	54
摆率(最大值)	30 V/μs	N/A	N/A
接收器输入电压范围	−15～15	−10～10 V	−7～+12 V
接收器输入门限	±3 V	±200 mV	±200 mV
接收器输入电阻/Ω	3 000～7 000	4 000(最小)	≥12 000
驱动器共模电压/V		−3～+3	−1～+3
接收器共模电压/V		−7～+7	−7～+12
逻辑 1 输出电平/V	−15 ～−3	2～6	2～6
逻辑 0 输出电平/V	3～15	−6～−2	−6～−2

8.2.2　通信接口电路

微控制器一般使用 TTL 电平标准,因此需要使用电平转换电路才能实现不同的通信接口。

1. RS－232 标准接口电路

使用 RS－232 标准的串口设备常见的通信结构如图 8－4 所示。其采用 DB9 接口,线路使用 RS－232 标准传输数据信号。由于 RS－232 电平标准的信号不能直接被控制器直接识别,所以需要经过一个电平转换芯片将 RS－232 电平信号转换成控制器能识别的 TTL 标准的电平信号才能实现通信。常用的电平转换芯片有 MAX3232。

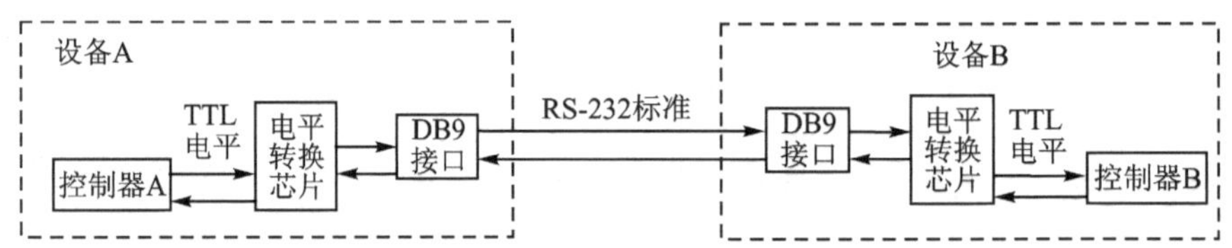

图 8－4　RS－232 串口通信结构

2. RS－485/422 标准接口电路

使用 RS－485 标准的串口设备转换电路如图 8－5 所示。微控制器串口信号经电平转换芯片转换为 RS－485 标准电平。RS－485 两线一般定义为“A,B”或“Date＋,Date－”,即常说的“485＋,485－”。常用的电平转换芯片还有 MAX485。

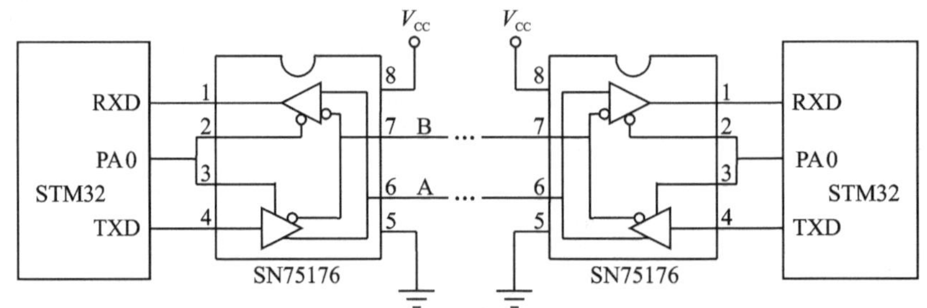

图 8－5　RS－485 串口通信转换电路

3. USB 标准接口电路

使用 USB 标准的串口设备间通信转换电路如图 8－6 所示,微控制器串口信号(RXD、TXD)经 CH340C 芯片电平转换后,送入 Type－C 接口。此转换电路可用于微控制器与 PC 机 USB 接口的通信。USB 使用的是差分传输模式,有两根数据线 D＋和 D－。D＋与 D－差

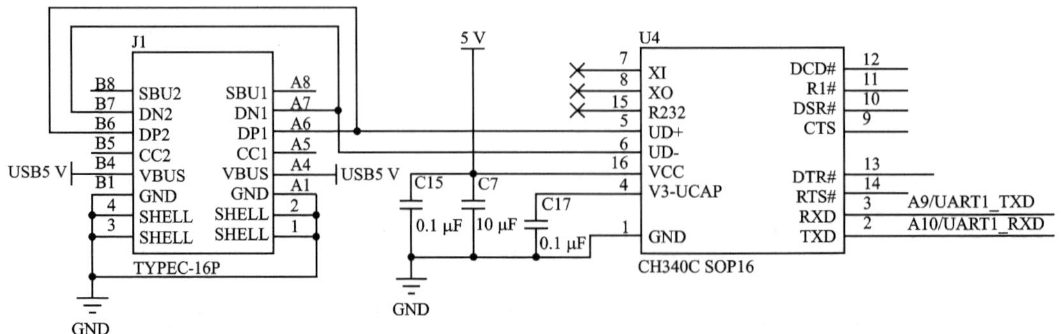

图 8－6　使用 USB 标准的串口设备间通信转换电路

分电压为 2.5～5 V，为逻辑 1 电平；D＋与 D－差分电压为－5～－2.5 V，为逻辑 0 电平。图 8-6 中的 J1 为标准 Type-C 接口。

8.2.3　协议层

协议层规定通信逻辑，统一收发双方的数据打包、解包标准。串口通信协议一般可以从两个角度来思考：底层通信协议和用户层或应用层协议。底层协议一般由计算机硬件提供商和设备厂家提供，在一般性的通信编程中很少会涉及，而用户层通信协议则是面向使用者的，也就是编程中通常谈到的通信协议。通信协议应用层主要用来约定收发双方的数据帧格式，发送方根据该协议进行数据打包，接收方根据协议进行数据解析。应用层协议可以根据实际需要自行制定通信协议。常见的应用层协议有 Modbus 协议、多功能电能表通信规约（DL/T 645—2007）等。

1. Modbus 协议

Modbus 协议，物理层常用 RS-485 接口标准，适用于单主多从设备通信，采用主从应答通信方式，协议规定了数据内容、含义及校验方式，是仪器仪表常用的协议之一，被广泛应用于各个领域，例如 PLC、变频器、流量计、上位机组态软件、各种传感器仪表等。Modbus 信息帧结构组成如下：

设备地址	功能码	数据地址	数据 1	数据…	数据 n	CRC16
从通信设备地址	操作代码，如 06 表示写数据到从设备，03 表示读数据	从设备内部数据首址	数据 1	…	数据 n	16 位循环冗余校验，通信数据传输错误校验

Modbus 协议中的数据 1～n 可根据需要自行定义，例如包含数据长度信息等。另外，协议还规定了从设备收到数据的应答规范、通信错误处理规范等，详细可参见 Modbus 协议规范手册。

2. 多功能电能表通信规约（DL/T 645—2007）

DL/T 645 是目前使用最多的多功能电能表通信规约，适用于本地系统，多功能电能表的费率装置与手持单元（HHU）或其他数据终端设备进行点对点的或一主多从的数据交换方式，该规约规定了它们之间的物理连接、通信链路及应用技术规范。DL/T 645 信息帧结构组成如下：

0x68	A0	…	A5	0x68	C	L	DI0	…	DI3	CS	0x16
帧起始符，表示一帧数据的开始	地址域，从机地址地址			帧起始符	控制码，例如 0x11，为读数据	数据域长度，如 0x04 表示 4 个字节的数据	数据域			校验码	帧结束

校验码 CS 是从帧起始符开始到校验码之前的所有各字节的模 256 的和，即各字节二进制算术和，不计超过 256 的溢出值。其他帧数据解析详细可参见 DL/T 645—2007 协议规范手册。

3. 用户自定义通信协议

用户也可以自行建立简单通信规约，基本原则如下：一是要考虑数据传输的校验数据域，可以使用简单的累加和校验，也可以采用可靠性高的 CRC 校验；二是要考虑数据通信应答，即接收方要告诉发送方接收到数据以及数据是否正确。

8.3　STM32 通用同步异步收发器

STM32 芯片有多个通用同步异步收发器 USART,可灵活地与外部设备进行全双工数据交换。有别于 USART,异步收发器 UART 外设是在 USART 基础上裁剪掉同步通信功能,只有异步通信。如果 USART 工作在异步通信时,与 UART 没有区别。

USART 满足外部设备对工业标准 NRZ 异步串行数据格式的要求,使用了小数波特率发生器,可以提供多种波特率,使其应用更加广泛。USART 支持同步单向通信和半双工单线通信、局域互联网络 LIN、智能卡(Smart Card)协议和串行红外解码编码(IrDA SIR ENDEC)通信。USART 支持使用 DMA,可实现高速数据通信。

8.3.1　USART 结构及工作原理

STM32 的 USART 内部结构及功能如图 8-7 所示。USART 主要由 4 部分构成,即外

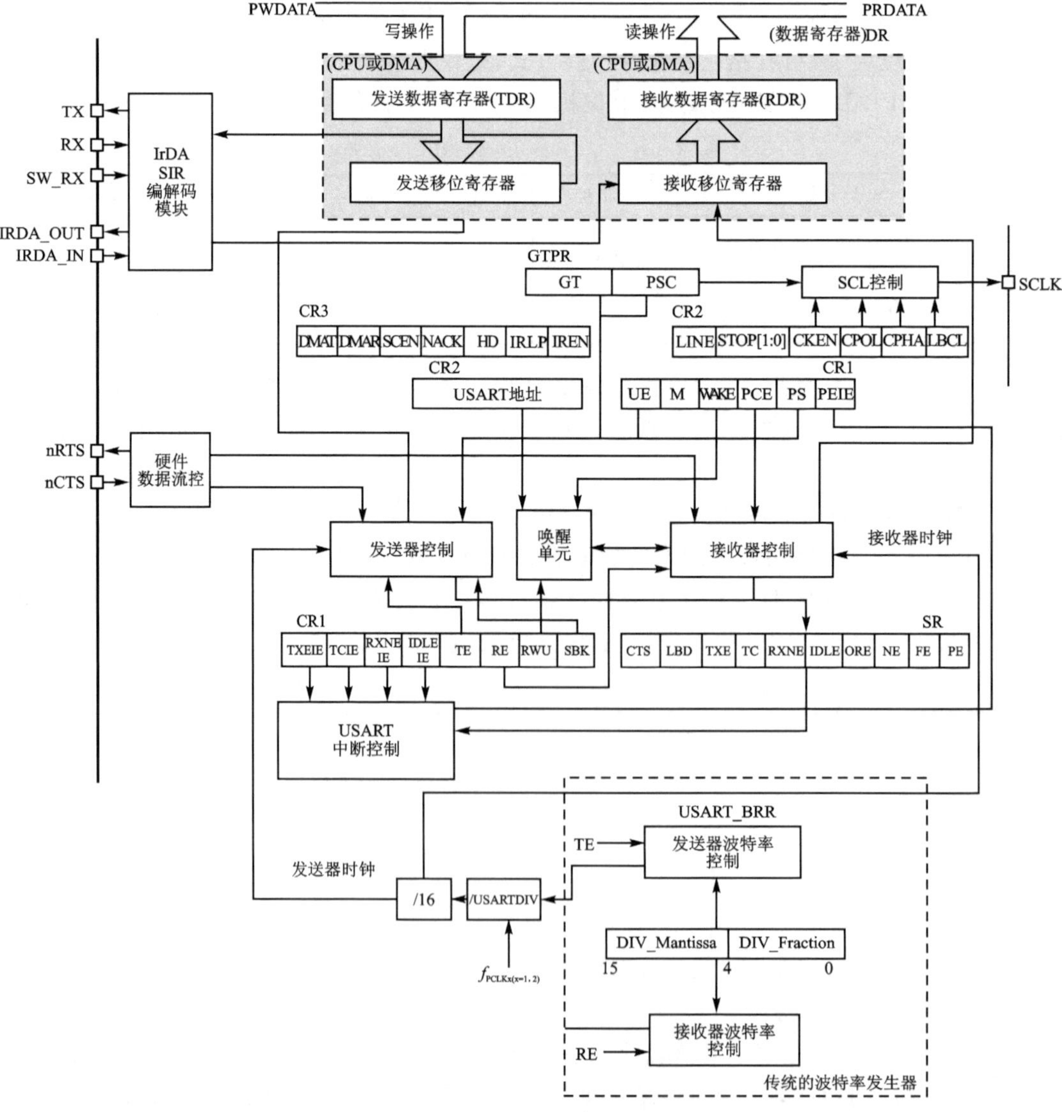

图 8-7　USART 内部结构及功能

部引脚、串行数据收发、收发控制及波特率发生器。

1. 功能引脚

TX:发送数据输出引脚。

RX:接收数据输入引脚。

在串行红外 IrDA 模式下,TX 作为 IRDA_OUT,RX 作为 IRDA_IN。在单线和智能卡模式中,TX 被同时用于数据接收和发送。

SW_RX:数据接收引脚,只用于单线和智能卡模式,属于内部引脚,无具体外部引脚。

nRTS:请求以发送(Request To Send),n 表示低电平有效。如果使能 RTS 流控制,当 USART 接收器准备好接收新数据时就会将 nRTS 变成低电平;当接收寄存器已满时,nRTS 将被设置为高电平。该引脚只适用于调制解调控制。

nCTS:清除以发送(Clear To Send),n 表示低电平有效。如果使能 CTS 流控制,发送器在发送下一帧数据之前会检测 nCTS 引脚,如果为低电平,表示可以发送数据,如果为高电平则在发送完当前数据帧之后停止发送。该引脚只适用于调制解调控制。

SCLK:发送器时钟输出引脚,仅适用于同步模式。在智能卡模式时,可为智能卡提供时钟。

STM32F103RCT6 微控制器有 3 个 USART 和 2 个 UART,其中 USART1 的时钟来源于 APB2 总线时钟,其最大频率为 72 MHz,其他 4 个的时钟来源于 APB1 总线时钟,其最大频率为 36 MHz。UART 只是异步传输功能,所以没有 SCLK、nCTS 和 nRTS 功能引脚。

USART 引脚在 STM32F103RCT6 芯片的具体分布如表 8-2 所列。USART 的功能引脚有多个引脚可选,便于硬件设计,只要在编程时软件绑定引脚即可。

表 8-2　STM32F103RCT6 芯片的 USART 引脚

引　脚	APB2 总线	APB1 总线			
	USART1	USART2	USART3	UART4	UART5
TX	PA9	PA2	PB10	PC10	PC12
RX	PA10	PA3	PB11	PC11	PD2
SCLK	PA8	PA4	PB12		
nCTS	PA11	PA0	PB13		
nRTS	PA12	PA1	PB14		

2. 数据发送接收工作原理

(1) 字长设置

一个字符帧发送需要三个部分:起始位+数据帧+停止位。起始位为低电平,数据帧就是需要发送的 8 位或 9 位数据,数据传输从最低位开始,停止位为高电平。

数据帧存放在数据寄存器 USART_DR,用于保存接收或发送的数据,只有低 9 位有效,且第 9 位数据是否有效要取决于 USART 控制寄存器 1(USART_CR1)的 M 位设置,当 M 位为 0 时表示 8 位数据字长,当 M 位为 1 时表示 9 位数据字长,一般使用 8 位数据字长。

USART_DR 寄存器实际包含两个寄存器,即用于发送的可写 TDR 寄存器和用于接收的可读 RDR 寄存器。当进行发送操作时,往 USART_DR 写入的数据自动存储在 TDR 内;当进行接收操作时,从 USART_DR 读数据并自动提取 RDR 数据。

停止位位长可以通过 USART 控制寄存器 2(USART_CR2)的 STOP[1:0]位控制,可选 0.5 个、1 个、1.5 个和 2 个停止位,默认使用 1 个停止位,2 个停止位适用于常规 USART 模式、单线模式和调制解调器模式,0.5 个和 1.5 个停止位用于智能卡模式。1 个停止位的字长设置如图 8-8 所示。

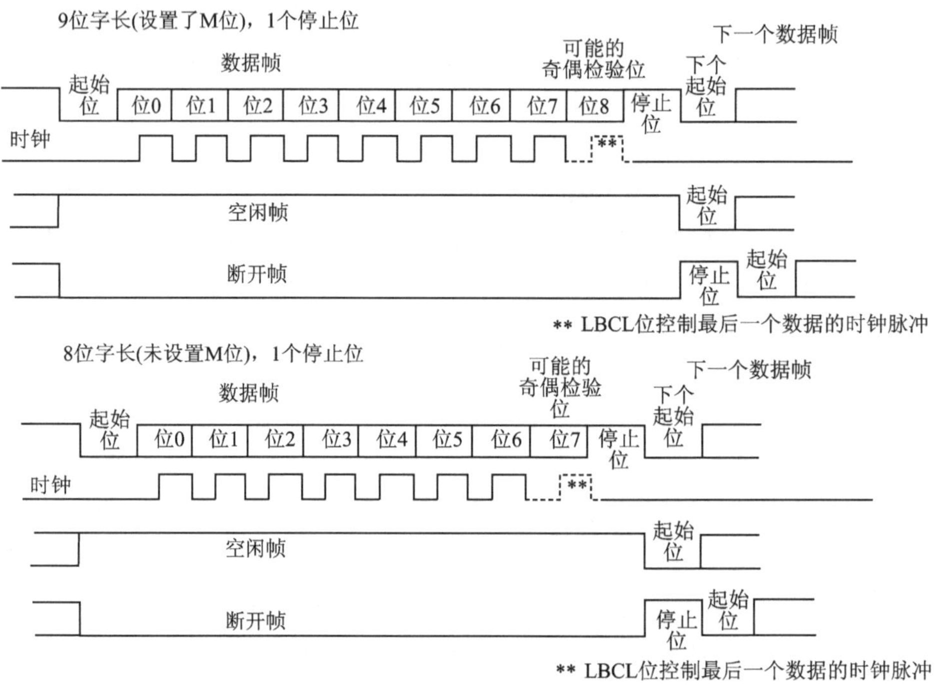

图 8-8　字长设置图

(2) 数据发送工作原理

当 USART_CR1 寄存器的发送使能位 TE 置 1 时,启动数据发送,发送移位寄存器的数据会在 TX 引脚输出。需要检查 USART 状态寄存器(USART_SR)来判断发送是否完成。

下面通过数据发送时序说明工作原理,如图 8-9 所示。发送器开始会先发送一个空闲帧(一个数据帧长度的高电平),接下来就可以往 TDR 寄存器写入要发送的数据。在写入一个数据后,TXE 位自动清 0,当寄存器中的数据被硬件转移到移位寄存器时,TXE 位被硬件置位,表示 TDR 数据寄存器空,可以再送数据到 TDR 寄存器,实现连续数据通信。如果 USART_CR1 寄存器的 TCIE 位置 1,将产生中断。图 8-9 中 TC 标志是移位寄存器状态,用来判断 TDR 数据是否从 TX 引脚全部移出,当全部数据从 TX 引脚移出且 TDR 无数据时(此时 TXE=1),TC 位被硬件置 1,表明数据发送完成。

(3) 数据接收工作原理

将 USART_CR1 寄存器的 RE 位置 1,使能 USART 接收,接收器在 RX 线开始搜索起始位。在确定到起始位后就根据 RX 线电平状态把数据存放在接收移位寄存器内。接收完成后把接收移位寄存器数据移到 RDR 内,并把 USART_SR 寄存器的 RXNE 位置 1,表明收到接

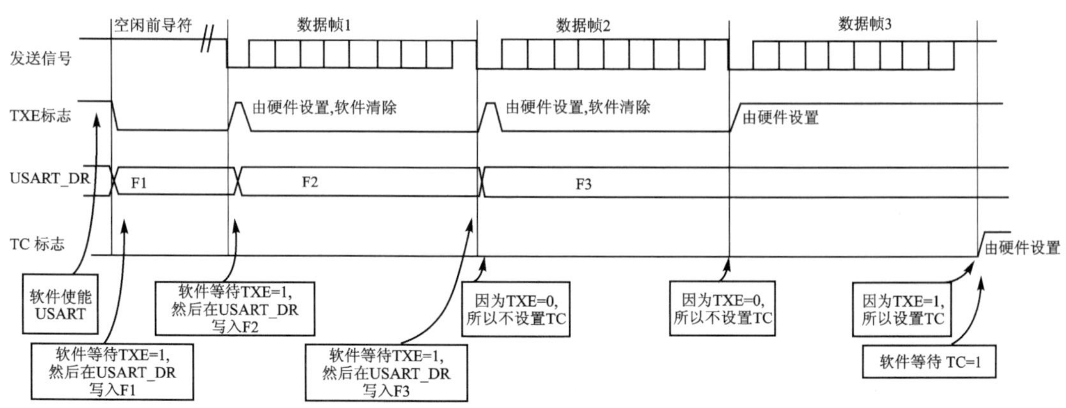

图 8－9　发送数据时序图

收数据寄存器的数据，这时需要读走 USART_DR 寄存器数据，对 USART_DR 寄存器进行读操作，会自动对 RXNE 位清 0。同时如果 USART_CR2 寄存器的 RXNEIE 置 1 则可以产生中断。

3. 波特率

通过对时钟分频控制可以改变波特率。波特比率寄存器 USART_BRR 存放分频因子 USARTDIV，USART_BRR[15:4]12 位存放分频因子整数部分，USART_BRR[3:0]4 位存放分频因子小数部分（实际分数形式的分子部分，分母固定为 16）。

USART 的发送器和接收器使用相同的波特率，即

$$波特率 = \frac{f_{CK}}{16 * USARTDIV} \tag{8-1}$$

其中，f_{CK} 为 USART 时钟，USARTDIV 为分频因子。例如，配置 USART_BRR[15:4]＝24(0x18)、USART_BRR[3:0]＝10(0x0A)，那么 USARTDIV 的小数位为 10/16＝0.625，整数位为 24，最终 USARTDIV 的值为 24.625。

波特率的常用值有 2 400、9 600、19 200、115 200。

例 8.1　若使用 USART1 口通信，波特率为 115 200 bps，如何设定寄存器值得到波特率的值？

假设 USART1 使用 APB2 总线时钟为 72 MHz（最高时钟值），即 $f_{CK}=72$ MHz，为得到 115 200 bps 波特率，此时

$$115\,200 = \frac{7200\,0000}{16 * USARTDIV} \tag{8-2}$$

解得 USARTDIV＝39.062 5，可算得 USART_BRR[3:0]＝0.062 5 * 16＝1＝0x01，USART_BRR[15:4] ＝0x27，即应该设置 USART_BRR 的值为 0x271。

4. 相关寄存器

USART 的功能通过操作相应寄存器来实现，USART 相关寄存器见表 8－3，包括数据寄存器（USART_DR）、控制寄存器 1（USART_CR1）、控制寄存器 2（USART_CR2）、控制寄存器 3（USART_CR3）、状态寄存器（USART_SR）、波特比率寄存器（USART_BRR）、保护时间和预分频寄存器（USART_GTPR）。

表 8-3　STM32 微控制器 USART 相关寄存器

序　号	寄存器	名　称	功能描述
1	USART_SR	状态寄存器	反映 USART 的状态
2	USART_DR	数据寄存器	保存接收或发送的数据
3	USART_BRR	波特比率寄存器	修改串口时钟的分频值设置波特率
4	USART_CR1	控制寄存器 1	设置 USART 模块使能、字长设置、中断使能等
5	USART_CR2	控制寄存器 2	设置停止位位数、时钟使能、时钟极性等
6	USART_CR3	控制寄存器 3	设置硬件流控制、DMA 模式、红外模式等
7	USART_GTPR	保护时间和预分频寄存器	智能卡和红外模式使用

(1) USART 寄存器常用控制位(见表 8-4)

表 8-4　USART 寄存器常用控制位

位	定义及功能说明
USART_CR1 位 7	TXEIE:发送缓冲区空中断使能(TXE Interrupt Enable),该位由软件设置或清除。0:禁止产生中断;1:当 USART_SR 的 TXE 为 1 时,产生 USART 中断
USART_CR1 位 6	TCIE:发送完成中断使能(Transmission Complete Interrupt Enable),该位由软件设置或清除。0:禁止产生中断;1:当 USART_SR 的 TC 为 1 时,产生 USART 中断
USART_CR1 位 5	RXNEIE:接收缓冲区非空中断使能(RXNE Interrupt Enable),该位由软件设置或清除。0:禁止产生中断;1:当 USART_SR 的 ORE 或者 RXNE 为 1 时,产生 USART 中断。
USART_CR1 位 3	TE:发送使能(Transmitter Enable),该位使能发送器。由软件设置或清除。0:禁止发送。1:使能发送。注:在数据传输过程中,除智能卡模式下,若 TE 位上有个 0 脉冲(设置为 0 之后再设置为 1),在当前数据字传输完成后发送一个"前导符"(空闲总线);当 TE 被设置后,在真正发送开始之前,有一个比特时间延迟
USART_CR1 位 2	RE:接收使能(Receive Enable),该位由软件设置或清除。0:禁止接收;1:使能接收,并开始搜索 RX 引脚上的起始位

(2) USART 寄存器常用状态位(见表 8-5)

表 8-5　USART 寄存器常用状态位

位	定义及功能说明
USART_SR 位 7	TXE:发送数据寄存器为空(Transmit Data Register Empty)。当 TDR 寄存器中的数据被硬件转移到移位寄存器时,该位被硬件置位。若 USART_CR1 寄存器中的 TXEIE 为 1 则产生中断。对 USART_DR 写操作,将该位清 0。0:数据没被转移到移位寄存器;1:数据已转移到移位寄存器。注:单缓冲器传输中使用该位
USART_SR 位 6	TC:发送完成(Transmission Complete)。当包含有数据的一帧发送完成后,且 TXE=1 时,硬件将该位置 1。如果 USART_CR1 中的 TCIE 为 1,则产生中断。由软件序列清除该位(先读 USART_SR,然后写入 USART_DR)。TC 位也可以通过写入 0 来清除,只有在多缓存通信中才推荐这种清除程序。0:发送还未完成;1:发送完成
USART_SR 位 5	RXNE:读数据寄存器非空(Read Data Register Not Empty)。当 RDR 移位寄存器中的数据被转移到 USART_DR 寄存器中时,该位被硬件置位。如果 USART_CRl 寄存器中的 RXNEIE 为 1,则产生中断。对 USART_DR 的读操作可以将该位清 0。RXEN 位也可以通过写入 0 来清除,只有在多缓存通信中才推荐这种清除程序。0:数据没有收到;1:收到数据,可以读出

8.3.2　串口通信使用流程

1. 数据发送

发送器配置及编程步骤如下：

① 通过在 USART_CR1 寄存器上置位 UE 位来激活 USART。

② 编程 USART_CR1 的 M 位来定义字长。

③ 在 USART_CR2 中编程停止位的位数。

④ 如果采用多缓冲器通信，配置 USART_CR3 中的 DMA 使能位（DMAT）。按照多缓冲器通信中的描述配置 DMA 寄存器。

⑤ 利用 USART_BRR 寄存器选择要求的波特率。

⑥ 设置 USART_CRI 中的 TE 位，发送一个空闲帧作为第一次数据发送。

⑦ 把要发送的数据写进 USART_DR 寄存器（此动作清除 TXE 位）。在只有一个缓冲器的情况下，对每个待发送的数据重复本步骤。对 USART_DR 寄存器写数据前需要先判定 TXE＝1。

⑧ 在 USART_DR 寄存器中写入最后一个数据后，要等待 TC＝1，它表示最后一个数据帧的传输结束。当需要关闭 USART 或需要进入停机模式之前，需要确认传输结束，避免破坏最后一次传输。

2. 数据接收

在 USART 接收期间，数据的最低有效位首先从 RX 脚移进。在此模式中，USART_DR 寄存器包含的缓冲器位于内部总线和接收移位寄存器之间。其配置及编程步骤如下：

① 将 USART_CR1 寄存器的 UE 置 1 来激活 USART；

② 编程 USART_CR1 的 M 位来定义字长；

③ 在 USART_CR2 中编写停止位的个数；

④ 如果须多缓冲器通信，选择 USART_CR3 中的 DMA 使能位（DMAR），按照多缓冲器通信要求配置 DMA 寄存器；

⑤ 利用波特率寄存器 USART_BRR 选择所需的波特率；

⑥ 设置 USART_CR1 的 RE 位，激活接收器，使它开始寻找起始位。

当一个字符被接收时，RXNE 位被置 1，它表明移位寄存器的内容被转移到 RDR，也就是说，数据已经被接收且可以被读出。如果 RXNEIE 位被设置，则产生中断。在接收期间如果检测到帧错误、噪声或溢出错误，错误标志将被置起。

在多缓冲器通信时，RXNE 在每个字节接收后被置起，并由 DMA 对数据寄存器的读操作来清 0。由软件读 USART_DR 寄存器完成对 RXNE 位的清除。RXNE 标志也可以通过对它写 0 来清除，而这个清 0 必须在下一节字符被接收结束前被清 0，以避免溢出错误。

若使用 STM32CubeMX 初始化代码生成工具编程，可以实现步骤①～⑤的配置。第⑥步需要用户编写程序启动发送或接收数据，若使用中断，参照 6.5.2 小节的内容进行中断配置。

8.4　UART 常用 HAL 库函数

1. 串口初始化函数

(1) 初始化函数

函数名称	HAL_UART_Init
函数原型	HAL_StatusTypeDef HAL_UART_Init(UART_HandleTypeDef * huart)
功能描述	按照串口句柄中指定的参数初始化串口
入口参数	* huart:串口句柄的地址,例如对 UART1 操作,取值 &huart1
返回值	HAL 状态值: HAL_OK 表示初始化成功; HAL_ERROR 表示参数错误; HAL_BUSY 表示串口被占用; HAL_TIMEOUT 表示初始化超时
函数说明	① 该函数将调用与 MCU 相关的初始化函数 HAL_UART_MspInit 完成时钟、引脚和中断等底层硬件的初始化操作。 ② 该函数由 CubeMX 自动生成,在 CubeMX 配置串口后,不需要用户再调用

(2) 相关结构体

① 串口 UART 外设句柄结构体

```
typedef struct
{
    USART_TypeDef               * Instance;    //串口寄存器的基地址定义,实例 UART1、UART2
    UART_InitTypeDef            Init;          //串口初始化结构体数据类型
    uint8_t                     * pTxBuffPtr;  //串口发送缓冲区首地址
    uint16_t                    TxXferSize;    //串口待发送数据个数
    uint16_t                    TxXferCount;   //串口待发送数据计数器
    uint8_t                     * pRxBuffPtr;  //串口接收缓冲区首地址
    uint16_t                    RxXferSize;    //串口待接收数据个数
    uint16_t                    RxXferCount;   //串口待接收数据计数器
    DMA_HandleTypeDef           * hdmatx;      //串口发送 DMA 通道句柄
    DMA_HandleTypeDef           * hdmarx;      //串口接收 DMA 通道句柄定义
    HAL_LockTypeDef             Lock;          //保护锁类型定义
    __IO HAL_UART_StateTypeDef  gState;        //串口全局状态和发送状态信息
    __IO HAL_UART_StateTypeDef  RxState;       //串口接收状态信息
    __IO uint32_t               ErrorCode;     //串口错误代码
}UART_HandleTypeDef;
```

2) 串口初始化结构体

```
typedef struct
{
    uint32_t BaudRate;              //设置通信波特率
    uint32_t WordLength;            //设置通信数据位的字长
```

```
    uint32_t StopBits;              //设置通信字符中停止位的位数
    uint32_t Parity;                //设置奇偶校模式的校验位
    uint32_t Mode;                  //UART 模式设置接收或发送模式是否使能或禁能
    uint32_t HwFlowCtl;             //硬件流控制是否使能或禁能
    uint32_t OverSampling;          //过采样频率与信号传输频率的比例
    uint32_t CLKLastBit;            //最尾位时钟脉冲
}USART_InitTypeDef;
```

2. 轮询模式(阻塞模式)相关函数

(1) 发送函数

函数名称	HAL_UART_Transmit
函数原型	HAL_StatusTypeDef HAL_UART_Transmit(UART_HandleTypeDef * huart, uint8_t * pData, uint16_t Size, uint32_t Timeout)
功能描述	在轮询方式下发送数据
入口参数 1	* huart:串口句柄的地址
入口参数 2	* pData:待发送数据的首地址
入口参数 3	Size:待发送数据的个数
入口参数 4	Timeout:超时等待时间,以 ms 为单位,HAL_MAX_DELAY 表示无限等待
返回值	HAL 状态值: HAL_OK 表示发送成功; HAL_ERROR 表示参数错误; HAL_BUSY 表示串口被占用; HAL_TIMEOUT 表示发送超时
函数说明	① 该函数连续发送数据,发送过程中通过判断 TXE 标志来发送下一个数据,通过判断 TC 标志来结束数据的发送。 ② 如果在等待时间内没有完成发送,则不再发送,返回超时标志。 ③ 该函数由用户调用

(2) 接收函数

函数名称	HAL_UART_Receive
函数原型	HAL_StatusTypeDef HAL_UART_Receive(UART_HandleTypeDef * huart, uint8_t * pData, uint16_t Size, uint32_t Timeout)
功能描述	在轮询方式下接收数据
入口参数 1	* huart:串口句柄的地址
入口参数 2	* pData:存放接收数据的首地址
入口参数 3	Size:待接收数据的个数
入口参数 4	Timeout:超时等待时间,以 ms 为单位,HAL_MAX_DELAY 表示无限等待

返回值	HAL 状态值: HAL_OK 表示接收成功; HAL_ERROR 表示参数错误; HAL_BUSY 表示串口被占用; HAL_TIMEOUT 表示接收超时
函数说明	① 该函数连续接收数据,在接收过程中通过判断 RXNE 标志来接收新的数据。 ② 如果在超时时间内没有完成接收,则不再接收数据,返回超时标志。 ③ 该函数由用户调用

3. 中断模式(非阻塞模式)相关函数

使能中断后,接收一字节或发送一字节后申请中断,在中断中完成后续处理。特点:在数据收发期间,CPU 可以执行其他任务,CPU 利用率较高。

(1) 中断方式发送函数

函数名称	HAL_UART_Transmit_IT
函数原型	HAL_StatusTypeDef HAL_UART_Transmit_IT(UART_HandleTypeDef * huart, uint8_t * pData, uint16_t Size)
功能描述	在中断方式下发送的数据
入口参数 1	* huart:串口句柄的地址
入口参数 2	* pData:待发送数据的首地址
入口参数 3	Size:待发送数据的个数
返回值	HAL 状态值:HAL_OK 表示发送成功; HAL_ERROR 表示参数错误; HAL_BUSY 表示串口被占用
函数说明	① 函数功能是开放数据发送中断。函数将设置发送数据地址、数据长度及发送数据计数初值,置位 TXEIE 和 TCIE,使能发送数据寄存器空中断和发送完成中断。 ② 开放中断后,发送完 1 个字节,会触发 HAL_UART_IRQHandler 自动执行,执行结束会关闭中断。执行过程参见 HAL_UART_IRQHandler 函数说明。 ③ 如果继续发送数据,再调用一次此函数,以重新开启发送中断。 ④ 该函数由用户调用

(2) 中断方式接收函数

函数名称	HAL_UART_Receive_IT
函数原型	HAL_StatusTypeDef HAL_UART_Receive_IT(UART_HandleTypeDef * huart, uint8_t * pData, uint16_t Size)
功能描述	在中断方式下接收数据
入口参数 1	* huart:串口句柄的地址
入口参数 2	* pData:存放接收数据的首地址
入口参数 3	Size:待接收数据的个数

返回值	HAL 状态值： HAL_OK 表示接收成功； HAL_ERROR 表示参数错误； HAL_BUSY 表示串口被占用
函数说明	① 函数功能是开放接收数据中断。函数将设置接收数据地址、数据长度及接收数据计数初值，置位 RXNEIE，使能接收数据寄存器非空中断。使能串口接收中断。 ② 开放中断后，若接收到 1 个字节数据，会触发 HAL_UART_IRQHandler 自动执行，执行结束会关闭中断。执行过程参见 HAL_UART_IRQHandler 函数说明。 ③ 如果继续接收数据，则再调用一次此函数，以重新开启接收中断。 ④ 该函数由用户调用

(3) 串口中断处理函数

函数名称	HAL_UART_IRQHandler
函数原型	void HAL_UART_IRQHandler(UART_HandleTypeDef * huart)
功能描述	作为所有串口中断发生后的通用处理函数
入口参数	* huart：串口句柄的地址
返回值	无
函数说明	① 函数内部先判断中断类型，并清除对应的中断标志，最后调用回调函数完成对应的中断处理。 ② 若为接收中断，完成指定数量的数据接收后，将会关闭接收中断，即清 RXNEIE。最后调用接收中断回调函数 HAL_UART_RxCpltCallback 进行后续处理。 ③ 若为发送中断，完成指定数量的数据发送后，将会关闭发送中断，即清 TXEIE 和 TCIE。最后将调用发送中断回调函数 HAL_UART_TxCpltCallback 进行后续处理。用户需要编写串口发送完成回调函数。 ④ 该函数由 CubeMX 自动生成

(4) 串口发送完成中断回调函数

函数名称	HAL_UART_TxCpltCallback
函数原型	void HAL_UART_TxCpltCallback(UART_HandleTypeDef * huart)
功能描述	发送完成回调函数，用于处理所有串口的发送中断，用户在该函数内编写实际的任务处理程序
入口参数	* huart：串口句柄的地址
返回值	无
函数说明	① 函数由串口中断处理函数 HAL_UART_IRQHandler 调用，完成所有串口的发送中断任务处理。 ② 函数内部需要根据串口句柄的实例来判断是哪一个串口产生的发送中断。 ③ 函数由用户根据具体的处理任务编写。 ④ HAL_UART_TxHalfCpltCallback()回调函数在一半数据发送完成时调用

(5) 串口接收完成中断回调函数

函数名称	HAL_UART_RxCpltCallback
函数原型	void HAL_UART_RxCpltCallback(UART_HandleTypeDef * huart)
功能描述	接收完成回调函数,用于处理所有串口的接收中断,用户在该函数内编写实际的任务处理程序
入口参数	* huart:串口句柄的地址
返回值	无
函数说明	① 函数由串口中断处理函数 HAL_UART_IRQHandler 调用,完成所有串口的接收中断任务处理。 ② 函数内部需要根据串口句柄的实例来判断是哪一个串口产生的接收中断。 ③ 函数由用户根据具体的处理任务编写。 ④ HAL_UART_RxHalfCpltCallback()回调函数在一半数据接收完成时调用

4. DMA 模式(非阻塞模式)相关函数

初始化时设置相关参数,启动 DMA 传输后,数据传输过程不需要 CPU 的干预。传输完成后,再产生 DMA 中断,由 CPU 进行后续处理,传输效率最高。

(1) DMA 方式发送函数

函数名称	HAL_UART_Transmit_DMA
函数原型	HAL_StatusTypeDef HAL_UART_Transmit_DMA(UART_HandleTypeDef * huart, uint8_t * pData, uint16_t Size)
功能描述	在 DMA 方式下发送数据
输入参数 1	* huart:串口句柄的地址
输入参数 2	* pData:待发送数据的首地址
输入参数 3	Size:待发送数据的个数
返回值	HAL 状态值: HAL_OK 表示发送成功; HAL_ERROR 表示参数错误; HAL_BUSY 表示串口被占用
函数说明	① 该函数将启动 DMA 方式的串口数据发送。 ② 完成指定数量的数据发送后,可以触发 DMA 中断,调用发送完成中断回调函数。HAL_UART_TxCpltCallback 进行后续处理。 ③ 该函数由用户调用

(2) DMA 方式接收函数

函数名称	HAL_UART_ Receive _DMA
函数原型	HAL_StatusTypeDefHAL_UART_ Receive_DMA(UART_HandleTypeDef * huart, uint8_t * pData, uint16_t Size)
功能描述	在 DMA 方式下接收数据

输入参数 1	* huart：串口句柄的地址
输入参数 2	* pData：待接收数据的首地址
输入参数 3	Size：待接收数据的个数
返回值	HAL 状态值： HAL_OK 表示接收成功； HAL_ERROR 表示参数错误； HAL_BUSY 表示串口被占用
函数说明	① 该函数将启动 DMA 方式的串口数据接收。 ② 完成指定数量的数据接收后，可以触发 DMA 中断，在中断中将调用接收完成中断回调函数。HAL_UART_RxCpltCallback 进行后续处理。 ③ 该函数由用户调用

8.5　UART 工作模式与库函数处理机制

以轮询方式、中断方式和 DMA 三种编程方式，分别介绍 HAL 函数实现数据传输的机理。

8.5.1　轮询方式 HAL 库函数处理机制

轮询方式下 HAL 库提供了数据接收、发送两个函数，函数是通过查询标志位完成数据发送和接收。以数据接收函数为例，函数原型为

```
HAL_StatusTypeDef HAL_UART_Receive(UART_HandleTypeDef * huart, uint8_t * pData, uint16_t Size,
uint32_t Timeout)
```

该函数的处理机制是，连续接收数据并记录接收数据个数，在接收过程中通过判断 RXNE 标志来接收新的数据，如果在超时时间 Timeout 内没有完成接收，则不再接收数据，返回超时标志 HAL_TIMEOUT。如果入口参数 Size 长度的数据接收完成，返回接收成功标志 HAL_OK。数据存放在 * pData 指向地址。

特点：程序设计简单，但 CPU 在检测标志位期间，无法执行其他任务，CPU 利用率较低。

8.5.2　中断方式 HAL 库函数处理机制

中断模式下 HAL 库提供了中断方式下数据接收函数、发送函数、中断服务函数和中断回调函数。函数编程思想如下：

① 中断方式接收或发送函数，设置接收数据地址、数据长度及接收数据计数初值，使能接收或发送中断，即开放中断。

② 数据的收发交给中断处理函数 HAL_UART_IRQHandler 完成。

③ 收发的数据处理或数据组织，由用户在中断回调函数中编程。

下面以 UART1 串口通信为例，说明数据收发中断处理过程。

UART1 串口中断方式的处理流程如图 8－10 所示。也可以认为是 HAL 库串口中断处

理函数 HAL_UART_IRQHandler(&huart1)的执行过程。

① 先开放串口中断(调用 HAL 库中断接收或发送函数)。

② 当串口数据接收完成或发送完成会产生中断，遵循前述的 NVIC 中断处理机制，通过中断向量表，进入中断入口函数 USART1_IRQHandler，函数内部调用 HAL 库中断服务函数 HAL_UART_IRQHandler。

③ HAL_UART_IRQHandler 是中断处理函数，由于串口数据寄存器发送空、接收满、发送完成和通信错误(校验位、噪声、帧错误、过载)等均可以触发中断，但 UART1 串口中断向量只有一个，因此 HAL_UART_IRQHandler 函数需要判断中断类型，调用不同的处理函数。如果微控制器同时使用多个 UART 串口，还需要先判断哪个串口触发中断。

④ 如果是接收中断，调用中断接收处理函数 UART_Receive_IT，此函数内部按字节读取串口数据寄存器到内存，并记录接收数据数量。当接收完全部数据，关闭接收中断，调用接收中断回调函数 HAL_USART_RxCpltCallback。其他中断的处理与之类似。

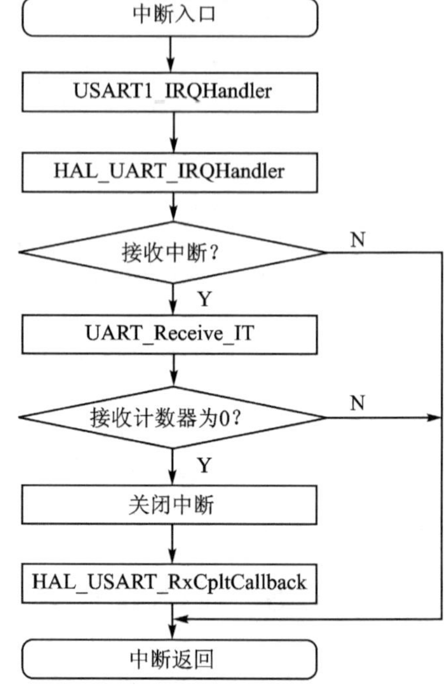

图 8-10　串口通信中断处理流程

8.5.3　DMA 方式 HAL 库函数处理机制

1. DMA 基本概念

DMA 用来提供在外设和存储器之间或者存储器和存储器之间的高速数据传输。DMA 传输过程的初始化和启动由 CPU 完成，传输过程由 DMA 控制器来执行，无须 CPU 参与，从而节省 CPU 资源，提高资源利用率。

使用 DMA 方式传输数据，一般要考虑如下参数的配置：

① DMA 传输方式。主要涉及 4 种情况的数据传输(外设到内存、内存到外设、内存到内存、外设到外设)，但其本质是一样的，都是从内存的某一区域传输到内存的另一区域(外设的数据寄存器本质上就是内存的一个存储单元)。串行通信 DMA 方式属于外设到内存、内存到外设。

② DMA 传输参数。包括数据的源地址、数据传输目标地址、数据传输量。数据量是可编程的，最大为 65 535。

③ DMA 传输模式。在常规传输模式(Normal)下，当用户将参数设置好，使能 DMA 传输(DMA 控制寄存器的使能位)，控制器就会启动数据传输，当剩余传输数据量为 0 时，达到传输终点，结束 DMA 传输。在循环传输模式(Circular)下，当到达传输终点时会重新启动 DMA 传输。

④ DMA 传输数据宽度。支持字节、半字、全字数据传输，源和目标地址必须按数据传输宽度对齐。

⑤ DMA 传输事件标志。包括 DMA 半传输、DMA 传输完成和 DMA 传输出错 3 个事件

标志逻辑，均有使能控制位开放中断请求。

⑥ DMA 中断优先级。在同一个 DMA 模块上，多个请求间的优先权可以通过软件编程设置(共有 4 级：最高、高、中和低)，优先权设置相等时由硬件决定。较低编号的通道比较高编号的通道有较高的优先权。

2. DMA 方式串口通信处理机制

HAL 库提供了 DMA 模式下数据接收函数、数据发送函数。DMA 方式下同时开放了接收、发送中断，由于 DMA 方式下数据传输不需要 CPU 参与，没有中断处理函数，因此在接收、发送完成后，直接调用中断回调函数。串口发送、接收库函数处理机制如下：

(1) 串口发送

以 DMA 方式发送指定长度的数据，过程如下：把发送缓冲区指针指向要发送的数据，设置发送长度，设置 DMA 传输完成中断的回调函数，使能 DMA 控制器中断，使能 DMA 控制器传输，使能 UART 的 DMA 传输请求，然后 UART 便会发送数据，直到发送完成，触发 DMA 中断。

DMA 中断处理过程。如果 DMA 模式是循环模式，则直接调用 DMA 传输完成中断回调函数。如果 DMA 模式是常规模式，则先关闭 DMA 传输完成中断，再调用 DMA 传输完成中断回调函数。

DMA 传输完成中断回调函数处理。如果 DMA 模式是循环模式，则直接调用串口发送完成回调函数。如果 DMA 模式是常规模式，则先关闭 UART 的 DMA 传输请求，再使能串口传输完成中断，直到传输完成，触发串口传输完成中断。

串口传输完成中断处理过程。关闭中断，调用串口发送完成回调函数。

(2) 串口接收

以 DMA 方式接收指定长度的数据，过程如下：把接收缓冲区指针指向要存放接收数据的数组，设置接收长度、接收计数器初值，设置 DMA 传输完成中断的回调函数，使能 DMA 控制器中断，使能 DMA 控制器传输，使能 UART 的 DMA 传输请求，然后 UART 接收到数据，便会通过 DMA 把数据存到接收缓冲区，直到接收到指定长度的数据，触发 DMA 中断。

DMA 中断处理过程。若 DMA 模式是循环模式，则直接调用 DMA 传输完成中断回调函数。如果 DMA 模式是常规模式，则先关闭 DMA 传输完成中断，再调用 DMA 传输完成中断回调函数。

8.6　UART 应用实例

一般 UART 编程流程可以分为以下几步：

① 设置 UART 的 I/O 引脚，复用配置。

② 配置 UART 的参数：工作模式(选择异步)、波特率、数据字长、奇偶校验、停止位、数据方向。

③ 如果使用中断方式，须配置中断优先级、使能中断。

④ 如果使用 DMA 方式，须配置传输模式(循环或常规)、数据宽度(字节、半字、字)、中断优先级。

⑤ 编写收发启动程序及数据处理函数，如果使用中断或 DMA 方式，用户程序编写在中断回调函数里，如果使用多个 UART，需要判断串口编号。

前 4 步可通过 STM32CubeMX 工具软件配置实现。

8.6.1　单机通信应用

单机通信也称点对点通信,通常采用应答方式通信,即主机发送信息,从机回答。

微控制器可为从机接收信息,由于通信事件发生的时间不确定性,数据接收一般采用前台模式,即中断方式或 DMA 方式;应答发送任务可以在中断中完成,也可以在后台,即主循环程序中完成,通过查询标志完成发送任务。

微控制器可为主机发送信息,由于通信事件发生时间确定,例如定时触发或按键触发发送,数据发送可以采用轮询方式在后台完成发送任务;接收信息任务可以在中断中完成,也可以在后台,即主循环程序中完成。

1. 从机通信应用案例

例 8.2　微控制器为从机,PC 为主机,发送 10 个字节数据。微控制器通过 UART1 串口接收数据后,返回收到的数据。PC 机利用 USB 口,基于芯片 CH340G 实现 USB 转 UART,与微控制器实现串口通信。PC 机利用串口调试工具模拟发送数据。

实现:采用前后台编程模式。前台程序为接收程序,在中断回调函数中实现,一旦数据接收完成,则设置一个标志位为 1。后台程序为发送程序,在 main 函数的 while(1)主循环中检测接收完成标志位是否为 1。如果为 1,表明数据接收完成,已经存放在接收缓冲区中。然后先清除标志位,再发回接收的数据原样。由于数据接收完成后会关闭串口中断,因此若连续接收数据,需要重新启动中断方式下的数据接收。

(1) CubeMX 初始化配置

① USART1 引脚配置,将引脚 PA9、PA10 分别配置为 UART1_TX 和 UART1_RX,如图 8-11 所示。

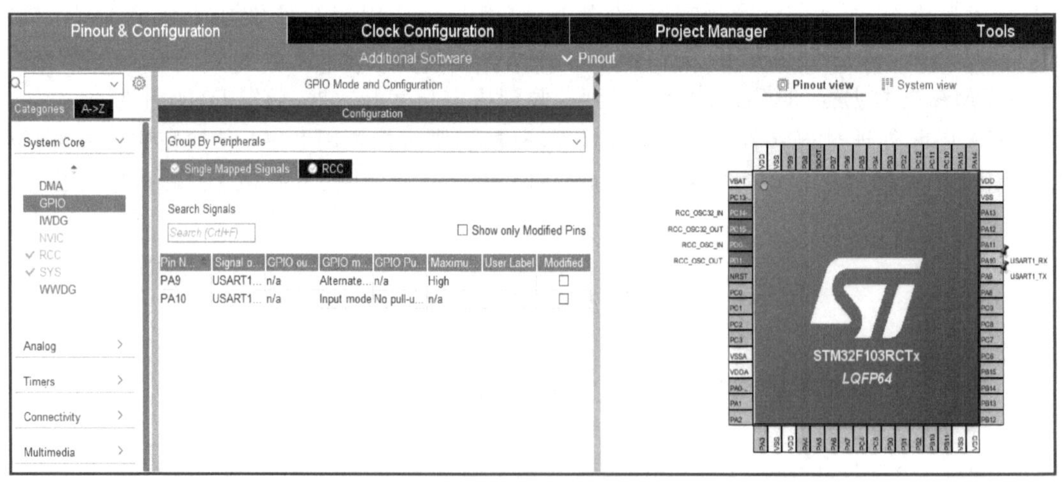

图 8-11　引脚配置

② USART1 模式及参数配置。

模式(Mode):异步(Asynchronous);波特率(Baud Rate):9 600;字长(Word Length):8;奇偶校验(Parity):无(None);停止位(Stop Bits):1;数据方向(Date Direction):双工收发(Receive and Transmit),如图 8-12 所示。

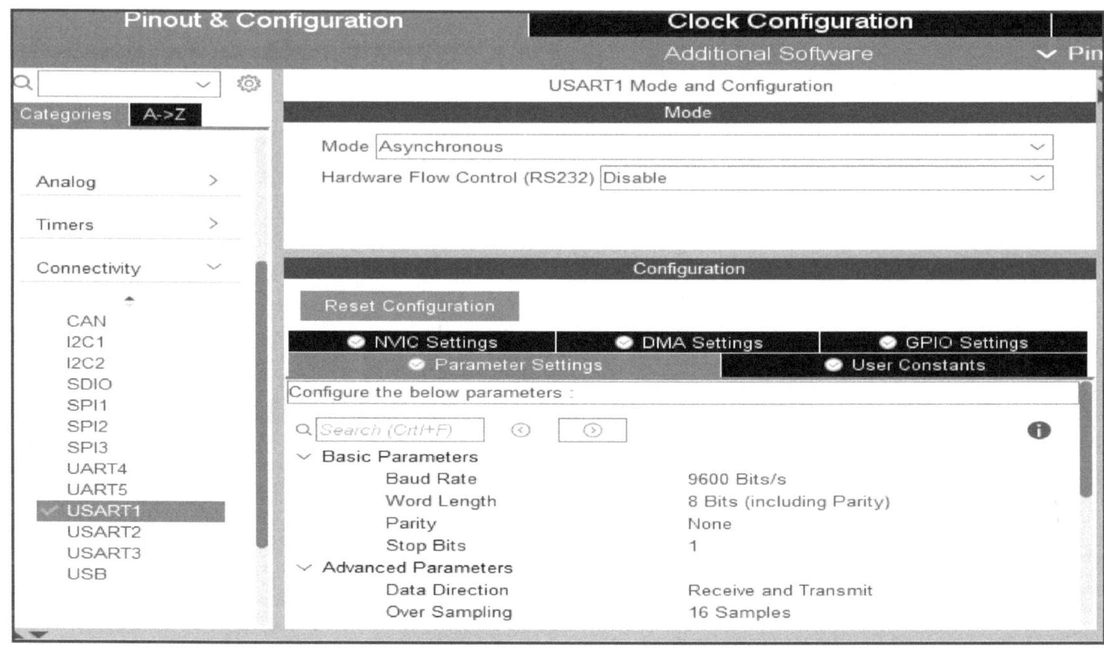

图 8-12　参数配置

③ 配置 UART1 中断：勾选使能串口中断(Enabled)；设置抢占优先级(Preemption Priority)为 0；设置次优先级(Sub Priority)为 0，如图 8-13 所示。

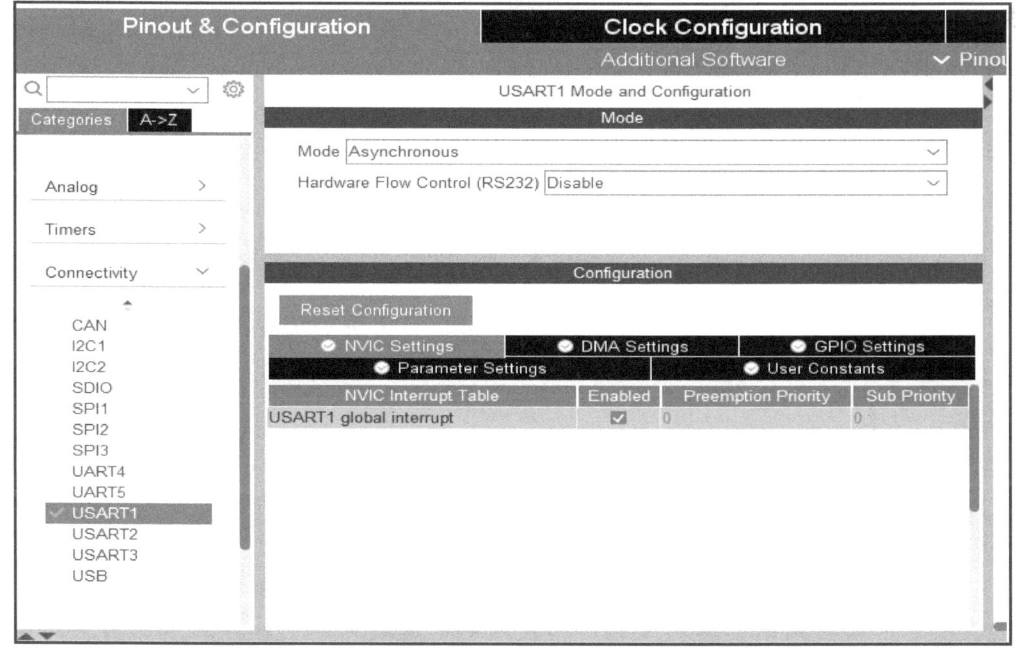

图 8-13　中断配置

(2) 用户程序设计

1) 主程序设计(后台)

```
#include "main.h"
UART_HandleTypeDef huart1;                    //串口句柄结构体变量,配置 USART1 后,自动生成
#define LENGTH 10                             //定义接收缓冲区大小
uint8_t RxBuffer[LENGTH];                     //定义接收缓冲区
uint8_t RxFlag = 0;                           //定义接收完成标志
int main(void)
{
    HAL_Init();
    SystemClock_Config();
    MX_GPIO_Init();
    MX_USART1_UART_Init();                    //USART1 初始化,配置 USART1 后自动生成
    HAL_UART_Receive_IT(&huart1,(uint8_t *)&RxBuffer, LENGTH);  //启动接收,并使能接收中断
    while (1)
    {
        UartSentData(void);                   //后台发送数据
    }
}
```

2) 发送函数设计(后台)

```
/**************************************************
* 名称:UartSentData
* 功能:串口发送数据。根据串口接收数据完成后标志位,将 RxBuffer[10]缓冲区数据通过串口发送
* 入口参数:无
* 返回值:无
**************************************************/

void UartSentData(void)
{
    if(RxFlag == 1)                                        //判断接收是否完成
    {
        RxFlag = 0;                                        //清除标志
        HAL_UART_Transmit(&huart1, (uint8_t *)&RxBuffer, LENGTH,100);//发送接收缓冲区内数据
    }
}
```

3) 接收完成中断回调函数设计(前台)

```
void HAL_UART_RxCpltCallback(UART_HandleTypeDef * huart)          //定义接收回调函数
{
    if(huart->Instance == USART1)                                 //判断接收中断是否串口 1
    {
        RxFlag = 1;                                               //设置接收完成标志
        HAL_UART_Receive_IT(&huart1,(uint8_t *)&RxBuffer, LENGTH);
                                                                  //再次启动接收,使能接收中断
    }
}
```

也可以收发全部在中断回调函数中完成,不需要再设置接收完成标志,代码如下:

```
void HAL_UART_RxCpltCallback(UART_HandleTypeDef * huart)            //定义接收回调函数
{
    if(huart ->Instance == USART1)                                   //判断接收中断是否为串口 1
    {
        HAL_UART_Transmit(&huart1, (uint8_t * )&RxBuffer, LENGTH,100);  //发送接收缓冲区内的数据
        HAL_UART_Receive_IT(&huart1,(uint8_t * )&RxBuffer, LENGTH);     //再次使能中断接收
    }
}
```

2. 主机通信应用案例

例 8.3　微控制器为主机,发送内存数据,例如微控制器系统采集温度数据、系统参数等。本例为发送一个 16 位数据,数据发送完毕,PC1 引脚 LED 灯状态翻转,表明发送完成。

实现:采用前台编程模式。微控制器作为主机,需要采用事件驱动,如采用按键事件触发方式发送数据,或者采用周期定时触发方式发送数据。本例采用 1 s 周期定时方式发送数据,PC 机端利用串口调试工具接收数据。串口通信采用中断方式发送。

(1) CubeMX 初始化配置

参见本节例 8.2。

(2) 程序设计

1) 周期定时触发程序

```
uint16_t ADC1Temp;                                  //定义需要发送数据的全局变量
uint8_t tx_buf[2];                                  //定义发送数据的缓冲区

/ * 前台程序,需要在定时器周期(1 ms)更新中断回调函数中调用,可以使用例 7.2 的程序框架 * /
/ ***************************************************
* 名称: Timer1000ms_On
* 功能:串口发送驱动。1 ms 计数,1 000 ms 时间到,启动串口中断或 DMA 方式发送数据,并清 1 ms 计数器
* 入口参数:无
* 返回值:无
***************************************************/
void Timer1000ms_On(void)                           //UART drive
{
    static uint16_t ms_count = 0;                   //定义 ms 计数单元变量
    ms_count ++ ;
    if(ms_count == 1000)                            //1000 ms 到
        {   ms_count = 0;                           //计数单元清 0
            UartTransADCIT();                       //启动串口中断方式发送数据
            // UartTransADCDMA();                   //启动串口 DMA 方式发送数据
        }
}
```

2）串口中断方式下发送程序

```
/*************************************************
 * 名称：UartTransADCIT
 * 功能:串口发送 16 位无符号数据。数据存放于 ADC1Temp 中。发送前须将数据拆分为两个字节的数据
 * 入口参数:无
 * 返回值:无
 *************************************************/
void UartTransADCIT(void)
{
    tx_buf[0] = ADC1Temp&0x00ff;                    //16 位数据低 8 位送发送缓冲区
    tx_buf[1] = (ADC1Temp&0xff00)>>8;               //16 位数据高 8 位送发送缓冲区
    HAL_UART_Transmit_IT(&huart1,(uint8_t * )&tx_buf,2);
                                        //中断方式启动串口发送,发送两个字节的数据
}
```

3）串口发送完成中断回调函数(前台)

```
void HAL_UART_TxCpltCallback(UART_HandleTypeDef * huart)  //接收完成中断回调函数
{
    if(huart->Instance == USART1)
        {
        HAL_GPIO_TogglePin(GPIOC, GPIO_PIN_1);          //PC1 指示灯状态翻转
        }
}
```

例 8.4　采用 DMA 方式实现例 8.3 的任务。

实现:由于在 DMA 方式下也开放了发送完成中断,故本例程序结构、中断回调函数与例 8.3 完全相同,区别是需要在 DMA 方式下配置串口和启动串口发送。

(1) CubeMX 初始化配置

串口基本参数配置参见本节例 8.2。增加 DMA 配置,如图 8-14 所示。

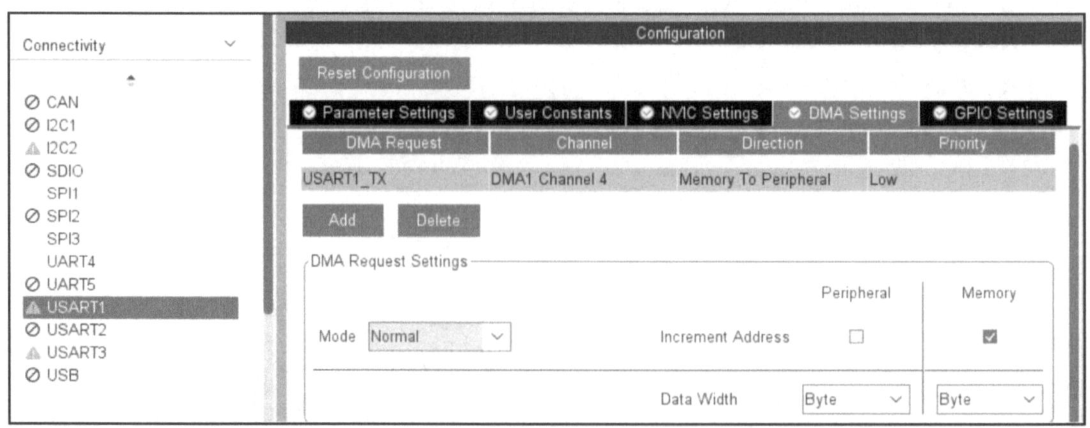

图 8-14　DMA 配置

单击 DMA 设置标签(DMA Settings),单击添加(Add)按钮,选择 USART1_TX,设置传

输模式(Mode)为常规模式(Normal),设置数据宽度(Data Width)为字节(Byte),设置 DMA 内存(Memory)为地址自增,即每次增加一个字节(Byte)。

(2) 程序设计

本例程序和例 8.3 程序基本相同,不同点仅为串口启动程序需要使用 DMA 模式下的串口启动函数。此函数需要在周期定时触发程序中调用,参见例 8.3 周期定时触发程序中的注释部分。

```
void UartTransADCDMA(void)                          //在串口 DMA 模式下发送程序
{
    tx_buf[0] = ADC1Temp&0x00ff;                    //16 位数据低 8 位送发送缓冲区
    tx_buf[1] = (ADC1Temp&0xff00)>>8;               //16 位数据高 8 位送发送缓冲区
    HAL_UART_Transmit_DMA(&huart1,(uint8_t *)&tx_buf,2);
                                                    //DMA 方式启动串口发送,发送两个字节的数据
}
```

8.6.2　多机通信应用

双机通信完成的只是点对点之间的数据传输,但是在实际应用中,经常会出现由多个设备共用通信总线构成的多机通信。

由于设备有可能使用轮询、令牌等方式,总线上须至少有一台控制器或上位机来控制通信。

多机通信的网络拓扑形式较多,有星形、环形和主从式等多种,其中以主从式应用较多。主从式多机通信系统中,一般有一台主机和多台从机。主机发送的信息可以传送到各个从机或指定从机,从机发送的信息只能被主机所接收,各从机之间不能直接通信。

例 8.5　微控制器为从机,PC 为主机,采用自定义通信协议通信,选用 UART1,实现串口通信。

(1) 通信协议

本协议采用定长数据通信方式,每帧数据长度为 8 字节,协议组成如表 8-6 所列。

从机地址:在一主多从的通信应用中,从机通过识别主机命令中的从机地址是否与本机地址相同来确定是否与本机通信,可实现多机分时通信。其中地址 0 和 255 作为特殊地址,例如 255 可作为本网络内的广播地址。

命令类型:表述当前命令帧的命令类型,主机命令包含读、写类型,从机返回命令包含正确回应、错误回应类型;主机收到正确回应帧时确认下发命令被正确接收并执行,收到错误回应帧时说明通信错误,或由于硬件故障等问题下发命令未被正确接收或执行。

设备类型:本例中可支持的设备类型包含发光二极管、数码管和按键。

数据域:根据不同设备的有效数据控制实际设备。

校验和:命令帧的数据累加和校验,防止通信中的偶发数据错误。

数据域数据含义如表 8-7 所列。

发光二极管:最高字节中的 8 位数据对应 8 个发光二极管的状态,每一位中 0 表示熄灭;1 表示点亮。例如,“0x0F,0x00,0x00,0x00;”发光二极管低四位被点亮,高四位熄灭。

数码管:4 个字节的有效数据分别对应 4 位数码管的显示数据,传输格式为未编码数据。例如“0x02,0x00,0x02,0x02;”显示为 2022。

表 8-6　简易通信协议

	从机地址	命令类型	设备类型	数据域	校　验
长度	1 字节	1 字节	1 字节	4 字节	1 字节
举例	0x01～0xFE	0x01	0x01	0x00 0x00 0x00 0x00	校验和
说明	0xFF 广播地址	0x01 读 0x02 写 0x10 正确回应 0x80 错误回应	0x01 LED 0x02 数码管 0x03 按键	见表 8-5	前 7 个字节的累加和

表 8-7　设备命令列表

设备类型	最高字节	次高字节	次低字节	最低字节
LED	对应 8 位发光管	未使用	未使用	未使用
数码管	最高位数字	次高位数字	次低位数字	最低位数字
按键	键值	未使用	未使用	未使用

按键:最高字节返回键值。键值为 1～16,键值 0 表示无按键按下。

(2) 程序设计

1) 基本框架

采用前后台编程模式;前台程序为中断处理程序,在接收完成中断回调函数中实现,一旦数据接收完成,则设置一个标志位为 1;后台程序为 while(1)的无限循环,完成以下两部分工作:

① 根据发光二极管缓冲数据控制发光二极管状态,根据数码管的缓冲数据显示数据,扫描键盘获取键值;

② 在循环中不断检测标志位是否为 1。如果为 1,表明数据接收完成,从缓冲区中获取数据并做相应的处理;根据处理结果返回串口命令回复帧,开启下一帧串口数据的接收。

2) 具体实现

```
//定义用户变量及常量
#define ADDR0x99                                    //本机地址
#define LENGTH  8                                   //接收缓冲区大小
uint8_t RxBuffer[LENGTH];                           //接收缓冲区
uint8_t TxBuffer[LENGTH] = {ADDR,0x80};             //发送缓冲区
uint8_t KeyValue = 0;                               //键值
uint8_t LedVal = 0;                                 //发光二极管显示值
uint8_t DisplayVal = 0;                             //数码管显示值
uint8_t RxFlag = 0;                                 //串口接收完成标志
uint8_t SumCheck(uint8_t * buf);            //校验和函数,参数为被计算的缓冲区,返回值为校验和
void  SetLED(uint8_t led);                          //发光二极管控制函数,参数对应 8 位 LED
extern void  DisplayDigtal(uint16_t display);       //数码管显示函数,参数为显示数据
extern uint8_t  GetKey();                           //获取键值函数,返回值为键值
```

① 主函数程序设计(后台)

```
int main(void){
    HAL_Init();
    SystemClock_Config();
    MX_GPIO_Init();
    MX_USART1_UART_Init();
    HAL_UART_Receive_IT(&huart1,(uint8_t * )&RxBuffer, LENGTH);  //启动接收,并使能接收中断
    while (1){
        DisplayDigtal(DisplayVal);                            //显示函数
        SetLED(LedVal);                                       //LED 控制函数
        KeyValue = GetKey();                                  //获取键值函数
        if(RxFlag == 1) {                                     //判断接收是否完成
                    ReceiveDataProcess();                     //接收数据处理
            }
        }
}
```

② 接收数据处理函数

```
void ReceiveDataProcess(void){
    TxBuffer[1] = 0x80;                                                  //默认设置错误帧数据
    if(RxBuffer[0] == ADDR){
                                          //判断本机地址,若不符合,不应答,清除接收完成标志
        if(RxBuffer[7] == SumCheck(RxBuffer)){                 //判断校验,若校验错,则返回错误帧
            if(RxBuffer[1] == 0x02 && RxBuffer[2] == 0x01){      //写命令且控制 LED
                LedVal = RxBuffer[3];
                TxBuffer[1] = 0x10; TxBuffer[2] = RxBuffer[2];
            }
            if(RxBuffer[1] == 0x02 && RxBuffer[2] == 0x02){      //写命令且控制数码管
                DisplayVal = RxBuffer[3] * 1000 + RxBuffer[4] * 100 + RxBuffer[5] * 10 + Rx-
                        Buffer[6];
                TxBuffer[1] = 0x10; TxBuffer[2] = RxBuffer[2];
            }
            if(RxBuffer[1] == 0x01 && RxBuffer[2] == 0x03){          //读命令且读取键值
                TxBuffer[1] = 0x10; TxBuffer[2] = RxBuffer[2]; TxBuffer[3] = KeyVal;
            }
        }
        TxBuffer[7] = SumCheck(TxBuffer);                            //返回校验帧
        HAL_UART_Transmit_IT(&huart1, (uint8_t * )&TxBuffer, LENGTH);//发送回应帧数据
    }
        RxFlag = 0;                                                  //清除接收完成标志
        HAL_UART_Receive_IT(&huart1,(uint8_t * )&RxBuffer, LENGTH);//开始新的接收
}
```

③ 接收完成中断回调函数(前台)

```
void HAL_UART_RxCpltCallback(UART_HandleTypeDef * huart)     //定义接收回调函数
{
    if(huart ->Instance == USART1)                              //判断接收中断的串口
    {
        RxFlag = 1;                                             //置接收完成标志
    }
}
```

④ 累加和校验函数

```
uint8_t SumCheck(uint8_t * buf)
{
    uint8_t sum,ret = 0;
    for (sum = 0; sum < 7; sum ++ )
        {   ret += * (buf ++ );   }
            return ret;
}
```

⑤ LED 控制函数,电路参见图 4-10。

```
void SetLED(uint8_t led)
{
    uint8_t i;
    for(i = 0;i<8;i ++ )
        {
        HAL_GPIO_WritePin(leds[i].port,leds[i].pin,(GPIO_PinState)(~led&(0x01<<i)));
        }
}
```

本章习题

1. STM32 的 USART 主要组成部分包括哪些?通信实现是通过操作哪些寄存器实现的?这些寄存器的功能分别是什么?

2. 简述数据发送和数据接收是如何实现的?如何实现 STM32 的多机通信?

3. 微控制器系统采用 RS-485 通信接口标准,请使用 MAX485 芯片设计微控制器通信接口电路。

4. 在轮询、中断和 DMA 方式下,利用串口 1 发送字符串“Hello World!”,请分别写出此发送语句,并解释函数中每个参数的含义。

5. 微控制器系统内部有 8 个字节的数据用于存放系统参数,这些参数需要通过串口发给 PC 机。试选择通信工作模式(主机模式、从机模式),并进行程序设计。

6. 按键按下时,串口发送键值,分别采用轮询方式和中断方式编写串口发送数据程序,并说明两种方式的差异。

7. 某测控系统串口与 PC 机双机通信,自定义数据通信协议,要求通信协议包含本机地址信息(2 字节)、数据域(4 字节,如参数设置、检测数据等)、校验信息(1 个或 2 个字节)。PC 机向微控制器通信时,若通信正常,1 个 LED 灯闪烁;若校验出错,LED 灯常亮;若发送地址与本机地址不符,微控制器不响应。

① 设计通信协议,说明通信协议中每个字节数据的含义,如地址、数据、校验方式。

② 用框图说明程序结构(前台程序、后台程序)。

③ 设计从机模式下的串口通信程序。

第 9 章　ADC 原理及应用

本章主要内容：ADC 的基本概念，STM32F10x 系列 ADC 的工作原理，STM32F10x 系列 ADC 相关库函数及相关寄存器，ADC 软件设计方法。

本章案例：温度采集电路及程序设计。

模拟/数字转换器（Analog to Digital Converter，ADC）是指将连续变化的模拟信号转换为离散的数字信号的器件。

9.1　基本概念

1. 转换时间和转换速率

转换时间为 ADC 完成一次转换所需要的时间。转换时间的倒数为转换速率。

2. 分辨率和量化误差

分辨率是衡量 ADC 转换器能够分辨出输入模拟量最小变化程度的技术指标，用输出的二进制位数或 BCD 码位数表示。如图 9－1 所示。例如，12 位 ADC 的分辨率为 12 位，其满量程输入电压为 3.3 V，可输出 12 位二进制数，即用 2^{12} 个数进行量化，其分辨率为 1LSB，也即 3.3 V/2^{12}＝0.81 mV，或者说能分辨出输入电压 0.81 mV 的变化。

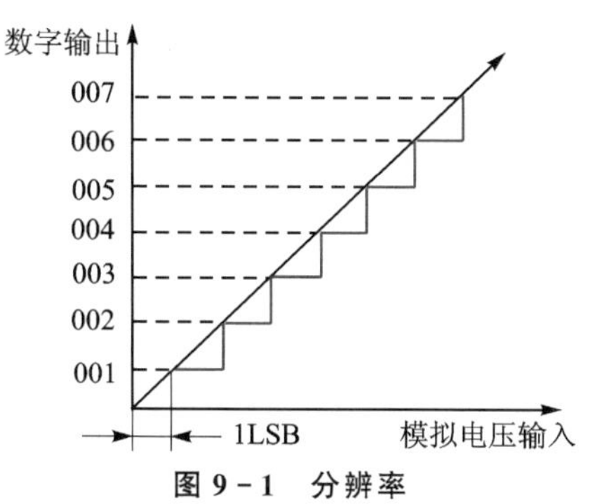

图 9－1　分辨率

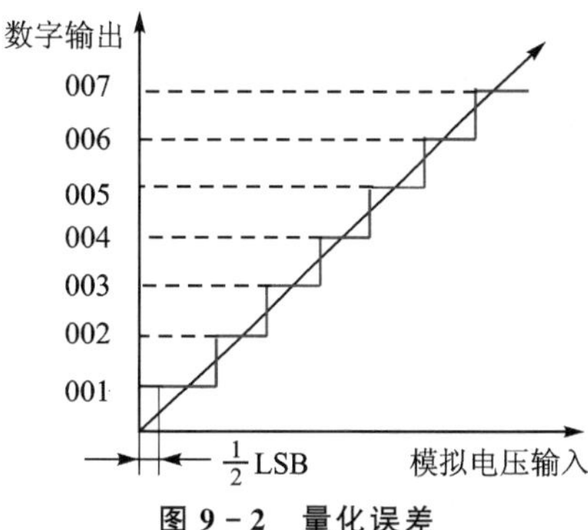

图 9－2　量化误差

量化误差是量化过程引起的误差，该误差是由有限位数字量对模拟量进行量化而引起的，理论上规定为一个单位分辨率的（－1/2～1/2）LSB，如图 9－2 所示。如 12 位二进制输出 ADC 转换器，绝对量化误差是±1/2LSB，相对量化误差为

$$\frac{1}{2}/2^{12}\times 100\%=0.012\%$$

3. 转换精度

转换精度定义为一个实际 ADC 转换器与一个理想 ADC 转换器在量化值上的差值，可用绝对误差或相对误差表示。误差通常有非线性误差、偏移误差、增益误差等。

注意：精度误差不含量化误差。如某 12 位 ADC，量化误差为$\pm\frac{1}{2}$LSB，精度误差为

±2LSB,则最大误差可达±2.5LSB。

最大相对误差(精度)为

$$\frac{2.5}{2^{12}}\times 100\%=0.05\%$$

9.2 STM32 ADC 功能及结构

9.2.1 STM32 结构及工作原理

1. STM32 系列 ADC 的主要特征

STM32F103 系列微控制器内部采用 12 位 ADC 是一种逐次逼近型模拟数字转换器,有 2~3 个 ADC 转换器,分别称为 ADC1、ADC2 和 ADC3。每个转换器最多有 18 个输入通道,可测量 16 个外部和 2 个内部信号源,主要特征如下:

- 具有 12 位分辨率。
- 转换结束时产生中断。
- 可单次、连续扫描,并具有间断转换模式。
- 具有从通道 0 到通道 16 的自动扫描模式。
- 自校准。
- 数据可以左对齐或右对齐。
- 采样间隔可以按通道分别编程。
- ADC 转换均有外部触发选项。
- 双重模式(带 2 个或 2 个以上 ADC 的器件)。
- 模拟看门狗特性允许应用程序检测输入电压是否超出用户定义的高/低阀值。
- ADC 时钟频率为 0.6~14 MHz。
- ADC 转换时间<21 μs,该时间与时钟有关,可参见数据手册。
- ADC 转换综合误差为±2LSB。
- ADC 供电要求:2.4~3.6 V。
- ADC 输入范围为 $V_{REF-}\leqslant V_{IN}\leqslant V_{REF+}$。

2. STM32 的 ADC 结构

图 9-3 所示为一个 ADC 模块框图,其内部主要由输入通道及通道选择、触发控制、时钟、ADC 转换及数据输出、中断及模拟看门狗等部分构成。

ADC 外部引脚有 3 类,包括供电电源(V_{DDA}、V_{SSA}、V_{REF-}、V_{REF+})、ADC 外部模拟输入信号通道(ADCx_IN0~ADCx_IN15,x=1,2,3,为 ADC 转换器编号)和外部触发通道(EXTI_15、EXTI_11)。ADC 输入通道和外部触发通道是可编程的,可以映射不同的 I/O 端口。

3. STM32 的 ADC 工作原理

由图 9-3 可以看出,外部 16 路模拟信号和 2 路内部模拟信号(温度传感器、内部参考电压 V_{REFINT})经模拟多路开关切换、采样保持电路(图 9-3 中未画出),送入 ADC 转换器,多通道的输入信号在内部分成两组,即规则通道和注入通道。由于多通道复用一个 ADC 转换器,因此通道需要切换,通道切换由通道管理器负责控制。

规则组 ADC 的转换数据放在规则通道数据寄存器(ADC_DR)中,规则通道数据寄存器只有 1 个。注入组的 ADC 的转换数据放在注入通道数据寄存器 ADC_JDRx(x=1,2,3,4),注入通道数据寄存器共有 4 个,均为 32 位。

ADC 转换结束会输出转换结束信号标志位,转换结束信号标志位分别为规则通道转换结束标志位 EOC、注入通道转换结束标志位 JEOC、模拟看门狗事件标志位 AWD。若开启中断使能(规则通道 EOCIE、注入通道 JEOCIE、模拟看门狗 AWDIE),这些标志位可以触发相应的中断。

另外 ADC 转换器需要时钟信号和启动转换信号,时钟 ADCCLK 信号来自系统时钟分频;启动信号可以使用事件触发、外部触发和软件触发,图 9-3 中给出了事件触发、外部触发逻辑原理,软件触发需要通过软件编程,对 ADC 控制寄存器(ADC_CR2)的 SWSTART 或 JSWSTART 位置 1 来实现。

9.2.2 输入通道及控制

从图 9-3 可以看到,单个 ADC 的 18 个通道在 ADC 转换器内部分成两组,即规则通道和注入通道。任一通道可以以任意顺序进行一系列转换,即成组转换。例如,可以按如下顺序完成转换:通道 3、通道 8、通道 2、通道 2、通道 0、通道 2、通道 2、通道 15。

1. 输入通道

表 9-1 所列为 STM32F103RCT6B ADC 引脚分配。其中,通道编号 0~15 即为图 9-3 中的 ADCx_IN0,ADCx_IN1,…,ADCx_IN15,对应着不同的 I/O 端口。温度传感器和通道 ADC1_IN16 相连接,内部参照电压 V_{REFINT} 和 ADC1_IN17 相连接。这两个内部通道只能出现在主 ADC1 中。不同型号的芯片具体对应哪一个 I/O 端口一般可以通过手册查询。

表 9-1 STM32F103RCT6B ADC 引脚分配①

通道编号	ADC1 -- GPIO	ADC2 -- GPIO	ADC3 -- GPIO
通道 0	PA0	PA0	PA0
通道 1	PA1	PA1	PA1
通道 2	PA2	PA2	PA2
通道 3	PA3	PA3	PA3
通道 4	PA4	PA4	
通道 5	PA5	PA5	
通道 6	PA6	PA6	
通道 7	PA7	PA7	
通道 8	PB0	PB0	
通道 9	PB1	PB1	
通道 10	PC0	PC0	PC0
通道 11	PC1	PC1	PC1
通道 12	PC2	PC2	PC2
通道 13	PC3	PC3	PC3
通道 14	PC4	PC4	
通道 15	PC5	PC5	
通道 16	内部温度传感器		
通道 17	内部 V_{REFINT}		

① 来自 STM32F103xC 数据手册.

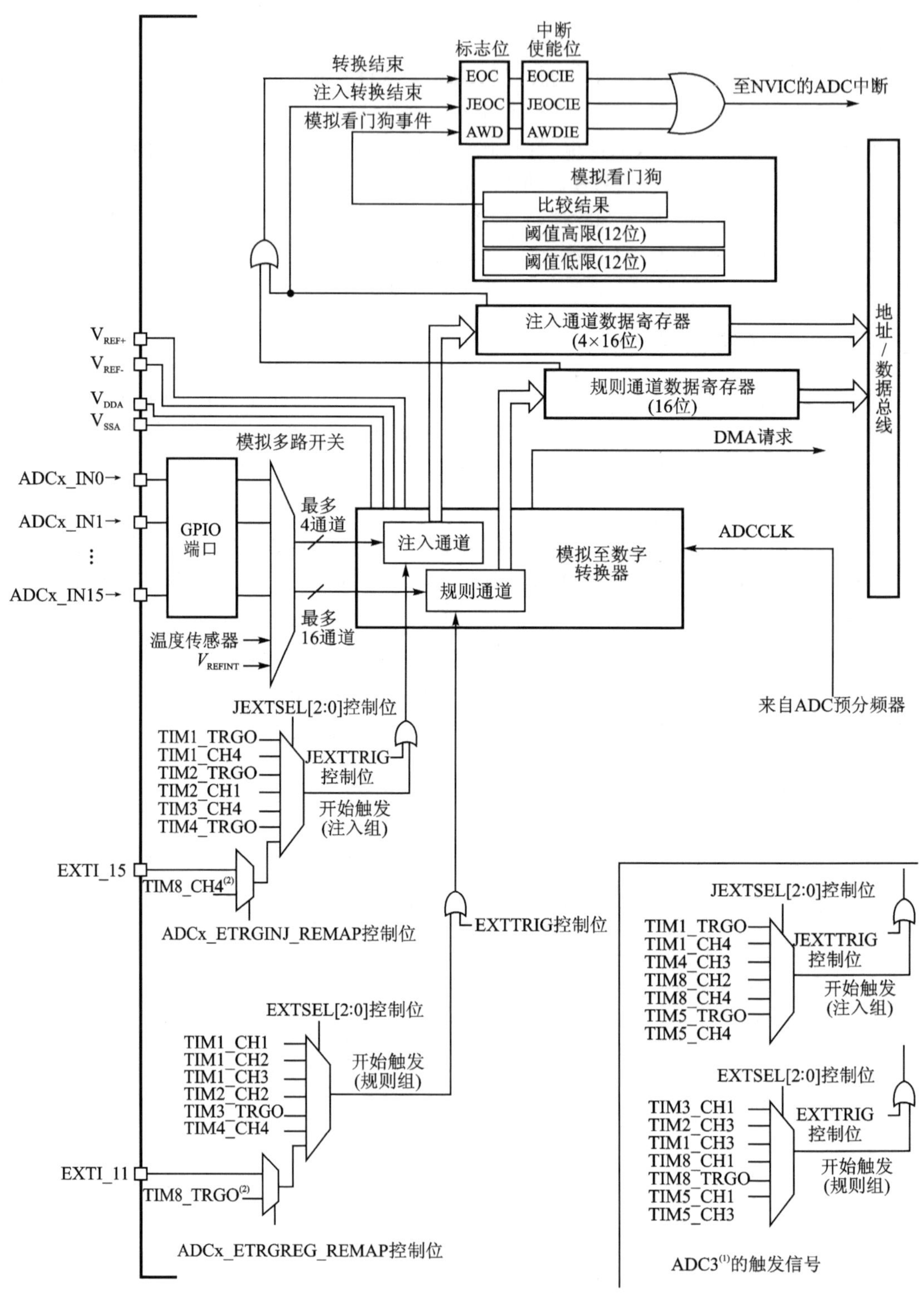

图 9-3　单个 ADC 模块框图

2. 通道转换顺序控制

(1) 规则通道

规则通道即按照预定顺序来进行一组 ADC 转换的通道。规则通道最多可由 16 个 ADC 转换组成。规则通道转换顺序由 3 个规则序列寄存器(32 位)SQR3、SQR2 和 SQR1 中的寄存器位 SQx[4:0](x=1～16)来控制,如表 9-2 所列,按 SQ1～SQ16 的顺序转换,其赋值(0～17)即为 ADC 通道序号。L[3:0]赋值决定使用规则通道的数量,表 9-2 中示例 L[3:0]赋值 5,即定义 5 个转换通道,SQ1～SQ5 依次赋值 10、11、12、13、14,即转换顺序为 IN10～IN14。

(2) 注入通道

注入通道可以理解为插队通道,即在规则通道转换的时候强行插入要转换的通道。注入通道最多由 4 个转换组成。

表 9-3 所列为注入通道控制及转换顺序配置规则,需要转换的 ADC 通道序号(取值 0～17)按转换顺序赋值给寄存器 JSQ1～JSQ4,则注入通道转换按寄存器 JSQ1～JSQ4 的顺序转换,JL[1:0]取值决定通道使用数量(取值范围为 0～3)。

表 9-2　规则通道转换顺序配置规则

寄存器	寄存器位	功　能	取　值	赋值举例
ADC_SQR3	SQ1[4:0]	设置第 1 个转换通道号	0～17	10
	SQ2[4:0]	设置第 2 个转换通道号	0～17	11
	SQ3[4:0]	设置第 3 个转换通道号	0～17	12
	SQ4[4:0]	设置第 4 个转换通道号	0～17	13
	SQ5[4:0]	设置第 5 个转换通道号	0～17	14
	SQ6[4:0]	设置第 6 个转换通道号	0～17	
ADC_SQR2	SQ7[4:0]	设置第 7 个转换通道号	0～17	
	SQ8[4:0]	设置第 8 个转换通道号	0～17	
	SQ9[4:0]	设置第 9 个转换通道号	0～17	
	SQ10[4:0]	设置第 10 个转换通道号	0～17	
	SQ11[4:0]	设置第 11 个转换通道号	0～17	
	SQ12[4:0]	设置第 12 个转换通道号	0～17	
ADC_SQR1	SQ13[4:0]	设置第 13 个转换通道号	0～17	
	SQ14[4:0]	设置第 14 个转换通道号	0～17	
	SQ15[4:0]	设置第 15 个转换通道号	0～17	
	SQ16[4:0]	设置第 16 个转换通道号	0～17	
	L[3:0]	设置转换通道数量	0～17	5

不同于规则转换序列,如果 JL[1:0]的长度小于 4,则转换的序列顺序是从(4-JL)开始。表 9-3 中的示例 JL=2,扫描转换将从第 2 个通道号开始,即按下列通道顺序转换:7、3、3。

表 9-3　注入通道转换顺序配置规则

寄存器	寄存器位	功　能	取　值	赋值举例
ADC_JSQR	JSQ1[4:0]	设置第 1 个转换通道号	0～17	2
	JSQ2[4:0]	设置第 2 个转换通道号	0～17	7
	JSQ3[4:0]	设置第 3 个转换通道号	0～17	3
	JSQ4[4:0]	设置第 4 个转换通道号	0～17	3
	JL[1:0]	设置转换通道数量	00:1 个转换 01:2 个转换 10:3 个转换 11:4 个转换	2

(3) 转换控制

ADC 的转换由触发信号控制,一般由软件控制 ADC 控制寄存器(ADC_CR2)的 SWSTART 位为 1 时启动(只适用于规则通道),也可通过外部触发启动。若规则通道触发信号有效,则规则通道按设置的通道顺序进行 ADC 转换;若注入通道触发信号有效,则注入通道立即插入规则通道,优先进行 ADC 转换。结束后,回到顺序通道继续。通道控制和转换顺序如图 9-4所示。

如果通道顺序配置在转换期间被更改,则当前的转换被清除,一个新的启动脉冲将发送到 ADC,以转换新选择的组。

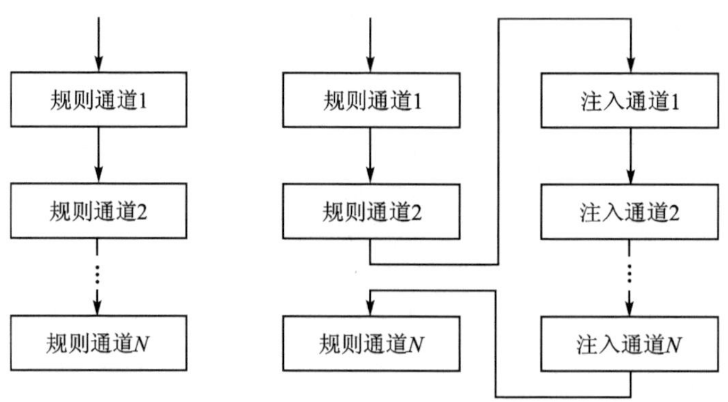

图 9-4　通道控制和转换顺序

9.2.3　工作模式

ADC 转换有多种工作模式,对于单通道 ADC 转换,分为单次转换模式和连续转换模式;对于多通道 ADC 转换,分为多通道扫描模式、多通道连续扫描模式和多通道间断扫描模式。

1. 单通道

设置 ADC 控制寄存器(ADC_CR1)的 SCAN 位为 0,即为单通道模式。单通道模式包括单次转换模式和连续转换模式。

(1) 单次转换模式

在单通道模式下,设置 ADC 控制寄存器(ADC_CR2)的 CONT 位为 0,即为单次转换模式。

当 ADC 触发启动后,ADC 只执行一次转换,若需要再次转换,则需要再次发送启动触发信号,如图 9－5 所示。

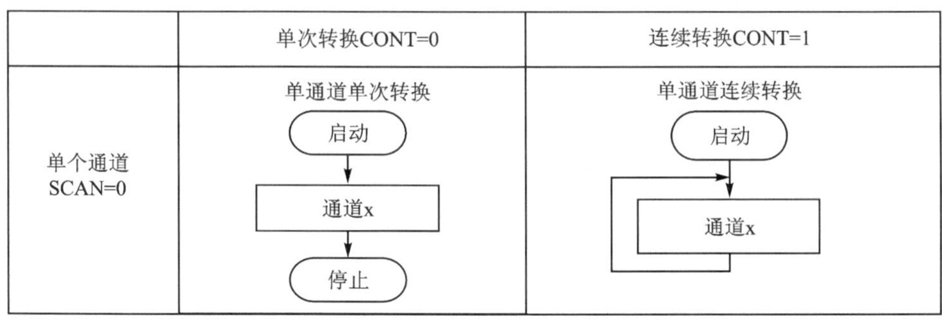

图 9－5　ADC 单通道工作模式

(2) 连续转换模式

在单通道模式下,设置 ADC_CR2 寄存器的 CONT 位为 1,为连续转换模式,即当前面的 ADC 转换一结束马上就启动另一次转换,如图 9－5 所示。

规则通道每一次转换完成,转换数据被储存在 16 位 ADC_DR 寄存器中,EOC(转换结束)标志被置 1,如果设置了 EOCIE,则产生中断。

注入通道的转换数据被储存在 16 位的 ADC_JDR1 寄存器中,JEOC(注入转换结束)标志被置 1,如果设置了 JEOCIE 位,则产生中断。

2. 多通道

设置 ADC_CR1 寄存器的 SCAN 位为 1,即为多通道扫描模式。多通道扫描模式包括单次扫描模式、连续扫描模式和间断扫描模式。

(1) 扫描模式

在多通道模式下,设置 ADC_CR2 寄存器的 CONT 位为 0,即启用单次扫描模式,ADC 只执行一次扫描转换。

ADC 扫描所有被 ADC_SQRx 寄存器(对规则通道)或 ADC_JSQR(对注入通道)选中的通道,组中的每个通道执行单次转换,转换结束时,同一组的下一个通道被自动转换,如图 9－6 所示。

(2) 连续扫描模式

在多通道模式下,设置 ADC_CR2 寄存器的 CONT 位为 1,即启用连续扫描模式。

连续转换模式下,转换不会在选择组的后一个通道上停止,而是再次从选择组的第一个通道继续转换,如图 9－6 所示。

如果选择扫描模式,需要设置 DMA 位,在每次转换结束(EOC 置 1)后,DMA 控制器把规则组通道的转换数据 ADC_DR 寄存器传输到 SRAM 中。而注入通道转换的数据总是存储在 ADC_JDRx 寄存器中。

(3) 多通道间断扫描模式

将通道转换的序列分解为多个子序列,每次触发转换 1 个子序列,子序列长度可设置,直到此通道序列所有的转换完成为止,此转换模式称为间断模式。

规则通道和注入通道均可设置为间断模式。规则通道子序列长度最多为 8,注入通道子

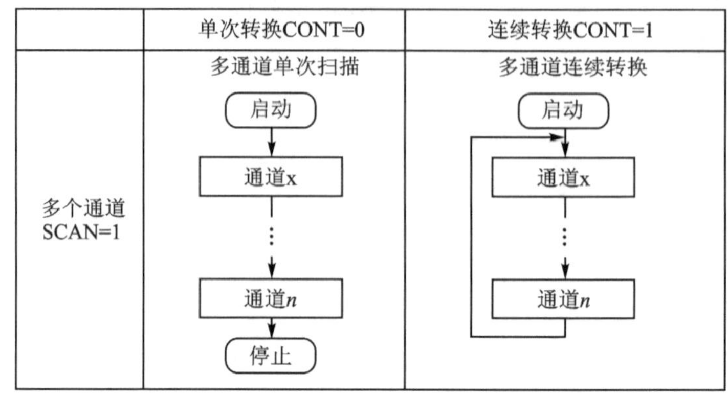

图 9-6　ADC 多通道工作模式

序列长度只能为 1。

ADC 多通道间断工作模式原理示例如图 9-7 所示，通过设置 SQRx，规则转换通道序列为 0、1、2、4、5、8、9、11、12、13、14、15 。间断模式通道数量为 3 个，则每次触发连续转换 3 个通道。

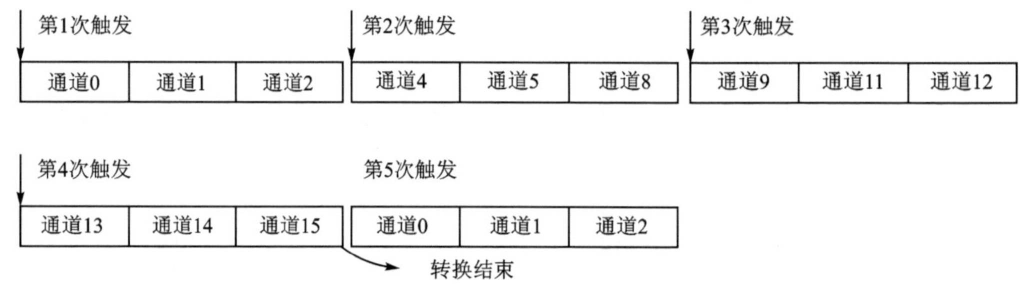

图 9-7　ADC 多通道间断工作模式示例

1）规则通道间断转换控制

此模式通过设置 ADC_CR1 寄存器上的 DISCEN 位为 1 而被激活。ADC_SQRx 寄存器设置规则通道的转换序列，总的序列长度由 ADC_SQR1 寄存器的 L[3:0]定义。子序列长度(转换个数 $n \leqslant 8$)由 ADC_CR1 寄存器的 DISCNUM[2:0]位设置。

举例：子序列长度 $n=3$，被转换的规则通道及顺序为 0、1、2、3、6、7、9、10，总序列长度为 8。

采用间断转换模式，则

第 1 次触发：转换的序列为 0、1、2；

第 2 次触发：转换的序列为 3、6、7；

第 3 次触发：转换的序列为 9、10，并产生 EOC 事件；

第 4 次触发：转换的序列为 0、1、2。

注意：当以间断模式转换一个规则组时，转换序列结束后不自动从头开始。当所有子组被转换完成，下一次触发启动第 1 个子组的转换。在上面例子中，第 4 次触发重新转换第一子组的通道 0、1 和 2。

2）注入通道间接转换控制

此模式通过设置 ADC_CR1 寄存器的 JDISCEN 位而被激活。在一个外部触发事件后，该模式按通道顺序逐个转换 ADC_JSQR 寄存器中选择的序列。总的序列长度由 ADC_JSQR 寄存器的 JL[1:0]位定义,子序列长度固定为 1。

举例：n=1,被转换的通道=1、2、3。

第 1 次触发:通道 1 被转换;

第 2 次触发:通道 2 被转换;

第 3 次触发:通道 3 被转换,并且产生 EOC 和 JEOC 事件;

第 4 次触发:通道 1 被转换。

注意:① 当完成所有注入通道转换时,下个触发启动第 1 个注入通道的转换,在上述例子中,第 4 个触发重新转换第 1 个注入通道 1。② 不能同时使用自动注入和间断模式。③ 必须避免同时为规则和注入组设置间断模式,间断模式只能作用于一组转换。

另外还有双 ADC 模式等,可查阅 STM32F10X -中文参考手册的 ADC 章节。

3) 注入通道插入规则通道转换

注入通道插入规则通道,分为自动注入方式和触发注入方式。

① 自动注入方式:设置 ADC_CR1 寄存器的 JAUTO 位为 1,在规则组通道之后,注入组通道被自动转换,这可以用来转换在 ADC_SQRx 和 ADC_JSQR 寄存器中设置的多至 20 个转换序列。在此模式里,必须禁止注入通道的外部触发。如果除 JAUTO 位外还设置了 CONT 位为 1,则规则通道至注入通道的转换序列被连续执行。

② 触发注入方式:清除 ADC_CR1 寄存器的 JAUTO 位为 0,并且设置 SCAN 位为 1,即可使用触发注入功能。过程描述如下:利用外部触发或通过设置 ADC_CR2 寄存器的 ADON 位,启动一组规则通道的转换;如果在规则通道转换期间产生一外部注入触发,当前转换被复位,注入通道序列以单次扫描方式进行转换;恢复上次被中断的规则组通道转换。如果在注入转换期间产生一个规则事件,注入转换不会被中断,但是规则序列将在注入序列结束后被执行。

3. 工作模式设置总结

使用时,首先根据通道个数设置 SCAN 参数,即单个通道 SCAN=0,多个通道 SCAN=1;其次根据次数设置 CONT 参数,即只进行一次转换 CONT=0,连续不断转换 CONT=1。

规则组转换数据存放在 ADC 转换结果寄存器 ADC_DR 中,所有通道共用一个寄存器,根据需要可以用过判断 EOC 标志将数据转移到 RAM 中。

注入组转换数据分别存放在寄存器 ADC_JDRx(x=1,2,3,4)中,根据需要可以通过判断 JEOC 标志,将数据转移到 RAM 中。

9.2.4 触发源

通道和转换的顺序设置好以后,需要触发信号来启动 ADC 转换。触发信号分为内部触发(软件触发)启动方式和外部事件触发启动方式。

1. 软件启动方式

软件启动方式由 ADC 控制寄存器 2(ADC_CR2)的 SWSTART 位来控制,写 1 开始转换,写 0 停止转换,软件启动方式只适用于规则通道。

2. 外部事件触发启动方式

外部事件触发包括内部定时器触发和外部 I/O 触发。由 ADC_CR2 的 EXTSEL[2:0]和 JEXTSEL[2:0]位来选择使用哪一种触发源,如图 9-3 所示。

规则通道的触发源由 EXTSEL[2:0]位选择。外部事件触发源有 Timer1 CC1、Timer1 CC2、Timer1 CC3、Timer2 CC2、Timer3 TRGO、Timer4 CC4、EXTI Line11。

Timer1 CC1 为定时器 1 的捕获比较输出事件,例如配置 TIM1 捕获/比较模式寄存器 1(TIM1_CCMR1)捕获/比较 1 通道选择位 CC1S[1:0]=00,即通道 CC1 配置为输出,TIM1 事件产生寄存器(TIM1_EGR)CC1G=1,即产生捕获/比较 1 事件。

Timer3 TRGO 为定时器 3 触发同步输出信号,例如配置定时器 3 为主模式,它可以在每个更新事件 UEV 时输出一个周期性的触发信号。当配置 TIM3_CR2 寄存器的 MMS=‘010’时,则每当产生一个更新事件时在 TRGO3 上输出一个上升沿信号。

注入通道的触发源由 ADC 控制寄存器 1(ADC_CR1)的 JAUTO 位或者由 ADC_CR2 的 JEXTSEL[2:0]位选择。

JAUTO 位置 1,在每个规则通道转换后自动进行注入转换,或者由 JEXTSEL[2:0]位来选择外部事件触发源。外部事件触发源有 Timer1 TRGO、Timer1 CC4、Timer2 TRGO、Timer2 CC1、Timer3 CC4、Timer4 TRGO、EXTI Line15。

触发源由 ADC_CR2 的 EXTTRIG 和 JEXTTRIG 两位来激活。

9.2.5 ADC 转换

1. ADC 时钟

ADC_CLK 由 PCLK2(APB2 时钟)经过分频产生,最大频率是 14 MHz。一般设置 PCLK2=HCLK=72 MHz。经过 ADC 预分频器(6 分频)能分频到最大的时钟只能是 12 MHz。ADC 的时钟如图 9-8 所示。

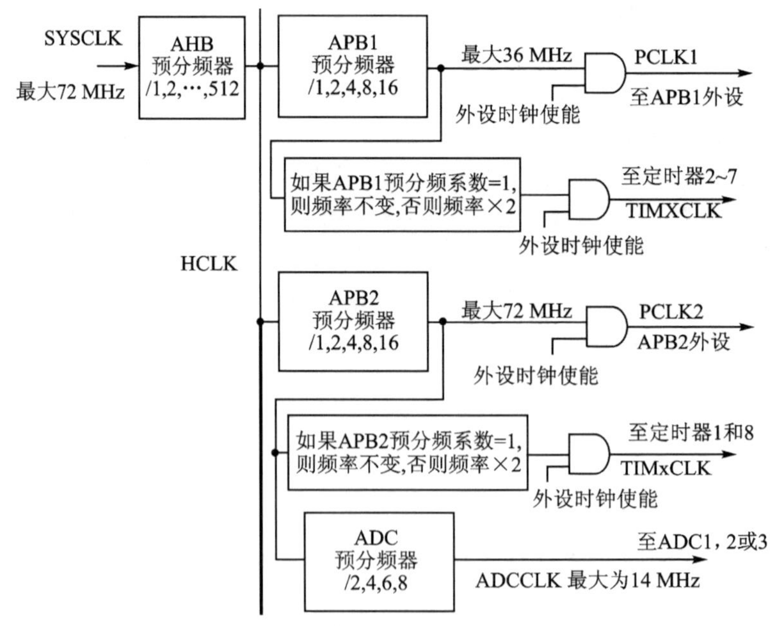

图 9-8　ADC 的时钟

2. ADC 采样时间

ADC 使用若干个 ADC_CLK 周期对输入电压采样,采样的周期数可通过 ADC 采样时间寄存器 ADC_SMPR1 和 ADC_SMPR2 中的 SMPx[2:0]位设置,ADC_SMPR2 控制的是通道 0~9,ADC_SMPR1 控制的是通道 10~17。每个通道可以分别用不同的时间采样。其中采样周期最小是 1.5 个 ADC_CLK 周期(1/ADC_CLK),系统上电默认采样周期为 1.5 个周期。ADC 的采样时间如图 9-9 所示。

3. ADC 转换

ADC 规则通道的转换时序如图 9-10 所示。

(1) ADC 上电断电控制(Powered-on、Power down)

通过设置 ADC_CR2 寄存器的 ADON 位可给 ADC 上电。当第一次设置 ADON 位时,会将 ADC 从断电状态下唤醒。

通过清除 ADON 位可以停止转换,并将 ADC 置于断电模式,此模式下 ADC 几乎不耗电(电流仅几 μA)。

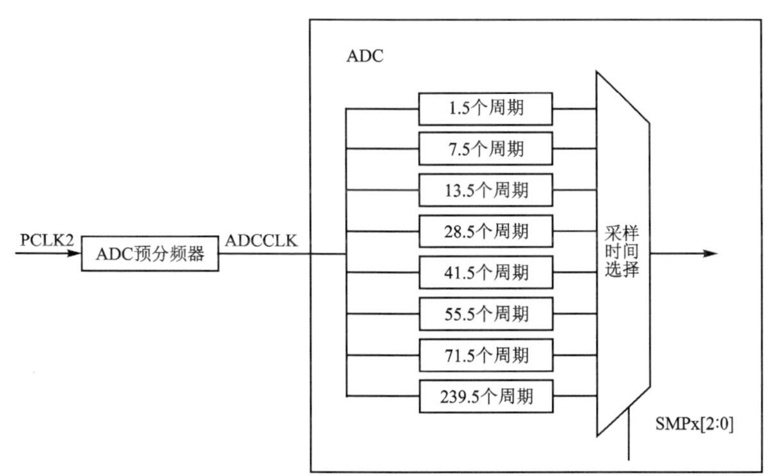

图 9-9　ADC 的采样时间

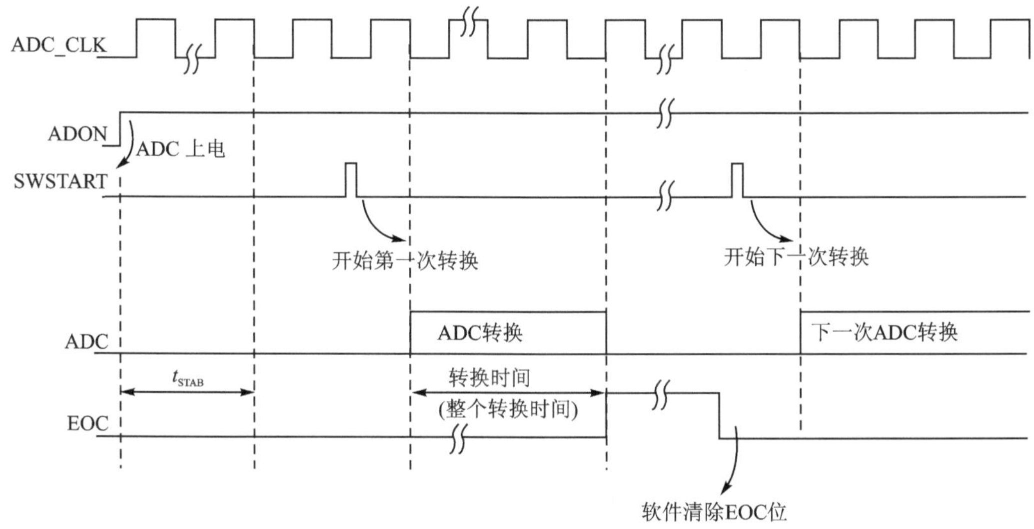

图 9-10　ADC 转换时序(规则通道内部软件触发方式范例)

(2) ADC 转换

ADC 上电且经过一个稳定时间 t_{STAB} 后,可以软件启动 ADC 转换。置 SWSTART 位为 1 开始进行转换,14 个时钟周期后(采样时间为 1.5 个周期时),EOC 标志被置 1,转换结果被送到

ADC 数据寄存器。EOC 标志需要软件清除,才能进行下一次转换。

ADC 的转换时间 T_{conv} =采样时间+12.5 个周期,与 ADC 的输入时钟和采样时间有关。如果输入时钟频率为 12 MHz,采样周期设置为 1.5 个周期,可以计算出最短的转换时间为 1.17 μs。

4. 数据寄存器与数据对齐

(1) 数据寄存器

规则组 ADC 的转换数据放在 ADC_DR 寄存器中,ADC_DR 寄存器只有 1 个,如果使用多通道转换,需要通道转换完成后就把数据取走,并把数据传输到内存,不然就会造成数据的覆盖。最常用的做法就是开启 DMA 传输。注入组的 ADC 的转换数据放在 ADC_JDRx(x=1,2,3,4)寄存器,ADC_JDR 寄存器共有 4 个,每个通道对应着自己的寄存器,不会产生数据覆盖问题。数据寄存器均为 32 位。

规则数据寄存器 ADC_DR 低 16 位在单模式 ADC 时使用,高 16 位是在 ADC1 中双模式下保存 ADC2 转换的规则数据,双模式就是 ADC1 和 ADC2 同时使用。

注入数据寄存器 ADC_JDRx(x=1,2,3,4)低 16 位有效,高 16 位保留。

(2) 数据对齐

数据寄存器 ADC_DR 及 ADC_JDRx 的低 16 位存放 ADC 转换数据,可采用左对齐或者右对齐方式存放,对齐方式由 ADC_CR2 寄存器的 ALIGN 位设置,一般使用右对齐。

9.2.6 中断和 DMA

1. 转换结束中断

数据转换结束后,会在 ADC 状态寄存器(ADC_SR)设置事件标志(EOC、JEOC 和 AWD)。开启中断使能可以产生中断,中断分为三种,即规则通道转换结束中断、注入转换通道转换结束中断和模拟看门狗中断,如图 9-11 所示。

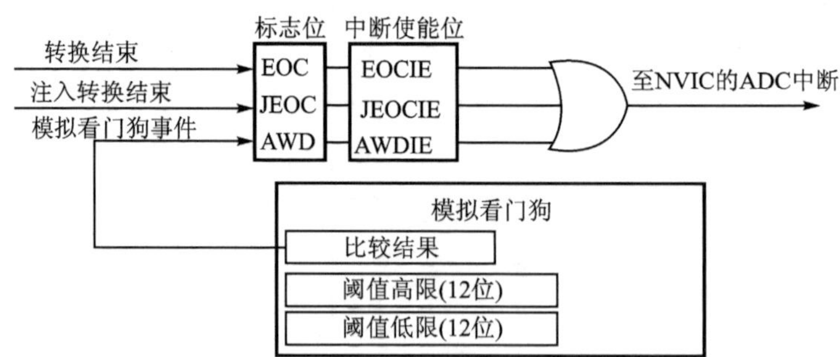

图 9-11　ADC 转换中断示意图

这些中断都有独立的中断使能位,在 ADC 控制寄存器 1(ADC_CR1) 中,EOCIE、JEOCIE 和 AWDIE 分别为规则通道转换结束中断使能、注入转换通道转换结束中断使能和模拟看门狗中断使能。

ADC1 和 ADC2 的中断映射在同一个中断向量上,ADC3 的中断为独自的中断向量。

2. 模拟看门狗及中断

模拟看门狗电路如图 9-11 所示,可以设置 2 个阈值,即低阈值和高阈值,阈值位于 ADC_HTR 和 ADC_LTR 寄存器的最低 12 个有效位中。中间区域可以称之为模拟看门狗警戒区。若超出模拟看门狗警戒区，即低于低阈值或高于高阈值，会触发模拟看门狗事件，即 ADC 状态寄存器 ADC_SR 的模拟看门狗状态位 AWD 被置 1。

通过配置 ADC_CR1 寄存器 AWDEN 和 JAWDEN，模拟看门狗可以分别监视规则通道和注入通道 ADC 转换的模拟电压值。

通过配置 ADC_CR1 寄存器 AWDSGL 位，模拟看门狗可以作用于一个或多个通道，对于单一通道，由 AWDCH[4:0]选择通道号。具体可参加 ADC_CR1 寄存器位功能描述。

如果设置 ADC_CR1 寄存器的 AWDIE 位，即开启模拟看门狗中断使能，当被 ADC 转换的模拟电压超出模拟看门狗警戒区时，则会产生模拟看门狗事件中断。例如设置高阈值是 2.5 V，那么模拟电压超过 2.5 V 时，就会产生模拟看门狗中断，反之低阈值也一样。

3. DMA 请求

若 ADC 控制寄存器 2(ADC_CR2)中，DMA 位置 1，即启用 DMA 模式，则通道转换结束后可以产生 DMA 请求。因为规则通道转换的值储存在一个仅有的数据寄存器 ADC_DR 中，所以当转换多个规则通道时可以使用 DMA，这可以避免丢失已经存储在 ADC_DR 寄存器中的数据。图 9-12 给出了一个示例。规则通道 0、1、2、3、4、5 转换，转换数据保存在数组 CovertedValue[6]中，DMA 传输配置为目标地址自动增加。在规则通道转换结束，DMA 访问 ADC1 的数据寄存器(DR)后，EOC 标志被清除。

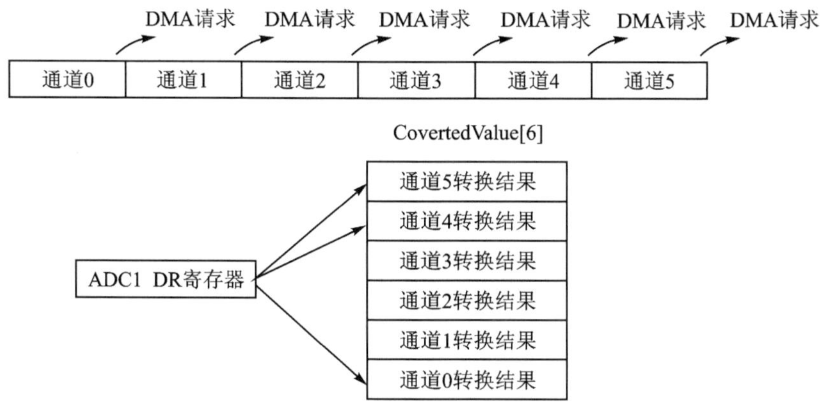

图 9-12　ADC 转换使用 DMA 方式示意图

只有 ADC1 和 ADC3 可以产生 DMA 请求，有关 DMA 传输配置可参考《STM32F10x-中文参考手册》DMA 控制器节。一般在使用 ADC 的时候都会开启 DMA 传输。

9.2.7　ADC 自校准

ADC 有一个内置自校准模式，校准可大幅减小因内部电容器组的变化而造成的准精度误差。在校准期间，在每个电容器上都会计算出一个误差修正码(数字值)，这个码用于消除在随后的转换中每个电容器上产生的误差。

通过将 ADC_CR2 寄存器的 CAL 位设置为 1 启动校准，一旦校准结束，CAL 位被硬件复位，可以开始正常转换，如图 9-13 所示。一般在上电时执行一次 ADC 校准。校准阶段结束后，校准码储存在 ADC_DR 中。

启动校准前，ADC 必须处于关电状态(ADON=0)超过至少两个 ADC 时钟周期。

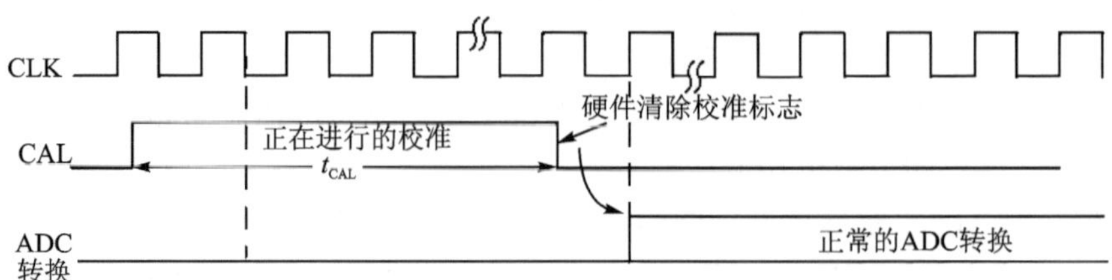

图 9－13　校准时序图

9.2.8　电压转换

在模拟电压测量时,模拟电压经过 ADC 转换后,得到的是一个无量纲的 12 位二进制数字量,可读性比较差,这时如果需要直观查看测量结果,可以把数字量换算成与 ADC 输入信号相同量纲的电压值,通过跟实际的模拟电压(用万用表测)对比,看转换是否准确。

一般在电路设计时会把 ADC 的输入电压范围设定在 0～3.3 V,因为 ADC 转换的值是 12 位的,那么 12 位满量程对应的就是 3.3 V,12 位满量程对应的数字值是 4 095($2^{12}-1$)。数值 0 对应的就是 0 V。如果转换后的数值为 X,X 对应的模拟电压为 Y,则 $Y=(3.3\times X)/4\ 096$。

9.3　ADC 常用 HAL 库函数

1. ADC 初始化函数

函数名称	HAL_ADC_Init
函数原型	HAL_StatusTypeDef HAL_ADC_Init(ADC_HandleTypeDef * hadc)
功能描述	依据结构体 ADC_InitTypeDef 定义的参数,初始化 ADC 外设以及规则组参数
入口参数 1	* hadc,ADC 句柄。例如对 ADC1 操作,取值 &hadc1
返回值	HAL 状态值: HAL_OK 表示初始化成功; HAL_ERROR 表示参数错误; HAL_BUSY 表示 ADC 被占用; HAL_TIMEOUT 表示初始化超时
函数说明	该函数由 CubeMX 自动生成,在 CubeMX 配置 ADC 后,不需要用户再调用

与库函数相关的 ADC 数据结构体已在 stm32f1xx_hal_adc.h 文件中定义。了解结构体定义和成员变量取值,有助于理解 ADC 功能及配置。

(1) ADC 的外设句柄结构体 ADC_HandleTypeDef

```
typedef Struct
{
ADC_TypeDef             * Instance          //寄存器基地址
ADC_InitTypeDef         Init                //ADC 初始化参数
DMA_HandleTypeDef       * DMA_Handle        //DMA 句柄地址
HAL_LockTypeDef         Lock                //ADC 配置锁定
```

```
    __IO uint32_t               State                //ADC 通道状态
    __IO uint32_t               ErrorCode            //ADC 错误代码
}ADC_HandleTypeDef;
```

以上 6 个参数分别是 ADC 寄存器结构体指针(指向寄存器基地址)、ADC 初始化参数的结构体、指向 DMA 结构体的指针、互斥锁、ADC 转换状态标志、错误代码,其中 Init 是需要重点关注的。

① 成员变量 State 为 ADC 状态机,标志 ADC 转换过程中的状态,HAL 库已预定义了常量,例如,ADC 禁止、准备好、正在初始化、正在校准、超时错误发生等信息。具体可参考 stm32f1xx_hal_adc.h 文件中的定义。

② 成员变量 ErrorCode 为 ADC 转换出错码,HAL 库已预先定义了常量,如 ADC 内部错误(时钟出错)、过载和 DMA 传输出错。

(2) ADC 初始化结构体 ADC_InitTypeDef

```
typedef Struct
{
    uint32_t DataAlign                          //数据对齐模式,可选右对齐或者左对齐
    uint32_t ScanConvMode                       //扫描模式,可选使能或禁止,若为多通道转换则选择使能
    FunctionalState ContinuousConvMode
                        //连续转换模式,若为连续转换则选择使能,若为单次转换则选择禁止
    uint32_t NbrOfConversion                    //转换通道数目,规则组中转换个数,取值为 1~16
    FunctionalState DiscontinuousConvMode       //规则组间断采样模式,可选参数为使能或禁止
    uint32_t NbrOfDiscConversion                //间断采样通道数,定义间断采样模式下子序列个数
    uint32_t ExternalTrigConv                   //外部触发事件选择
} ADC_InitTypeDef;
```

初始化结构体共有 7 个成员,其取值在 HAL 库中定义了常数,在 stm32f1xx_adc.h 中可以找到定义。

其中,ExternalTrigConv:外部触发事件选择,列举了很多外部触发条件,可根据项目需求配置触发来源。实际上,一般使用软件自动触发。

```
/*ADC 外部触发源,按外设名称及触发事件,在 HAL 库定义了常量,规则组 ADC 转换外部触发源列表如下:*/
#define  ADC_EXTERNALTRIGCONV_T1_CC1         定时器 TIM1 通道 1 捕获/比较事件
#define  ADC_EXTERNALTRIGCONV_T1_CC2         定时器 TIM1 通道 2 捕获/比较事件
#define  ADC_EXTERNALTRIGCONV_T2_CC2         定时器 TIM2 通道 2 捕获/比较事件
#define  ADC_EXTERNALTRIGCONV_T3_TRGO        定时器 TIM3 定时触发事件
#define  ADC_EXTERNALTRIGCONV_T4_CC4         定时器 TIM4 通道 4 捕获/比较事件
#define  ADC_EXTERNALTRIGCONV_EXT_IT11       GPIO 引脚通道 11 外部事件
```

2. 轮询方式启动(触发)ADC 转换函数

函数名称	HAL_ADC_Start
函数原型	HAL_StatusTypeDef　HAL_ADC_Start(ADC_HandleTypeDef * hadc);
功能描述	启动 ADC 转换

入口参数	* hadc,ADC 句柄。例如对 ADC1 操作,取值 &hadc1
返回值	HAL_Status
函数说明	此函数使 ADON 位置 1,ADC 上电;如果软件启动方式,立即启动 ADC 转换;如果是外部启动方式,则使能 ADC 转换,当发生外部触发事件时,启动 ADC 转换

3. 轮询方式停止 ADC 转换函数

函数名称	HAL_ADC_Stop
函数原型	HAL_StatusTypeDef HAL_ADC_Stop(ADC_HandleTypeDef * hadc);
功能描述	停止 ADC 转换。清除 ADON 位,ADC 进入断电模式
入口参数	* hadc,ADC 句柄。例如对 ADC1 操作,取值 &hadc1
返回值	HAL_Status
函数说明	此函数可以停止规则组和注入组 ADC 转换,但正在进行的注入组转换应先使用 HAL_ADCEx_InjectedStop 函数停止

4. 轮询方式下等待 ADC 转换结束函数

函数名称	HAL_ADC_PollForConversion
函数原型	HAL_StatusTypeDef HAL_ADC_PollForConversion(ADC_HandleTypeDef * hadc, uint32_t Timeout);
功能描述	用于轮询方式下,等待 ADC 转换结束。本函数检测 ADC 转换结束 EOC 标志位
入口参数 1	* hadc,ADC 句柄。例如对 ADC1 操作,取值 &hadc1
入口参数 2	Timeout,超时时间,单位为 ms。例如超时时间,10 ms
返回值	HAL_Status
函数说明	若返回值为 1,即 HAL_OK,表明转换结束,置 HAL_ADC_STATE_REG_EOC 标志为 1 。若返回值为 0,且超过 Timeout 时间,返回 HAL_TIMEOUT,超时错误。若参数配置等错误,函数返回 HAL_ERROR。 本函数检测 ADC 转换结束 EOC 标志位,并更新 ADC 状态机(State)HAL_ADC_STATE_REG_EOC

5. 中断方式下启动 ADC 转换函数

函数名称	HAL_ADC_Start_IT
函数原型	HAL_StatusTypeDef HAL_ADC_Start_IT(ADC_HandleTypeDef * hadc);
功能描述	中断方式下启动规则组 ADC 转换
入口参数	* hadc,ADC 句柄。例如对 ADC1 操作,取值 &hadc1
返回值	HAL_Status
函数说明	在 HAL_ADC_Start 函数基础上,使能 ADC 转换;EOCIE 置 1,即开放转换结束 EOC中断

6. 中断方式下停止 ADC 转换函数

函数名称	HAL_ADC_Stop_IT
函数原型	HAL_StatusTypeDef HAL_ADC_Stop_IT(ADC_HandleTypeDef * hadc)
功能描述	停止 ADC 转换,禁止 EOC 中断,ADC 进入断电模式
入口参数	* hadc,ADC 句柄。例如对 ADC1 操作,取值 &hadc1
返回值	HAL_Status
函数说明	本函数控制 ADON 位清 0,停止 ADC;EOCIE 置 0 ,即禁止转换结束 EOC 中断

7. DMA 方式下启动 ADC 转换函数

函数名称	HAL_ADC_Start_DMA
函数原型	HAL_StatusTypeDef HAL_ADC_Start_DMA(ADC_HandleTypeDef * hadc, uint32_t * pData, uint32_t Length);
功能描述	启动 DMA 方式的 ADC 转换,转换结果传输采用 DMA 方式
入口参数 1	* hadc,ADC 句柄。例如对 ADC1 操作,取值 &hadc1
入口参数 2	uint32_t * pData DMA,目标缓冲区,转换获取的数据会存放在这里
入口参数 3	uint32_t Length,目标缓冲区长度,获取的数据长度
返回值	HAL_Status
函数说明	本函数使能 ADC,启动规则组 ADC 转换,使能中断,能够引起中断触发的事件包括:DMA 传输完成、DMA 传输一半

8. DMA 方式下停止 ADC 转换函数

函数名称	HAL_ADC_Stop_DMA
函数原型	HAL_StatusTypeDef HAL_ADC_Stop_DMA(ADC_HandleTypeDef * hadc);
功能描述	停止 ADC 转换,禁止 DMA 传送
入口参数	* hadc,ADC 句柄。例如对 ADC1 操作,取值 &hadc1
返回值	HAL_Status
函数说明	本函数停止 ADC 转换,禁止 DMA 传送,ADC 进入断电模式

9. 读取 ADC 转换值函数

函数名称	HAL_ADC_GetValue
函数原型	uint32_t HAL_ADC_GetValue(ADC_HandleTypeDef * hadc);
功能描述	读取 ADC 转换结果
入口参数	* hadc,ADC 句柄。例如对 ADC1 操作,取值 &hadc1

返回值	无符号 32 位 ADC 转换值

函数说明	本函数执行后,硬件自动清 EOC 标志。函数源码:
	uint32_t HAL_ADC_GetValue(ADC_HandleTypeDef * hadc)
	{
	    assert_param(IS_ADC_ALL_INSTANCE(hadc ->Instance));
	                        //检测输入参数的合法性
	    return hadc ->Instance ->DR; //返回规则通道 ADC 转换数据
	}

10. ADC 中断处理函数

函数名称	HAL_ADC_IRQHandler
函数原型	void HAL_ADC_IRQHandler(ADC_HandleTypeDef * hadc)
功能描述	ADC 中断响应处理函数
入口参数	* hadc,ADC 句柄。例如对 ADC1 操作,取值 &hadc1
返回值	无
函数说明	① ADC1、ADC2 共用一个中断处理函数。 ② 三类中断:规则通道转换结束中断、注入转换通道转换结束中断、模拟看门狗中断,均会调用此中断处理函数。 ③ 函数内部判断中断源,分别调用相关的中断回调函数: HAL_ADC_ConvCpltCallback(hadc) HAL_ADCEx_InjectedConvCpltCallback(hadc) HAL_ADC_LevelOutOfWindowCallback(hadc)

11. ADC 转换结束中断回调函数

函数名称	HAL_ADC_ConvCpltCallback
函数原型	void HAL_ADC_ConvCpltCallback(ADC_HandleTypeDef * hadc)
功能描述	在非阻塞(中断或 DMA)模式下,ADC 规则通道采样结束中断回调函数,若开中断,则转换完成后系统自动调用此函数
入口参数	* hadc,ADC 句柄。例如对 ADC1 操作,取值 &hadc1
返回值	无
函数说明	如果每次采样的数据都很重要或者说都必须要处理,如在电机控制中控制电流,那么需要使用回调函数来获取每次的采样数据。需要用户编写用户代码,读取 ADC 转换结果。 注意:采用 DMA 方式的 ADC 转换,触发回调函数的条件是采样缓冲区的数据满,也就是说采样的数据长度等于 HAL_ADC_Start_DMA 函数中的 Length 参数

例 9.1 对 ADC1 的通道 10、13、12、11 进行 DMA 方式采样。

方式 1:

```
__IO uint16_t usAdBuffer[4];                                   //定义 4 个采样缓冲区
HAL_ADC_Start_DMA(&hadc1,(uint32_t * )usAdBuffer,4);           //在 DMA 方式下启动 ADC
void HAL_ADC_ConvCpltCallback(ADC_HandleTypeDef * hadc)
{
//此时 usAdBuffer 已经存储了采样的数据,可以进一步根据应用需要处理
//(形式如:usAdBuffer[0] = IN10; usAdBuffer[1] = IN13; usAdBuffer[2] = IN12; usAdBuffer[3] = IN11;)
}
```

方式 2:

```
__IO uint16_t usAdBuffer[8];                                   //定义 8 个采样缓冲区
HAL_ADC_Start_DMA(&hadc1,(uint32_t * )usAdBuffer,8);           //在 DMA 方式下启动 ADC
void HAL_ADC_ConvCpltCallback(ADC_HandleTypeDef * hadc)
{
//形式如:usAdBuffer[0] = IN10; usAdBuffer[1] = IN13; usAdBuffer[2] = IN12; usAdBuffer[3] = IN11;
//usAdBuffer[4] = IN10; usAdBuffer[5] = IN13; usAdBuffer[6] = IN12; usAdBuffer[7] = IN11;
}
```

12. 获取 ADC 状态函数

函数名称	HAL_ADC_GetState
函数原型	uint32_t HAL_ADC_GetState (ADC_HandleTypeDef * hadc)
功能描述	获取 ADC 运行状态
入口参数	* hadc,ADC 句柄。例如对 ADC1 操作,取值 &hadc1
返回值	无符号 32 位值,State(ADC 状态机)
函数说明	返回值,具体参见 ADC 的外设句柄结构体 ADC_HandleTypeDef 和成员变量 State 定义说明

13. 启动 ADC 自校准函数

函数名称	HAL_ADCEx_Calibration_Start
函数原型	HAL_StatusTypeDef HAL_ADCEx_Calibration_Start (ADC_HandleTypeDef * hadc)
功能描述	执行 ADC 自校准
入口参数	* hadc,ADC 句柄。例如对 ADC1 操作,取值 &hadc1
返回值	HAL_Status
函数说明	需要在禁止 ADC,即在执行 HAL_ADC_Start()函数之前或者在执行 HAL_ADC_Stop()函数以后,执行 ADC 自校准

例 9.2 对 ADC1 进行自校准,然后启动 ADC 转换读取转换值。

```
HAL_ADCEx_Calibration_Start(&hadc1);                          //校准
HAL_ADC_Start(&hadc1);                                        //使能 ADC 转换
HAL_ADC_PollForConversion(&hadc1,50);                         //轮询方式启动 ADC 转换,等待转换完成
if(HAL_IS_BIT_SET(HAL_ADC_GetState(&hadc1), HAL_ADC_STATE_REG_EOC))   //若 EOC = 1,转换结束
{
ADC_ConvertedValue = HAL_ADC_GetValue(&hadc1);                //读取转换结果
}
```

9.4　ADC 寄存器

STM32F10x 系列微处理器的每个 ADC 都有 20 个独立的寄存器,如表 9-4 所列。ADC 的所有操作实质都是通过对寄存器操作来实现的,本节列出常用寄存器的功能描述,便于理解 ADC 的工作原理。

表 9-4　STM32 微控制器 ADC 相关寄存器

序　号	寄存器	名　称	功能描述
1	ADC_SR	ADC 状态寄存器	存放 ADC 运行状态信息,如转换开始、转换结束
2	ADC_CR1	ADC 控制寄存器 1	控制 ADC 工作模式、触发信号选择、中断使能、转换启动和停止、数据对齐方式和 ADC 校准
3	ADC_CR2	ADC 控制寄存器 2	
4	ADC_SMPR1	ADC 采样时间寄存器 1	配置采样通道及对应的采样时间
5	ADC_SMPR2	ADC 采样时间寄存器 2	
6	ADC_JOFRx (x=1,2,3,4)	ADC 注入通道数据偏移寄存器 x (x=1,2,3,4)	低 12 位配置注入通道转换数据偏移量。即原始转换数据减去的偏移数值,最终转换结果在 ADC_JDRx 寄存器中读出
7	ADC_HTR	ADC 看门狗高阈值寄存器	低 12 位配置看门狗阈值高限值
8	ADC_LTR	ADC 看门狗低阈值寄存器	低 12 位配置看门狗阈值低限值
9	ADC_SQR1	ADC 规则序列寄存器 1	配置规则通道转换数量和次序
10	ADC_SQR2	ADC 规则序列寄存器 2	配置注入通道转换数量和次序
11	ADC_SQR3	ADC 规则序列寄存器 3	配置注入通道转换数量和次序
12	ADC_JSQR	ADC 注入序列寄存器	配置注入通道转换数量和次序
13	ADC_JDRx (x=1,2,3,4)	ADC 注入通道转换数据寄存器 x	低 16 位存放 ADC 注入通道转换数据,数据可以是左对齐也可以是右对齐
14	ADC_DR	ADC 规则通道转换数据寄存器	低 16 位存放 ADC 规则通道转换数据,数据可以是左对齐也可以是右对齐。在双模式下,高 16 位存放 ADC2 转换的规则通道数据(仅 ADC1)

1. 常用 ADC 状态标志位(ADC_SR)

位	定义及功能说明
ADC_SR 位 4	STRT:规则通道开始位 (Regular Channel Start flag),该位由硬件在规则通道转换开始时设置,由软件清除。 0:规则通道转换未开始;1:规则通道转换已开始
ADC_SR 位 3	JSTRT:注入通道开始位 (Injected Channel Start Flag),该位由硬件在注入通道组转换开始时设置,由软件清除。 0:注入通道组转换未开始;1:注入通道组转换已开始

位	定义及功能说明
ADC_SR 位 2	JEOC:注入通道转换结束位 (Injected Channel End of Conversion) 该位由硬件在所有注入通道组转换结束时设置,由软件清除 0:转换未完成;1:转换完成
ADC_SR 位 1	EOC:转换结束位 (End of Conversion) 该位由硬件在(规则或注入)通道组转换结束时设置,由软件清除或由读取 ADC_DR 时清除 0:转换未完成;1:转换完成
ADC_SR 位 0	AWD:模拟看门狗标志位 (Analog Watchdog Flag),该位由硬件在转换的电压值超出了 ADC_LTR 和 ADC_HTR 寄存器定义的范围时设置,由软件清除 0:没有发生模拟看门狗事件;1:发生模拟看门狗事件

2. 常用 ADC 控制位

位	定义及功能说明
ADC_CR1 位 23	AWDEN:在规则通道上开启模拟看门狗 (Analog Watchdog Enable on Regular Channels),该位由软件设置和清除。 0:在规则通道上禁用模拟看门狗;1:在规则通道上使用模拟看门狗
ADC_CR1 位 22	JAWDEN:在注入通道上开启模拟看门狗 (Analog Watchdog Enable on Injected Channels),该位由软件设置和清除。 0:在注入通道上禁用模拟看门狗;1:在注入通道上使用模拟看门狗
ADC_CR1 位 10	JAUTO:自动的注入通道组转换 (Automatic Injected Group Conversion),该位由软件设置和清除,用于开启或关闭规则通道组转换结束后自动的注入通道组转换。 0:关闭自动的注入通道组转换;1:开启自动的注入通道组转换
ADC_CR1 位 8	SCAN:扫描模式 (Scan Mode),该位由软件设置和清除,用于开启或关闭扫描模式。在扫描模式中,转换通道为 ADC_SQRx 或 ADC_JSQRx 寄存器选中的通道。0:关闭扫描模式;1:使用扫描模式。如果分别设置了 EOCIE 位或 JEOCIE 位,只在最后一个通道转换完毕后才会产生 EOC 或 JEOC 中断
ADC_CR1 位 7	JEOCIE:允许产生注入通道转换结束中断 (Interrupt Enable for Injected Channels),该位由软件设置和清除,用于禁止或允许所有注入通道转换结束后产生中断。0:禁止 JEOC 中断;1:允许 JEOC 中断。当硬件设置 JEOC 位时产生中断
ADC_CR1 位 6	AWDIE:允许产生模拟看门狗中断 (Analog Watchdog Interrupt Enable),该位由软件设置和清除,用于禁止或允许模拟看门狗产生中断。在扫描模式下,如果看门狗检测到超范围的数值时,只有在设置了该位时扫描才会中止。0:禁止模拟看门狗中断;1:允许模拟看门狗中断
ADC_CR1 位 5	EOCIE:允许产生 EOC 中断 (Interrupt Enable for EOC),该位由软件设置和清除,用于禁止或允许转换结束后产生中断。0:禁止 EOC 中断;1:允许 EOC 中断。当硬件设置 EOC 位时产生中断

位	定义及功能说明
ADC_CR2 位 22	SWSTART:开始转换规则通道 (Start Conversion of Regular Channels),由软件设置该位以启动转换,转换开始后硬件马上清除此位。如果在 EXTSEL[2:0]位中选择了 SWSTART 为触发事件,该位用于启动一组规则通道的转换,0:复位状态; 1:开始转换规则通道
ADC_CR2 位 21	JSWSTART:开始转换注入通道 (Start Conversion of Injected Channels),由软件设置该位以启动转换,软件可清除此位或在转换开始后硬件马上清除此位。如果在 JEXTSEL[2:0]位中选择了 JSWSTART 为触发事件,该位用于启动一组注入通道的转换,0:复位状态;1:开始转换注入通道
ADC_CR2 位 8	DMA:直接存储器访问模式 (Direct Memory Access Mode) ,该位由软件设置和清除。0:不使用 DMA 模式;1:使用 DMA 模式。注:只有 ADC1 和 ADC3 能产生 DMA 请求
ADC_CR2 位 1	CONT:连续转换 (Continuous Conversion) ,该位由软件设置和清除。如果设置了此位,则转换将连续进行直到该位被清除。0:单次转换模式;1:连续转换模式
ADC_CR2 位 0	ADON:开/关 A/D 转换器 (A/D Converter ON / OFF) ,该位由软件设置和清除。当该位为 0 时,写入 1 将把 ADC 从断电模式下唤醒。当该位为 1 时,写入 1 将启动转换。应用程序时须注意,在转换器上电至转换开始时有一个延迟 t_{STAB}。 0:关闭 ADC 转换/校准,并进入断电模式;1:开启 ADC 并启动转换。如果在这个寄存器中与 ADON 一起还有其他位被改变,则转换不被触发,这是为了防止触发错误转换

9.5 ADC 软件设计

9.5.1 软件设计要点

ADC 程序设计主要包括 ADC 初始化和应用程序设计两部分。

1. ADC 初始化

ADC 初始化主要包括引脚配置、时钟配置、工作模式(数据对齐、规则组、注入组、扫描模式、采样时间等)配置及参数选择和 ADC 中断(或 DMA 设置)等。该部分由 CubeMX 软件配置并生成初始化程序来实现。

2. 应用程序

应用程序主要考虑 ADC 启动方式选择、ADC 转换结果读取和数据处理等。

9.5.2 轮询方式软件设计

轮询方式下 ADC 转换程序主要包含 3 步:调用 ADC 启动函数,调用 ADC 转换函数,调用读取 ADC 转换结果函数。在读取转换结果前,需要先判断转换结束标志,再读取 ADC 转换值。

例 9.3　采用轮询方式对 ADC1 通道 10(PC0 引脚)输入电压转换。

```
/* 以 ADC1 通道 10(PC0 引脚)为例,使用 CubeMX 软件配置(见 9.6 节)生成程序框架。中文注释部分为用户编写的程序 */
/* 用户程序。ADC 采集程序 1,返回值是 ADC 采样值,在后台调用,即在主函数 while(1)中调用 */
uint16_t GetAdcValue1(void)
```

```
{
    uint16_t Value;
    HAL_ADC_Start(&hadc1);                              //使能 ADC 转换
    HAL_ADC_PollForConversion(&hadc1, 50);              //轮询方式下启动 ADC 转换,超时时间 50 ms
    /* 判断 EOC 是否为 1,EOC 为 1,表明 ADC 转换结束 */
    if(HAL_IS_BIT_SET(HAL_ADC_GetState(&hadc1), HAL_ADC_STATE_REG_EOC))
    {
    Value = HAL_ADC_GetValue(&hadc1);                   //读取转换结果
    return Value;
    }
}
```

程序说明:程序中使用了 HAL 库提供的宏定义(stm32f1xx_hal_def.h)

```
#define HAL_IS_BIT_SET(REG, BIT)            (((REG) & (BIT)) != RESET)
#define HAL_IS_BIT_CLR(REG, BIT)            (((REG) & (BIT)) == RESET)
#define HAL_ADC_STATE_REG_EOC               ((uint32_t)0x00000200)   //0x00000200U
```

9.5.3 中断方式软件设计

中断方式下 ADC 程序设计框架为前后台程序结构。主程序中系统初始化可由 CubeMX 软件进行配置生成,需要用户添加 ADC 中断方式启动函数。ADC 转换结束后,会触发中断回调函数(前台程序),在中断回调函数中,需要用户添加用户程序,读取 ADC 转换结果。具体程序参见程序示例。

例 9.4　采用中断方式对 ADC1 通道 10(PC0 引脚)的模拟输入电压进行转换。

```
/* 以 ADC1 通道 10(PC0 口)为例,使用 CubeMX 软件配置(见 9.6 节)生成程序框架。如果配置为单次转换工作模式,只采样 1 次,若再次采样,需要重新调用中断方式启动 ADC 函数。本例配置为连续转换工作模式,ADC 连续转换。若要停止转换,需要调用中断方式停止 ADC 函数,结束 ADC 转换 */
uint16_t ADC1_Value;                                    //定义全局变量,存放 ADC 转换结果
int main(void)
{
    /* 复位所有外设,初始化 Flash 接口及滴答时钟 */
    HAL_Init();
    /* 配置系统时钟 */
    SystemClock_Config();
    /* 初始化所有已配置外设 */
    MX_GPIO_Init();
    MX_ADC1_Init();
    HAL_ADC_Start_IT(&hadc1);                           //以中断方式启动 ADC 转换
while(1)
        {;}
    }
    /* ADC 转换中断回调函数,转换完成后在此获取转换结果 */
```

```
void HAL_ADC_ConvCpltCallback(ADC_HandleTypeDef * hadc)
{
ADC1_Value = HAL_ADC_GetValue(&hadc1);//获取 ADC 转换结果
}
```

例 9.5　以 100 ms 为周期,采集 ADC1 通道 10(PC0 引脚)的输入电压,ADC 连续转换 16 次,并对转换数据进行滤波处理。

主要思路:任务在前台执行。在 100 ms 周期定时中断中,以中断方式启动 ADC 转换,在 ADC 转换结束中断回调函数中获取转换结果,在 16 次连续转换后停止 ADC 转换,然后采用平均值滤波获得平均转换值,结果存放在全局变量 ADC1_Value 中。

```
/ * 使用 CubeMX 软件配置生成程序框架(见 9.6 节)。ADC 配置为连续转换工作模式,获取 ADC 转换结果,连续转换 16 次后,停止 ADC 转换和滤波 * /
/ * 100ms 计时,中断方式启动 ADC 转换。需要在 1ms 定时中断回调函数中调用 * /
void Timer100ms_On()
{
    static uint8_t ms_count = 0;                //计数单元,静态局部变量,仅在本函数内能访问
    ms_count ++ ;
        if(ms_count == 100)                     //100 ms 时间到
            {  ms_count = 0;                    //计数单元清 0
            HAL_ADC_Start_IT(&hadc1);           //以中断方式启动 ADC 转换
            }
}
/ * ADC 转换结束中断回调函数,读取 ADC 转换值 * /
void HAL_ADC_ConvCpltCallback(ADC_HandleTypeDef * hadc)
{
    GetAdcValue12();
}
/ * 连续读取 16 次 ADC 转换结果后停止 ADC 转换,转换结果进行滤波处理 * /
uint16_tAdcBuf[16];                             //定义全局数组变量,存放 ADC 转换值
void GetAdcValue12(void)
{
    static uint8_t i = 0;                       //定义静态变量,记录转换次数
    AdcBuf[i] = HAL_ADC_GetValue(&hadc1);       //获取 ADC 转换结果
    i ++ ;
    if(i>15)
        {i = 0;
        HAL_ADC_Stop_IT(&hadc1);                //停止 ADC 转换
        ADC1_Value = AdcFilter();               //对 ADC 转换结果进行滤波处理
        }
}

/ * 平均值滤波 * /
uint16_t AdcFilter(void)
{
    uint8_t i;
    uint32_t sum = 0;
    for(i = 0;i<16;i ++ )    sum += adcBuf[i];  //计算 ADC 转换结果累加和
    sum = (sum >> 4);                           //除以 16,计算平均值
    return sum;
}
```

9.5.4　DMA 方式软件设计

因为 ADC 转换 DMA 方式也开放了 ADC 转换结束中断，因此程序结构与中断方式的相同。不同点是需要将程序中中断方式启动 ADC 转换修改为 DMA 方式启动 ADC 转换。

ADC 转换全部结束后，若需要数据处理，可以在中断回调函数里实现。也可以在主函数 while 循环体里处理。具体程序可参见程序示例。DMA 方式优点是可以连续采样，不需要 CPU 参与。

例 9.6　DMA 方式采集 ADC1 通道 10(PC0 引脚)输入电压，ADC 连续转换 16 次，并对转换数据进行滤波处理。

```
/* 使用 CubeMX 软件配置生成程序框架。ADC 配置为连续转换工作模式，获取 ADC 转换结果，连续转换
16 次，并滤波 */
uint16_t adcBuf[16];                                          //定义全局数组变量，存放 ADC 转换值
int main(void)
{
    /* 复位所有外设，初始化 Flash 接口及滴答时钟 */
    HAL_Init();
    /*  配置系统时钟  */
    SystemClock_Config();
    /*  初始化所有已配置外设  */
    MX_GPIO_Init();
    MX_ADC1_Init();
    HAL_ADC_Start_DMA(&hadc1,(uint32_t *)adcBuf,16);  //DMA 方式启动 ADC，转换 16 次
    while(1)
    {;}
}
/* ADC 转换 16 次后，触发回调函数，将转换 16 个结果的计算平均值 */
void  HAL_ADC_ConvCpltCallback(ADC_HandleTypeDef * hadc)
{
    ADC1_Value = AdcFilter();                                 //ADC 转换结果滤波
}
```

9.6　ADC 应用实例

基本任务要求：温度检测范围为 0～50 ℃，显示分辨率为 0.1 ℃。检测元件热敏电阻。

9.6.1　硬件设计

选用温度检测元件热敏电阻(NTC)，型号为 MF52A103G3380，标称阻值为 10 kΩ (25 ℃)，B 值为 3 380 K，精度为 1%。热敏电阻的电阻-温度特性为

$$R_t = R_0 e^{B\left(\frac{1}{T}-\frac{1}{T_0}\right)} \tag{9-1}$$

式中，R_t 为温度 T(K)时的电阻；R_0 为温度 T_0(25 ℃)时的电阻。T(K)$=t$(℃)$+273.15$。K 为开尔文温度。

温度检测硬件电路如图 9-14 所示。热敏电阻由 P1 接口接入,与 10 kΩ 电阻构成分压电路,分压信号经电阻 R_{22} 接入微控制器 ADC1 通道 10(PC0 口)。

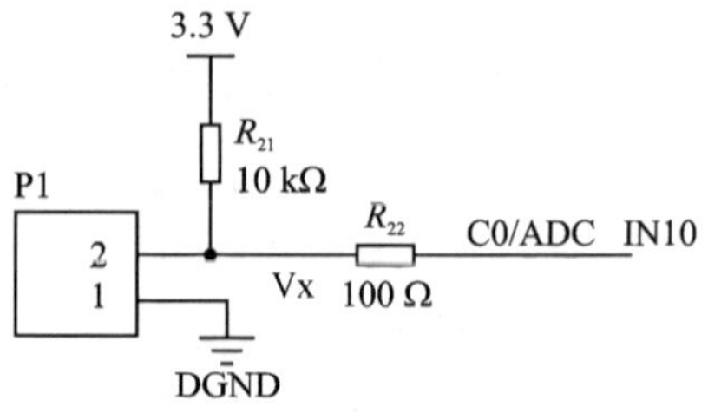

图 9-14　温度检测硬件电路

温度检测基本原理:

(1) 根据 ADC 采样结果,计算采集电压

设 ADC 输入通道的电压为 V_x,ADC 转换数值为 ADC1_Value,则

$$V_x = (\text{ADC1\_Value} \times 3.3)/4\ 096 \tag{9-2}$$

(2) 计算 R_t 实际电阻值

由电路推出电阻与电压关系,则

$$R_t = \frac{R_{21} \times V_x}{3.3 - V_x}$$

将式(9-2)代入上式得

$$R_t = \frac{R_{21} \times \text{ADC1\_Value}}{4\ 096 - \text{ADC1\_Value}}$$

即

$$R_t = \frac{10\ 000 \times \text{ADC1\_Value}}{4\ 096 - \text{ADC1\_Value}} \tag{9-3}$$

(3) 数据处理

利用查表方式进行数据处理。根据式(9-1),可以设计 t 与 R_t 的关系表,根据式(9-3)的结果,查表得到温度 t,或者直接根据式(9-1)计算,此时,需要使用头文件“math.h”提供的数学函数直接计算温度值。

因开尔文温度 T 与电阻 R_t 的关系为

$$T = \frac{1}{\dfrac{\ln(R_t/R_0)}{B} + \dfrac{1}{T_0}}$$

所以对应的摄氏温度为

$$t = T - 273.15 = \frac{1}{\dfrac{\ln(R_t/R_0)}{B} + \dfrac{1}{273.15 + 25}} - 273.15 \tag{9-4}$$

9.6.2　软件设计

根据任务要求,软件主要完成 ADC 转换、数据滤波、将数据变换为温度值以及显示等任务的函数设计。软件任务比较单一,任务量小,因此软件方案如下:

ADC 转换采用 DMA 方式,ADC 启动后连续转换 16 次。转换结束后,会触发中断回调函数,因此滤波、计算温度都放到中断中完成。

系统初始化包括使用 CubeMX 配置生成初始化函数调用以及用户编写 DMA 方式启动 ADC 函数调用。

1. CubeMX 初始化配置

使用 CubeMX 生成工程(初始化)。

(1) 配置 RCC

配置 ADC 时钟 APB2 时钟经 6 分频后作为 ADC 时钟，频率为 12 MHz，如图 9－15 所示。

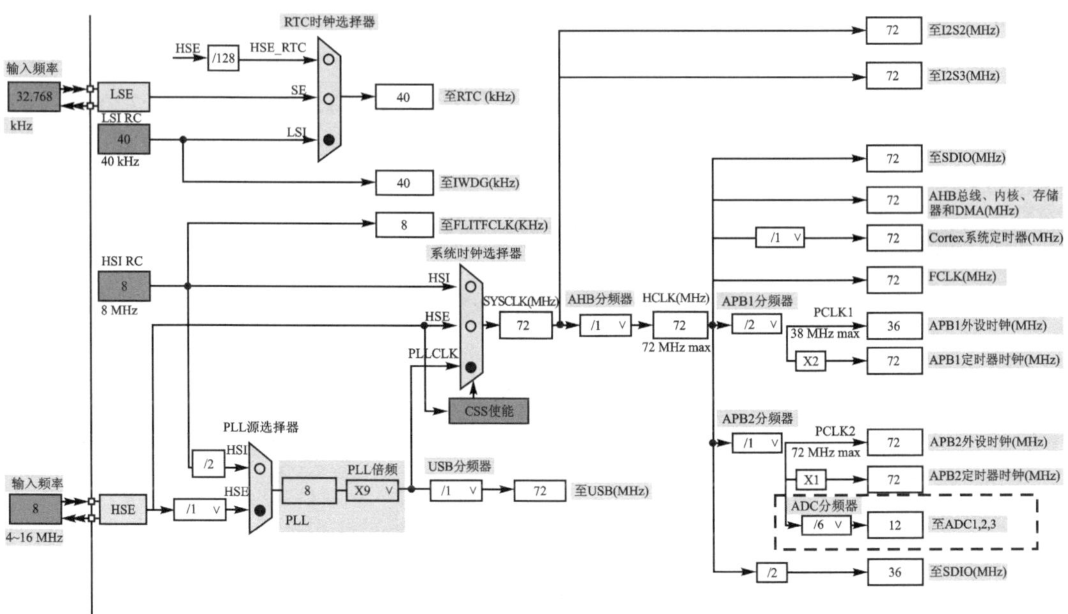

图 9－15　时钟配置

(2) 配置 ADC 输入通道

配置 ADC 输入引脚 PC0 为 ADC1_IN10 通道，如图 9－16 所示。

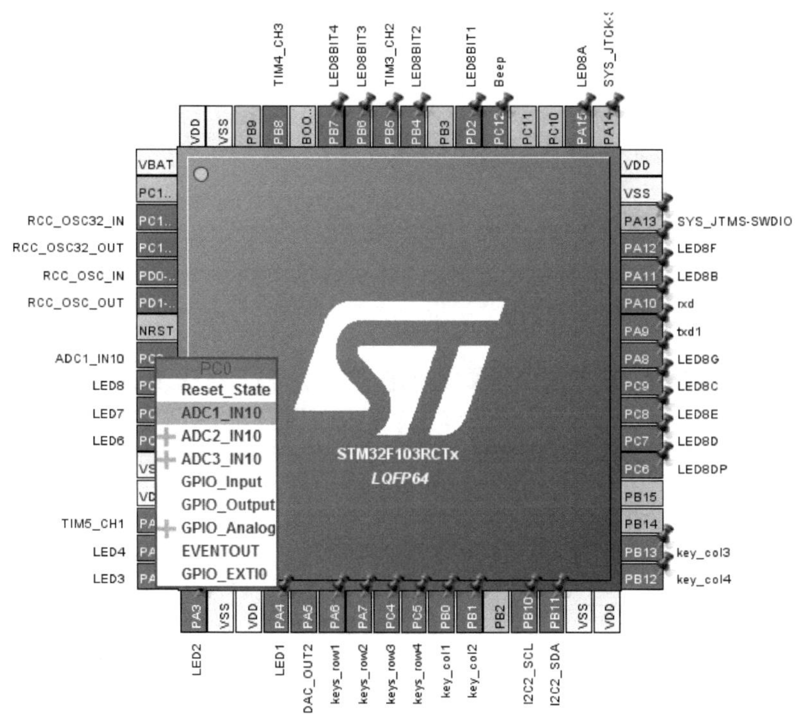

图 9－16　ADC 引脚配置

(3) 配置 ADC1 工作模式及参数

配置 ADC1 工作模式及参数，主要包括数据对齐(Data Alignment)：右对齐(Right alignment);扫描转换模式(Scan Conversion Mode):禁止(Disable);连续转换模式(Continuous Conversion Mode):使能(Enabled);间断转换模式(Discontinuous Conversion Mode):禁止(Disable);规则通道转换(Enable Regular Conversions):使能(Enabled);转换数量(Number Of Conversion):1;外部触发源(External Trigger Conversion Source):软件触发规则通道转换(Regular Conversion launched by software);转换队列(Rank)1 中,通道(Channel):通道 10(Channel 10);采样时间(Sampling Time):28.5 个周期(Cycle),如图 9-17 所示。

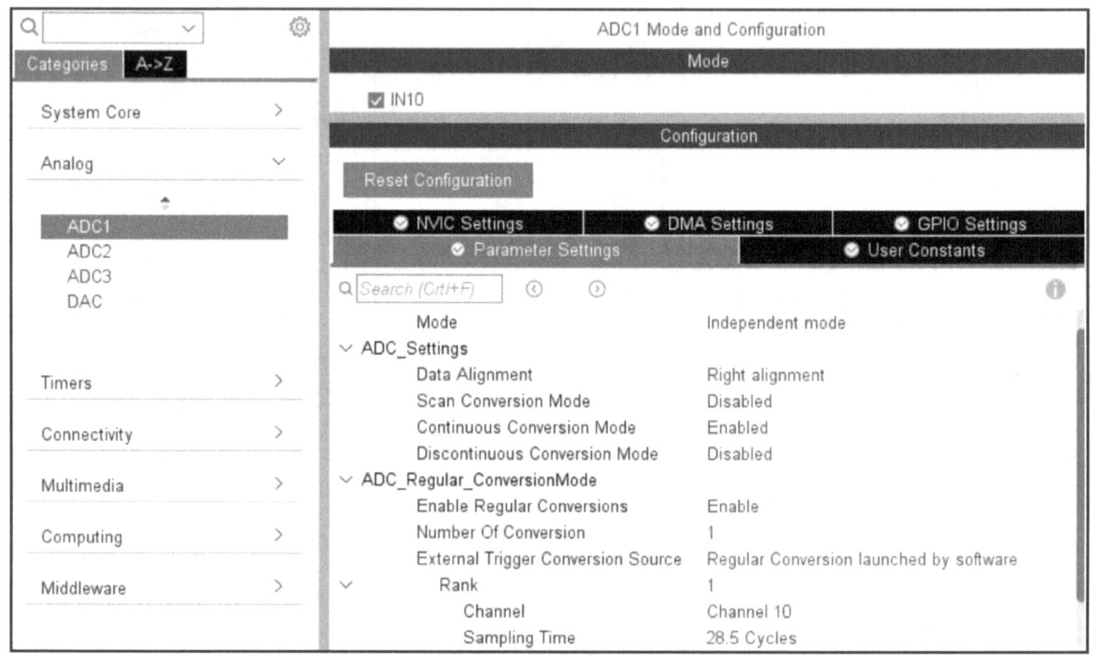

图 9-17　ADC 工作模式配置

(4) 配置 DMA 参数

单击 Add 按钮增加 DMA 通道,设置 DMA 模式(Mode)为循环模式(Circular),当采样填充满指定的缓冲区后自动回到缓冲区的首地址,并覆盖原来的内容;数据宽度(Data Width)选择半字(Half Word),如图 9-18 所示。

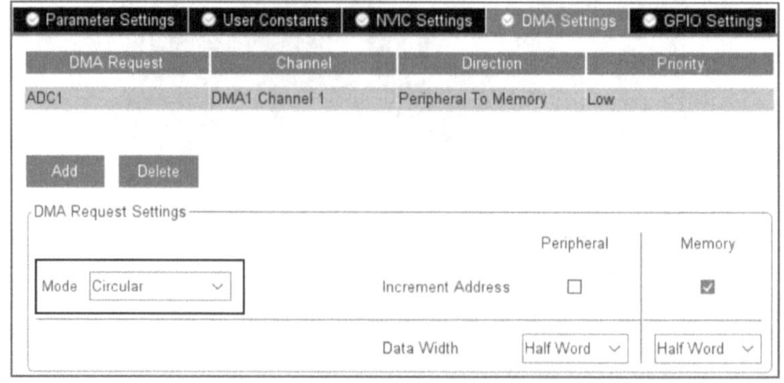

图 9-18　ADC 的 DMA 配置

2. 应用软件设计

应用软件程序主要包含启动 ADC 转换、ADC 转换数据滤波和将数据变换为温度值。

(1) 启动 ADC 转换

ADC 采用 DMA 方式启动，配置为连续 16 次采集，采集数据自动存放在 adcBuf[]数组中。

(2) 采样数据处理

连续读取 16 次 ADC 转换结果后，对转换结果进行平均值滤波处理，程序见例 9.5。

(3) 计算温度

ADC 采样数据经滤波后存放在 ADC1_Value 中。根据式(9-3)和式(9-4)计算 R_t 和温度 t。

```
uint16_t adcBuf[16];                                    //定义全局数组变量，存放 ADC 转换值
uint16_t ADC1Temp;                                      //定义全局变量，存放转换温度值
int main(void)
{
    /* 复位所有外设，初始化 Flash 接口及滴答时钟 */
    HAL_Init();
    /* 配置系统时钟 */
    SystemClock_Config();
    /* 初始化所有已配置外设 */
    MX_GPIO_Init();
    MX_ADC1_Init();
    HAL_ADC_Start_DMA(&hadc1,(uint32_t *)adcBuf,16);   //用 DMA 方式启动 ADC，ADC 转换 16 次
    while(1)
        {
            DisplayDigtal(ADC1Temp);                    //数码管显示温度值
        }
}
/* ADC 转换 16 次后，触发回调函数，调用温度转换函数 */
void HAL_ADC_ConvCpltCallback(ADC_HandleTypeDef * hadc)
{
    ADC1_Value = AdcFilter();                           //ADC 转换数据滤波
    ADC1ToTemp( );                                      //温度转换
}
/* 将 ADC 转换结果转换为温度值 */
#include "math.h"                                       //数学函数库
void ADC1ToTemp(void)
{
    float t,Rt;
    Rt = (float)((10000 * ADC1_Value)/ (4096 - ADC1_Value));
    t = 1/(log((Rt/10000))/3380 + 1/(273.15 + 25)) - 273.15;
    ADC1Temp = (uint16_t)10 * t;                        //扩大 10 倍，含 1 位小数
}
```

实际应用时，若系统需要固定周期进行温度采集和温度控制，可采用定周期以 DMA 方式

启动 ADC 转换,程序设计结构可参见例 9.5。

由于温度的缓慢变化特性,不需要每次采样都进行处理,当需要获取温度的时候,随时在缓冲区 adcBuf 中就可以获取最近一次的 ADC 采样数据。因此若系统仅采集并显示温度值,也可以直接将滤波和计算温度函数在后台程序中调用。

本章习题

1. 对 ADC1 的通道 10、11、12、13 进行 DMA 方式采样,要求:

① 配置使能 ADC1 的 IN10、IN11、IN12、IN13 通道;

② 使能扫描模式,当启动 ADC 采样后,配置 Rank 的顺序采样并依次存放入 DMA 指定的 SRAM 中;

③ 使能连续模式,启动采样后会连续执行直到软件停止采样;

④ 为每个 ADC 转换通道配置不同的采样时间。

2. 对 ADC1 的通道 10、11、12、13 进行中断方式采样。
3. 对 ADC1 的通道 10、11、12、13 进行轮询方式采样。
4. 利用微控制器内部温度传感器,编写温度采集程序,并说明程序结构。
5. 利用 ADC 看门狗监测电源电压,编写电压采集程序,并说明程序结构。
6. 对 9.6.1 小节实例,采用查表及插值法,编程实现 ADC 采样值与温度转换。
7. 分析 9.6.1 小节实例的温度测量精度。

第 10 章　SPI/I²C 总线及应用

本章主要内容:SPI 和 I²C 总线的基本概念;STM32F10x 系列 SPI 和 I²C 总线的工作原理及相关库函数。

本章案例:以 SPI 总线接口随机存储器 FM25CL64B 数据读写为例,介绍 FM25CL64B 工作原理,接口电路设计及应用程序设计。

10.1　SPI 基本原理

SPI (Serial Peripheral Interface)即串行外围设备接口,最早由摩托罗拉公司提出,是一种高速全双工同步串行通信接口。SPI 接口被广泛应用于 MCU 和外设模块,如 EEPROM、ADC、显示驱动器等的连接。

SPI 优点:支持全双工通信,硬件连接简单,只需要 4 根信号线,数据传输速率快(100 MHz 以上)。

SPI 缺点:没有寻址机制,只能靠设备片选线选择不同从设备;没有数据流控制,没有定义数据校验机制,没有应答机制确认是否接收到数据,跟 I²C 总线协议比较,在数据可靠性上有一定的缺陷。

10.1.1　SPI 物理层

SPI 总线采用主从模式(Master - Slave)架构,支持一个或多个从设备。其中,提供时钟的设备为主设备(Master),接收时钟的设备为从设备(Slave)。

SPI 接口通常有 4 根信号线,分别为:

① SCK(Serial Clock):串行时钟信号线,用于通信数据同步。它由通信主机产生,决定了通信速率。

② MISO(Master Input,Slave Output):主器件输入/从器件输出数据线。

③ MOSI(Master Output,Slave Input):主器件输出/从器件输入数据线。

④ SS(Slave Select):从器件选择线,常称为片选信号线,也称为 NSS 或 CS,低电平有效。

SPI 单个数据线支持双向模式。在双向模式下,主设备的 MOSI、从设备的 MISO 作为双向 I/O。

通过多个片选信号(SS),单个主设备可以与多个不同从设备进行通信。如图 10 - 1 所示,每个从设备都需要单独的片选信号,主设备每次只能选择其中一个从设备进行通信。因为所有从设备的 SCK、MOSI、MISO 都是连在一起的,未被选中从设备的 MISO 要表现为高阻状态(Hi - Z)以避免数据传输错误。由于每个设备都需要单独的片选信号,如果需要的片选信号过多,可以使用译码器产生所有的片选信号。

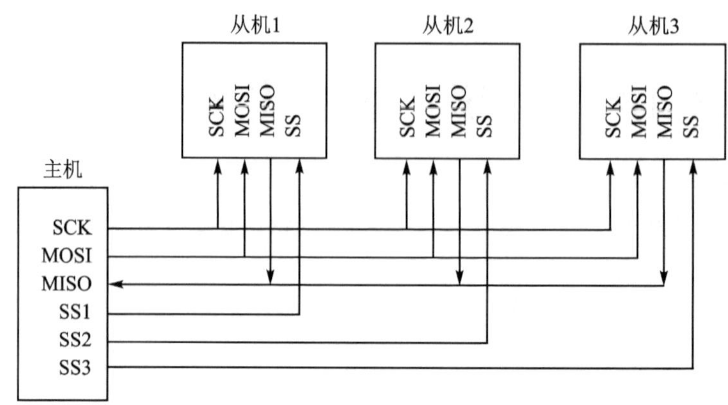

图 10-1　主设备以片选方式控制多个从设备

10.1.2　SPI 通信协议

SPI 通信协议定义了通信的起始信号和停止信号、数据有效性、时钟同步等环节。时序图如图 10-2 所示。

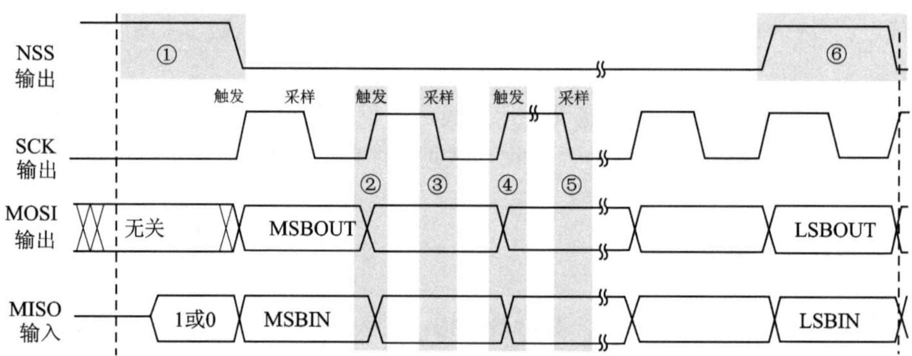

图 10-2　SPI 总线时序图

1. 时　序

NSS、SCK、MOSI 信号都由主机控制产生,而 MISO 信号由从机产生,主机通过该信号线读取从机的数据。

MOSI 与 MISO 的信号只在 NSS 为低电平时才有效,在 SCK 的每个时钟周期 MOSI 和 MISO 传输一位数据。

2. 通信的起始和停止信号

图 10-2 中标号①处,NSS 输出信号线电平由高变低,是 SPI 通信的起始信号。NSS 是每个从机各自独占的信号线,当从机检测到 NSS 线上的起始信号后,就知道自己被主机选中了,开始准备与主机通信。

图 10-2 中标号⑥处,NSS 输出信号电平由低变高,是 SPI 通信的停止信号,表示本次通信结束,从机的选中状态被取消。

3. 数据有效性

SPI 使用 MOSI 及 MISO 信号线来传输数据,使用 SCK 信号线进行数据同步。

数据传输时,高位(MSB)先行或低位(LSB)先行并没有硬性规定,但要保证两个 SPI 通信设备之间使用同样的协定,一般采用 MSB 先行模式。

MOSI 及 MISO 的数据在 SCK 的上升沿期间变化输出,在 SCK 的下降沿时被采样。即在 SCK 的下降沿时刻,MOSI 及 MISO 的数据有效,数据线为高电平时表示数据 1,为低电平时表示数据 0。在其他时刻数据无效,MOSI 及 MISO 为下一次数据传输做准备。

SPI 每次数据传输可以 8 位或 16 位为单位,每次传输的单位数不受限制。

4. SPI 通信模式

SPI 共有 4 种通信模式,即模式 0、模式 1、模式 2、模式 3。4 种模式的主要区别是总线空闲时 SCK 的时钟状态以及数据采样时刻不同,如图 10-3 所示,图中波形为时钟 SCK 波形。从图中可以看出模式 0 和模式 3 是在时钟上升沿对数据线进行采样,模式 1 和模式 2 是在时钟下降沿对数据线进行采样。

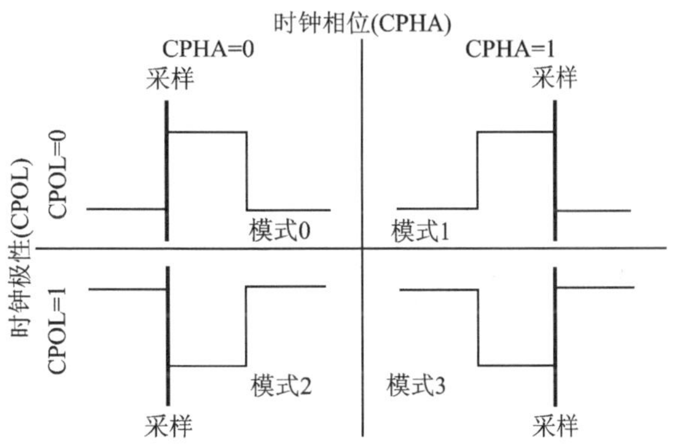

图 10-3　SPI 四种传输模式

为方便说明,引入时钟极性 CPOL 和时钟相位 CPHA 的概念。

时钟极性 CPOL 是指 SPI 通信设备处于空闲状态时,SCK 信号线的电平状态(SPI 通信开始前,NSS 线为高电平时 SCK 的状态)。

CPOL=0 时,SCK 在空闲状态时为低电平。

CPOL=1 时,SCK 在空闲状态时为高电平。

时钟相位 CPHA 是指数据的采样的时刻。

当 CPHA=0 时,MOSI 或 MISO 数据线上的信号将会在 SCK 时钟线的奇数边沿被采样。

当 CPHA=1 时,数据线在 SCK 的偶数边沿被采样。

由于 CPOL 及 CPHA 的不同状态,SPI 分成了 4 种模式,主机与从机需要工作在相同的模式下才可以正常通信,实际中采用较多的是模式 0 与模式 3。4 种模式定义如表 10-1 所列。

表 10-1　SPI 四种通信模式

SPI 模式	CPOL	CPHA	空闲时 SCK 电平	采样时刻
0	0	0	低电平	奇数边沿
1	0	1	低电平	偶数边沿
2	1	0	高电平	奇数边沿
3	1	1	高电平	偶数边沿

按上述的通信模式分类,分析图 10-2 所示的 SPI 总线时序,时钟极性 CPOL=0,时钟相位 CPHA=1,因此属于 SPI 模式 1。

10.1.3 STM32 SPI 特性及架构

1. STM32 的 SPI 外设

当采用 SPI 进行数据通信时,STM32 可用作通信的主机及从机,支持最高的 SCK 时钟频率为 PCLK/2(PCLK 为 SPI 所在的外设总线 APB 时钟),完全支持 SPI 协议的 4 种模式,数据帧长度可设置为 8 位或 16 位,可设置数据 MSB 先行或 LSB 先行。另外增加了 CRC 校验功能,根据需要可以选用,可提高数据通信的可靠性。图 10-4 所示为 SPI 总线构架。

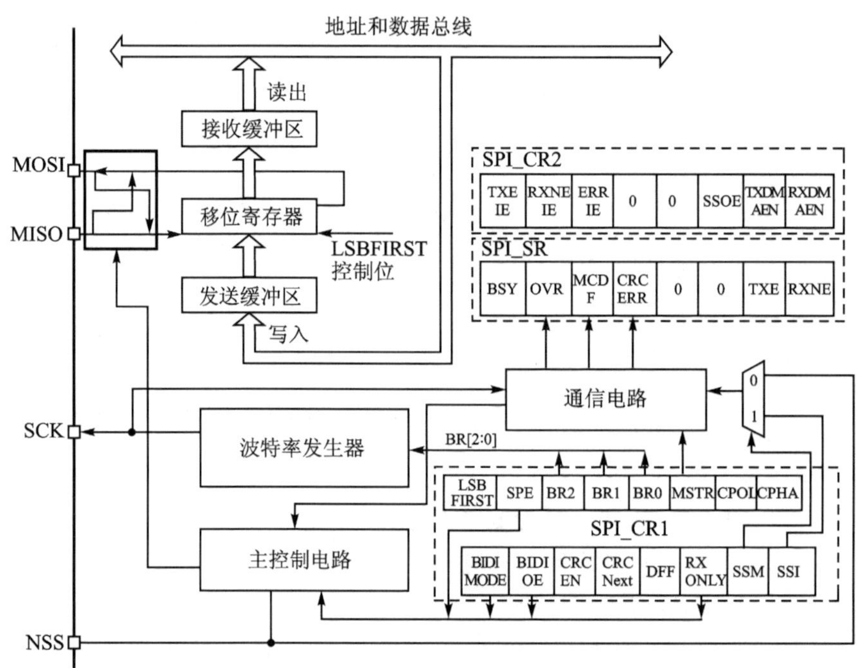

图 10-4　SPI 总线构架

(1) 通信引脚

STM32 的 SPI 外设为标准 SPI 接口,其中 NSS 为从设备选择,是一个可配置的引脚,可以配置为软件模式或硬件模式(使用 SPI 控制寄存器 SPI_CR1 的 SSM 位配置)。

当 NSS 引脚配置为软件模式时,内部通信电路的 NSS 与 SSI 相连(SSI 在 SPI_CR1 寄存器中),因此从设备选择信号可以由软件产生,此时外部 NSS 引脚可以作为通用 GPIO 使用,此模式可用于多主系统。

当 NSS 引脚配置硬件模式时,外部 NSS 引脚与内部通信电路的 NSS 相连,此引脚产生从设备选择信号,在此模式下 NSS 引脚可以配置为输出引脚或输入引脚。当 NSS 配置为输出引脚时,在 SPI 处于主模式时会将 NSS 拉低,此时连接到 SPI 总线的从设备,则会检测到 NSS 引脚为低电平,从设备就会自动进入从模式状态。当 NSS 配置为输入引脚时,若 SPI 配置为主设备,如果 NSS 被拉低,则这个 SPI 设备进入主模式失败状态,即主设备选择(SPI_CR1 寄存器的 MSTR 位)被自动清除,此设备强制进入从模式。

STM32 芯片有多个 SPI 外设,它们的 SPI 通信信号被分配到不同的 GPIO 引脚上,使用时必须配置到这些指定的引脚。表 10-2 所列为 STM32F103 系列 SPI 引脚配置。其中 SPI3 用到的引脚默认功能是下载,如果需要使用 SPI3 接口,则程序上必须先禁用这几个引脚的下载功能。

表 10-2　STM32F103 SPI 引脚配置

引　脚	SPI 编号		
	SPI1	SPI2	SPI3
NSS	PA4	PB12	PA15 下载口的 TDI
SCK	PA5	PB13	PB3 下载口的 TDO
MISO	PA6	PB14	PB4 下载口的 NTRST
MOSI	PA7	PB15	PB5

(2) 时钟控制逻辑

SCK 线的时钟信号由波特率发生器根据控制寄存器 SPI_CR1 中的 BR[0:2]位控制，该位是对 PCLK 时钟的分频因子，对 PCLK 的分频结果就是 SCK 引脚的输出时钟频率，分频范围为 2～256。PCLK 频率是指 SPI 所在的 APB 总线频率，SPI1 是 APB2 上的设备，总线时钟 fpclk2 最高为 72 MHz，SPI2、SPI3 是 APB1 上的设备，总线时钟 PCLK1 最高为 36 MHz。

(3) 数据控制逻辑

从图 10-4 所示的移位寄存器部分可以看出，SPI 的 MOSI 及 MISO 都连接到移位寄存器上，移位寄存器的数据来源及目标为接收缓冲区、发送缓冲区。

当向外发送数据时，移位寄存器以发送缓冲区为数据源，把数据一位一位地通过数据线发送出去；当从外部接收数据时，移位寄存器把数据线采样到的数据一位一位地存储到接收缓冲区中。

STM32 通过写 SPI 的数据寄存器 SPI_DR 把数据填充到发送缓冲区中，通过读数据寄存器 SPI_ DR，可以获取接收缓冲区中的内容。

其中数据帧长度可以通过控制寄存器 SPI_CR1 的 DFF 位配置成 8 位及 16 位模式；通过配置 LSBFIRST 位可选择 MSB 先行还是 LSB 先行。

(4) 整体控制逻辑

图 10-4 所示的主控制电路部分作用是控制协调整个 SPI 外设工作，用户通过配置控制寄存器 SPI_CR1/SPI_CR2 的参数，实现对 SPI 的控制协调。基本的控制参数包括 SPI 模式、波特率、LSB 先行、主从模式、单双向模式等。

用户通过配置控制寄存器 SPI_CR1 的 CPOL 位及 CPHA 位可以把 SPI 设置成前面分析的 4 种 SPI 模式。

在外设工作时，控制逻辑会根据外设的工作状态修改状态寄存器 SPI_SR，只要读取状态寄存器相关的寄存器位，就可以了解 SPI 的工作状态。

除此之外，控制逻辑还根据要求，负责控制产生 SPI 中断信号、DMA 请求及控制 NSS 信号线。

例如数据发送过程，先进行写数据寄存器 SPI_DR 操作，数据被并行地写入发送缓冲区。随后在时钟信号作用下，数据一位一位从移位寄存器被串行发送出去。当发送缓冲区中的数据传输到移位寄存器时，SPI_SR 寄存器的 TXE 标志被设置为 1，表示发送缓冲区空，如果设置了 SPI_CR2 寄存器的 TXEIE 位，将会产生发送完成中断请求。

对于数据接收过程，当数据接收完成时，移位寄存器中的数据传送到接收缓冲区，SPI_SR

寄存器中的 RXNE 标志被设置 1,表示接收缓冲区满,如果设置了 SPI_CR2 寄存器中的 RXNEIE 位,则产生接收完成中断请求。

2. STM32 的 SPI 配置

STM32 的 SPI 外设支持双数据线全双工(双向数据同时收发)模式、单数据线双向模式(半双工)、单数据线单向模式、主模式/从模式。单线模式则可以减少硬件接线。上述模式可以使用 CubeMX 软件来配置。

(1) 配置 SPI 为主模式

在主模式下,SCK 引脚产生串行时钟,MOSI 引脚输出数据,而 MISO 引脚接收数据。

配置步骤如下:

① 通过 SPI_CR1 寄存器的 BR[2:0]位定义串行时钟波特率。

② 选择 SPI_CR1 寄存器的 CPOL 和 CPHA 位,定义通信模式,主机要与通信目标的通信模式一致。

③ 设置 SPI_CR1 寄存器的 DFF 位来定义 8 位或 16 位数据帧格式。

④ 配置 SPI_CR1 寄存器的 LSBFIRST 位定义帧格式,选择是 MSB 先行还是 LSB 先行。

⑤ NSS 引脚可以配置为软件模式,对从设备的片选信号使用通用 GPIO 实现。也可以配置 NSS 引脚工作在硬件输出模式,即须设置 SPI_CR2 寄存器的 SSOE 位。

⑥ SPI_CR1 寄存器的 MSTR 位置 1,进行主设备选择。SPE 位置 1,开启 SPI 设备,使相应引脚工作于 SPI 模式下。

(2) 配置 SPI 为从模式

在从模式下,SCK 引脚用于接收从主设备来的串行时钟。在这个配置中,MOSI 引脚用于数据输入,MISO 引脚用于数据输出。SPI_CR1 寄存器中 BR[2:0]的设置不影响数据传输速率。

配置步骤如下:

① 设置 DFF 位以定义数据帧格式为 8 位或 16 位。

② 选择 CPOL 和 CPHA 位来定义数据传输和串行时钟之间的相位关系。为保证正确的数据传输,从设备和主设备的 CPOL 和 CPHA 位必须配置成相同的方式。

③ 帧格式(SPI_CR1 寄存器中的 LSBFIRST 位定义是 MSB 先行还是 LSB 先行)必须与主设备相同。

④ 在硬件模式下,在完整的数据帧(8 位或 16 位)传输过程中,NSS 引脚必须为低电平。在 NSS 软件模式下,设置 SPI_CR1 寄存器中的 SSM 位并清除 SSI 位。

⑤ 清除 MSTR 位,进行从设备选择。SPE 位置 1,开启 SPI 设备,使相应引脚工作于 SPI 模式下。

(3) 配置 SPI 为单工通信

SPI 外设的单工方式有 2 种模式,即 1 条时钟线和 1 条双向数据线模式、1 条时钟线和 1 条数据线(只接收或只发送)模式。

1) 1 条时钟线和 1 条双向数据线(BIDIMODE=1)

此配置模式也称之为半双工(half - Duplex)模式。设置 SPI_CR1 寄存器中的 BIDIMODE 位为 1,即启用此模式。在此模式下,SCK 引脚作为时钟,主设备使用 MOSI 引脚而从设备使用 MISO 引脚作为数据通信引脚。传输的方向由 SPI_CR1 寄存器里的 BIDIOE 控制,当这个位是 1 的时候,数据线是输出,否则是输入。

2）1 条时钟和 1 条单向数据线(BIDIMODE＝0)

在此模式下,SPI 模块可以用作只发送或只接收模式。

只发送模式类似于全双工(Full - Duplex)模式(BIDIMODE＝0,RXONLY＝0):数据在发送引脚(主模式时是 MOSI,从模式时是 MISO)上传输,而接收引脚(主模式时是 MISO、从模式时是 MOSI)可以作为通用的 I/O 使用。此时,软件不必理会接收缓冲器中的数据(如果读出数据寄存器,它不包含任何接收数据)。

在只接收模式下,可以通过设置 SPI_CR2 寄存器的 RXONLY 位而关闭 SPI 的输出功能;此时,发送引脚(主模式时是 MOSI,从模式时是 MISO)被释放,可以作为其他功能使用。

例如,配置并使能 SPI 外设为只接收模式下,数据传输过程如下:

在主模式下,一旦使能 SPI,通信立即启动,当清除 SPE 位时立即停止当前的接收。在此模式下,不必读取 BSY 标志,在 SPI 通信期间这个标志始终为 1。

在从模式下,只要 NSS 被拉低(或在 NSS 软件模式时,SSI 位为 0),同时 SCK 有时钟脉冲,SPI 就一直在接收。

3. 数据通信过程

(1) 接收与发送缓冲区

在接收时,接收到的数据被存放在一个内部的接收缓冲区中;在发送时,数据在被发送之前,将首先被存放在一个内部的发送缓冲区中。对 SPI_DR 寄存器的读操作,将返回接收缓冲区的内容;写入 SPI_DR 寄存器的数据将被写入发送缓冲区中。

(2) 主模式下数据传输

① 全双工模式(SPI_CR1 寄存器的 BIDIMODE＝0 并且 RXONLY＝0)

当写入数据到 SPI_DR 寄存器(发送缓冲区)后,传输开始;在传送第一位数据的同时,数据被并行地从发送缓冲区传送到 8 位的移位寄存器中,然后按顺序被串行地移位送到 MOSI 引脚上;与此同时,在 MISO 引脚上接收到的数据,按顺序被串行地移位进入 8 位的移位寄存器中,然后被并行地传送到 SPI_DR 寄存器(接收缓冲区)中。

② 单向的只接收模式(SPI_CR1 寄存器的 BIDIMODE＝0 并且 RXONLY＝1)

SPE＝1,即使能 SPI 设备时,数据传输开始;接收器被激活,在 MISO 引脚上接收到的数据按顺序被串行地移位进入 8 位的移位寄存器中,然后被并行地传送到 SPI_DR 寄存器(接收缓冲区)中。

3) 双向模式(单线双向,半双工)

数据发送时(SPI_CR1 寄存器的 BIDIMODE＝1 并且 BIDIOE＝1),写入数据到 SPI_DR 寄存器(发送缓冲区)后,数据传输开始;在传送第一位数据的同时,数据被并行地从发送缓冲器传送到 8 位的移位寄存器中,然后按顺序被串行地移位送到 MOSI 引脚上;此时,不接收数据。

数据接收时(SPI_CR1 寄存器的 BIDIMODE＝1 并且 BIDIOE＝0),在 SPE＝1 并且 BIDIOE＝0 时,数据传输开始;在 MOSI 引脚上接收到的数据按顺序被串行地移位进入 8 位的移位寄存器中,然后被并行地传送到 SPI_DR 寄存器(接收缓冲区)中。此时,不激活发送器,没有数据被串行地送到 MOSI 引脚上。

(3) 从模式下数据传输

1) 全双工模式(SPI_CR1 寄存器的 BIDIMODE＝0 并且 RXONLY＝0)

当从设备接收到时钟信号并且第一个数据位出现在它的 MOSI 时,数据传输开始,随后的数据位依次移动进入移位寄存器;与此同时,在传输第一个数据位时,发送缓冲区中的数据被并行地传送到 8 位的移位寄存器,随后被串行地发送到 MISO 引脚上。软件必须保证在 SPI 主设备开始数据传输之前在发送寄存器中写入要发送的数据。

2)单向的只接收模式(SPI_CR1 寄存器的 BIDIMODE=0 并且 RXONLY=1)

当从设备接收到时钟信号并且第一个数据位出现在它的 MOSI 时,数据传输开始,随后数据位依次移动进入移位寄存器;此时,没有启动发送器,没有数据被串行地传送到 MISO 引脚上。

3)双向模式(单线双向,半双工)

数据发送时(SPI_CR1 寄存器的 BIDIMODE=1 并且 BIDIOE=1),当从设备接收到时钟信号并且发送缓冲区中的第一个数据位被传送到 MISO 引脚上时,数据传输开始;在第一个数据位被传送到 MISO 引脚上的同时,发送缓冲区中要发送的数据被并行地传送到 8 位的移位寄存器中,随后被串行地发送到 MISO 引脚上。软件必须保证在 SPI 主设备开始数据传输之前在发送寄存器中写入要发送的数据;此时,不接收数据。

数据接收时(SPI_CR1 寄存器的 BIDIMODE=1 并且 BIDIOE=0),当从设备接收到时钟信号并且第一个数据位出现在它的 MOSI 时,数据传输开始;从 MISO 引脚上接收到的数据被串行地传送到 8 位的移位寄存器中,然后被平行地传送到 SPI_DR 寄存器(接收缓冲区);此时,没有启动发送器,没有数据被串行地传送到 MISO 引脚上。

(4)发送与接收的数据处理

当数据从发送缓冲器传送到移位寄存器时,硬件会设置 SPI 状态寄存器(SPI_SR)的 TXE 标志(发送缓冲器空),它表示内部的发送缓冲器可以接收下一个数据;如果在 SPI_CR2 寄存器中设置了 TXEIE 位,则此时会产生一个中断;数据写入 SPI_DR 寄存器即可清除 TXE 位。

因此,在数据写入发送缓冲区之前,软件必须确认 TXE 标志为 1,否则新的数据会覆盖已经在发送缓冲器中的数据。

在采样时钟的最后一个边沿,当数据被从移位寄存器传送到接收缓冲区时,硬件设置 SPI 状态寄存器(SPI_SR)的 RXNE 标志(接收缓冲器满),它表示数据已经就绪,可以从 SPI_DR 寄存器读出;如果在 SPI_CR2 寄存器中设置了 RXNEIE 位,则此时会产生一个中断;读出 SPI_DR 寄存器数据即可清除 RXNE 标志位。

在有些情况下,可以使用 SPI_SR 寄存器 BSY 位标志等待数据传输的结束,BSY 标志用于指示 SPI 通信的状态,通信忙时硬件将 BSY 位置 1,通信结束时硬件将 BSY 位清 0。例如在主模式下连续传输数据,当传输最后一个数据时,BSY 标志会由硬件清 0。

(5)发送与接收时序

STM32 使用 SPI 外设通信时,在通信的不同阶段会对状态寄存器 SPI_ SR 的不同数据位写入参数,通过读取这些寄存器标志来了解通信状态。

图 10-5 所示为主模式、全双工模式下连续传输数据时序,即 STM32 作为 SPI 通信的主机端时的数据收发过程。

主模式收发流程及事件说明如下:

① 设置 SPE 位为 1,使能 SPI 模块(图中没有画出)。

② 控制 NSS 信号线,产生起始信号(图中没有画出)。

③ 把要发送的数据写入数据寄存器 SPI_DR 中,该数据会被存储到发送缓冲区,这个操作会清除状态寄存器 SPI_ SR 中的 TXE 标志。

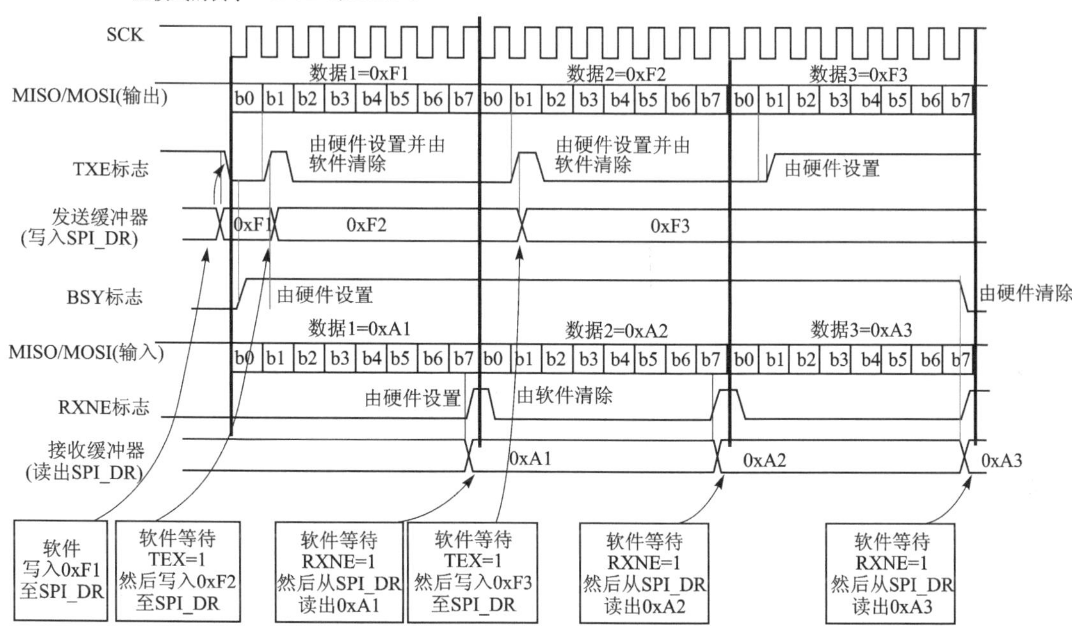

图 10－5　主模式、全双工模式下连续传输数据时序

④ 通信开始，SCK 时钟开始运行，MOSI 把发送缓冲区中的数据一位一位地传输出去，MISO 则把数据一位一位地存储进接收缓冲区中。

⑤ 当发送完一帧数据时，状态寄存器 SPI_ SR 中的 TXE 标志位会被置 1，表示传输完一帧，发送缓冲区已空；类似地，当接收完一帧数据时，RXNE 标志位会被置 1，表示传输完一帧，接收缓冲区非空。

⑥ 等待到 TXE 标志位为 1 时，若还要继续发送数据，则再次往数据寄存器 SPI_DR 写入数据即可；等到 RXNE 标志位为 1 时，通过读取数据寄存器 SPI_DR 可以获取接收缓冲区中的数据，读 SPI_DR 的同时清除了 RXNE 位。

假如使能了发送或接收中断，即 TXE 位或 RXNE 位置 1，会产生 SPI 中断信号，发送或接收中断共用同一个中断服务函数，进入 SPI 中断处理程序后，可通过检查 SPI_ SR 寄存器位来判断是哪一个事件触发了中断，然后再分别进行处理。SPI 通信也可以使用 DMA 方式来收发数据寄存器 SPI_DR 中的数据。

10.1.4　SPI 常用 HAL 库函数

库函数声明及函数原型分别在 stm32f1xx_hal_spi.h 和 stm32f1xx_hal_spi.c 文件中定义。

1. SPI 初始化函数

函数名称	HAL_SPI_Init
函数原型	HAL_StatusTypeDef HAL_SPI_Init(SPI_HandleTypeDef *hspi)
功能描述	初始化 SPI 外设

入口参数	* hspi:SPI 句柄的地址,若使用 SPI1,则定义的变量为 hspi1,地址为 &hspi1
返回值	HAL_Status
函数说明	初始化过程是依据结构体 SPI_InitTypeDef 定义的参数,初始化 SPI 外设。若使用 CubeMX 软件配置 SPI,生成工程中,此函数被自动调用

与库函数相关的 SPI 数据结构体已在 stm32f1xx_hal_spi.h 文件中定义。

(1) SPI 句柄结构体

```
typedef struct __SPI_HandleTypeDef
{
    SPI_TypeDef          * Instance;                    //SPI 寄存器基地址
    SPI_InitTypeDef      Init;                          //SPI 初始化参数结构体
    uint8_t              * pTxBuffPtr;                  //SPI 发送缓存区地址
    uint16_t             TxXferSize;                    //SPI 发送数据大小
    uint16_t             TxXferCount;                   //SPI 发送数据计数器
    uint8_t              * pRxBuffPtr;                  //SPI 接收缓存区地址
    uint16_t             RxXferSize;                    //SPI 接收数据大小
    uint16_t             RxXferCount;                   //SPI 接收数据计数器
    void ( * RxISR)(struct __SPI_HandleTypeDef * hspi);  //函数指针,用来指向 SPI 的接收中断处理函数
    void ( * TxISR)(struct __SPI_HandleTypeDef * hspi);  //函数指针,用来指向 SPI 的发送中断处理函数
    DMA_HandleTypeDef            * hdmatx;              //SPI 发送的 DMA 通道句柄
    DMA_HandleTypeDef            * hdmarx;              //SPI 接收的 DMA 通道句柄
    HAL_LockTypeDef              Lock;                  //保护锁类型定义
    __IO HAL_SPI_StateTypeDef    State;                 //SPI 通信状态
    __IO uint32_t                ErrorCode;             //SPI 错误代码
}SPI_HandleTypeDef;
```

(2) SPI 初始化结构体

SPI 初始化结构体和用户进行初始化配置 SPI 外设有密切的关系,理解它的成员变量有助于理解 SPI 外设初始化参数含义。SPI 初始化结构体共有 11 个成员变量,其取值在 HAL 库中定义了常数,在 stm32f1xx_spi.h 中可以找到定义。

```
typedef struct
{
    uint32_t Mode;                  //设置 SPI 工作模式,可选主模式或从模式
    uint32_t Direction;             //设置 SPI 通信方向,可选全双工、单工还是半双工模式
    uint32_t DataSize;              //设置 SPI 数据长度,可选 8 位或 16 位
    uint32_t CLKPolarity;           //设置 SPI 时钟极性,可选 CPOL 高电平或低电平
    uint32_t CLKPhase;              //设置 SPI 时钟相位,可选 CPHA 第一个或者第二个条边沿采集
    uint32_t NSS;                   //设置 NSS 信号产生方式,可选硬件方式(NSS 引脚)或软件方式
    uint32_t BaudRatePrescaler;     //设置 SPI 时钟波特率预分频值,取值范围为 2～256
    uint32_t FirstBit;              //设置通信先行数据,可选 MSB 或 LSB 先行
    uint32_t TIMode;                //设置帧格式,可选 TI 模式或 motorola 模式
    uint32_t CRCCalculation;        //设置 CRC 运算使能,可选使能或禁止 CRC 校验
    uint32_t CRCPolynomial;         //设置 CRC 多项式,取值范围为 1～65535 之间的奇数
}SPI_InitTypeDef;
```

(3) SPI 总线相关的寄存器结构体

结构体的成员变量名称和排列次序和 CPU 中 SPI 相关寄存器是一一对应的。

```
typedef struct
{
    __IO uint32_t CR1;              //SPI 控制寄存器 1,地址偏移:0x00
    __IO uint32_t CR2;              //SPI 控制寄存器 2,地址偏移:0x04
    __IO uint32_t SR;               //SPI 状态寄存器,地址偏移:0x08
    __IO uint32_t DR;               //SPI 数据寄存器,地址偏移:0x08
    __IO uint32_t CRCPR;            //SPI CRC 多项式寄存器,地址偏移:0x10
    __IO uint32_t RXCRCR;           //接收 CRC 多项式寄存器,地址偏移:0x14
    __IO uint32_t TXCRCR;           //发送 CRC 多项式寄存器,地址偏移:0x18
    __IO uint32_t I2SCFGR;          //I2S 配置寄存器,地址偏移:0x1C
    __IO uint32_t I2SPR;            //I2SI2S 预分频寄存器,地址偏移:0x20
} SPI_TypeDef;
```

2. SPI 发送函数

函数名称	HAL_SPI_Transmit
函数原型	HAL_StatusTypeDef HAL_SPI_Transmit(SPI_HandleTypeDef * hspi, uint8_t * pData, uint16_t Size, uint32_t Timeout)
功能描述	在轮询方式下 SPI 发送数据
入口参数 1	* hspi:SPI 句柄的地址,若使用 SPI1,则定义的变量为 hspi1,地址为 &hspi1
入口参数 2	* pData:发送数据地址
入口参数 3	Size:发送数据长度
入口参数 4	Timeout:超时时间,单位为 ms
返回值	HAL_Status
函数说明	① 函数需要由用户调用,用于 SPI 发送数据,适用于全双工、半双工发送。 ② 在全双工(2 根数据线模式)下,函数执行过程对寄存器操作过程如下:首先置 SPE 位为 1,即 SPI 使能;然后向 SPI_DR 寄存器送发送的数据,判断 TXE 标志,若为 1,将下一个数据送到 SPI_DR 寄存器,直至完成全部数据发送。若 TXE 标志为 0,则进行超时计时,若整个发送时间超过设置的超时时间 Timeout,函数返回超时错误码 HAL_TIMEOUT。 ③ 在半双工(1 根数据线模式)下,函数执行过程对寄存器操作过程如下:置 BIDIOE 位为 1,即输出使能(只发模式),置 SPE 位为 1,即 SPI 使能,余下过程与全双工相同。 ④ 调用示例:使用 SPI3,发送 1 个数据,超时时间设置为 100 ms。 uint8_t op_code = 01; HAL_SPI_Transmit(&hspi3,&op_code,1,100);

3. SPI 接收函数

函数名称	HAL_SPI_Receive
函数原型	HAL_StatusTypeDef HAL_SPI_Receive(SPI_HandleTypeDef * hspi, uint8_t * pData, uint16_t Size, uint32_t Timeout)
功能描述	在轮询方式下 SPI 接收数据
入口参数 1	* hspi:SPI 句柄的地址,若使用 SPI1,则定义的变量为 hspi1,地址为 &hspi1
入口参数 2	* pData:接收数据地址
入口参数 3	Size:接收数据长度
入口参数 4	Timeout:超时时间,单位为 ms
返回值	HAL_Status

函数说明	函数需要由用户调用,用于 SPI 接收数据。
	调用示例:使用 SPI3,接收 1 个数据,超时时间设置为 100 ms。
	uint8_t op_code; //定义接收数据存储变量
	HAL_SPI_Receive(&hspi3,&op_code,1,100);

4. SPI 发送接收函数

函数名称	HAL_SPI_TransmitReceive
函数原型	HAL_StatusTypeDef HAL_SPI_TransmitReceive(SPI_HandleTypeDef * hspi, uint8_t * pTxData, uint8_t * pRxData, uint16_t Size, uint32_t Timeout)
功能描述	轮询方式下 SPI 发送和接收数据
入口参数 1	* hspi:SPI 句柄的地址,若使用 SPI1,则定义的变量为 hspi1,地址为 &hspi1
入口参数 2	* pTxData:发送数据地址
入口参数 3	* pRxData:接收数据地址
入口参数 4	Size:发送接收数据长度
入口参数 5	Timeout:超时时间,单位为 ms
返回值	HAL_Status
函数说明	函数需要由用户调用,用于 SPI 发送和接收数据

5. SPI 中断模式发送函数

函数名称	HAL_SPI_Transmit_IT
函数原型	HAL_StatusTypeDef HAL_SPI_Transmit_IT(SPI_HandleTypeDef * hspi, uint8_t * pData, uint16_t Size);
功能描述	中断方式下 SPI 发送数据
入口参数 1	* hspi:SPI 句柄的地址,若使用 SPI1,则定义的变量为 hspi1,地址为 &hspi1
入口参数 2	* pData:发送数据地址

入口参数 3	Size:发送数据长度
返回值	HAL_Status
函数说明	函数执行过程对寄存器操作过程如下:使能发送缓冲区空中断,即置 SPI_CR2 寄存器的 TXEIE 位为 1,当发送缓冲区空时,将会产生中断;置 SPE 位为 1,即 SPI 使能;设置发送中断处理函数指针(选择 8 位或 16 位数据发送)

6. SPI 中断模式接收函数

函数名称	HAL_SPI_Receive_IT
函数原型	HAL_StatusTypeDef HAL_SPI_Receive_IT(SPI_HandleTypeDef * hspi, uint8_t * pData, uint16_t Size);
功能描述	中断方式下 SPI 接收数据
入口参数 1	* hspi:SPI 句柄的地址,若使用 SPI1,则定义的变量为 hspi1,地址为 &hspi1
入口参数 2	* pData:接收数据地址
入口参数 3	Size:接收数据长度
返回值	HAL_Status
函数说明	函数执行过程对寄存器操作过程如下:使能接收缓冲区非空中断,即置 SPI_CR2 寄存器的 RXNEIE 位为 1,当接收缓冲区不空时,将会产生中断;置 SPE 位为 1,即 SPI 使能;设置接收中断处理函数指针(选择 8 位或 16 位数据接收)

7. SPI 中断方式发送接收函数

函数名称	HAL_SPI_TransmitReceive_IT
函数原型	HAL_StatusTypeDef HAL_SPI_TransmitReceive_IT(SPI_HandleTypeDef * hspi, uint8_t * pTxData, uint8_t * pRxData, uint16_t Size);
功能描述	中断方式下 SPI 发送和接收数据
入口参数 1	* hspi:SPI 句柄的地址,若使用 SPI1,则定义的变量为 hspi1,地址为 &hspi1
入口参数 2	* pTxData:发送数据地址
入口参数 3	* pRxData:接收数据地址
入口参数 4	Size:发送接收数据长度
返回值	HAL_Status
函数说明	函数执行过程对寄存器操作过程如下:使能发送缓冲区空、接收缓冲区非空中断;置 SPE 位为 1,即 SPI 使能;设置发送、接收中断处理函数指针(选择 8 位或 16 位数据接收)

8. SPI DMA 模式发送函数

函数名称	HAL_SPI_Transmit_DMA
函数原型	HAL_StatusTypeDef HAL_SPI_Transmit_DMA(SPI_HandleTypeDef * hspi, uint8_t * pData, uint16_t Size);

功能描述	DMA 方式下 SPI 发送数据
入口参数 1	* hspi:SPI 句柄的地址,若使用 SPI1,则定义的变量为 hspi1,地址为 &hspi1
入口参数 2	* pData:发送数据地址
入口参数 3	Size:发送数据长度
返回值	HAL_Status
函数说明	本函数使能 SPI,使能中断

9. SPI DMA 模式接收函数

函数名称	HAL_SPI_Receive_DMA
函数原型	HAL_StatusTypeDef HAL_SPI_Receive_DMA(SPI_HandleTypeDef * hspi, uint8_t * pData, uint16_t Size);
功能描述	DMA 方式下 SPI 接收数据
入口参数 1	* hspi:SPI 句柄的地址,若使用 SPI1,则定义的变量为 hspi1,地址为 &hspi1
入口参数 2	* pData:接收数据地址
入口参数 3	Size:接收数据长度
返回值	HAL_Status
函数说明	本函数使能 SPI,使能中断

10. SPI DMA 模式发送接收函数

函数名称	HAL_SPI_TransmitReceive_DMA
函数原型	HAL_StatusTypeDef HAL_SPI_TransmitReceive_DMA(SPI_HandleTypeDef * hspi, uint8_t * pTxData, uint8_t * pRxData, uint16_t Size);
功能描述	DMA 方式下 SPI 发送和接收数据
入口参数 1	* hspi:SPI 句柄的地址,若使用 SPI1,则定义的变量为 hspi1,地址为 &hspi1
入口参数 2	* pTxData:发送数据地址
入口参数 3	* pRxData:接收数据地址
入口参数 4	Size:发送接收数据长度
返回值	HAL_Status
函数说明	本函数使能 SPI,使能中断

11. SPI 中断处理函数

函数名称	HAL_SPI_IRQHandler
函数原型	void HAL_SPI_IRQHandler(SPI_HandleTypeDef * hspi);
功能描述	中断方式下,SPI 发送或接收数据;或者 SPI 出现错误,触发中断,进行相关错误处理
入口参数	* hspi:SPI 句柄的地址,若使用 SPI1,则定义的变量为 hspi1,地址为 &hspi1
返回值	无

函数说明	此函数由 SPI 中断向量入口函数调用。若使用 SPI1，中断向量函数为 void SPI1_IRQHandler(void)，函数内部调用 HAL_SPI_IRQHandler(&hspi1)。 此函数内部处理过程：首先判断是接收、发送中断，还是错误引起的中断，根据类别执行相关处理程序。假设为发送中断，程序调用发送数据函数，每发送一个数据，会引起一次中断，直至数据发送完成。数据发送完成后，调用发送结束回调函数 void HAL_SPI_TxCpltCallback(SPI_HandleTypeDef * hspi)

12. SPI 回调函数

SPI 回调函数主要有 3 类。

第一类为在中断方式下发送、接收数据时，中断处理结束后调用的回调函数，用户根据需要编写应用程序。

```
void HAL_SPI_TxCpltCallback(SPI_HandleTypeDef * hspi);          //发送结束回调函数
void HAL_SPI_RxCpltCallback(SPI_HandleTypeDef * hspi);          //接收结束回调函数
void HAL_SPI_TxRxCpltCallback(SPI_HandleTypeDef * hspi);        //发送接收结束回调函数
```

第二类为在 DMA 方式下发送、接收数据时，中断处理调用的回调函数，DMA 方式下的回调函数除了第一类外，HAL 库还提供了收发一半数据回调函数，用户根据需要编写应用程序。

```
void HAL_SPI_TxHalfCpltCallback(SPI_HandleTypeDef * hspi);      //发送一半数据回调函数
void HAL_SPI_RxHalfCpltCallback(SPI_HandleTypeDef * hspi);      //接收一半数据回调函数
void HAL_SPI_TxRxHalfCpltCallback(SPI_HandleTypeDef * hspi);    //发送接收一半数据回调函数
```

第三类为 SPI 出错、退出情况下调用的回调函数，用户根据需要编写程序。

```
void HAL_SPI_ErrorCallback(SPI_HandleTypeDef * hspi);           //SPI 出错回调函数
void HAL_SPI_AbortCpltCallback(SPI_HandleTypeDef * hspi);       //SPI 异常终止回调函数
```

10.1.5　SPI 寄存器

STM32F10x 系列微处理器每个 SPI 都有 9 个独立的寄存器，如表 10－3 所列。SPI 外设的所有功能操作实质上都是通过对寄存器操作来实现的，具体寄存器位含义可参见 STM32 参考手册。

表 10－3　STM32 微控制器 SPI 相关寄存器

序　号	寄存器	名　称	功能描述
1	SPI_CR1	SPI 控制寄存器 1	控制 SPI 工作模式、帧格式、波特率、SPI 使能等
2	SPI_CR2	SPI 控制寄存器 2	控制 SPI 接收、发送、DMA 中断使能等
3	SPI_SR	SPI 状态寄存器	存放 SPI 运行状态信息，如发送、接收是否结束
4	SPI_DR	SPI 数据寄存器	存放 SPI 发送、接收数据
5	SPI_CRCPR	SPI CRC 多项式寄存器	CRC 检验计算使用的多项式
6	SPI_RXCRCR	接收 CRC 多项式寄存器	接收时，接收数据的 CRC 计算值
7	SPI_TXCRCR	发送 CRC 多项式寄存器	发送时，发送数据的 CRC 计算值
8	SPI_I2SCFGR	I2S 配置寄存器	控制 I2S 总线使能、同步等配置
9	SPI_I2SPR	I2SI2S 预分频寄存器	I2S 总线预分频

10.2 I²C 基本原理

I²C 通信协议(Inter - Integrated Circuit)是由 Phiilps 公司开发的,由于它引脚少,硬件实现简单,可扩展性强,被广泛应用于系统内多个集成电路(IC)间的通信。

10.2.1 I²C 物理层

I²C 通信设备之间的常用连接方式如图 10 - 6 所示。

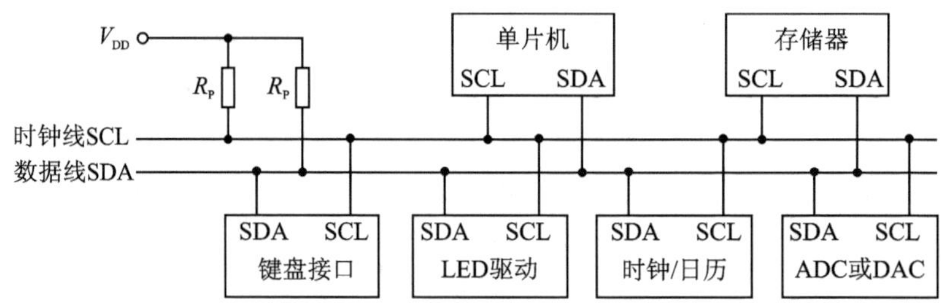

图 10 - 6 I²C 总线设备连接

它的物理层有如下特点:

① I²C 总线只使用两条总线线路,一条双向串行数据线(SDA),一条串行时钟线(SCL)。数据线即用来表示数据,时钟线用于数据收发同步。

② 总线可连接多个 I²C 通信设备,支持多个通信主机及多个通信从机。主机又称主控器,是指能控制总线启动和停止传输数据的设备,主机同时要产生 SCL 时钟。从机是指被主机寻址的器件,称为被控器或从机。

③ 每个连接到总线的设备都有一个独立的地址,主机可以利用这个地址进行不同设备间的访问。连接到总线所有外围器件采用器件地址及器件引脚地址的编址方法。

④ 总线电气接口为开漏 MOS 管结构,使用时总线须加上拉电阻接到电源。当 I²C 设备空闲时,总线会输出高阻态,而当所有设备都空闲,都输出高阻态时,由上拉电阻把总线拉成高电平。

⑤ 多个主机同时使用总线时,为了防止数据冲突,会利用仲裁方式决定由哪个设备占用总线。

⑥ 总线具有三种传输模式:标准模式传输速率为 100 kbps,快速模式传输速率为 400 kbps,高速模式下传输速率可达 3.4 Mbps,但目前大多 I²C 设备尚不支持高速模式。

⑦ 连接到相同总线的器件数量受到总线最大电容(400 pF)的限制。一般外围器件输入电容为 10~20 pF 左右,即总线可带 20 个器件。

10.2.2 I²C 通信协议

I²C 通信协议定义了通信过程、起始和停止信号、数据有效性、响应、仲裁、时钟同步和地址广播等基本规范。

1. I²C 总线逻辑信号

图 10 - 7 所示为 I²C 总线数据传输过程。时钟 SCL 由主机产生,数据 SDA 依据传输方向不同,可由主机或从机产生。

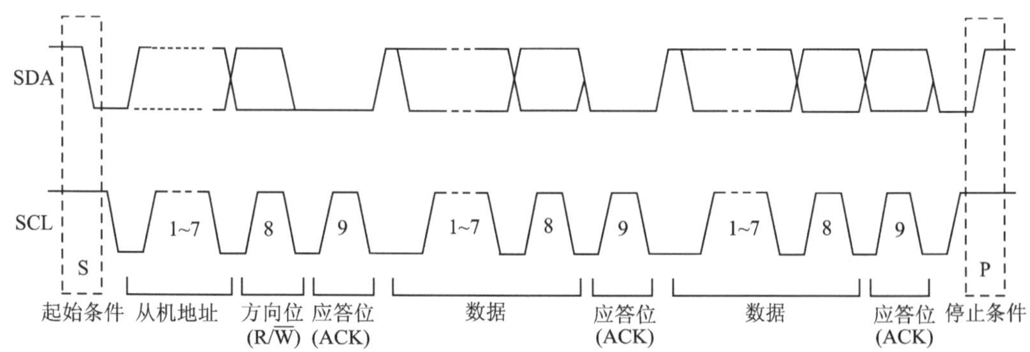

图 10-7　I²C 总线的数据传输

(1) 起始信号和停止信号

在图 10-7 中，S 表示传输起始信号，定义为在 SCL 线高电平时，SDA 线从高电平向低电平切换，表示通信的起始，也称为起始位 S。P 表示传输停止信号，定义为在 SCL 线高电平时，SDA 线由低电平向高电平切换，表示通信停止，也称为停止位 P。停止信号过后，SDA 和 SCL 都为高电平时，称之为释放总线。起始和停止信号均由主机产生。

(2) 数据传输

数据通过 SDA 双向信号线以字节为单位，最高位在前方式传输。每个字节后面跟随 1 位应答位 ACK 或非应答 NACK 信号，此信号由通信双方的对方发送，相当于通信中握手信号。数据开始是从机地址，此地址可以是 7 位或 10 位。整个数据传输是从起始位 S 开始，到停止位 P 结束。

(3) 数据有效性

如图 10-8 所示。I²C 使用 SDA 信号线传输数据，使用 SCL 信号线进行数据同步。SDA 数据线在 SCL 的每个时钟周期传输一位数据。

SCL 为高电平时，SDA 数据有效(Data Valid)，即此时的 SDA 为高电平时表示数据 1，为低电平时表示数据 0。

SCL 为低电平时，SDA 数据无效，一般在这个时候 SDA 进行电平切换，为下一次数据传输做好准备。

(4) 应答与非应答信号

I²C 总线的数据传输都带应答响应信号，响应信号包括应答(ACK)和非应答(NACK)。在第 9 个时钟脉冲时，若 SDA 线为高电平，定义为非应答信号(NACK)，若 SDA 线为低电平，定义为应答信号(ACK)。

当设备(无论主从设备)接收到 I²C 传输的一个字节数据或地址数据后，若希望发送方继续发送数据，则需要向发送方发送应答(ACK)信号，发送方会继续发送下一个数据。

若接收端希望结束数据传输，则需要向发送方发送非应答(NACK)信号，发送方接收到该信号后会产生一个停止信号，结束数据传输。

2. I²C 基本读写过程

I²C 总线上的每个设备都有自己的独立地址，主机发起通信时，通过 SDA 信号线发送从设备地址来查找从机。图 10-9 所示为寻址地址及数据方向控制格式。

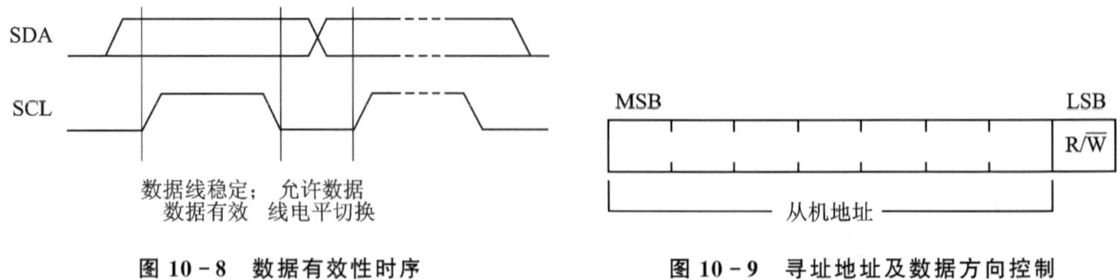

图 10-8　数据有效性时序　　　　图 10-9　寻址地址及数据方向控制

寻址字节由从机的 7 位(或 10 位)地址位和 1 位方向位(R 或 $\overline{W}$)组成。以 7 位地址为例：方向位：R/$\overline{W}$=0 表示主机将数据写入从机，用 SLAW 表示。R/$\overline{W}$=1 表示主机向从机读取出数据，用 SLAR 表示。

从机若为非微控制器外的其他器件，其 7 位地址由器件类型和引脚决定。7 位地址中高 4 位 A6～A3 为器件编号地址，由 I^2C 委员会分配。低 3 位 A2～A0 为器件引脚地址。

(1) 写数据

写数据包序列如图 10-10 所示。配置方向传输位为写数据(R/$\overline{W}$=0)方向，主机发送完设备地址，并接收到应答信号(A)后，主机开始向从机传输数据，数据包的大小为 8 位，主机每发送完一个字节数据，都要等待从机的应答信号(A)，重复这个过程，可以向从机传输 n 个数据，这个 n 没有大小限制。当数据传输结束时，主机向从机发送一个停止传输信号(P)，表示不再传输数据。若传输过程中从机发出非应答信号($\overline{A}$)，则主机须发出停止传输信号(P)，不再传输数据。

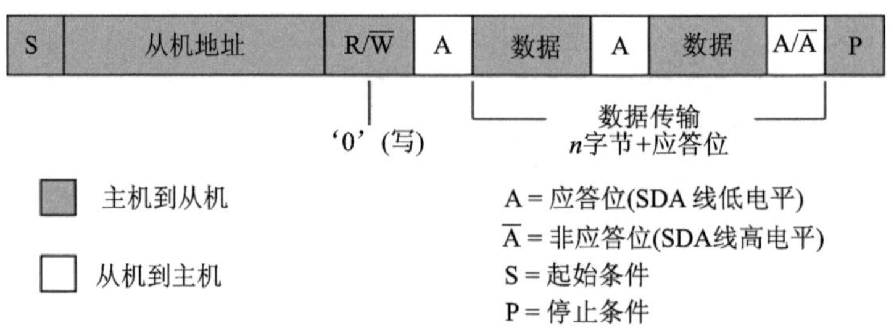

图 10-10　写数据包序列

(2) 读数据

读数据包序列如图 10-11 所示。配置方向传输位为读数据(R/$\overline{W}$=1)，主机发送完设备地址，接收到从机应答信号(A)后，从机开始向主机返回数据，数据包大小为 8 位，从机每发送完 1 个数据，都会等待主机的应答信号(A)，重复这个过程，可以返回 n 个数据，这个 n 也没有大小限制。当主机希望停止接收数据时，须向从机发送非应答信号($\overline{A}$)，告知从机释放总线，

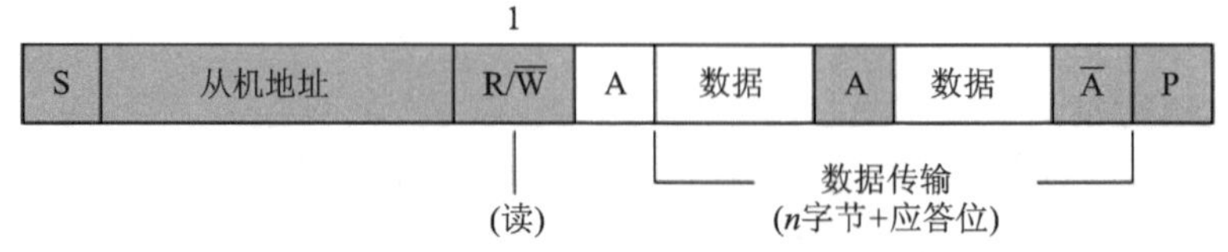

图 10-11　读数据包序列

总线释放后，主机发送停止信号(P)停止数据传输。

10.2.3　STM32 I²C 特性及架构

STM32 的 I²C 片上外设支持 I²C 通信协议，会自动根据协议要求产生通信信号，收发数据并缓存起来，CPU 通过检测 I²C 外设的状态和访问数据寄存器完成数据收发。这种由硬件外设处理 I²C 协议的方式减少了 CPU 的工作量，且使软件设计更加简单。

如果直接控制 STM32 的两个 GPIO 引脚，分别用作 SCL 及 SDA，按照 I²C 时序要求，直接控制引脚的输出也可以实现 I²C 通信。由于直接控制 GPIO 引脚电平产生通信时序时，需要由 CPU 控制每个时刻的引脚状态，所以这种通信控制方式称为"软件模拟协议"方式。

1. STM32 的 I²C 外设简介

STM32 的 I²C 外设可用作通信的主机或从机，支持 100 kbps 和 400 kbps 的速率，支持 7 位、10 位设备地址，支持 DMA 数据传输，并具有数据校验功能。

STM32 的 I²C 外设还支持 SMBus2.0 协议，SMBus 协议与 I²C 类似，主要应用于笔记本电脑的电池管理。I²C 结构框图如图 10－12 所示。

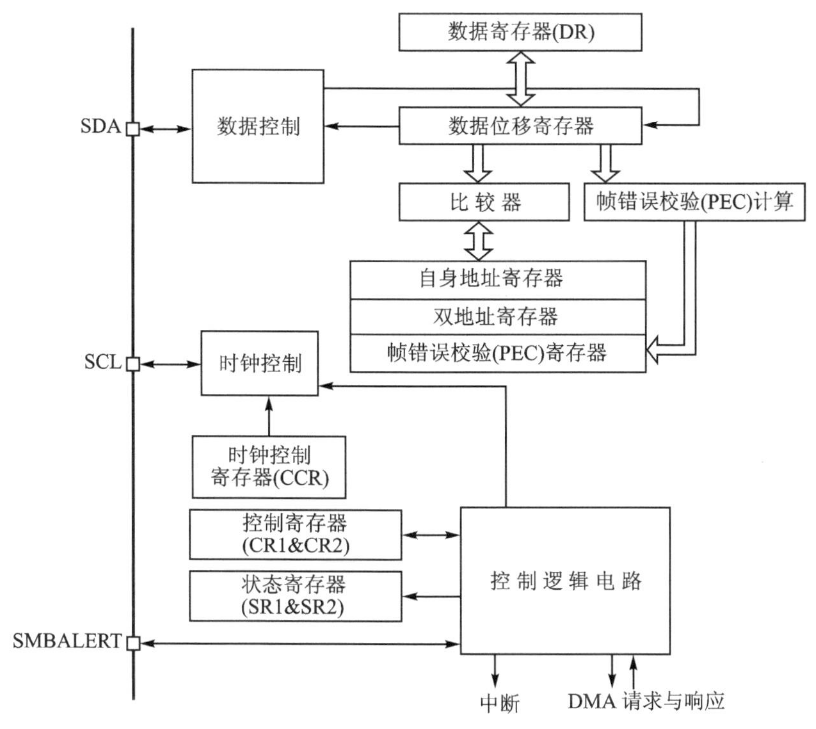

图 10－12　I²C 结构图

(1) 通信引脚

I²C 通信使用 SCL 和 SDA 引脚，SMBA 引脚仅用于 SMBUS 的警告信号，I²C 通信没有使用。STM32 芯片有多个 I²C 外设，它们的 I²C 通信信号引出到不同的 GPIO 引脚上，使用时必须配置到这些指定的引脚。I²C 引脚配置如表 10－4 所列。

表 10-4　I^{2}C 引脚配置

引　脚	I^{2}C 编号	
	I^{2}C1	I^{2}C2
SCL	PB5 / PB8(重映射)	PB10
SDA	PB6 / PB9(重映射)	PB11

(2) 时钟控制

SCL 线的时钟信号由 I^{2}C 接口时钟控制寄存器(I^{2}C_CCR)控制,控制的参数主要为时钟频率。I^{2}C 通信可选择标准和快速两种模式,分别对应 100 kbps 和 400 kbps 的通信速率。由于 I^{2}C 外设都挂载在 APB1 总线上,因此 I^{2}C 接口的时钟源是由 APB1 的时钟 PCLK1 提供的。SCL 信号线的输出时钟频率计算方法参见 STM32 参考手册。

(3) 数据控制

I^{2}C 的 SDA 信号主要连接到数据移位寄存器上,数据移位寄存器的数据来源是数据寄存器 DR、自身地址寄存器(Own Address Register OAR)、帧错误校验(Packet Error Checking PEC,CRC-8 检验方式)寄存器以及 SDA 数据线。当向外发送数据时,数据移位寄存器以数据寄存器 DR 为数据源,把数据一位一位地通过 SDA 信号线发送出去;当从外部接收数据时,数据移位寄存器把 SDA 信号线采样到的数据一位一位地存储到数据寄存器 DR 中。

若使能数据校验,接收到的数据会经过 CRC-8 校验,校验结果存储在寄存器 PEC 中。

若 STM32 的 I^{2}C 工作在从机模式下,当 I^{2}C 接收到设备地址信号时,会把接收到的地址与自身地址寄存器(OAR)的值作比较,以便响应主机的寻址。

STM32 的 I^{2}C 自身地址可通过修改自身地址寄存器(OAR)修改,支持同时使用两个 I^{2}C 设备地址,两个地址分别存储在 OAR1 和 OAR2 中。

(4) 整体控制逻辑

整体控制逻辑负责协调整个 I^{2}C 外设,通过配置控制寄存器(CR1 和 CR2),可配置 I^{2}C 工作模式。

在外设工作时,控制逻辑会根据外设的工作状态修改状态寄存器(SR1 和 SR2),通过读取这些寄存器相关的寄存器位,就可以获取 I^{2}C 的工作状态。

除此之外,控制逻辑负责控制产生 I^{2}C 中断信号、DMA 请求及 I^{2}C 通信的各种信号(起始、停止、应答响应信号等)。

2. 通信过程

(1) 主发送器

图 10-13 所示为主发送器通信过程,即作为 I^{2}C 通信的主机时,向外发送数据的过程。

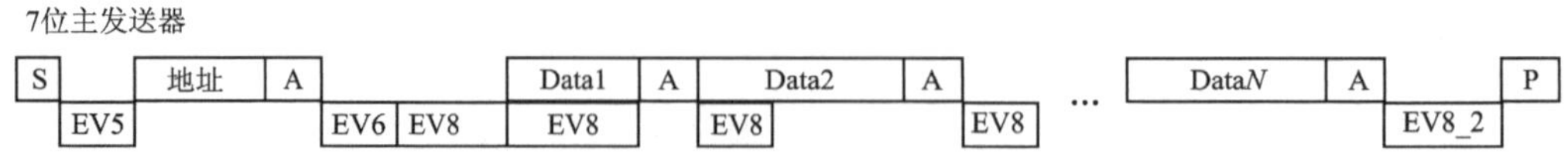

7位主发送器

S | 地址 | A | Data1 | A | Data2 | A | … | Data*N* | A | P

EV5 | EV6 | EV8 | EV8 | EV8 | EV8 | EV8_2

S—起始位;P—停止位;A—应答;EVx—事件(如果ITEVFEN=1,则出现中断);
EV5:SB=1;EV6:ADDR=1;EV8:TxE=1;EV8_2:TxE=1,BTF=1。

图 10-13　主发送器通信过程

主机发送数据流程及事件说明如下：

① 主机控制产生起始信号(S)，当发出起始信号后，产生事件 EV5，并会对 SR1 寄存器的 SB 位置 1，表示起始信号已经发送。

② 紧接着主机发送设备地址并等待应答信号(A)，若有从机应答，则产生事件 EV6 及 EV8，这时 SR1 寄存器的 ADDR 位及 TxE 位被置 1，ADDR 为 1 表示地址已经发送，TxE 为 1 表示数据寄存器为空。

③ 以上步骤正常执行并对 ADDR 位清 0 后，主机向 I²C 的数据寄存器 DR 写入要发送的数据(Data1)，这时 TxE 位会被重置 0，表示数据寄存器非空，I²C 外设通过 SDA 信号线一位一位地把数据发送出去后，又会产生 EV8 事件，即 TxE 位被置 1，重复这个过程，可以实现多个字节的发送。

④ 当发送数据完成后，主机发出一个停止信号(P)，此时会产生 EV8_2 事件，SR1 的 TxE 位及 BTF 位都被置 1，表示通信结束。

若使能了 I²C 中断，以上所有事件产生时，都会产生 I²C 中断信号，这些中断均进入同一个中断服务函数，在 I²C 中断处理程序中，通过检查寄存器位来判断是哪一个事件产生的中断。

(2) 主接收器

主接收器通信过程，即作为 I²C 通信的主机时，从外部接收数据的过程，如图 10－14 所示。

7位主接收器

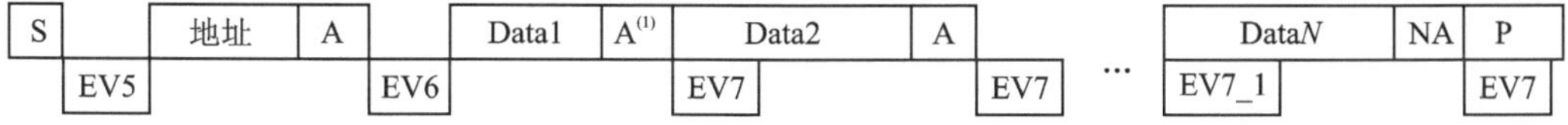

S—起始位;P—停止位;A—应答;NA—非应答;EVx=事件(如果ITEVFEN=1，则出现中断);
EV5:SB=1;EV6:ADDR=1;
EV7:RxNE=1;EV7_1:RxNE=1。

图 10－14 主接收器通信过程

主接收器接收流程及事件说明如下：

① 起始信号(S)是由主机端产生的，主机发出起始信号后，产生事件 EV5，并会对 SR1 寄存器的 SB 位置 1，表示起始信号已经发送。

② 紧接着主机端发送设备地址并等待应答信号(A)，若有从机应答信号，则产生事件 EV6，这时 SR1 寄存器的 ADDR 位被置 1，表示地址已经发送。

③ 从机端接收到地址后，开始向主机端发送数据。当主机接收到这些数据后，会产生 EV7 事件，这时 SR1 寄存器的 RxNE 被置 1，表示接收数据寄存器非空，读取该寄存器后，硬件可对数据寄存器清空，以便接收下一个数据。此时从机可以控制 I²C 发送应答信号(A)或非应答信号(NA)，若发送应答信号，则重复以上步骤接收数据；若发送非应答信号，则停止数据传输。

④ 从机端发送非应答信号后，主机发送停止信号(P)，结束数据传输。

在发送和接收过程中，有的事件不只是标志了上面提到的状态位，还可能同时标志主机状态之类的状态位，而且读取状态位之后还需要清除标志位，操作比较复杂。可使用 STM32 库函数来直接检测这些事件的复合标志，以此降低编程难度。

10.2.4 I²C 常用 HAL 库函数

1. I²C 初始化函数

函数名称	HAL_I2C_Init
函数原型	HAL_StatusTypeDef HAL_I2C_Init(I2C_HandleTypeDef * hi2c)
功能描述	依据结构体 I²C_HandleTypeDef 定义的参数,初始化 I²C 外设
入口参数	* hi2c:I²C 句柄的地址
返回值	HAL_Status
函数说明	若使用 CubeMX 软件配置 I²C,生成工程的初始化程序会自动调用该函数

与库函数相关的 I²C 数据结构体在 stm32f1xx_hal_i2c.h 文件中进行了定义。

(1) I²C 句柄结构体

```
typedef struct __I2C_HandleTypeDef
{
    I2C_TypeDef                  * Instance;         //I²C 寄存器基地址
    I2C_InitTypeDef              Init;               //I²C 初始化参数结构体
    uint8_t                      * pBuffPtr;         //I²C 传输缓存区地址
    uint16_t                     XferSize;           //I²C 传输数据大小
    __IO uint16_t                XferCount;          //I²C 传输数据计数器
    __IO uint32_t                XferOptions;        //I²C 传输选项
    __IO uint32_t                Previous  State;    //I²C 通信前一个状态
    DMA_HandleTypeDef            * hdmatx;           //I²C 发送 DMA 通道句柄参数结构体
    DMA_HandleTypeDef            * hdmarx;           //I²C 接收 DMA 通道句柄参数结构体
    HAL_LockTypeDef              Lock;               //保护锁类型定义
    __IO HAL_I2C_StateTypeDef    State;              //I²C 通信状态
    __IO HAL_I2C_ModeTypeDef     Mode;               //I²C 通信模式
    __IO uint32_t                ErrorCode;          //I²C 错误代码
    __IO uint32_t                Devaddress;         //I²C 目标设备地址
    __IO uint32_t                Memaddress;         //I²C 目标存储器地址
    __IO uint32_t                MemaddSize;         //I²C 目标存储器区大小
    __IO uint32_t                EventCount;         //I²C 事件计数器
} I2C_HandleTypeDef;
```

(2) I²C 初始化结构体

```
typedef struct
{
    uint32_t ClockSpeed;        //设置 SCL 时钟频,此值不超过 400 kHz
    uint32_t DutyCycle;         //设置 I²C 快速模式下时钟占空比,可选 low/high = 2:1 或 16:9 模式
    uint32_t OwnAddress1;       //* 指定自身的 I²C 设备地址 1,可以是 7 位或 10 位地址
```

```
    uint32_t AddressingMode;          //设置地址模式,可选择 7 位或 10 位地址模式
    uint32_t DualAddressMode;         //设置双地址模式,可选择禁止或使能
    uint32_t OwnAddress2;             //指定自身的 I²C 设备第 2 个地址,参数仅可选 7 位地址
    uint32_t GeneralCallMode;         //设置通用广播模式,可选择禁止或使能
    uint32_t NoStretchMode;           //设置禁止时钟延长模式(从模式),可选择禁止或使能
} I2C_InitTypeDef;
```

STM32 的 I^2C 外设可同时使用两个地址,即同时对两个地址作出响应,第二个地址不支持 10 位地址。I^2C 的寻址模式是 7 位还是 10 位地址,需要根据实际连接到 I^2C 总线上的设备地址进行选择。

I^2C 的传输速率不能高于 400 kHz。SCL 线时钟占空比(时钟低电平与高电平时间比)有两个选择,2:1 (I2C_DutyCycle_2)和 16:9 (I2C_DutyCycle_16_9)。这两个模式的比例差别并不大,一般要求都不会如此严格,使用时可任选一种。

2. I^2C 主机发送函数

函数名称	HAL_I2C_Master_Transmit
函数原型	HAL_StatusTypeDef HAL_I2C_Master_Transmit(I2C_HandleTypeDef * hi2c, uint16_t DevAddress, uint8_t * pData, uint16_t Size, uint32_t Timeout);
功能描述	在轮询方式下 I^2C 主机发送数据
入口参数 1	* hi2c:I^2C 句柄的地址
入口参数 2	DevAddress:从机设备地址
入口参数 3	* pData:发送数据存放地址
入口参数 4	Size:发送数据长度
入口参数 5	Timeout:超时时间,单位为 ms
返回值	HAL_Status
函数说明	① 函数需要由用户调用,用于 I^2C 发送数据; ② 使用 I^2C2 外设,对地址为 0x0b 的外部设备发送 1 个数据,调用示例: HAL_I2C_Master_Transmit(&hi2c2 ,0x0b,&BUFF[0],1,10)

3. I^2C 主机接收函数

函数名称	HAL_I2C_Master_Receive
函数原型	HAL_StatusTypeDef HAL_I2C_Master_Receive(I2C_HandleTypeDef * hi2c, uint16_t DevAddress, uint8_t * pData, uint16_t Size, uint32_t Timeout);
功能描述	在轮询方式下 I^2C 主机接收数据
入口参数 1	* hi2c:I^2C 句柄的地址
入口参数 2	DevAddress:从机设备地址
入口参数 3	* pData:接收数据存放地址
入口参数 4	Size:接收数据长度

入口参数 5	Timeout:超时时间,单位为 ms
返回值	HAL_Status
函数说明	① 函数需要由用户调用,用于 I^2C 接收数据; ② 使用 I^2C2 外设,对地址为 0x0b 的外部设备接收 1 个数据,调用示例: HAL_I2C_Master_Receive(&hi2c2 ,0x0b,&BUFF[0],1,10)

4. I^2C 从机发送函数

函数名称	HAL_I2C_Slave_Transmit
函数原型	HAL_StatusTypeDef HAL_I2C_Slave_Transmit(I2C_HandleTypeDef * hi2c, uint8_t * pData, uint16_t Size, uint32_t Timeout);
功能描述	在轮询方式下 I^2C 从机发送数据
入口参数 1	* hi2c:I^2C 句柄的地址
入口参数 2	* pData:发送数据存放地址
入口参数 3	Size:发送数据长度
入口参数 4	Timeout:超时时间,单位为 ms
返回值	HAL_Status
函数说明	① 函数需要由用户调用,用于从机 I^2C 应答主机,向主机发送数据; ② 使用 I^2C2 外设作为从机,向主机发送 1 个数据,调用示例: HAL_I2C_Slave_Transmit(&hi2c2 ,&BUFF[0],1,10)

5. I^2C 从机接收函数

函数名称	HAL_I2C_Slave_Receive
函数原型	HAL_StatusTypeDef HAL_I2C_Slave_Receive(I2C_HandleTypeDef * hi2c, uint8_t * pData, uint16_t Size, uint32_t Timeout);
功能描述	在轮询方式下 I^2C 从机接收数据
入口参数 1	* hi2c:I^2C 句柄的地址
入口参数 2	* pData:接收数据存放地址
入口参数 3	Size:接收数据长度
入口参数 4	Timeout:超时时间,单位为 ms
返回值	HAL_Status
函数说明	① 函数需要由用户调用,用于从机 I^2C 应答主机,从主机接收数据; ② 使用 I^2C2 外设作为从机,接收主机 1 个数据,调用示例: HAL_I2C_Slave_Receive(&hi2c2 ,&BUFF[0],1,10)

6. I^2C 存储器写函数

函数名称	HAL_I2C_Mem_Write

函数原型	HAL_StatusTypeDef HAL_I2C_Mem_Write(I2C_HandleTypeDef * hi2c, uint16_t DevAddress, uint16_t MemAddress, uint16_t MemAddSize, uint8_t * pData, uint16_t Size, uint32_t Timeout)
功能描述	在轮询方式下写外设存储器
入口参数 1	* hi2c:I²C 句柄的地址
入口参数 2	DevAddress:从机设备地址
入口参数 3	MemAddress:从机内部存储器地址
入口参数 4	MemAddSize:从机内部地址长度模式 (有两种选择:I2C_MEMADD_SIZE_8BIT 或者 I2C_MEMADD_SIZE_16BIT)
入口参数 5	* pData:写入数据存放地址
入口参数 6	Size:写入数据长度(字节数)
入口参数 7	Timeout:超时时间,单位为 ms
返回值	HAL_Status
函数说明	函数需要由用户调用,用于 I²C 对外部存储器操作

7. I²C 存储器读函数

函数名称	HAL_I2C_Mem_Read
函数原型	HAL_StatusTypeDef HAL_I2C_Mem_Read(I2C_HandleTypeDef * hi2c, uint16_t DevAddress, uint16_t MemAddress, uint16_t MemAddSize, uint8_t * pData, uint16_t Size, uint32_t Timeout)
功能描述	在轮询方式下读外设存储器
入口参数 1	* hi2c:I²C 句柄的地址
入口参数 2	DevAddress:从机设备地址
入口参数 3	MemAddress:从机内部存储器地址
入口参数 4	MemAddSize:从机内部地址长度模式 (有两种选择:I2C_MEMADD_SIZE_8BIT 或者 I2C_MEMADD_SIZE_16BIT)
入口参数 5	* pData:读出数据存放地址
入口参数 6	Size:数据长度(字节数)
入口参数 7	Timeout:超时时间,单位为 ms
返回值	HAL_Status
函数说明	函数需要由用户调用,用于 I²C 对外部存储器操作

例 10.1　读写 AT24C02 芯片(256 字节 EEPROM 存储器)内数据函数,使用 I²C1 内部外设。

```
#define ADDR_AT24C02_Write 0xA0        //从机设备写地址
#define ADDR_AT24C02_Read 0xA1         //从机设备读地址
/***********************************************
* 名称:AT24C02_Write_nBytes
* 功能:向 EEPROM 写入多个数据
* 入口参数 1: * data,要写入的数据存放地址指针
* 入口参数 2:addr,数据要写入到 EEPROM 中的地址，地址范围是 0x00 到 0xFF
* 入口参数 3:length,为数据长度
* 返回值:操作成功返回 0,否则返回 - 1
************************************************/
int16_t AT24C02_Write_nBytes(uint8_t * data, uint16_t addr, uint16_t length)
{
    if( HAL_I2C_Mem_Write( &hi2c1, ADDR_AT24C02_Write, addr, I2C_MEMADD_SIZE_16BIT, data,
    length,1000 ) == HAL_OK )
        return 0;
    else
        return - 1;
}
/***********************************************
* 名称:AT24C02_Read_nBytes
* 功能:从 EEPROM 读多个数据
* 入口参数 1: * data,要读出的数据存放地址指针
* 入口参数 2:addr,数据读出的 EEPROM 中的地址，地址范围是 0x00 到 0xFF
* 入口参数 3:length,为数据长度
* 返回值:操作成功返回 0,否则返回 - 1
************************************************/
int16_t AT24C02_Read_nBytes(uint8_t * data, uint16_t addr, uint16_t length)
{
    if( HAL_I2C_Mem_Read( &hi2c1, ADDR_AT24C02_Write, addr, I2C_MEMADD_SIZE_16BIT, data,
    length,1000 ) == HAL_OK)
        return 0;
    else
        return - 1;
}
```

10.2.5　I^2C 寄存器

STM32F10x 系列微处理器每个 I^2C 都有 9 个独立的寄存器,如表 10 - 5 所列。I^2C 外设的所有功能操作实质都是通过对寄存器操作来实现的,本节列出寄存器可以用半字(16 位)或字(32 位)的方式操作。具体寄存器位含义可参见 STM32 参考手册。

表 10 - 5　STM32 微控制器 I^2C 相关寄存器

序　号	寄存器	名　称	功能描述
1	I2C_CR1	I^2C 控制寄存器 1	控制 I^2C 启动、停止等

续表 10－5

序 号	寄存器	名 称	功能描述
2	I2C_CR2	I²C 控制寄存器 2	控制 I²C 中断、时钟等
3	I2C_OAR1	I²C 自身地址寄存器 1	I²C 地址模式及寻址地址数据
4	I2C_OAR2	I²C 自身地址寄存器 2	I²C 双模式地址模式及寻址地址数据
5	I2C_DR	I²C 数据寄存器	存放 I²C 发送、接收数据
6	I2C_SR1	I²C 状态寄存器 1	存放 I²C 运行状态信息，如错误、过载、超时等
7	I2C_SR2	I²C 状态寄存器 2	存放 I²C 运行状态信息，如错误、过载、超时等
8	I2C_CCR	I²C 时钟控制寄存器	选择标准、快速模式
9	I2C_TRISE	SCL 时钟上升时间设置寄存器	选择上升时间

10.3 SPI 应用实例

支持 SPI 总线的器件有很多，比如存储器、I/O 接口、A/D、D/A、键盘、日历/时钟和显示驱动等器件。本节以存储器为例，介绍如何通过 SPI 总线实现对存储器进行读取和写入操作。

串行接口的存储器主要是非易失性存储器，是一种掉电后数据不丢失的存储器，常用来存储一些配置信息，以便系统重新上电的时候重新加载。存储器主要包括电可擦除可编程只读存储器(EEPROM)、磁阻内存(MRAM)、非易失性 RAM、非易失性 SRAM(NVSRAM)、闪存(Flash)、铁电存储器(FRAM)。这些存储器除 Flash 外，均可以随机访问和修改任何一个字节，也可以向每个位(bit)中写入 0 或者 1。Flash 存储器擦除时不再以字节为单位，而是以块为单位，简化了电路，数据密度更高，降低了成本。EEPROM 和 Flash 的缺点是数据写入需要毫秒级等待时间。铁电存储器(Ferroelectric RAM，FRAM)是一种随机存取存储器，可以快速读取和写入，同时具有掉电后保留数据的能力。其主要缺点是价格稍贵。

串行总线接口的 EEPROM、FRAM 和 Flash 种类很多，目前 EEPROM 产品主要有 24C 系列(I²C 接口)、93C 系列(SPI 接口)，FRAM 产品主要有 FM24 系列(I²C 接口)、MR44 系列(I²C 接口)、FM25 系列(SPI 接口)、CY15 系列(SPI 接口)。Flash 产品主要有 S25、SST26 系列(SPI 接口)。主要生产厂商有罗姆(ROHM)公司、英飞凌技术公司(CYPRESS－INFINEON TECHNOLOGIES)公司、铁电(RAMTRON)公司、微芯(MICROCHIP)公司和复旦微电子公司。

器件使用前需要查阅数据手册，不同公司产品略有差异。下面以英飞凌技术公司产品，SPI 接口铁电随机存储器 FM25CL64B 为例，介绍硬件电路和软件设计。

10.3.1 硬件设计

FM25CL64B 器件主要特性：64 KB 非易失性铁电存储器，容量为 8 192×8 位，读/写次数无限制，掉电数据保存 45 年，写数据无延迟；高速 SPI 接口，总线频率可达 20 MHz，支持 SPI 模式 0 和模式 3；具有完备的写保护机制，保护方式分为硬件保护和软件保护。图 10－15 所示为 FM25CL64 与微控制器接口电路。

FM25CL64 器件的 /CS、CLK、SI、SO 引脚分别连接到了 STM32 对应的 SPI 引脚 NSS、SCK、MOSI、MISO 上，其中 STM32 的 NSS 引脚使用普通的 GPIO，未使用 SPI 总线专用片

选 NSS 引脚,所以程序中要使用软件控制的方式。/HOLD 引脚和/WP 引脚直接接高电平。

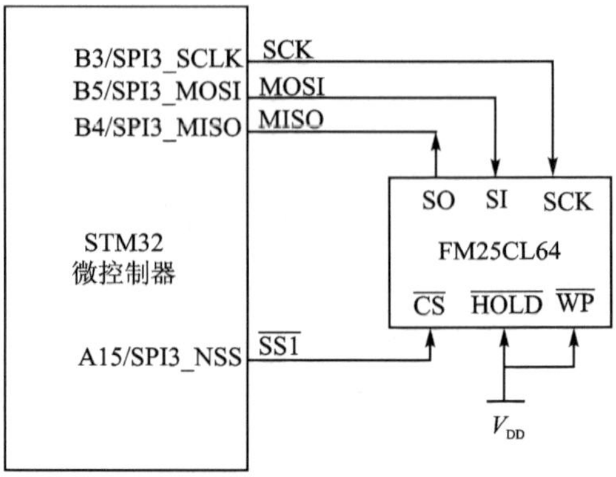

(1) /CS 引脚

/CS 引脚为片选信号输入端,该引脚为低电平时使能器件。当该引脚为高电平时,器件进入低功耗的待机模式,所有的输出处于高阻态。当该引脚为低电平时,可以对芯片进行操作。

(2) SCK 引脚

SCK 为串行同步时钟输入端,时钟频率可以是 0～20 MHz 之间的任意值。

图 10－15　FM25CL64 与微控制器接口电路

(3) /HOLD 引脚

/HOLD 为保持信号输入端,当主 CPU 必须中断对存储器当前的操作而执行另一个任务时,可以控制/HOLD 引脚。当/HOLD 引脚为低电平时,当前操作被挂起,器件忽略 SCK 或者/CS 上的任何跳变。/HOLD 引脚的所有跳变必须发生在 SCK 为低电平的时间内。

(4) /WP 引脚

/WP 引脚为写保护信号输入端,该引脚为低电平时,对状态寄存器进行写保护。

(5) SI 引脚

SI 为串行信号输入端,数据从该引脚输入到器件,在 SCK 的上升沿时数据被采样。

(6) SO 引脚

SO 为串行信号输出端,在 SCK 的下降沿时,从该引脚输出数据。

1. FM25CL64 内部结构

图 10－16 所示为芯片内部结构图,其中,指令寄存器(Instruction Register)内容(又称操作码)决定对芯片如何操作(如读、写);状态寄存器(Nonvolatile Status Register)为非易失存储器,保存着当前芯片状态。

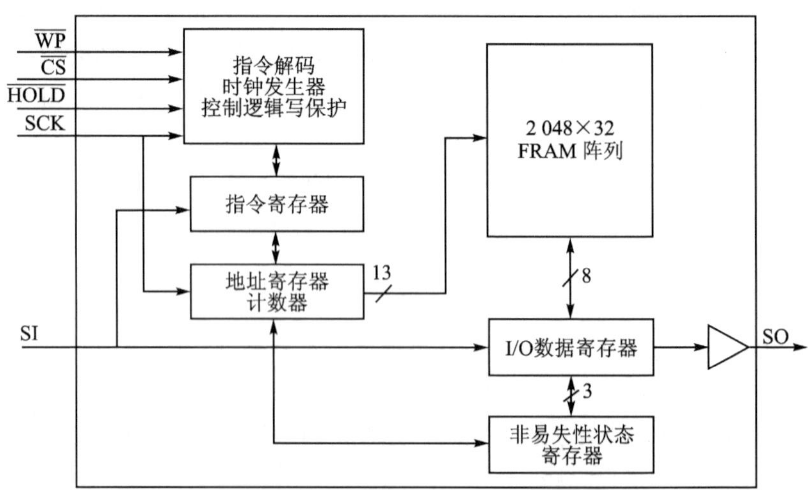

图 10－16　芯片内部结构图

FRAM 有 13 位地址线，可寻址 2^13＝8 192 字节，数据寄存器为 8 位结构。

（1）状态寄存器

状态寄存器各位定义及功能说明见表 10－6。

表 10－6 状态寄存器定义及功能

位	定义及功能说明
位 7	WPEN：对/WP 引脚的使能控制。 0：/WP 引脚被忽略； 1：/WP 引脚有效，若 WPEN＝1 和/WP 为低电平，那么状态寄存器被写保护
位 6:4	固定为 0
位 3:2	BP1 和 BP0：存储块写保护位，指定了受到写保护的存储区域。 00：无受保护地址； 01：受保护地址范围为 1800h～1FFFh（高 1/4 地址区域）； 10：受保护地址范围为 1000h～1FFFh（高 1/2 地址区域）； 11：受保护地址范围为 0000h～1FFFh（整个存储区域）
位 1	WEL：只读位，读取该位可获取芯片写使能状态。若直接对 WEL 位进行写入不会影响它的状态。该位可由 WREN 指令置 1，并可通过结束一个写周期（/CS 为高电平）或使用 WRDI 指令来清 0。 1：表示可以对 FRAM 写操作； 0：表示禁止对 FRAM 写操作
位 0	固定为 0

（2）写保护

FM25CL64 的写保护有多种方式，主要分为存储器写保护和状态寄存器写保护。表 10－7 概述了写保护条件。

状态寄存器 WEL 位状态由指令控制。WRDI 指令对 WEL 位清 0，禁止所有的写操作。WREN 指令控制 WEL 位置 1，允许对状态寄存器和存储器写操作。

若 WEL 位清 0，状态寄存器和存储器全部处于保护状态，写操作禁止。

若 WEL 位置 1，存储器中受保护块和非保护块由 BP1 和 BP0 确定。

若 WPEN 置 1，当/WP 引脚接低电平时，状态寄存器处于写保护状态，禁止对其写操作，相当于状态寄存器写保护有硬件参与。

表 10－7 写保护

WEL	WPEN	/WP	受保护存储块	不受保护存储块	状态寄存器
0	X	X	禁止写操作	禁止写操作	禁止写操作
1	0	X	禁止写操作	允许写操作	允许写操作
1	1	0	禁止写操作	允许写操作	禁止写操作
1	1	1	禁止写操作	允许写操作	允许写操作

因此，实际应用时，为简化操作，首先配置 WPEN 清 0，然后在进行任何写操作之前，先使用 WREN 指令，即控制 WEL 位置 1；写操作完成后，WRDI 指令对 WEL 位清 0，禁止所有的写操作，以防止误操作，达到保护目的。若要对存储器单独写保护，可对 BP1、BP0 位进行配置。

2. FM25CL64 指令系统

FM25CL64 有 6 种称为操作码的指令，它们由总线主控器发布给 FM25CL64，这些操作码控制存储器执行的功能。操作码可以分为三类，第一类是无并发操作的指令，执行单一的功能，例如使能写操作；第二类是带一个字节数据的写入或者读出指令，用于操作状态寄存器；第三类是对存储器操作的指令，这些指令后面跟随地址和一个或更多数据字节。表 10－8 所列为指令的操作码。

表 10－8　指令操作码

名　称	描　述	操作码
WREN	写操作使能	0000 0110b
WRDI	写操作禁止	0000 0100b
RDSR	读状态寄存器	0000 0101b
WRSR	写状态寄存器	0000 0001b
READ	读存储器数据	0000 0011b
WRITE	写存储器数据	0000 0010b

(1) 写使能指令 WREN

FM25CL64 上电后的状态是禁止写操作，写操作包括写状态寄存器和写存储器，写操作之前必须使用 WREN 指令。

WREN 指令执行后，会使状态寄存器的 WEL 位置 1，表示对芯片写操作是允许的。直接向 WEL 位写入是无效的，另外任何写操作都将使得 WEL 自动清 0，这样就防止了在没有 WREN 指令时进行写操作。图 10－17 所示为 WREN 指令时序图，从时序图可以看出，在时钟 SCK 同步下，SI 输入线输入串行数据，该数据为 WREN 指令的操作码 0000 0110b。

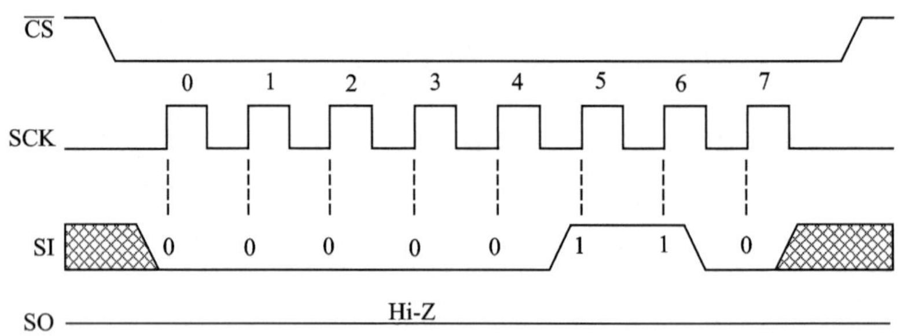

图 10－17　WREN 指令时序

(2) 写禁止指令 WRDI

WRDI 指令通过清除 WEL，禁止所有的写操作。用户可通过读取状态寄存器中的 WEL 位来验证写操作是否禁止。WRDI 指令时序与图 10－17 相似，差别是数据线为 WRDI 指令的操作码 0000 0100b。

(3) 读状态寄存器指令 RDSR

读取状态寄存器能够获得写保护特性的当前信息，图 10－18 所示为 RDSR 指令时序图。在发送 RDSR 操作码 0000 0101b 之后，FM25CL64 的 SO 线将返回一个字节的状态寄存器内容。

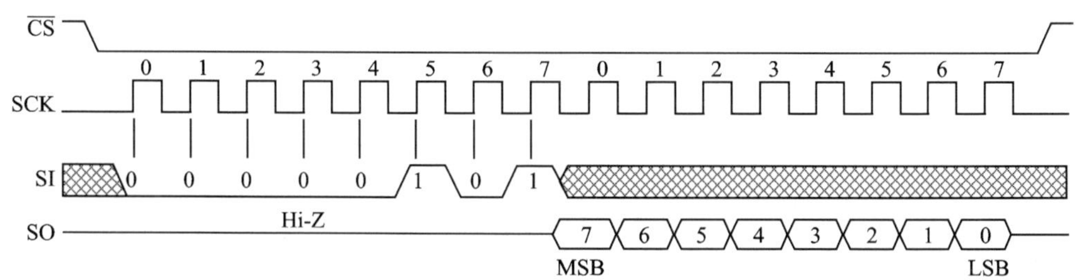

图 10－18　RDSR 指令时序

(4) 写状态寄存器指令 WRSR

WRSR 指令允许用户选择某些写保护特性，在发送写状态寄存器操作码 0000 0001b 之后，紧接着写入字节数据，时序如图 10－19 所示。在发送 WRSR 指令之前，/WP 引脚必须为高电平状态或者无效状态，同时，用户必须发送一个 WREN 指令以使能写操作。请注意，WRSR 指令也将状态寄存器中的 WEL 位清 0。

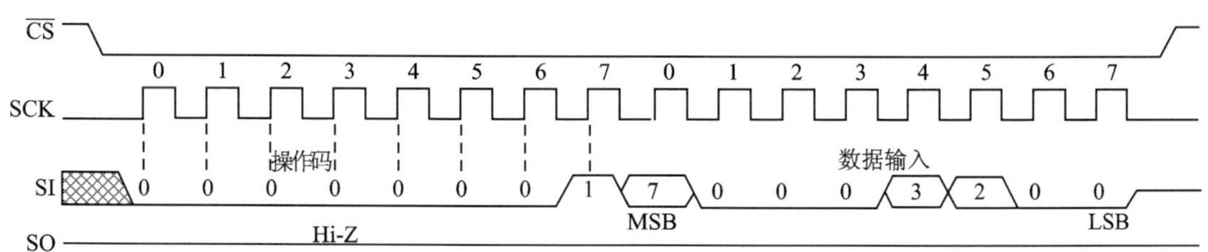

图 10－19　WRSR 指令时序

(5) 写存储器数据指令 WRITE

对存储器进行写操作之前，需要先发送 WREN 指令，接下来发送 WRITE 指令。WRITE 操作码之后是连续写入两个字节地址值，随后是要写入的数据。只要主机继续发送时钟信号并且保持/CS 为低电平，地址就会内部递增。如果达到最后地址 1FFFh，地址计数器将跳转至 0000h。数据以 MSB 在前的方式写入。/CS 的上升沿会中止 WRITE 操作。写操作时序如图 10－20 所示。

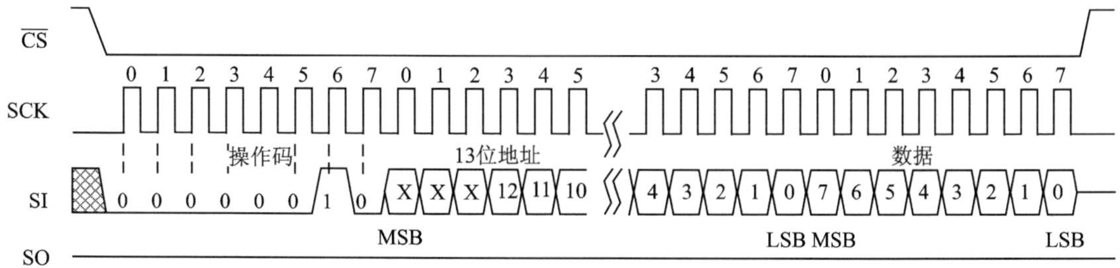

图 10－20　写存储器数据时序

(6) 读存储器数据指令 READ

READ 指令之后是一个双字节地址值。地址的高 3 位将被忽略，余下的 13 位指定了读操作的首字节的地址。在发送操作码和地址之后，主机在发送时钟时读取 SO 线数据，SI 输入信号在读取数据字节期间被忽略。随后的数据字节被连续读取。只要主机继续发送时钟信号并且保持/CS 为低电平，地址将内部递增。如果达到最后地址 1FFFh，地址计数器将跳转至

0000h。数据是以 MSB 在前的方式读出。/CS 的上升沿可终止 READ 操作。读操作时序如图 10－21 所示。

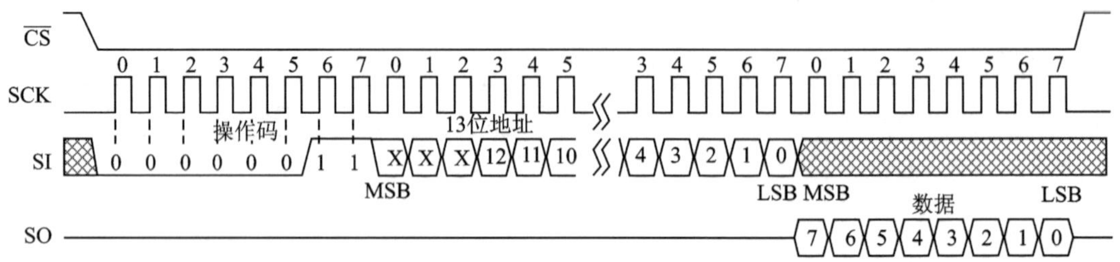

图 10－21　读存储器数据时序

10.3.2　软件设计

1. 软件设计要点

(1) SPI 配置初始化

SPI 初始化主要包括:SPI 时钟配置,SPI 外设使能配置,SPI 模式、地址和速率配置等。初始化配置可以使用 CubeMX 软件实现。

(2) 编写应用程序

设计思路是根据 FRAM 操作指令以及指令时序要求编写 FRAM 读写函数。

下面以对 FRAM 写操作的函数为例来说明设计过程。首先根据应用背景要求确定函数接口参数,包括写入 FRAM 中的目标地址、需要写入的数据地址及数据长度。然后按照写 FRAM 指令时序编写相应函数(可参见图 10－20)。

第 1 步:编写“片选 CS 使能”函数;

第 2 步:编写向 FRAM 发送“写使能 WREN 操作码”函数;

第 3 步:编写向 FRAM 发送“目标地址数据＋写入数据”函数;

第 4 步:编写向 FRAM 发送“写禁止 WRDI 操作码”函数;

第 5 步:编写“片选 CS 禁止”函数。

依次调用上述 5 步编写函数,即完成对 FRAM 写操作的函数设计。最后编写测试程序,对读写数据进行校验。

2. CubeMX 初始化配置

(1) GPIO 配置

在导航栏中选择 SPI3,如图 10－22 所示。配置 SPI3 用到的 GPIO 引脚 PB3、PB4、PB5 及 GPIO 模式(GPIO_Mode),一般采用软件默认即可。

(2) SPI 参数配置

在配置(Configuration)窗口上选择参数配置(Parameters Setting)标签,配置 SPI 参数,如图 10－23 所示。

① 模式(Mode):全双工主模式(Full－Duplex Master)。

② 硬件片选信号(Hardware NSS Signal):禁用(Disable),即 NSS 信号使用软件模式。

③ 基本参数(Basic Parameters):

帧格式(Frame Formate):Motorola(另外一个参数是 TI);

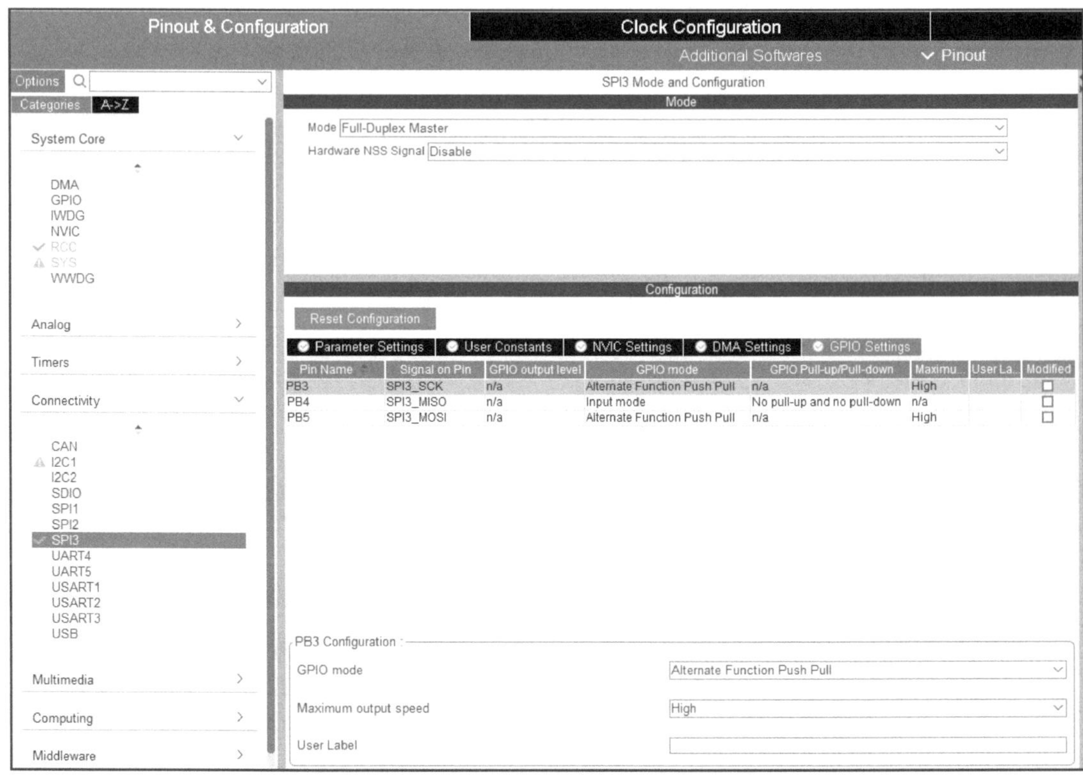

图 10-22　GPIO 配置

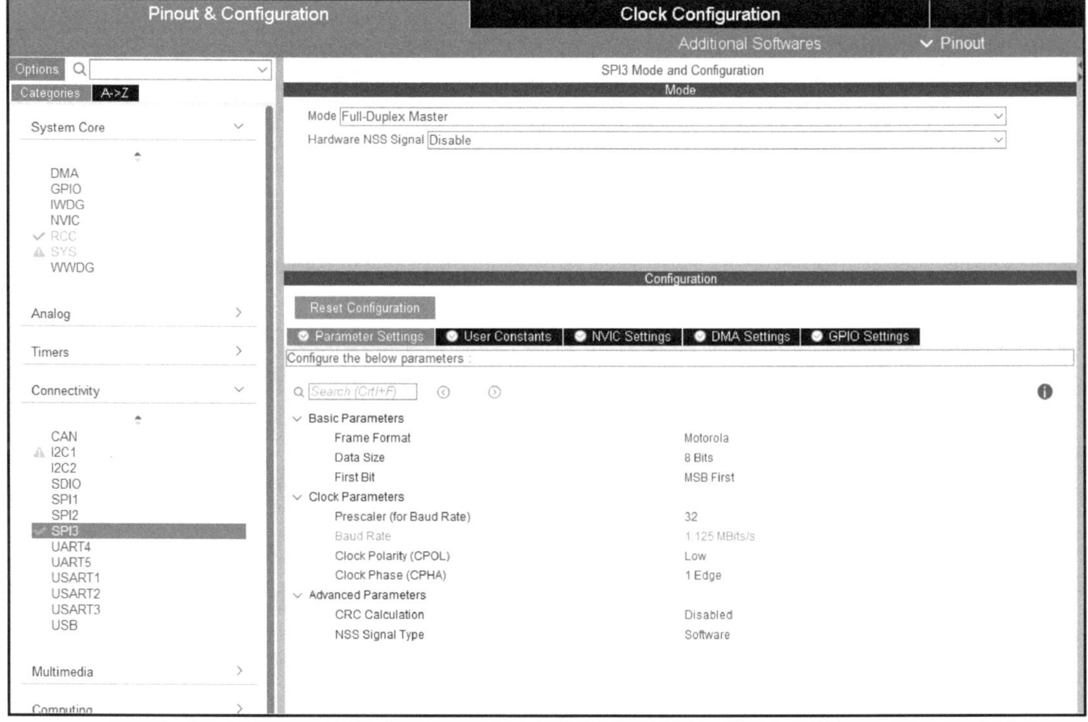

图 10-23　参数配置

数据长度(Date Size):8 Bits(FM25CL64 内部存储是按照 8bit 方式存储的);

第一位(First Bit):MSB First(FM25CL64 的技术手册规定高位 MSB 先行)。

④ 时钟参数(Clock Parameters):

预分频(Prescaler):32(确保分频后波特率小于 FM25CL64 最高读写频率 20 MHz。SPI3 是 APB1 上的设备,PCLK1 最高为 36 MHz);

时钟极性(CPOL):低电平 Low(可选参数 Low、High);

时钟相位(CPHA):奇数沿 1 Edge(可选参数 1 Edge、2 Edge)。

CPOL 和 CPHA 这两个参数有 4 种组合模式,参数配置要满足 FM25CL64(模式 0 或模式 3)的要求。上述配置为模式 0。

3. 应用程序设计

(1) 定义头文件(FMEM. h)

```
#define GPIO_PORT_CS     GPIOA                                       //FRAM 的片选 CS 信号连接到芯片的 PA15
#define GPIO_PIN_CS      GPIO_PIN_15
//FM25CL64 指令操作码定义
#define          FM25CL64_WREN          0x06                        //写使能指令操作码
#define          FM25CL64_WRDI          0x04                        //写禁止指令操作码
#define          FM25CL64_RDSR          0x05                        //读状态寄存器操作码
#define          FM25CL64_WRSR          0x01                        //写状态寄存器操作码
#define          FM25CL64_READ          0x03                        //读数据操作码
#define          FM25CL64_WRITE          0x02                       //写数据操作码
#define FRAM_TIMEOUT   100                                          //SPI 超时检测时间为 100 ms
#define READ_WRITE_ADDR   ((uint16_t)0x00FF)                        //用户定义的一个读写数据的起始地址
void InitFRAM(void);                                                //初始化 FRAM 状态寄存器函数声明
void WriteFRAM(uint16_t Addr, uint8_t Data);                        //向 FRAM 写数据函数声明
uint8_t ReadFRAM(uint16_t Addr);                                    //从 FRAM 读数据函数声明
```

(2) 编写对 FM25CL64 操作函数(FMEM. C)

1) 编写 FM25CL64 的读写数据函数

定义变量:

```
static uint8_t WRITEFRAME[4];                                       //向 FRAM 写数据流数组
static uint8_t READFRAME[3];                                        //从 FRAM 读数据流数组
static uint8_t WRITE_SR_FRAME[2];                                   //向 FRAM 状态寄存器写数据流数组
uint8_t op_code;                                                    //操作码变量
static uint8_t i;                                                   //公共变量
```

2) 片选 CS 控制使能函数

```
void FRAMCS()                               //拉低 CS 信号
{
    HAL_GPIO_WritePin(GPIO_PORT_CS,GPIO_PIN_CS,GPIO_PIN_RESET);
}
```

3）片选 CS 控制禁止函数

```
void nFRAMCS()                          //拉高 CS 信号
{
    HAL_GPIO_WritePin(GPIO_PORT_CS,GPIO_PIN_CS,GPIO_PIN_SET);
}
```

4）使能写操作函数

根据 FM25CL64 的技术手册，进行任何写操作(写状态寄存器和写数据)之前，都需要先使能写操作。

```
void FRAM_WREN(void)
{
    op_code = FM25CL64_WREN;
    /* 通过 SPI3,向 FRAM 发送使能写操作的操作码 0000 0110b */
    HAL_SPI_Transmit(&hspi3,&op_code,1,FRAM_TIMEOUT);
}
```

5）禁止写操作

```
void FRAM_WRDI(void)
{
    op_code = FM25CL64_WRDI;
    /* 通过 SPI3,向 FRAM 发送禁止写操作码:0000 0100b */
    HAL_SPI_Transmit(&hspi3,&op_code,1,FRAM_TIMEOUT);
}
```

6）读状态寄存器函数

程序执行过程是首先发送读状态寄存器操作码，然后接收数据。

```
uint8_t FRAM_RDSR(void)
{
    uint8_t SRData;
    op_code = FM25CL64_RDSR;
    /* 发送读状态寄存器操作码 00000101b */
    HAL_SPI_Transmit(&hspi3,&op_code,1,FRAM_TIMEOUT);
    /* 将接收到的数据放在 SRData */
    HAL_SPI_Receive(&hspi3,&SRData,1,FRAM_TIMEOUT) ;
    return(SRData);              //返回读取到的状态寄存器数据
}
```

7）写状态寄存器

程序执行过程是首先准备写状态寄存器的数据流，即写状态寄存器操作码及写入数据，然后调用发送函数。

```
void FRAM_WRSR(uint8_t Data)
{
    FRAM_WREN();                              //使能写操作
    WRITE_SR_FRAME[0] = FM25CL64_WRSR;        //写状态寄存器的操作码
    WRITE_SR_FRAME[1] = Data;                 //需要写入的数据,用 SPI 将这两个数据连续发送
    /* &WRITE_SR_FRAME[0]表示第一个数的起始地址,这里的"2"表示要发送 2 个 8 位数据 */
    HAL_SPI_Transmit(&hspi3,&WRITE_SR_FRAME[0],2,FRAM_TIMEOUT);
    FRAM_WRDI();                              //禁止写操作
}
```

8) 初始化状态寄存器函数

此函数功能是使 WPEN 位置 1,可以启用硬件写保护功能。

```
void InitFRAM(void)
{
    FRAM_WRSR(0x80);        //向状态寄存器写 0x80,使 WPEN 位置 1,见表 10-6
}
```

9) 读 FRAM 中 1 个数据函数

```
/************************************************
* 名称:ReadFRAM
* 功能:读取 FRAM 内部指定地址中的数据。程序执行过程是首先准备读的数据流,即读数据操作码及
      读出数据起始地址,然后调用发送函数,最后调用接收函数读取 FRAM 数据
* 入口参数:Addr,要读取的数据在 FRAM 中存放的地址,FM25CL64 的地址范围从 0x0000 到 0x1FFF
* 返回值:Addr 中的无符号 8 位数据
************************************************/
uint8_t ReadFRAM(uint16_t Addr)
{
    uint8_t Data;                               //定义变量存放读取到的数据
    uint8_t AddrH,AddrL;                        //将 16 位的地址拆分为高 8 位地址和低 8 位地址
    AddrH = (Addr>>8);
    AddrL = (uint8_t)Addr;
    FRAMCS();                                   // 使能 FRAM 片选信号 CS
    /* 准备数据放到数组:读操作码、数据地址高 8 位、数据地址低 8 位 */
    READFRAME[0] = FM25CL64_READ;               //读 FRAM 数据操作码
    READFRAME[1] = AddrH;                       //数据地址高 8 位
    READFRAME[2] = AddrL;                       //数据地址低 8 位
    /* 调用发送函数,将数组里的 3 个数连续发送 */
    HAL_SPI_Transmit(&hspi3,&READFRAME[0],3,FRAM_TIMEOUT);
    /* 用 SPI 的接收函数接收数据,存放在 Data 里 */
    HAL_SPI_Receive(&hspi3,&Data,1,FRAM_TIMEOUT);
    nFRAMCS();                                  // 禁止 FRAM 片选信号 CS
    return(Data);                               // 返回从 FRAM 中读取的数据
}
```

10) 读 FRAM 中多个数据函数

```
/************************************************
* 名称:FRAMReadBuffer
* 功能:读取 FRAM 内部指定地址中的多个数据
* 入口参数 1:Addr,要读取的数据在 FRAM 中存放的地址, FM25CL64 的地址范围从 0x0000 到 0x1FFF
* 入口参数 2:*Data,读出数据存放地址指针
* 入口参数 3:len,为数据长度
* 返回值:无
************************************************/
void FRAMReadBuffer(uint16_t Addr,uint8_t *Data,uint8_t len)
{
```

```
    uint8_t AddrH,AddrL;                        //将 16 位的地址拆分为高 8 位地址和低 8 位地址
    AddrH = (Addr>>8);
    AddrL = (uint8_t)Addr;
    FRAMCS();                                   // 使能 FRAM 片选信号 CS
    /* 准备数据放到数组:读操作码、数据地址高 8 位、数据地址低 8 位 */
    READFRAME[0] = FM25CL64_READ;               //读 FRAM 数据操作码
    READFRAME[1] = AddrH;                       //数据地址高 8 位
    READFRAME[2] = AddrL;                       //数据地址低 8 位
    /* 调用发送函数,将数组里的三个数连续发送 */
    HAL_SPI_Transmit(&hspi3,&READFRAME[0],3,FRAM_TIMEOUT);
    /* 用 SPI 的接收函数接收数据,存放在 Data 地址里 */
    HAL_SPI_Receive(&hspi3,Data,len,FRAM_TIMEOUT);
    FRAMCS();                                   //禁止 FRAM 片选信号 CS
}
```

11）向 FRAM 写 1 个数据函数

```
/************************************************************
* 名称: WriteFRAM
* 功能:向 FRAM 指定地址中写入 1 个数据
* 入口参数 1:Addr,数据要写入到 FRAM 中的地址, 地址范围从 0x0000 到 0x1FFF
* 入口参数 2:Data,写入数据
* 返回值:无
************************************************************/
void WriteFRAM(uint16_t Addr, uint8_t Data)
{
    uint8_t AddrH,AddrL;                        //将 16 位的地址拆分为高 8 位地址和低 8 位地址
    AddrH = (Addr>>8);
    AddrL = (uint8_t)Addr;
    FRAM_WREN();                                // 使能写操作
    /* 准备数据:操作码、地址高 8 位、地址低 8 位、数据 */
    WRITEFRAME[0] = FM25CL64_WRITE;             //写数据操作码
    WRITEFRAME[1] = AddrH;                      //地址高 8 位
    WRITEFRAME[2] = AddrL;                      //地址低 8 位
    WRITEFRAME[3] = Data;                       //数据
    /* 调用 SPI 发送函数,将数组里的 4 个数据连续发送 */
    HAL_SPI_Transmit(&hspi3,&WRITEFRAME[0],4,FRAM_TIMEOUT);
    FRAM_WRDI();                                //禁止写操作
}
```

12）向 FRAM 写多个数据函数

```
/************************************************************
* 名称:FRAMWriteBuffer
* 功能:向 FRAM 写入多个数据
* 入口参数 1:Addr,数据要写入到 FRAM 中的地址, FM25CL64 的地址范围从 0x0000 到 0x1FFF
* 入口参数 2: *Data,要写入的数据存放地址指针
* 入口参数 3:len,为数据长度
* 返回值:无
************************************************************/
```

```
void FRAMWriteBuffer(uint16_t Addr, uint8_t * Data,uint8_t len)
{
    uint8_t AddrH,AddrL,i;                          //将 16 位的地址拆分为高 8 位地址和低 8 位地址
    AddrH = (Addr>>8);
    AddrL = (uint8_t)Addr;
    FRAMCS();                                       //使能 FRAM 片选 CS
    FRAM_WREN();                                    //使能写操作
    /* 准备数据:操作码、地址高 8 位、地址低 8 位、多个数据 */
    WRITEFRAME[0] = FM25CL64_WRITE;                 //写操作码
    WRITEFRAME[1] = AddrH;                          //地址高 8 位
    WRITEFRAME[2] = AddrL;                          //地址低 8 位
        for(i = 0; i<len; i++)
        {         WRITEFRAME[3 + i] = Data[i];     }
    /* 调用 SPI 发送函数,将数组里的 3 + len 个数据连续发送 */
    HAL_SPI_Transmit(&hspi3,&WRITEFRAME[0],3 + len,FRAM_TIMEOUT);
    FRAM_WRDI();                                    //禁止写操作
    FRAMCS();                                       //禁止 FRAM 片选信号 CS
}
```

(3) 数据测试示例

```
    //向 FRAM 地址 0000 写入数据 100
    uint16_t  MyAddr = 0000;
    uint8_t  MyData = 100;
    WriteFRAM(MYAddr, MyData);
    //向 FRAM 地址 0000 写入 2 个数据,读出 2 个数据
    uint8_t fmReadBuf[16];
    uint8_t fmWriteBuf[16] = {0x01,0x02};
    FRAMWriteBuffer(0,fmWriteBuf,2);
    FRAMReadBuffer(0,fmReadBuf,2);
```

本章习题

1. 查阅资料,比较 UART、I^2C、SPI、USB 总线差异,从同步/异步、通信速率、全双工/半双工、通信介质、总线拓扑结构、通信距离等几方面进行说明。冰箱控制器有主控制器和冰箱门上的操作面板,二者需要通信交换数据,哪种总线通信方式适用此应用? 并说明原因。

2. 使用 SPI 总线通信,一个主设备最多可以连接几个从设备? 主要因素是什么?

3. 使用 STM32 微控制器 SPI3 外设,以 DMA 方式发送和接收数据,应该使用哪些 DMA 通道,为什么?

4. 使用 SPI 的 HAL 库函数,编写向 SPI 接口的 Flash 芯片写入数值 25 的程序。

5. FM25Q04 是 SPI 接口的 Flash 芯片,查阅此芯片数据手册,说明与 FM25CL64 芯片的异同点。

6. RX8130 为实时时钟(RTC)芯片,画出与 STM32 微控制器接口电路,并编写读取实时时钟函数。

第 11 章　程序结构与程序设计

本章主要内容:前后台和事件驱动程序结构的基本概念及状态机编程方法。

本章案例:以温控系统为对象,分析前后台、事件驱动程序结构、任务调度和状态机编程案例。

任务是指完成某个单一功能的程序,可放在主程序循环体中周期执行,也可以通过事件触发来执行。一般的系统都有多个任务,比如温度控制系统,根据功能划分有设置参数、显示温度、温度采集、温度控制和串口通信等任务,每个任务都需要及时响应,比如通信任务,任何时候串口收到通信数据,都必须立即响应接收或者回复数据,显示温度时键盘也能随时操作。这种多个任务同时执行,各种任务对响应时间有严格要求的系统称为实时多任务系统。

微控制器 CPU 本身只能串行执行指令,多任务不能同时执行,因此多个任务实时和协调运行,需要对任务进行分时处理,以满足系统功能要求,这就需要考虑适当的任务划分、软件结构和程序设计方法,实现多任务同时执行。

目前实现实时多任务处理的软件结构和程序设计方法有很多,比如适合于小型系统的前后台程序结构、事件驱动的程序结构,适合大型软件系统的 RTOS 等。

11.1　前后台程序结构

在没有操作系统的情况下,通常把嵌入式程序分成两部分,即前台程序和后台程序,也就是通常所说的前后台系统。

后台程序即在主函数的无限循环体中调用相应的函数来处理相应的任务,后台程序也称任务级程序。后台程序掌管整个系统管理以及任务的调度,是一个系统管理调度程序。

前台程序是事件触发,通过中断来处理事件,也叫事件处理级程序。对实时性要求很高的操作要在中断中完成,保证操作的实时性。

前后台系统程序结构如图 11－1 所示。任务 1、任务 2 和任务 3 对实时性要求不高,分配在后台处理执行;任务 4(需要定时或者延时)和任务 $n-1$(需要实时通信)分配给前台处理执行。在程序运行时,后台程序检查每个任务是否具备运行条件,并通过一定的调度算法来完成相应的操作。对于实时性要求特别严格且执行语句较少(执行时间短)的操作,通常直接在中断中完成;对于实时响应要求高,但任务执行时间较长的任务,仅在中断服务程序中标记事件的发生,不再做任何工作就退出中断,经过后台程序的调度,转由后台程序完成事件的处理,这样就不会在中断服务程序中处理费时的事件而影响后续任务和其他中断。

图 11－1 所示的通信任务,若通信数据量比较大而且需要后续数据处理,可以在中断中仅接收数据,在后台程序中进行数据处理。另外,若微处理器硬件支持 DMA 功能,对于与慢速外设通信且数据量比较大的任务,以及使用 ADC 进行大量数据采集的任务,这些任务如果使用中断会明显影响系统性能时,就需要使用 DMA 方式传输数据,由于 DMA 方式下数据传输过程不需要 CPU 介入,可大大提高 CPU 运行程序的效率。

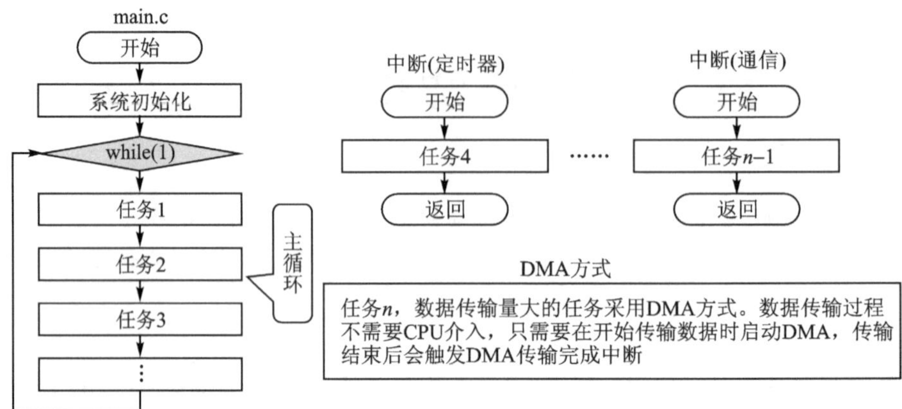

图 11-1　前后台系统程序结构

由于前后台程序结构简单,几乎不需要 RAM/ROM 的额外开销,因而在简单的嵌入式应用时被广泛使用。

1. 前后台编程原则

① 对于单一任务,或者多任务中每个任务执行时间比较短,每个任务都能在很短时间内依次执行,可以将任务全部交给后台循环中处理,可以认为任务是同时执行的。这种方式称为轮询式多任务模式。例如只有温度检测、温度显示任务的系统。

② 对于持续时间比较短的事件,小于循环周期,以下三种情况任务都交给前台处理:脉冲计数法测量电机速度,如果脉冲频率很高,在一个循环周期会漏掉;固定周期、时间严格的任务,如串口通信、周期采样及控制、时钟、信号测量等任务;不确定突发事件,如电机控制中外部故障事件等。后台只处理时间要求不严格的任务,如按键、显示处理。这种方式称为前后台多任务模式。

③ 对事件捕捉实时性要求高,而对事件处理实时性要求不高的任务,例如主从结构串口通信,数据到就要接收,但是需要一帧数据接收完毕后才进行数据处理,收到数据回应的实时性要求不高,可以使用中断前台接收,将数据存到缓冲区,接收完毕设置标志位,后台程序通过查询标志进行数据处理。

④ 对于强实时性事件,响应时间在微秒级,必须对即时的事件作出反应,绝对不能错过事件处理时限。例如高速波形产生、微秒级脉宽测量等测控领域,这类事件一般可采用 DMA 处理。对于允许数十微秒延迟的事件,可以利用中断响应(前台)处理,中断内程序执行时间要短,否则会造成其他中断响应被延迟。

⑤ 消除任务中的长延时程序,如按键去抖、多位动态显示中的延时程序,这些延时任务长时间占用 CPU 资源,即阻塞,会影响后续任务处理而失去响应。消除阻塞一般是使用定时器,把延时任务交给定时器定时中断(前台)处理,由于中断占用 CPU 资源少,从根本上消除了阻塞。多任务系统编程最重要的原则是不能阻塞 CPU,每个任务要进行快速处理,将 CPU 让给后续的任务处理。

例 11.1　使用 STM32 微控制器构成温度控制系统。要求为该系统规划软件结构。

(1) 主要功能要求

① 可通过键盘设置温度设定值、报警低温限和报警高温限;② 使用 4 位 LED 数码动态显示温度和参数;③ 设定参数使用 EEPROM 存储,数据可以掉电保存,上电恢复;④ 超过报警

低限和报警高限用声音和灯光报警；⑤ 温度采集；⑥ 采用 PID 控制方式控制加热电路以对温度进行控制；⑦ 上位机数据通信，可进行参数设定、运行状态获取、控制运行。

（2）任务分析

根据系统功能，可大致分为 7 个任务，即显示、键盘、温度检测、温度控制、温度上下限报警、EEPROM 数据存取和通信及数据处理。

键盘持续时间为 0.2～1 s，温度变化比较缓慢，温度采样及控制时间为 1～10 s。动态显示刷新每位需要延时 10 ms，共计 0.4 s，这些属于实时性要求比较低任务。

温度报警由内部事件驱动（实际温度与上下限温度比较事件），设置参数数据存储由内部事件驱动（按键设置参数完成事件），无实时性要求。数据通信若采用 9 600 bps，每字节需要 1 ms 时间。但通信数据触发属于随机事件，实时性要求要高一些。

上述程序中检测及控制语句执行耗时基本属于微秒级别，但键盘消抖延时和数码管视觉延时却需要较长的时间，此时需要消除阻塞。

（3）程序结构设计

图 11－2 所示为前后台程序结构的任务分配。实时性低的任务在 while(1)中执行（后台），实时性高及周期任务在中断（前台）执行。前台通过定时器定时中断和串口通信中断处理 3 个任务，中断需要设置优先级，显然通信中断优先级要高一些。其余任务交给后台处理。

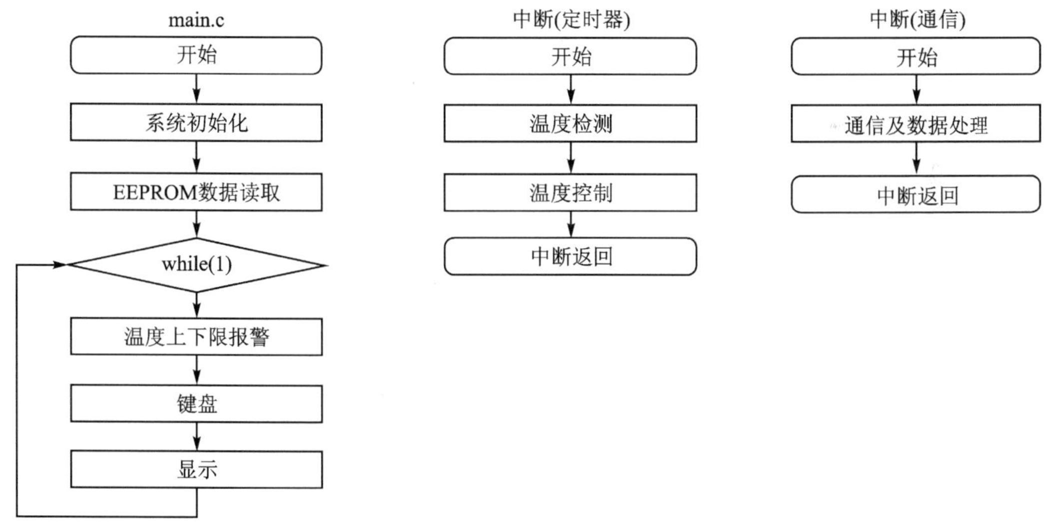

图 11－2　温度控制系统前后台程序结构

2. 前后台程序结构特点

① 后台任务按顺序执行，任务之间通过全局变量传递参数，编程非常方便，而且操作 GPIO、外设、RAM 及寄存器不会发生资源冲突。

② 结构灵活。耗时短的任务直接在前台执行，体现实时性。耗时长的任务，可以在前台设置标志，在后台执行任务，以避免中断服务程序中处理任务过重，而影响后续任务和其他中断。例如，前述温度控制系统，也可以采用分时处理方法，定时器定时中断程序（前台）只记录时间，依据任务处理实时性要求，分时段设置标志。后台程序通过判断标志，分时执行键盘、显示、温度检测、控制及报警任务。

③ 由于后台任务是顺序执行的，故必须消除延时，即消除阻塞，否则任务之间相互影响，实时性差。例如，温度控制系统中的键盘、显示和温度上下限报警（蜂鸣器鸣响），按其工作原

理均需要延时,若采用 HAL_Delay()函数延时,会阻塞 CPU 运行。消除阻塞的基本方法是使用定时器。

④ 前后台程序结构需要考虑前后台程序之间的数据传递,大量数据一般采用共享 RAM,但要避免二者同时操作,否则会造成资源冲突。解决办法是后台对共享 RAM 操作时要关闭中断,操作完成后开放中断。

11.2 任务调度

任务调度的作用就是根据一定的约束规定,将 CPU 合理分配给多个符合条件的任务使用,从而使 CPU 能够兼顾多个任务的实时性需要。

以例 11.1 温度控制系统为例,后台多任务包括键盘处理和数码管显示程序,主程序如下:

```
uint8_t KeyValue = 0;                //定义键值全局变量
while(1)
{
    Key();                           //取得键值赋给 KeyValue
    displayDigital(KeyValue);        //显示键值
}
```

键盘处理和数码管显示子程序:

```
void Key(void)                                  //键盘处理函数
{
    GetKey();                                   //获取键值函数
    KeyDel(KeyValue);                           //根据键值(全局变量)执行相应任务
}

void GetKey(void)                               //获取键值函数
{
    if(ScanKey()! = 0 )                         //判断是否有键按下
        {HAL_Delay(10);                         //有键按下,延时 10 ms
            if( ScanKey()! = 0 )                //确认有键按下
                {
                KeyValue  = ScanKey();          //读取键值
                flag_KeyDeal = 1;               //有按键任务标志置位
                }
        }
}
//数码管显示函数
void DisplayDigtal(uint16_t digtal)
{
    DisplayOneBit(digtal % 10,0);               //显示个位数
    HAL_Delay(5);                               //延时 5 ms
    DisplayOneBit(digtal/10 % 10,1);            //显示十位数
    HAL_Delay(5);                               //延时 5 ms
    DisplayOneBit(digtal/100 % 10,2);           //显示百位数
    HAL_Delay(5);                               //延时 5 ms
    DisplayOneBit(digtal/1000 % 10,3);          //显示千位数
    HAL_Delay(5);                               //延时 5 ms
}
```

后台多任务包含了键盘处理和显示程序，程序能不能正常执行呢？任务的实时性是否会受到影响呢？要回答上述问题，首先来分析单一任务中，CPU 的机时是如何分配的。

11.2.1　任务运行时间预估

首先对数码管动态显示程序的运行时间进行预估：

① DisplayOneBit()函数运行时间小于 7 μs；

② HAL_Delay()函数运行时间为 5 ms。

因此，以上动态显示函数总体运行时间约 20 ms。

在此任务中，显示段码、控制位码的函数 DisplayOneBit()为有实际含义的操作，均属于微秒级操作，耗时很短。真正耗时的是 HAL_Delay()函数的延时操作，每次操作耗时 5 ms，延时期间，CPU 处于阻塞状态，一直在等待延时结束，后台程序处于停止状态，无法执行其他任务。

延时的目的是使每位数码管点亮后，留有足够时间使人眼可以感知，因此不能去除；当系统程序仅执行这样一个任务时，系统可以正常工作，当系统需要多个任务同时工作时，在延时期间必然会影响其他任务的正常执行。

再来对键盘处理程序运行时间进行预估：

① ScanKey()函数运行时间小于 5 μs；

② KeyDeal()函数运行时间小于 1 μs；

③ HAL_Delay()函数运行时间为 10 ms。

因此键盘扫描程序总体运行时间约 10 ms。

把键盘扫描看为一个任务，在此任务中，键值扫描、按键处理（假设 KeyDeal()函数仅仅将键值赋值给全局变量）为有实际含义的操作，均属于微秒级操作，耗时很短。真正耗时的操作是延时操作，每次操作耗时 10 ms，延时的目的是按键去抖，必须保留；当系统程序仅此一个任务时，此函数工作正常，当系统具有多个任务时，在延时期间必然会影响其他任务执行的实时性。

根据以上分析，多任务主程序的问题表现为：

① displayDigital()运行期间键盘扫描任务无法得到运行机会，因此在这 20 ms 内，按键无法响应，导致用户体验上的按键不灵敏；

② 当有按键按下时，Key()函数占用的 10 ms，显示任务无法运行，显示的 4 位数据最后一位会显示 15 ms，而其他位显示 5 ms，导致用户体验上的显示不均匀。

导致上述问题主要原因是，两个任务的运行时间分别为 10 ms 和 20 ms，运行时间过长，当一个任务运行时，另一个任务得不到 CPU 时间，从而无法及时运行；而运行时间过长的罪魁祸首是延时函数，因为延时函数在实质的任务上没有做出贡献，但是却占用了 CPU 时间。

对多任务程序，为实现多任务同时执行的实时性要求，需要对任务进行拆分，并对程序进行优化，优化的目的是消除延时对 CPU 的阻塞。

11.2.2　任务拆分

任务拆分的原则是对有延时要求的程序采用定期执行的方法，以便在延时期间 CPU 可以执行其他任务，从而兼顾不同任务对实时性的要求。

例如对于 11.2 节的数码管显示程序,可以在向某位数码管送出显示数据后,CPU 转而执行其他任务,在 5 ms 后再重新向下一位数码管送出显示数据。

对数码管显示程序进行拆分,考虑数码管各位显示的流程均相同,可增加一个变量bitcount,并借助该变量改写程序。改写后的数码管显示程序如下,并重新命名为 displayDigtal_N。

```
void displayDigtal_N(uint16_t digtal)                              //无延时的数码管显示函数
{
    static uint8_t bitcount = 0;
                                        //定义计数单元为静态局部变量,相当于全局变量,但仅在本函数内能访问
    if(bitcount == 0)    DisplayOneBit(digtal % 10,0);              //显示个位数
    if(bitcount == 1)    DisplayOneBit(digtal/10 % 10,1);           //显示十位数
    if(bitcount == 2)    DisplayOneBit(digtal/100 % 10,2);          //显示千位数
    if(bitcount == 3)    DisplayOneBit(digtal/1000 % 10,3);         //显示万位数
    bitcount = (bitcount + 1)&0x03;                                 //计数单元加 1,最大取值为 03
}
```

此任务每 5 ms 调度一次,可以正确显示 4 位数据。

优化键盘扫描程序时,可以增加一个变量 KeyPressCount,对按键按下时间进行计时,为方便编程,设定键盘扫描程序也每 5 ms 执行一次,检测到按键按下后,KeyPressCount 的值加 1,然后每执行一次,KeyPressCount 的值都要加 1,当检测到按键按下 10 ms 后,KeyPressCount 的值为 3,如果按键仍为按下状态,则认定为一次有效的键入,执行读取键值的操作。检测到按键松开后,KeyPressCount 的值重新设置为 0。修改后的获取键值程序如下,并重新命名为 GetKey_N。

```
void GetKey_N(void)                           //去除延时的获取键值函数
{
    static uint8_t KeyPressCount;             //按键按下计数单元
    if(ScanKey()! = 0 )                       //判断是否有键按下
    {
        KeyPressCount ++ ;                    //有按键按下,计数单元 + 1
        if(KeyPressCount > 2)
        {
            KeyValue = ScanKey();             //键盘扫描并获取键值
            flag_KeyDeal = 1;                 //设置按键任务标志
        }
    }
    else
        {   KeyPressCount = 0;   }            //无按键按下,计数单元清 0
}
```

11.2.3　任务调度

按照每 5 ms 执行一次的原则调用修改过的任务程序,就可以实现任务调度,前述的键盘、显示多任务主程序(后台)可以修改如下:

```
uint8_t  KeyValue = 0;                        //定义键值变量
uint8_t  flg5ms = 0;                          //定义 5 ms 定时时间标志
while(1)
{
    if (flg5ms == 1)                          //5 ms 定时时间标志,执行键盘、显示任务
    {
        GetKey_N();                           //获取键值任务
        KeyDel();                             //键值处理任务
        displayDigtal_N(KeyValue);            //数码管显示任务
        flg5ms = 0;                           //5ms 定时时间标志清 0,防止键盘、显示任务重入
    }
}
```

修改后多任务主程序的实时性得到有效提升。需要特别指出,程序中的 5ms 定时时间标志 flg5ms 需要在定时中断(前台)中将周期设置为 1。

5 ms 定时时间标志 flg5ms 处理函数如下:

```
//本函数需要前台运行,在 1 ms 周期定时中断回调函数内调用。1 ms 中断周期配置方法及中断回调函
//数参见例 7.2
/***************************************************
* 名称: flg5ms_Process
* 功能:每 1 ms 计数单元 + 1,当 5 ms 时间到,flg5ms = 1,并清 ms 计数单元
* 入口参数:无
* 返回值:无
***************************************************/
void flg5ms_Process()
{
    static uint8_t ms_count = 0;                //定义 ms 计数单元为静态变量
    ms_count ++ ;                               //每 1 ms 加 1
        if(ms_count == 5)                       //5 ms 时间到
        {   ms_count = 0;                       //ms 计数单元清 0
            flg5ms = 1;                         //置 5 ms 时间标志
        }
}
```

任务调度总结:

① 任务需要划分为耗时很短的代码,以方便其他任务能够及时获取 CPU 运行时间;

② 任务分割时,可以将整个任务划分为可分割的小任务,通过定时中断程序(前台)按顺序执行小任务,最终完成整个任务;

③ 指令延时函数 HAL_Delay()只在延时时间非常短时使用,除此之外可使用定时方式替代指令延时函数。

11.3　事件驱动程序结构

事件驱动的程序结构是系统所有的任务均在中断内(前台)完成。此种结构特别适用于低功耗系统。由于后台无任何任务,系统可以处于休眠状态,利用中断触发唤醒 CPU。

事件是一种状态的改变,每个状态的改变都可以表达为事件。事件有系统事件和用户事件。系统事件由系统激发,如时间每隔 24 h,日期增加一天。用户事件由用户激发,如用户单击按钮。事件驱动是当事件发生时,执行某个任务,每个任务均有独立的处理函数。

微控制器几乎所有的资源都能产生事件并触发中断。对于某些无法引发硬件中断的事件,可以采用定时器定时中断,以时间达到设定值作为事件,驱动任务执行,比如显示任务等。事件驱动的程序编程方法及原则如下:

① 按功能或执行动作划分任务,编写任务执行函数,并确定中断触发事件;

② 依据任务实时性要求,规划中断触发优先级;

③ 分层编写程序,即分别编写事件驱动层程序和任务执行层程序

下面说明事件驱动程序编程过程。

例 11.2 将例 11.1 的温度控制系统,按事件驱动程序结构设计程序。

下面主要详细介绍键盘、显示、温度采集等任务程序设计,其他任务仅给出框架。

(1) 显示和键盘

① 显示和键盘任务执行层程序,即数码管显示函数 displayDigtal_N()和键盘任务函数 KeyProcess_N(),在 11.2.2 小节已经编写完成。下面采用定时事件驱动方式,编写事件驱动层程序,设数码管显示事件驱动周期为 5 ms,键盘任务事件驱动周期为 10 ms。

② 数码管显示驱动函数

```
/***************************************************
* 名称:Timer5ms_On
* 功能:数码管显示驱动。每 1 ms 计数单元 + 1,当 5 ms 时间到,调用数码管显示函数,并清 1 ms 计数单元
* 入口参数:无
* 返回值:无
****************************************************/
void Timer5ms_On(void)
{
    static uint8_t ms_count = 0;                //定义 1 ms 计数单元为静态局部变量
    ms_count ++ ;
        if(ms_count == 5)                       //5 ms 时间到
        {  ms_count = 0;                        //1 ms 计数单元清 0
           displayDigtal_N(Temp) ;              //调用数码管显示函数,即执行显示温度任务
        }
}
```

③ 键盘任务驱动函数

```
/***************************************************
* 名称:Timer10ms_On
* 功能:键盘驱动。每 1 ms 计数单元 + 1,当 10 ms 时间到,调用键盘检测及处理函数,并清 1 ms 计数单元
* 入口参数:无
* 返回值:无
****************************************************/
void Timer10ms_On(void)
{
    static uint8_t ms_count = 0;               //定义 1 ms 计数单元为静态局部变量
    ms_count ++ ;
```

```
        if(ms_count == 10)                    //10 ms 时间到
        {    ms_count = 0;                    //计数单元清 0
            GetKey_N();                       //调用键盘检测函数
            KeyDel();                         //调用键值处理函数,执行键盘任务
        }
}
```

(2) 温度采集和控制

温度采集及控制以 100 ms 为周期,采用 DMA 方式启动 ADC 转换,温度采集及控制任务周期执行,采样周期为 100 ms。ADC 转换采用 DMA 方式,转换后的数据处理及温度控制任务在 ADC 转换完成中断回调函数中完成。

1) 温度采集、控制任务执行层程序

在 9.6 节已编写完成温度采集函数 ADC1totemp(),温度控制及报警函数仅给出函数名称,具体请读者自行编写。

```
/* ADC 转换 16 次后,触发中断回调函数,调用温度采集、控制、报警函数 */
uint16_t Temp;                                //定义全局变量,存储温度
void HAL_ADC_ConvCpltCallback(ADC_HandleTypeDef * hadc)
{
    Temp = ADC1totemp();                      //滤波及温度采集
    PID();                                    //执行温度 PID 控制任务
    TempAlarm();                              //执行温度报警任务
}
```

2) 温度采集、控制任务驱动函数

```
/**********************************************
 * 名称: Timer100ms_On
 * 功能:温度采集 ADC 驱动函数。
 * 每 1 ms,计数单元 + 1,100 ms 时间到,调用 ADC 启动函数,并清 1 ms 计数单元
 * 入口参数:无
 * 返回值:无
**********************************************/
void Timer100ms_On()
{
    static uint8_t ms_count = 0;              //定义计数单元为静态局部变量
    ms_count ++ ;
        if(ms_count == 100)                   //100ms 时间到
        {  ms_count = 0;                      //计数单元清 0
    HAL_ADC_Start_DMA(&hadc1,(uint32_t *)adcBuf,16);//以 DMA 方式启动 ADC 转换(循环模式)
        }
}
```

(3) 周期定时事件驱动函数

由定时中断产生周期定时事件,利用定时器 TIM6 实现 1 ms 周期中断。1 ms 中断周期配置方法及中断回调函数参见例 7.2。

```
void HAL_TIM_PeriodElapsedCallback(TIM_HandleTypeDef * htim)  //定时器周期中断回调函数
{
    if (htim->Instance == htim6.Instance)
    {
        Timer5ms_On();                                        //显示任务触发
        Timer10ms_On();                                       //键盘任务触发
        Timer100ms_On()                                       //温度采集及控制任务触发
    }
}
```

(4) 主函数

```
int main(void)
{
    /* 复位所有外设,初始化 Flash 接口及滴答时钟 */
    HAL_Init();
    /*配置系统时钟 */
    SystemClock_Config();
    /* 初始化所有已配置外设 */
    MX_GPIO_Init();
    MX_TIM6_Init();
    MX_ADC1_Init();
    HAL_TIM_Base_Start_IT(&htim6);                   //以中断方式启动定时器 TIM6
        while (1)
        { }
}
```

主函数(后台)主要完成以中断方式启动定时器 TIM6 等系统初始化任务,其余任务全部交给周期定时事件驱动,任务在中断(前台)中执行。

此范例的键盘任务也可以采用 GPIO 外部边沿触发事件来触发外部中断,在外部中断回调函数中处理键盘任务。

事件驱动程序的编程,将应用层和底层分开,应用层仅负责事件处理,底层关心事件触发来源,编程方法逻辑清晰,简洁易用。

11.4 状态机编程

有限状态机(Finite State Machine,FSM)是一种用来进行对象行为建模的工具,广泛应用于硬件控制电路设计,如时序逻辑电路设计,其也是软件上常用的一种编程方法(软件上称为有限消息机(Finite Message Machine,FMM))。与传统的上下文编程不同,状态机将复杂的控制逻辑分解成有限个稳定状态,而且状态和状态之间在满足一定条件下可以转换,对于每一个稳定状态规定其行为动作和可能的状态转换条件。状态机的状态既可由其内部定义的状态转换条件改变,也可由外部操作条件改变,从而影响状态机的行为动作。

例如击键动作本身也可以看做一个状态机。击键动作包含了闭合、抖动、闭合、断开、抖动和重新断开等状态。

状态机的表示方法有许多种，可以用文字、图形或表格的形式来表示一个状态机。图形表示的有限状态机的原理如图 11－3 所示。用方框表示状态和行为动作。双线框表示初始状态，状态转换用有向线段表示，从上向下画时，可以省略箭头。一个状态机至少有一个初始状态。

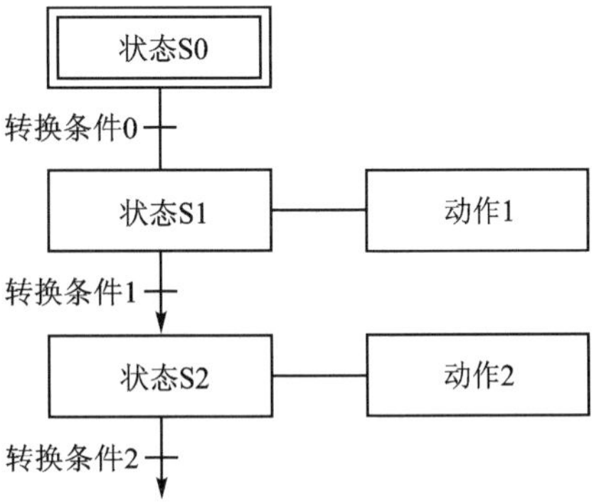

状态机可归纳为 3 个要素，即状态（现态、次态）、转换条件和动作。这样的归纳，主要是出于对状态机的内在因果关系考虑的。现态和条件是因，动作和次态是果。

状态S0
转换条件0
状态S1　动作1
转换条件1
状态S2　动作2
转换条件2

图 11－3　有限状态机原理

① 现态：指当前所处的状态。对应一个稳定的情形，例如按键闭合、按键断开都属于状态。

② 条件：又称为事件。当一个条件被满足时，将会执行一次状态的转移。条件为输入信息，例如读取按键状态时，返回信息闭合或断开，为二值逻辑。

③ 动作：条件满足后执行的动作。动作为输出信息，例如按键闭合状态下，读取键盘操作得到键值，或使 LED 灯点亮，均属于动作。动作执行完毕后，可以转移到新的状态，也可以仍旧保持原状态。动作不是必需的，当条件满足后，也可以不执行任何动作，直接转移到新状态。

④ 次态：条件满足后要转移的新状态。次态是相对于现态而言的，次态一旦被激活，就转变成新的现态了。例如若 S0 为现态，则 S1 则为次态。

状态机特征：状态总数（State）是有限的，任一时刻，只处在一种状态之中，某种条件下，会从一种状态转变到另一种状态。

下面通过例子，说明状态机程序设计方法。

例 11.3　利用状态机编程方法，实现键盘任务处理。温度测控系统有 4 个按键，分别为运行键 RUN、参数设置键 SET、数值增加键＋、数值减少键－。按 RUN 键，系统进入运行状态，数码管显示实时温度。按 SET 键，系统切换到参数修改状态，依次可切换到温度设定值、温度上限值和温度下限值修改状态，这时使用＋、－键可修改参数。同时系统还有 4 个 LED 指示灯，分别对应运行状态和 3 个参数修改状态指示，LED 指示灯分别接入 PC1、PC2、PC3、PA0 引脚，低电平有效。系统上电默认为运行状态。

（1）划分状态

系统运行为初始状态 S0，温度设定值设置为状态 S1，温度上限设置为状态 S2，温度下限设置为状态 S3。设温度设定值为 TempSV，温度上限值为 UpSV，温度下限值为 LowSV。

（2）设计状态转移图

键盘处理状态机如图 11－4 所示。默认是状态 S0，运行指示灯亮，显示实时温度；当为 SET 键时，状态转移到 S1。在状态 S1 下，动作是温度设定值显示及指示灯亮，在此状态下，若＋键或－键有效，温度设定值执行加 1 或减 1 操作，若 SET 键有效，状态转移到 S2。状态 2 和状态 3 与此类似。在 S1、S2、S3 状态下，若 RUN 键有效，状态转移到初始状态 S0。

（3）程序设计

键盘处理程序需要在获得键值条件下才能进行键值处理，需要与键盘值获取函数配合使用，可直接使用 5.2.2 小节范例 GetKey()函数，该函数无按键按下时返回值为 0，有按键按下时返回键值。假设 4 个按键对应键值为 1、2、3、4，由于每按一次按键，按键处理一次，程序中设置了标志位,避免函数重入,因此状态转移条件判断与状态执行动作程序分开编写。

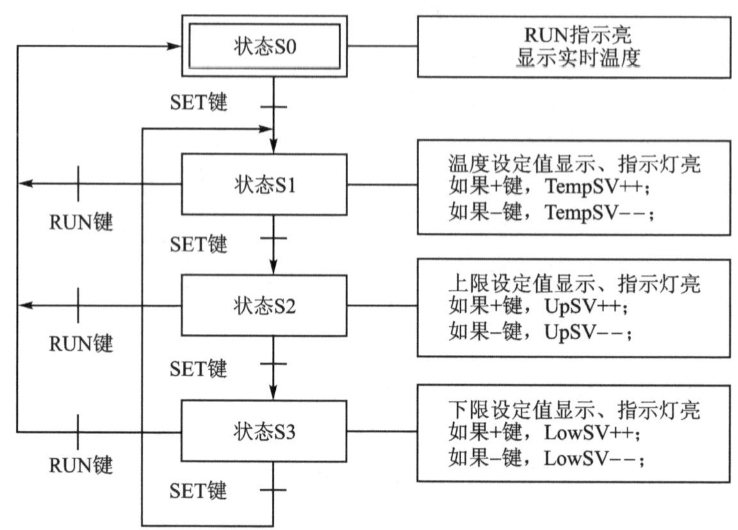

图 11-4　键盘处理状态机

```
/*定义状态指示灯*/
#define RunLedon HAL_GPIO_WritePin(GPIOC,GPIO_PIN_1,GPIO_PIN_RESET)
#define RunLedoff HAL_GPIO_WritePin(GPIOC,GPIO_PIN_1,GPIO_PIN_SET)
#define SetLedon HAL_GPIO_WritePin(GPIOC,GPIO_PIN_2,GPIO_PIN_RESET)
#define SetLedoff HAL_GPIO_WritePin(GPIOC,GPIO_PIN_2,GPIO_PIN_SET)
#define UpLedon HAL_GPIO_WritePin(GPIOC,GPIO_PIN_3,GPIO_PIN_RESET)
#define UpLedoff HAL_GPIO_WritePin(GPIOC,GPIO_PIN_3,GPIO_PIN_SET)
#define LowLedon HAL_GPIO_WritePin(GPIOA,GPIO_PIN_0,GPIO_PIN_RESET)
#define LowLedoff HAL_GPIO_WritePin(GPIOA,GPIO_PIN_0,GPIO_PIN_SET)
uint16_t DisplayBuf;  //定义显示缓冲区变量,显示函数从显示缓冲区取值显示
uint16_t RunFlag = 1;  //定义运行标志变量,1 为运行状态
/*定义枚举类型状态变量*/
typedef enum
    {    S0 = 0, S1,S2, S3, S4,
    }StateDef;
/************************************************
*名称:KeyDel_SS
*功能:键值处理,采用状态机编程,根据键值处理相关任务
*入口参数:键值 keyvalue,值为 1、2、3、4,分别对应 RUN、SET、+键、-键
*返回值:无
************************************************/
void KeyDel_SS(uint8_t keyvalue)
{
    static __IO StateDef s = S0;                //定义状态变量 s 为静态枚举变量,初值为 S0
    /*状态控制转移*/
    if(flag_KeyDeal == 1)        //按键处理标志,由获取键值函数赋值,表明有键按下,需要处理
    {
        switch(s)
```

```
        {
        case S0:                                                    //状态 S0,运行状态
            {if(keyvalue == 2) {RunLedoff;RunFlag = 0; s = S1;}     //如果是 SET 键,状态转移到 S1
            break;
            }
        case S1:                                                    //状态 S1,温度设置状态
            {
       if(keyvalue == 1) {SetLedoff;RunLedon;RunFlag = 1;s = S0;}   //如果是 RUN 键,状态转移到 S0
        if(keyvalue == 2) {SetLedoff;RunFlag = 0; s = S2;}          //如果是 SET 键,状态转移到 S2
        if(keyvalue == 3) {TempSV ++ ;}
        if(keyvalue == 4) {TempSV -- ;}
        break ;
        }
        case S2:                                                    //状态 S2,温度上限设置状态
        {
        if(keyvalue == 1) {UpLedoff;RunLedon;RunFlag = 1;s = S0;}//如果是 RUN 键,状态转移到 S0
        if(keyvalue == 2) {UpLedoff;RunFlag = 0; s = S3;}           //如果是 SET 键,状态转移到 S3
        if(keyvalue == 3) {UpSV ++ ;}
        if(keyvalue == 4) {UpSV -- ;}
        break ;
        }
        case S3:                                                    //状态 S3,温度下限设置状态
        {
        if(keyvalue == 1) {LowLedoff;RunLedon;RunFlag = 1;s = S0;}  //如果是 RUN 键,状态转移到 S0
        if(keyvalue == 2) {LowLedoff;RunFlag = 0; s = S1;}          //如果是 SET 键,状态转移到 S1
        if(keyvalue == 3) {LowSV ++ ;}
        if(keyvalue == 4) {LowSV -- ;}
        break ;
        }
    }
    flag_KeyDeal = 0;                                   //键处理标志清 0,每次按键按下,只处理一次
}
    /* 状态中动作处理 */
    switch(s)
        {
    case S0://运行状态
            {RunLedon;DisplayBuf = ADC1_Value/10;break;}
    case S1://温度设置状态
            {SetLedon;DisplayBuf = TempSV;break;}
    case S2://温度上限设置状态
            {UpLedon;DisplayBuf = UpSV;break;}
    case S3://温度下限设置状态
            {LowLedon;DisplayBuf = LowSV;break;}
        }
}
```

```
/*键盘函数,在后台调用执行*/
/*****************************************************
*名称: Key_SS
*功能:键盘检测及键值处理
*入口参数:无
*返回值:无
*****************************************************/
void Key_SS(void)
{
    GetKey();//获取键值函数
    KeyDel_SS(KeyValue);//按键处理函数
}
```

例 11.4　用状态机方法完成例 7.4 人行道信号灯系统控制程序,假设过街信号按钮接入 PC5 引脚。要求程序运行不能阻塞 CPU 运行。

(1) 划分状态

初始状态 S0,红灯亮,其余状态按照信号灯输出动作变化划分,如图 11-5 所示。

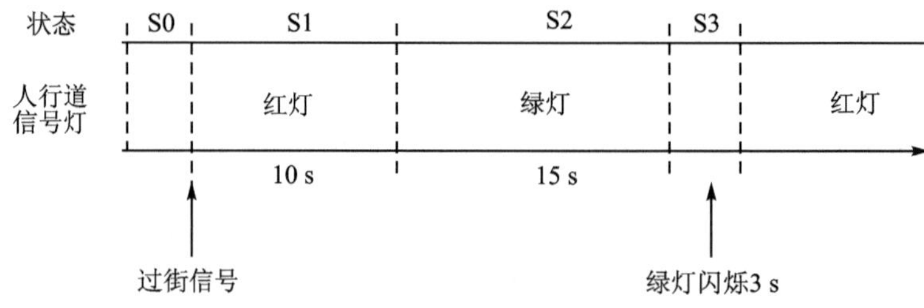

图 11-5　人行道信号灯工作时序

(2) 设计状态转移图

信号灯状态机如图 11-6 所示。初始状态 S0,动作为红灯亮,过街信号有效(PC5 低电平),状态转移到 S1;在 S1 状态下,动作为红灯亮、启动定时器定时,定时 10 s 时间到,状态转移到 S2;在 S2 状态下,动作为绿灯亮、启动定时器定时,定时 15 s 时间到,状态转移到 S3;在 S3 状态下,绿灯闪烁 3 s,由于是周期闪烁,没有细分状态,需要单独处理,定时 3 s 时间到,转移到初始状态 S0。由于程序执行过程状态顺序切换转移,在各个状态中,可以使用同一个定时函数 T1 完成定时任务。

(3) 程序设计

本书例 7.4 采用前台程序结构,信号灯控制任务在中断中执行。本例采用后台执行信号灯控制任务,按照信号灯状态机方法进行程序设计,需要考虑设计信号灯控制函数、绿灯闪烁函数及闪烁驱动函数。状态转移需要使用定时器,需要设计不阻塞 CPU 运行的定时器函数。信号灯使用的 GPIO 引脚定义参见例 7.4,本例增加了过街信号定义。

1) 定时器函数设计

为了不阻塞 CPU 运行,设计分辨率为 1 ms 延时定时器函数,通过使能位启动定时器,当延时时间到,设置时间到标志。

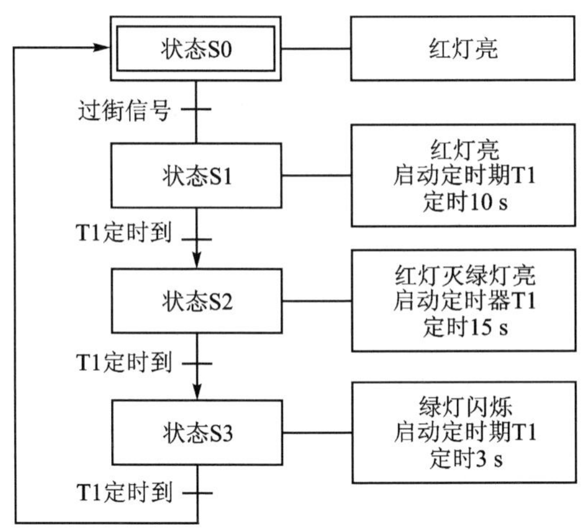

图 11－6　人行道信号灯状态机

```
//声明定时器参数结构体
typedef struct
{
    uint8_t EN;                        //定时器使能
    uint16_t PT;                       //延时时间设置值
    uint8_t Q;                         //延时到标志
}TonTypeDef;
TonTypeDef T1;                         //定义延时定时器结构体变量 T1
```

```
//定时计数驱动函数,需要在 1 ms 中断回调函数中调用
/**************************************************
* 名称:T1_On
* 功能:1 ms 定时计数。当定时器使能 T1.EN 有效,启动计数,当计数值达到设置值,延时到标志 T1.Q 置 1
* 入口参数:无
* 返回值:无
**************************************************/
void T1_On(void)
{    static uint16_t t1count = 0;                       //定义计数单元为静态变量
    if(T1.EN == 1)                                      //若定时器使能有效,执行计数
        {
            if(t1count == T1.PT){ T1.Q = 1;t1count = 0;}  //当前值达到设置值,设置标志
                else  {t1count ++};                     //当前值 + 1
        }
    else{T1.Q = 0;t1count = 0;}      //若定时器使能无效,则清时间到标志,计数单元清 0,即定时器复位
}
```

```
/**************************************************
* 名称: T1OnOff
* 功能:启动/复位分辨率 1 ms 定时器
* 入口参数 1:EN,定时器使能,1 使能定时器,0 复位定时器
* 入口参数 2:PT,延时时间设置值,单位为 ms
* 返回值:无
**************************************************/
voidT1OnOff(uint8_t EN,uint16_t PT)
{  T1.EN = EN;T1.PT = PT;
}
```

2) 信号灯控制函数

```
#define CrossSignalHAL_GPIO_ReadPin(GPIOC, GPIO_PIN_5)  //低电平有效
/*************************************************
* 名称：SidewalkLight_S
* 功能:信号灯控制。采用状态机编程,按照信号灯工作时序状态转移和任务处理。本函数在后台调用执行
* 入口参数:无
* 返回值:无
*************************************************/
void SidewalkLight_S()
{
    staticStateDef  s = S0;                   //定义状态变量 s 为静态枚举变量,变量初值为状态 S0
    switch(s)
          {
    case S0:                                  //初始状态 S0
        {RedLedOn;                            //红灯亮
        if(CrossSignal == 0)s = S1;           //如果有过街信号,状态转移到 S1
        }
        break;
    case S1:                                  //状态 S1
        {RedLedOn;
        T1OnOff(1,10000);                     //启动定时器 T1,定时 10 s,时间到时 T1.Q = 1
        if(T1.Q == 1){T1OnOff(0,10000);T1.Q = 0;s = S2;}
                                              //若定时时间到,则状态转移到 S2,复位定时器 T1
        }
        break;
    case S2:                                  //状态 S2
        {RedLedOff;GreenLedOn;                //红灯灭、绿灯亮
        T1OnOff(1,15000);                     //启动定时器 T1,定时 15ms,时间到时 T1.Q = 1
       if(T1.Q == 1){T1OnOff(0,15000);T1.Q = 0;s = S3;//定时时间到,状态转移到 S3,复位定时器 T1
        }
        break;
    case S3:
        {GreenLedFlash();                     //绿灯闪烁
        T1OnOff(1,3000);                      //启动定时器 T1,定时 3s,时间到时 T1.Q = 1
    if(T1.Q == 1){T1OnOff(0,3000);T1.Q = 0;s = S0;}   //若定时时间到,状态转移到 S0,复位定时器 T1
        }
    default:
        s = S0;
        break;
    }
}
```

3) 绿灯闪烁函数

由于要求不能阻塞 CPU 运行,需要使用定时器。设计思路是编写前台执行闪烁驱动函数,设置标志位,每 0.5 s 翻转标志。闪烁控制函数通过标志位控制信号灯闪烁。

```
/*前台程序。500 ms 驱动函数,需要被 1 ms 周期定时中断回调函数调用*/
uint8_tHalfSecFlag = 0;/                               /定义全局变量,0.5s 标志
/**************************************************
*名称:Timer500ms_On
*功能:500 ms 定时驱动函数。每 0.5 s,HalfSecFlag 标志 0 或 1 翻转
*入口参数:无
*返回值:无
**************************************************/
void Timer500ms_On()
{
    static uint16_t ms_count = 0;                      //定义计数单元为静态局部变量
    ms_count ++ ;
        if(ms_count == 500)                            //若 0.5 s 时间到
            {    ms_count = 0;                         //计数单元清 0
                 HalfSecFlag^ = 1;                     //0.5 s 标志翻转
            }
}
/**************************************************
*名称:GreenLedFlash
*功能:闪烁控制。每 500 ms 绿灯翻转,需要在后台调用执行
*入口参数:无
*返回值:无
**************************************************/
void GreenLedFlash()
{
    if (HalfSecFlag == 1) GreenLedOn;
        else GreenLedOff;
}
```

本章习题

1. 人行道红绿灯模拟控制系统,要求如下:

① 人行道两侧分别设有过街按键,人行道双向设红绿灯 2 个和 1 个 2 位数码管,行车道设双向红绿灯 2 个。

② 正常情况下,人行道红灯亮。人行道过街按键按下后,计时 5 s 红灯灭、绿灯亮,再计时 15 s 绿灯灭、红灯亮,数码管显示倒计时时间。

请设计系统硬件电路、合理的程序结构,并编写控制程序。

2. 设计闹钟控制电路并编写控制程序。要求能显示时间和秒状态闪烁(使用数码管 dp 段),并在整点时开启流水灯,10 s 后关闭流水灯。

3. 设计一个简单的计算器,实现 9999 内的加法运算,利用 LED 显示加数和结果。要求设计合理的程序结构并编写程序。

4. 采用状态机方法编写 4 位 LED 显示程序,要求程序执行不能阻塞 CPU 运行。

5. 编写键盘控制 LED 亮度程序,并说明程序结构。使用通用定时器控制 LED 灯的亮度,要求程序执行不能阻塞 CPU 运行。

第 12 章 迷宫机器人控制系统设计

本章主要内容：以走迷宫机器人为对象，介绍迷宫机器人需求分析方法、硬件电路设计及程序设计思路。

12.1 设计要求及规则

迷宫机器人竞赛是一种利用嵌入式微控制器、传感器和机电运动部件构成的智能的小型机器人比赛，它要求机器人在指定的迷宫中自动探索并找出通往终点的路径，机器人须随时掌握自身的位置信息，准确获取墙壁信息并做记录，最终依靠记忆找出最佳路径并以最短的时间走出迷宫，赢得比赛。整个过程可大体分为两个部分：一是搜索迷宫，从起点出发，找到终点；二是冲刺，从起点开始，在最短的时间内到达终点。冲刺过程前需要在所有走过的通路中，通过决策选择一条路径作为最短路径。

1. 基本要求

① 机器人必须为独立系统，在场地中运行时，须脱离 PC 由程序控制其独立运行，不能用遥控及其他的无线方式控制其运行，也不能以可燃物为能源。

② 机器人的长和宽控制在 150 mm 以内。当所有轮子全触地时，机器人的高度不得超过 200 mm。

③ 比赛时机器人在场地中穿行过程中不能在身后留下任何东西。

④ 机器人不能跳越、攀爬、钻挖和损毁走迷宫场地。

⑤ 机器人编程软件不限，所有程序须完全由参赛队员根据比赛场地现场调试。

2. 比赛规则

① 机器人基本功能是从起点开始走到终点，这个过程称为一次运行，所花费的时间称为运行时间。从终点回到起点所花费的时间不计算在运行时间内。从机器人的第一次激活到每次运行开始，期间所花费的时间称为迷宫时间。如果机器人在比赛时需要手动辅助，这个动作称为碰触。竞赛从速度、求解迷宫的效率和机器人的可靠性三个方面来进行评分。

② 得分是用计算每次运行的排障时间来衡量的，排障时间越短越好。排障时间计算方法如下：将迷宫时间乘以 1/30，再加上运行时间，如果这次运行结束以后机器人没有被碰触过，那么还要再减去 10 s 的奖励时间，这样得到的就是排障时间。每个机器人允许运行多次，取其中最短的排障时间作为参赛的计分成绩。例如，一个机器人在迷宫中迷宫时间为 4 min (240 s)，没有碰触过，运行时间为 20 s，这次运行的排障时间就是：20 s＋(240 s×1/30)－10 s＝18 s。

③ 竞赛中机器人在迷宫中的总时间不可超过 15 min，在该限时内，机器人可以运行任意次。

④ 机器人到达迷宫中心的目的地后，可以手动放回起点，或让机器人自动回到起点，前者被视为碰触，因此在以后的运行中，将失去减 10 s 的奖励。

⑤ 穿越迷宫的时间由竞赛工作人员人工测量或由装在起点和终点处的红外线传感器自动测量。使用红外传感器时，起点红外传感器应放置在起点单元和下一个单元之间的边界上；终点传感器应放置在终点单元的入口处。传感器沿水平方向发射红外线，高出地面约 1 cm。

⑥ 机器人在启动过程中，操作员不可再选择策略。

⑦ 一旦竞赛迷宫的布局揭晓，操作员不能将任何有关迷宫布局的信息再传输给机器人。

⑧ 迷宫所在房间的亮度、温度和湿度与周围环境相同。改变亮度的要求是否被接受须由竞赛组织者决定。

⑨ 如果机器人出现故障，操作员可以在裁判的许可下放弃该次运行，并放回到起点重新开始。但不能仅因为转错弯就要求重新开始。

⑩ 如果参赛者因为技术原因决定停止当前运行，裁判可以允许该队重新运行，但要增加 3 min 的迷宫时间作为惩罚。例如，一个机器人在比赛开始以后 4 min 停止，重开运行后用去的迷宫时间为 7 min，那么该机器人在迷宫中还可以重新再开始运行的时间就只剩下 8 min 了。

⑪ 如果机器人在比赛中任何部分被替换，比如电池、EEPROM 或者作出其他重要的调整，必须清除有关迷宫信息的内存。细微的调节，例如调整传感器，可以在裁判的许可下进行，无须清除内存，但是对速度或策略控制的调节，则必须清除内存。

⑫ 一个机器人的任意部分（除电池外）都不能用到其他的机器人上。例如，如果一个底盘使用两个可互换的微控制器芯片，即它们属于同一个机器人，最大运行时间也是 15 min。当需要更换微控制器时，先前的内存必须被清除。

⑬ 当比赛官方认为某机器人的运行将破坏或损毁迷宫时，有权停止其运行或取消其参赛资格。

12.2　设计需求分析

1. 机器人功能及需求分析

根据迷宫场地特点、机器人基本需求和比赛规则，迷宫机器人应具备以下特征：

① 能够独立运行，具备直行、后退、转弯及掉头等运动功能。

② 具备速度可调和稳速功能。

③ 具备迷宫墙壁距离检测功能。

④ 具备数据存储、保存参数功能。

⑤ 电池供电。

⑥ 控制板尺寸应小于 150 mm×150 mm。

2. 硬件电路需求分析

根据机器人功能要求，控制系统硬件设计应包含以下几个方面：

① 2 路电机驱动电路，2 路用于速度检测的编码器。

② 墙面距离检测电路。

③ 电池供电接口及电源处理电路。

④ 用于转弯及掉头辅助控制的车身姿态检测电路。

⑤ 人机接口电路，考虑电路板空间限制，设计启动控制按键 1 个、电源状态和运行状态指示灯各 1 个；1 路蓝牙通信接口，用于机器人参数标定及调试。

3. 软件需求分析

根据迷宫特点及比赛规则,软件设计应包含以下几个方面:

① 距离检测及参数标定,用于判断迷宫墙壁及位置。

② 电机速度检测及速度控制,包括直行前进、直行后退、左转、右转、掉头控制。

③ 车身姿态检测,用于转向辅助。

④ 电池供电及电压检测。

⑤ 启动控制及状态指示。

⑥ 迷宫搜索算法及路径记录。

⑦ 冲刺路径寻优算法。

12.3　硬件系统

硬件电路主要包含电源电路、STM32 最小系统、按键及指示、红外距离检测、电机驱动、编码器速度检测、角度传检测(MPU6050)等电路,系统框图如图 12-1 所示。

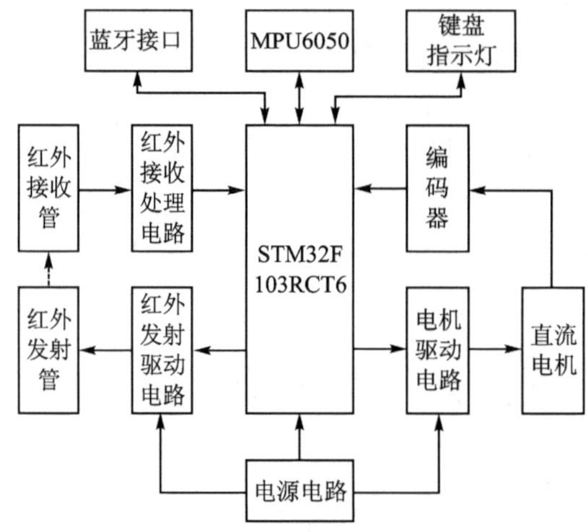

图 12-1　迷宫机器人硬件结构图

微控制器采用 STM32F103RCT6,蓝牙接口为 TTL 接口,外接蓝牙模块用来实现机器人配置。键盘、指示灯用于机器人启动触发、模式切换、电源状态和运行状态指示。红外发射管和接收管共 4 对,经红外驱动电路及红外接收处理电路接入到微控制器,用来检测墙壁距离。电机驱动电路共 2 路,分别驱动机器人左轮和右轮电机,电机可独立控制,用于机器人直行、转向等运动控制。

电机采用集成编码器的一体式直流电机,电机驱动芯片选用 TI 公司的 DRV8848;距离检测用红外对管,发射管选用 SFH4550,接收管采用 TPS601A;车身姿态检测选用陀螺仪 MPU6050。

微控制器引脚分配如表 12-1 所列。

① 时钟及调试接口配置:时钟选择外部时钟输入,调试接口采用 SWD 模式,将 PA13 和 PA14 分别配置为 SWDIO 和 SWCLK。

② 电机控制引脚配置:PA8、PA9、PA10 和 PA11 配置为定时器 TIM1 的 4 个输出通道,4 个通道均设置 PWM 输出模式,其中 TIM1_CH1 和 TIM1_CH2 用做电机 1 的控制信号,

TIM1_CH3 和 TIM1_CH4 用做电机 2 的控制信号。

③ 编码器检测引脚配置:PA0、PA1、PA6 和 PA7 配置为定时器 TIM2 的 4 个输入通道,实现脉冲输入检测。其中,TIM2_CH1 和 TIM2_CH2 用做左轮电机的编码器信号检测,TIM2_CH3 和 TIM2_CH4 用做右轮电机的编码器信号检测。

④ 红外发射控制引脚配置:PA5、PC13、PA3 和 PC2 配置为 GPIO 输出模式,用做 4 路发射管控制。

⑤ 红外距离检测引脚配置: PA2、PC0、PC5 和 PC1 配置为模拟输入模式,用做 4 路红外接收管输出信号检测。

⑥ 角速度传感器接口引脚配置:PB8 和 PB9 配置为 I^2C 模式,用做 MPU6050 数据接口。

⑦ 蓝牙接口引脚配置:PB10 和 PB11 配置为 UART 模式,用做蓝牙模块通信接口。

⑧ 电池电压检测引脚配置:PB1 配置为模拟输入模式,用做电池电压检测。

⑨ 按键引脚配置:按键接入 PC10,配置为 GPIO 输入模式。

表 12-1　微控制器引脚分配

功　能	引脚分配	引脚功能
调试接口	PA13\PA14	SWDIO\SWCLK
电机控制	PA8\PA9\PA10\PA11	TIM1_CH1\ TIM1_CH2\TIM1_CH3\ TIM1_CH4
编码器检测	PA0\PA1\PA6\PA7	TIM2_CH1\ TIM2_CH2\TIM3_CH1\ TIM3_CH2
红外发射管控制	PA3\PA5\PC2\PC13	GPIO 输出
红外接收管检测	PA2\PC0\PC5\PC1	ADC1_IN2\ADC1_IN10\ADC1_IN11\ADC1_IN15
角速度传感器接口	PB8\PB9	SDA\SCL
蓝牙通信	PB10\PB11	UART
电池电压检测	PB1	ADC1_IN9
按键检测	PC10	GPIO 输入

12.3.1　电源电路

机器人采用 7.4 V 锂电池供电,电源电路如图 12-2 所示,3.3 V 电源为系统供电,5 V 电源为红外传感器供电。因电源芯片 LM1117 为线性稳压电源,PCB 设计时应注意散热处理。

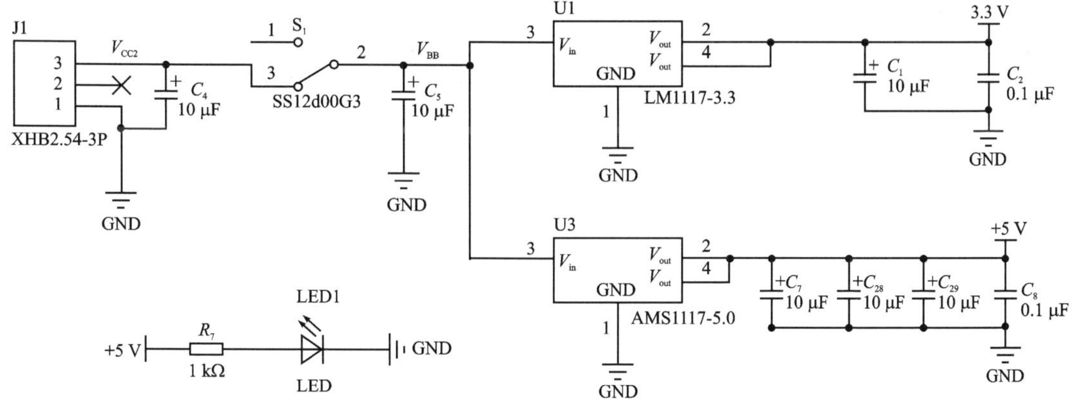

图 12-2　电源电路原理图

12.3.2　电机驱动

电机选用直流机,调速采用 PWM 方式。电机驱动芯片采用 TI 公司的 DRV8848,该芯片为双 H 桥电机驱动器,内置全 H 桥的 N 通道和 P 通道功率 MOSFET,可用于驱动一个或两个直流电机、一个双极性步进电机或其他负载。DRV8848 每个输出端最大输出电流为 2 A,在并联模式下可输出 4 A 电流。

引脚 PA8、PA9、PA10 和 PA11 分别对应定时器 TIM1 的 4 个输出通道。经 DRV8848 功率放大后,从 AOUT、BOUT 输出,分别驱动 2 个电机,电路原理如图 12-3 所示。

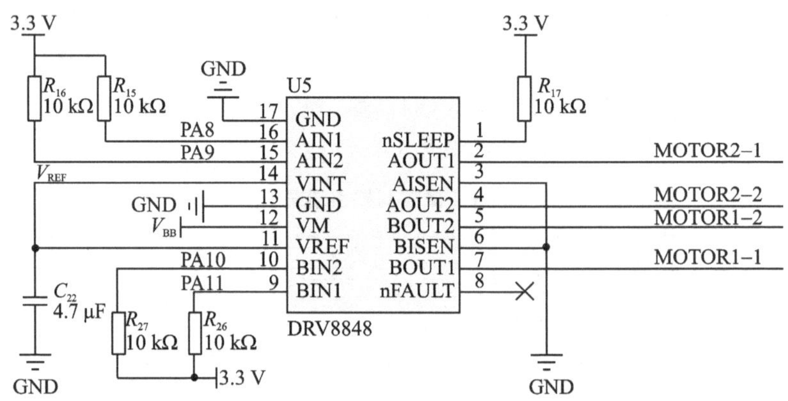

图 12-3　电机驱动电路原理图

12.3.3　转速检测

转速检测使用 2 线编码器,采用脉冲计数方法,因此编码器接口需要连接到微控制器定时器关联引脚。2 个编码器接口直接接入引脚 PA0、PA1、PA6 和 PA7,对应的定时器通道为 TIM2_CH1、TIM2_CH2、TIM3_CH1、TIM3_CH2。

12.3.4　距离检测

距离检测采用红外对管方式,发射管选用 SFH4550,接收管采用 TPS601A,发射管采用 MOS 管驱动,电路原理如图 12-4 所示。系统使用 4 路距离检测,其中 2 路正前方检测,2 路侧前方检测。

选择微控制器引脚 PA5、PC13、PA3 和 PC2 控制发射管,接收管信号检测使用模拟输入通道,分别选用引脚 PA2、PC0、PC5 和 PC1,对应 ADC 通道为 ADC1_IN2、ADC1_IN10、ADC1_IN11 和 ADC1_IN15。

从低功耗和检测可靠性方面考虑,红外检测工作方式采用每个发射管依次导通,依次采集对应接收管数据,并进行数据处理。

12.3.5　角度检测

角度检测采用 MPU6050 角速度传感器,它内部集成了 3 轴 MEMS(Micro-Electro-Mechanical System)陀螺仪,3 轴 MEMS 加速度计,电路原理如图 12-5 所示,角速度传感器为 I^2C 接口,这里选择 PB8 和 PB9 引脚。

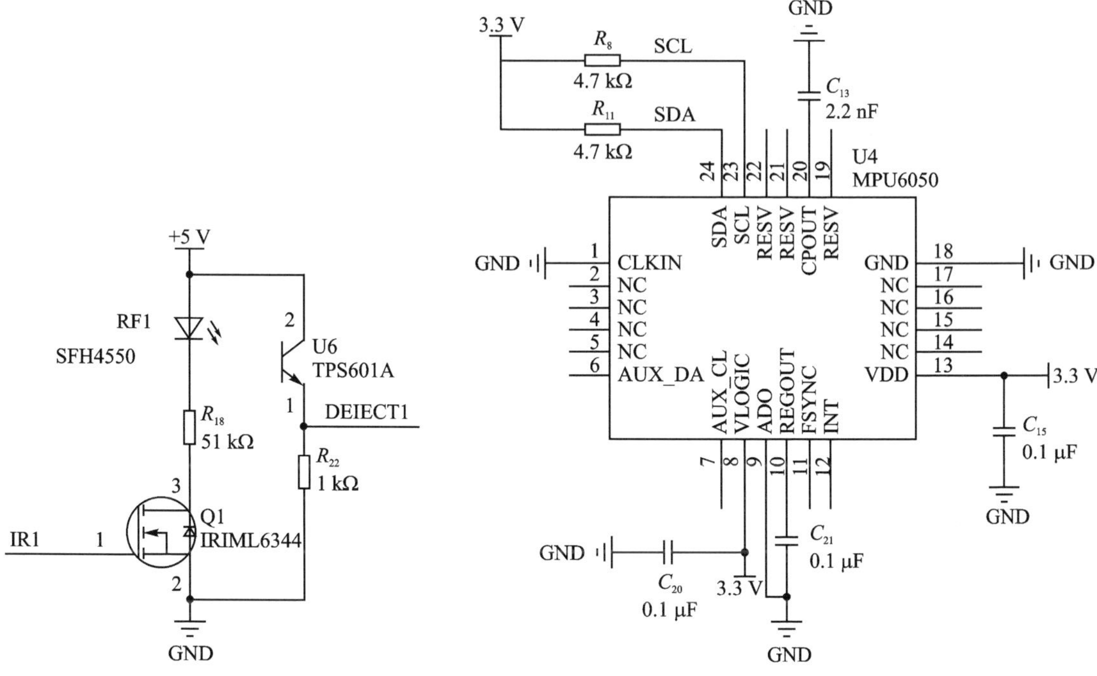

图 12-4　红外发射接收电路设计　　　　**图 12-5　角速度传感器电路设计**

12.4　软件系统

12.4.1　程序结构

程序采用前后台结构，按前述系统需求分析进行任务分配，前台程序主要处理实时性比较高的任务，包括距离检测、电机速度检测及运动控制任务。其余任务如迷宫搜索、人机交互等分配给后台程序完成。

1. 后台程序(主函数)

主函数主要完成微控制器外设初始化、系统基本环境初始化及主循环内的迷宫搜索等任务，其流程如图 12-6 所示。

(1) 外设初始化部分

主要完成系统时钟、GPIO 引脚、定时器、串口通信、中断配置、I^2C 接口、ADC 及 DMA 等初始化工作。

(2) 系统基本环境初始化

主要完成红外传感器标定、PID 控制参数初始化等。

(3) 主循环

采用状态机编程方法，根据任务划分准备状态、启动状态、迷宫搜索状态和冲刺状态，完成启动检测、判断起点位置、迷宫搜索及冲刺等任务。

准备状态，主要任务是检测启动按键是否按下，若按下则进入启动状态。

启动状态，主要进行运行参数校正，完成起点坐标判断，并在地图转换后进入迷宫搜索状态。

迷宫搜索状态，进行迷宫路径搜索、生成等高图，完成搜索并调整运行参数，返回起点并进入冲刺状态。

冲刺状态，按等高图确定优化路径，完成从起点到终点的冲刺并返回起点。

2. 前台程序(中断函数)

利用定时器周期 1 ms 中断，完成红外接收管数据(检测墙壁距离)采集及处理、编码器数据(检测机器人速度)读取和电机运行控制等任务；偏航角数据采集任务采用外部中断触发实现。前台程序流程如图 12-7 所示。

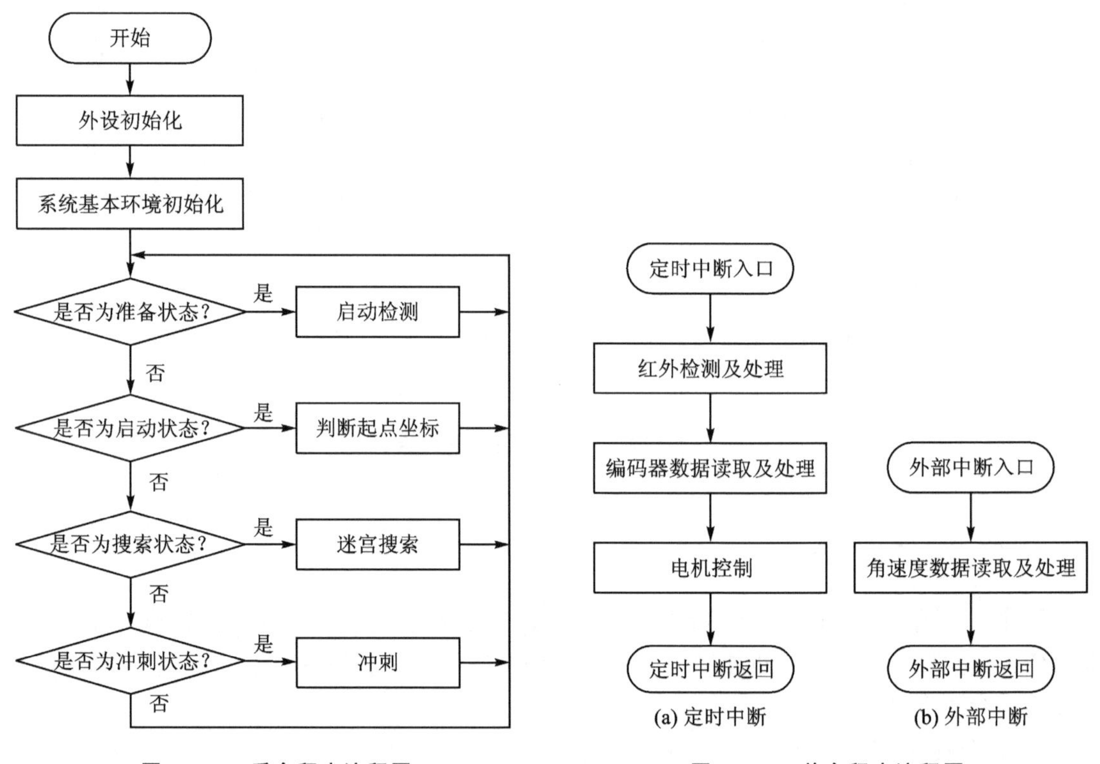

图 12-6　后台程序流程图　　　　**图 12-7　前台程序流程图**

12.4.2　起点判断

起点判断的主要作用是确定起始位置和初始坐标。迷宫区域定义为平面坐标一象限，起点三面设有墙壁，只有一面留有出口，默认的机器人出发点为一象限坐标原点。若不在原点出发，需要检测判断，修改初始坐标值，其流程如图 12-8 所示。起点判断基本原理是，控制机器人前进并通过检测墙壁信息来判断路口，若机器人右侧有路口，则确定出发点为默认的原点；若机器人左侧有路口，表明机器人在原点右侧，需要修改起始点坐标。

12.4.3　迷宫搜索

迷宫搜索，就是迷宫机器人从起点开始，以终点为目标，通过尝试各个支路，找到一条可行驶的路径。搜索时，若某个支路向前无路可走，机器人返回上一个支路口，尝试另一个支路；若该路口所有支路均不能到终点，则返回到该支路口的前一个支路口，继续尝试，直到找到一条能到达终点的路径为止。迷宫搜索程序主要包含搜索迷宫路径、生成等高图和调整运行参数等。

迷宫搜索流程如图 12-9 所示，每调用一次该程序，机器人前进一格。整个程序流程可以分以下四步：

第一步：前进一格后，首先判断是否到达终点，如果到达终点，则搜索完毕，回到迷宫起点，并设置冲刺状态标志，为冲刺做准备，若未到达终点，则检测墙壁信息。终点的判断原则如下：按迷宫设计规则，迷宫中心的 4 个方块区域都属于终点区域，判断此区域方块下有无出口，如对应方块坐标下有出口，则建立该坐标下的等高图，最终确定 4 个坐标中离起点距离最近的坐标为终点目标坐标。

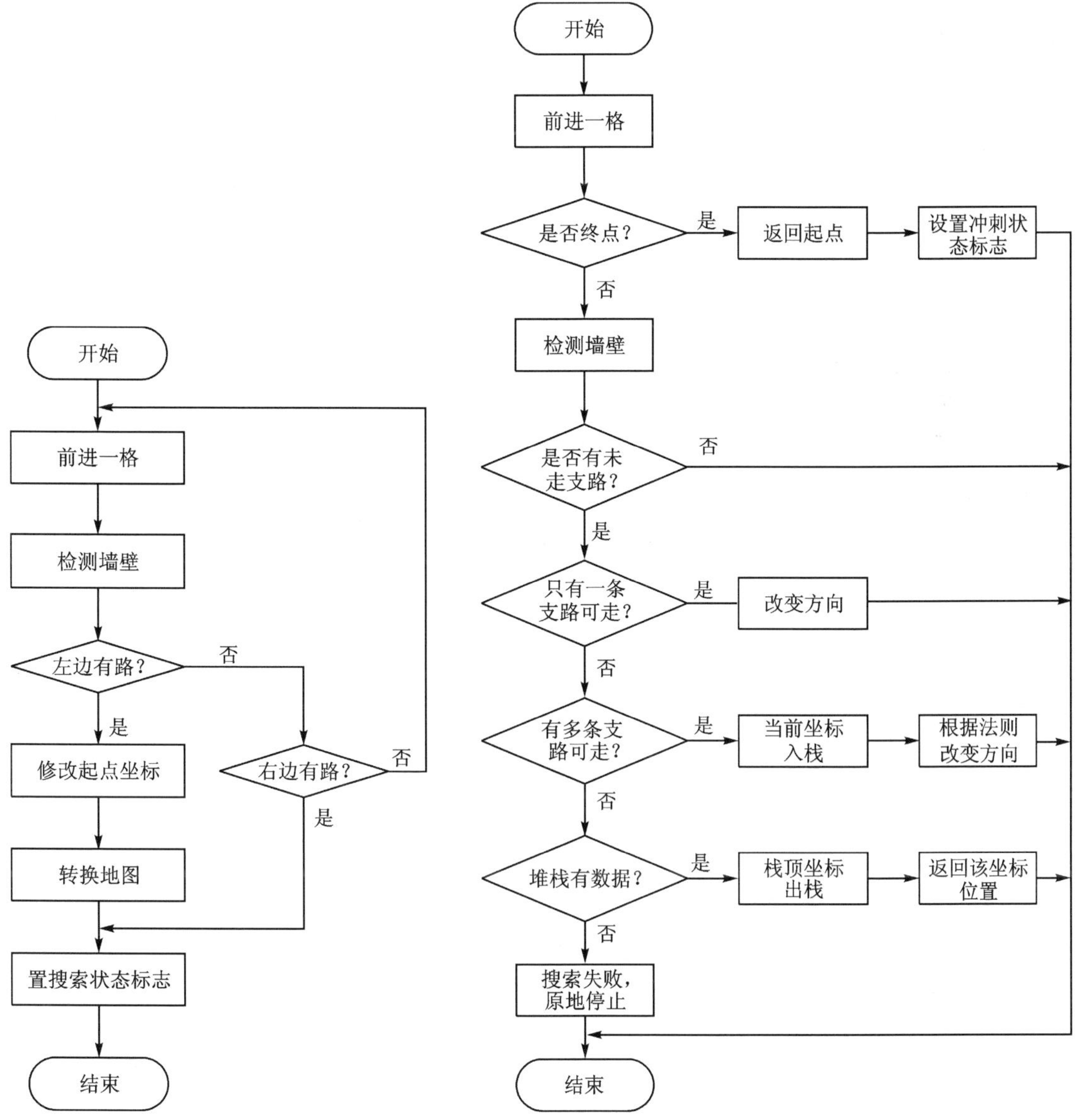

图 12-8　起点坐标判断流程图　　**图 12-9　迷宫搜索流程图**

第二步：根据墙壁检测信息判断是否有未走支路，若全部支路都已经走完，则程序返回，准备下一步前进；若只有一条支路可行，则根据支路信息，调整方向，程序返回，准备下一步前进。

第三步：根据墙壁检测信息判断是否有多条支路可前进。若有，则保存当前坐标，并根据迷宫搜索法则调整方向，程序返回，准备下一步前进；若无，则判断堆栈信息，进入第四步。

第四步：若堆栈无数据，则迷宫搜索失败，程序返回；若堆栈有数据，则栈顶数据(上一分支路口坐标)出栈，并返回栈顶数据对应的坐标，程序返回，准备下一步前进。

12.4.4 距离标定与检测

1. 距离标定

距离标定即通过实验确立红外传感器的输出量和输入量之间的对应关系。标定的基本方法是将已知的被测距离输入给待标定的传感器，同时得到传感器的输出量，对所获得的传感器输入量和输出量进行处理和比较，从而得到表征两者对应关系的标定曲线，进而得到传感器的实测结果。

机器人两侧传感器通过接近单侧墙、居中、远离单侧墙三个位置进行线性标定，微控制器 ADC 对传感器输出采样，可以得到采样值与检测距离之间的函数关系。

同样，机器人前侧传感器，通过居中单元格、一个单元格、一个半单元格三个位置进行线性标定，微控制器 ADC 对传感器输出采样，可以得到 ADC 采样值与检测距离之间的函数关系。

通过以上标定得到的 ADC 采样值与检测距离之间的函数，结合红外传感器实时采样值，可以计算出机器人距墙面的实时距离。

2. 距离检测

考虑到环境光对距离检测结果有影响，红外距离采样完成后，关闭红外发射管，对环境光采样。距离采样与环境光采样的采样差值，滤除了环境光干扰，根据采样值与检测距离之间的函数关系，获取红外实际距离值。采集环境光时，选择距离当前发送红外通道较远的红外接收通道采集环境光，且采集完环境光后紧接着采样这个通道，尽可能使环境光采样时刻和距离采样时刻接近。为确保检测结果的准确性，采样数据还须进行滑动窗口滤波处理。

红外距离检测及处理流程如图 12－10 所示，红外发射控制及红外数据采样均在定时器中断中执行，4 组红外依次执行。采样顺序如下：

采样侧右距离、采样中左环境、发送中左红外、停止其他红外；

采样中左距离、采样侧左环境、发送侧左红外、停止其他红外；

采样侧左距离、采样中右环境、发送中右红外、停止其他红外；

采样中右距离、采样侧右环境、发送侧右红外、停止其他红外。

12.4.5 姿态检测

姿态检测就是对迷宫机器人车身角度(偏航角)的检测，用以辅助控制机器人运行方向。在该迷宫机器人系统中，采用 MPU6050 检测偏航角，完成偏航信息采集。由于 MPU6050 为 I^2C 接口，读取数据前要先进行 I^2C 初始化。该系统中设置固定 200 Hz 频率采样，外部中断触发卡尔曼滤波计算，姿态解算采用四元数法，计算结果参与车身姿态控制。偏航角计算及处理流程如图 12－11 所示。

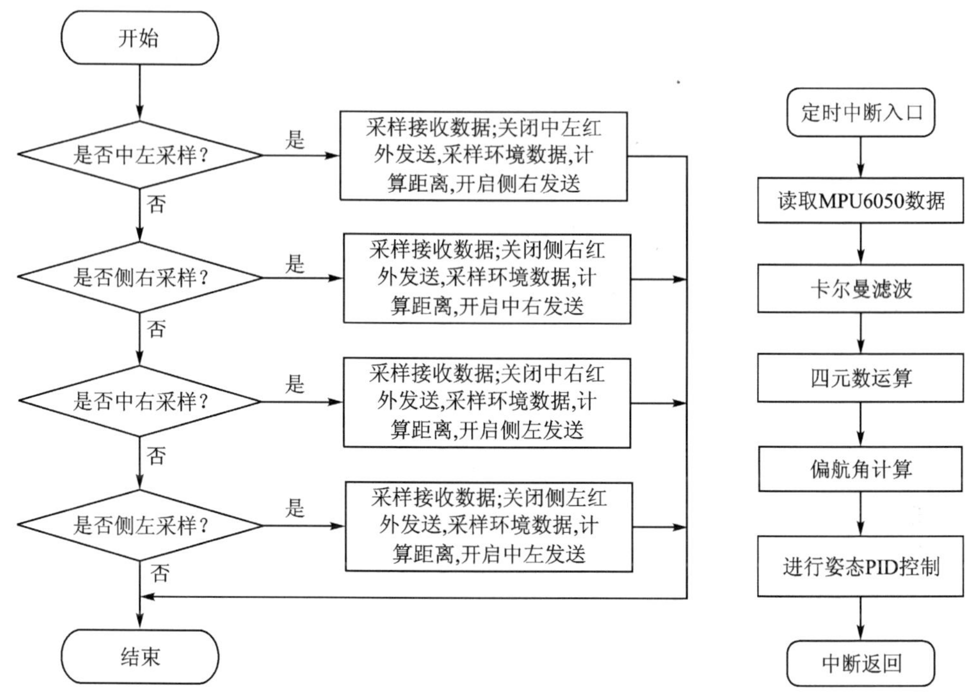

图 12－10　红外距离检测及处理程序流程图　　图 12－11　偏航角计算及处理流程

12.4.6　运动控制

迷宫机器人采用左右双轮驱动控制车身,控制系统通过调节左轮和右轮电机的运动速度实现车身的直行、转弯、掉头及姿态控制。

1. 运动控制基本原理

双轮电机的控制均采用 PID 闭环控制方法,控制基本原理如图 12－12 所示,控制系统主要包含直线速度环和差速速度环(角速度环),两个控制环输出控制量经算数运算处理后,控制双轮电机速度。

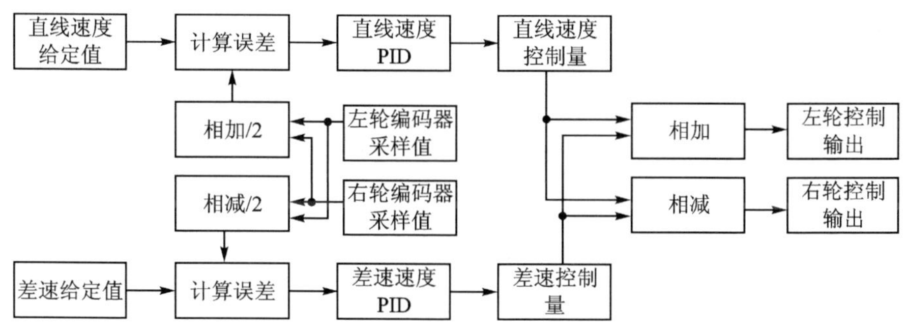

图 12－12　运动控制原理框图

直线速度环。直线速度给定值为机器人车身的期望速度,实际速度反馈值为左电机编码器和右电机编码器测速平均值,给定值和反馈值的误差经直线速度 PID 运算,得到直线速度控制量。

差速速度环。差速给定值为机器人车身的期望旋转速度，取值可正可负，决定旋转方向。差速反馈值为(左电机编码器测速值－右电机编码器测速值)/2，给定值和反馈值的误差经差速速度 PID 运算后得到差速控制量。

电机控制输出。直线速度控制量与差速环控制输出量进行算数运算，运算结果分别控制左轮和右轮电机的速度。运算规则如下：

左轮电机控制输出值＝电机直线控制量＋电机差速控制量

右轮电机控制输出值＝电机直线控制量－电机差速控制量

(1) 机器人直行控制策略

直线速度给定值为期望速度，差速给定值为 0，这样计算出的差速控制量为 0，左轮右轮控制输出相等，从而实现机器人的直行控制。

(2) 机器人原地转弯控制策略

直线速度给定值为 0，差速给定值为期望旋转速度，这样计算出的左轮右轮控制输出相等，但方向相反，从而实现机器人的原地转弯。若控制机器人旋转 90°或 180°，可通过角速度传感器检测车身的旋转角度，即实现指定角度的旋转控制。

(3) 机器人前进中转向控制策略

直线速度给定值为期望前进速度，设定差速给定值为期望旋转速度，这样计算出的左轮右轮控制输出一个速度高，一个速度低，形成前进中的差速，从而实现机器人的前进中转向。

(4) 姿态调整控制策略

在机器人直线前进过程中，机械部分或者车轮打滑会使车身偏离行进直线，若不加以处理，随着行驶距离的增加，偏移量也会增加，会出现碰壁现象，因此必须对以上现象造成的偏移进行校正，即调整车身姿态。姿态调整利用差速速度环调节进行双轮差速控制，在行进路线为双侧墙的情况下，差速给定值按距离双侧距离的差值设定；若为单侧墙，差速给定值按距离单侧墙的距离与车身居中位置的距离差值设置。同时通过角速度传感器检测旋转角度，判断车身是否调整到位。

2. 电机控制

电机控制程序在 1 ms 中断中(前台)运行，结合上述运动控制原理，电机控制程序主要完成直线速度 PID 运算、差速速度 PID 运算、PWM 控制输出等任务，程序通过调整 PWM 占空比来控制双轮电机速度。电机控制流程如图 12－13 所示。

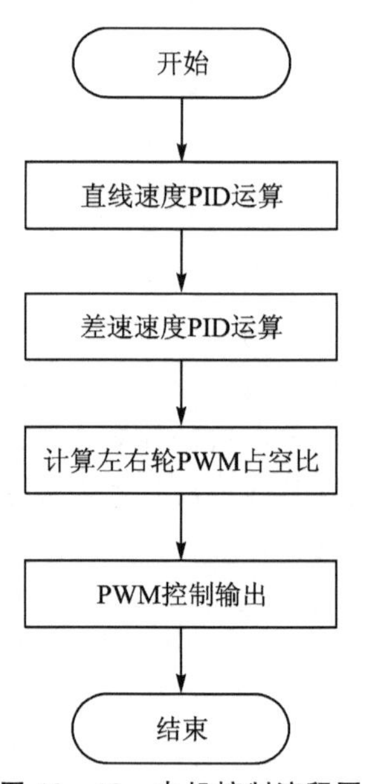

图 12－13 电机控制流程图

12.4.7 迷宫搜索及路径寻优策略

1. 迷宫搜索策略

机器人在不知道场地的情况下，开启搜索模式，先对整个迷宫场地进行搜索，直到搜索到目标点(终点)，在搜索过程中，机器人时刻了解自身所处的位置和自身的方向，并将走过路径的墙壁信息储存下来，以便搜索出最优路径，同时也避免对路径进行重复搜索。

迷宫搜索的目的是获取迷宫各个方格的墙壁信息，对于 16×16 方格的迷宫场地，可构造一个 16×16 的二维数组，数组下标代表迷宫的方格坐标，数组元素存储墙壁信息，墙壁信息包含迷宫方格四周墙壁是否有路以及是否被搜索过，用来为建立等高图做准备。

如果在前进方向上有多个方向可以选择，机器人在路口需要选择向哪个方向转弯，采用的方法不同，方向的选择就不同，那么机器人搜索的最终路径也不尽相同，迷宫搜索常用方法有以下 3 种。

(1) 左手法则

左手法则是指机器人在迷宫搜索过程中，若遇到多个分支路口，则优先选择左侧支路的方向，其次选择直行方向，最后再选择右侧支路的方向。

(2) 右手法则

右手法则是指机器人在迷宫搜索过程中，若遇到多个分支路口，则优先选择右侧支路的方向，其次选择直行方向，最后再选择左侧支路的方向。

(3) 中心法则

中心法则是指机器人在迷宫搜索过程中，面临多个方向可以选择时，优先选择转向终点的方向前进。若机器人可前进方向有 2 条接近终点的方向，则优先选择能够直行的方向，其次选择转 90°的方向；若当前机器人前进方向背离终点，则优先选择转向能够接近终点的方向；若机器人可前进方向均背离终点的方向，则优先选择能够直行的方向，其次选择转 90°的方向。

2. 路径寻优策略

如果机器人已经探索了整个场地，找到了起点和终点，而且保存了走过路径的信息（墙壁信息），就可以采用等高图法寻找最优路径。

等高图全称是等高线地图，也就是把地图上高度相等的点连接起来，组成一条线，可以直观看出同一高度的范围。等高图运用在迷宫地图上，可以标出每个方格到起点的距离。对于 4×4 方格的迷宫场地，首先定义一个 4×4 的二维数组，其中每一个元素代表迷宫中的一个方格，用以储存方格至起点的最短路径步数（步数即路径中经过的方格数）。当起点坐标处标识为 1 时，可以直接达到的相邻方格均为 2，再远的方格的等高值依次递增，这样距离越远的地方等高值越大。

图 12-14 所示为 4×4 小迷宫以坐标(0,0)为起点的等高示意图，等高图中的数字即为步数，也就是代表其相对应的位置距离起点的最少方格数，如坐标(2,2)距离起点有 5 格，坐标(3,2)距离起点有 8 格。

从该等高图可以看出，若以坐标(3,0)为终点，从终点出发，向等高值下降方向走，即可得到最优路径，如图 12-14 所示的虚线路径。

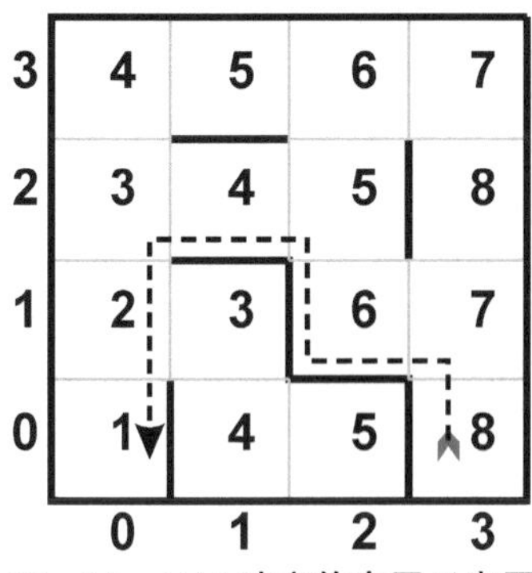

图 12-14　4×4 迷宫等高图示意图

参考文献

[1] 张毅刚.单片机原理及应用[M]. 3 版.北京:高等教育出版社，2016.

[2] 刘火良.STM32 库开发实战指南[M]. 北京:机械工业出版社，2013.

[3] JOSEPH Y，ARM Cortex－M3 权威指南[M]. 宋岩，译.北京:北京航空航天大学出版社，2009.

[4] 孟利民. 嵌入式系统原理、应用与实践教程[M]. 北京:清华大学出版社，2016.

[5] 李志明. STM32 嵌入式系统开发实战指南[M]. 北京:机械工业出版社，2013.

[6] 廖义奎. Cortex-m3 之 STM32 嵌入式系统设计[M]. 北京:中国电力出版社，2012.

[7] 张淑清. 嵌入式单片机 STM32 原理及应用[M]. 北京:机械工业出版社，2019.

[8] 谢楷. MSP430 系列单片机系统工程设计与实践[M]. 北京:机械工业出版社，2009.